ライブラリ 物理の演習しよう=3

演習しよう 量子力学

これでマスター！ 学期末・大学院入試問題

鈴木久男／大谷俊介●共著

数理工学社

まえがき

 あなたは物理のテキストを読めばわかるのだけど,問題が解けないなんて悩んでいませんか? 著者(鈴木)が学生だった頃も同様の悩みを抱えていました.そもそも物理学は,サイエンスすべての現象を説明するための学問です.こうしたことから,概念を応用して初めて「物理を理解した」といえるものなのです.物理学とは厳しい学問なんですね.

 とはいっても,物理が難しい学問であることが今のあなたにとっての悩みを解決しているわけではありません.実際何も参考にしないでじっくりと物理学の難しい問題を解くなんて簡単ではありません.現実に学期末試験や大学院入試の対策に悩んでいるのではないでしょうか.特に学期末試験や大学院入試問題は,限られた時間で解く必要があるのでなおさらです.他方このように悩んでいるのはあなただけではありません.出題側の教員にとっても悩みがあります.例えば,テストなどで全く新しいパターンの問題を出してしまうと,大多数の得点は非常に低くなってしまい,成績付けが困難になります.こうしたことから,テストではパターン化された問題の割合を多くせざるをえないのです.このようなことから,まずあなたに必要なスキルとしては,パターン化された問題を,素早く解いていくことなのです.この「ライブラリ 物理の演習しよう」では,理工系向けに,じっくり考える必要がある難問ではなく学期末試験や大学院入試で出題されやすい型にはまった問題を解くためのスキルを身につけてもらい,あなたの学習を強力にバックアップしていくことを目標としています.

 そもそも量子力学を理解することと実際に問題を解けるようになることには若干の違いがあるのです.それは,物理では基本原理を理解するということだけでなく,実験でかかる物理量を実際にそこから計算して導き出す作業があるからに他なりません.問題を解けるようになるには,シュレディンガー方程式を効率よく解いたり,行列の計算が素早く確実に行えるような数学的要素が非常に無視できないものになっています.基本的な計算問題を何度もなんども練習して習熟しておくことが,結果的には量子力学の理解への近道になるのです.あなたは「自分で思いつくか?」などはあまり考える必要はありません.本書で「どうしてそうなるのか?」を条件反射的に導けるまで繰り返し演習してみてください.するとどうでしょう.あなたの量子力学の学習が驚くほど楽になるのが体感できると思います.

 本書は基礎課程・教養課程で学ぶ基礎的な物理学(力学,電磁気学)を習得し,これから量子力学を学習しようとしているあなたのための,量子力学の演習書です.内容は前期量子論(第1章)からはじまり,演算子の交換関係の計算(第2章),シュレディンガー方程式とその解き方(第3章〜第10章)と続き,行列と演算子の固有値問題の解き方(第11章〜第15章),不確定性関係(第16章),対称性と保存則(第17章)までで基本的な

まえがき

トピックは一通り押さえ，以降は発展的な話題として角運動量の合成（第 18 章），磁場中の荷電粒子（第 19 章），近似法（第 20 章～第 22 章），三次元散乱問題（第 23 章）を取り上げます．このように，全 23 章（＋総合問題の第 24 章）に細分化しており，それぞれの章は完結しているため，既習の場合は途中の章から取り組むこともできるでしょう．

それぞれの章にはそのトピックの中心となる基本問題を配置しています．基本問題はそのトピックのエッセンスです．まずはこれを完全なものにできるよう，何度もなんども演習を繰り返してください．各章の演習問題には難易度を割り振っており，A 問題，B 問題，C 問題の順に難しくなっていきます．B 問題までは標準的なレベルの問題で，ここまで自力で解けるようになれば，大学院入試までの実力は確実なものとなるでしょう．他方で，C 問題は理論系志望者は一度は解いておきたい問題です．実力と時間に余裕があれば，ぜひチャレンジしてみてください．

北海道大学理学部物理学科には，大学院生が演習授業の講師を務める GSI（Graduate Student Instructor）制度があり，著者（大谷）は当制度において最初の講師として量子力学演習の授業にたずさわりました．本書は，その授業で行った講義ノートと演習問題を元にしています．ノート作成時には受講者の学生の皆さんから様々な質問を受け，本書執筆時には物理学科所属時の同級生であった布施純平氏（現・富士通（株））からも有益なご意見を賜りました．この場を借りて御礼申し上げます．最後に，数理工学社編集部の田島伸彦氏，鈴木綾子氏，一ノ瀬知子氏には本ライブラリ出版の企画から本書の執筆・校正まで，すみずみにわたってきめ細かなご指摘とコメント，編集上のご提案をいただきました．ここに厚く感謝申し上げます．

2016 年 9 月 　　　　　　　　　　　　　　　　　　著者　鈴木久男　大谷俊介

目　次

第 1 章　量子力学前夜　　1
- 1.1　散乱問題と波の描像，粒子の描像 …………………………… 1
- 1.2　束縛問題とボーアの前期量子論 ……………………………… 4
- 1.3　波束と自由粒子のシュレディンガー方程式 ………………… 10
- 　　　演 習 問 題 ………………………………………………………… 14

第 2 章　量子化と演算子代数　　17
- 2.1　正準交換関係 …………………………………………………… 17
- 2.2　生成演算子と消滅演算子 ……………………………………… 21
- 2.3　角運動量演算子 ………………………………………………… 23
- 　　　演 習 問 題 ………………………………………………………… 26

第 3 章　シュレディンガー方程式　　27
- 3.1　シュレディンガー方程式と確率解釈 ………………………… 27
- 3.2　連続方程式の導出 ……………………………………………… 29
- 3.3　波動関数 ψ の変数分離 ………………………………………… 32
- 3.4　問題意識（何を求めたいのか） ……………………………… 35
- 　　　演 習 問 題 ………………………………………………………… 38

第 4 章　井戸型ポテンシャル束縛問題　　39
- 4.1　適切な境界条件の定め方 ……………………………………… 39
- 4.2　シュレディンガー方程式を解く ……………………………… 40
- 4.3　一次元ポテンシャル束縛問題の一般的な性質 ……………… 46
- 　　　演 習 問 題 ………………………………………………………… 52

第 5 章　自由粒子と周期境界条件の箱　　55
- 5.1　適切な境界条件の定め方 ……………………………………… 55
- 　　　演 習 問 題 ………………………………………………………… 58

第6章　調和振動子ポテンシャル束縛問題　60

- 6.1　問題を解くシナリオ　60
- 6.2　シュレディンガー方程式を解く　62
- 演習問題　66

第7章　波動関数の完全規格直交系展開　69

- 7.1　固有関数と規格直交性（束縛）　69
- 7.2　フーリエ変換と運動量表示　73
- 7.3　波動関数の時間発展　74
- 演習問題　76

第8章　軌道角運動量　78

- 8.1　極座標への変数分離　78
- 8.2　ルジャンドル微分方程式とルジャンドル多項式　82
- 演習問題　85

第9章　球対称ポテンシャル束縛　87

- 9.1　動径方向の方程式　87
- 9.2　基底固有関数を求める　88
- 9.3　励起固有関数を求める（水素原子モデル）　92
- 演習問題　96

第10章　一次元散乱問題　98

- 10.1　確率密度流　98
- 10.2　波の式と接続条件　99
- 演習問題　104

第11章　行列代数と固有値問題　111

- 11.1　行列とベクトル　111
- 11.2　行列と固有値問題　112
- 演習問題　116

第12章　ブラケット記法　　117
- 12.1 行列から演算子へ　　117
- 12.2 フーリエ変換と運動量表示　　119
- 12.3 時間に依存する状態の構成　　119
- 演習問題　　121

第13章　調和振動子と生成・消滅演算子　　123
- 13.1 調和振動子のハミルトニアンを対角化するシナリオ　　123
- 13.2 固有ケットと数演算子の対角化　　126
- 演習問題　　128

第14章　角運動量と昇降演算子　　130
- 14.1 全角運動量と昇降演算子　　130
- 14.2 角運動量演算子とその固有状態　　134
- 14.3 全角運動量の対角化　　136
- 演習問題　　137

第15章　スピン　　138
- 15.1 電子スピン　　138
- 15.2 一般の荷電粒子のスピン　　144
- 演習問題　　145

第16章　不確定性関係　　147
- 16.1 不確定性原理と不確定性関係　　147
- 16.2 不確定性関係と基底エネルギーの見積もり　　149
- 16.3 不確定性関係の導出　　150
- 演習問題　　154

第17章　対称性と保存則　　156
- 17.1 時間発展と保存則　　156
- 17.2 時間発展演算子とハイゼンベルク描像　　161
- 17.3 ユニタリ演算子とユニタリ変換　　162
- 演習問題　　164

第18章　角運動量の合成　166
- 18.1　状態の表記と次元　166
- 18.2　クレプシュ–ゴルダン係数　169
- 演習問題　172

第19章　磁場中の荷電粒子　174
- 19.1　シュレディンガー方程式の書換え　174
- 19.2　力学的運動量の交換関係　175
- 19.3　具体問題とランダウ準位　176
- 演習問題　180

第20章　離散スペクトル摂動論　183
- 20.1　離散スペクトル摂動論の構成　183
- 演習問題　188

第21章　非定常状態の摂動論（時間つき摂動）　192
- 21.1　問題設定とシナリオ　192
- 演習問題　197

第22章　その他の近似法　199
- 22.1　変分法　199
- 演習問題　203

第23章　三次元散乱問題　205
- 23.1　散乱問題の概要と微分散乱断面積　205
- 23.2　部分波展開と位相のずれの方法　208
- 23.3　ボルン近似　212
- 演習問題　217

第24章　総合問題　220

目次

演習問題解答 … 223
- 第 1 章 … 223
- 第 2 章 … 225
- 第 3 章 … 226
- 第 4 章 … 227
- 第 5 章 … 232
- 第 6 章 … 235
- 第 7 章 … 242
- 第 8 章 … 245
- 第 9 章 … 250
- 第 10 章 … 253
- 第 11 章 … 260
- 第 12 章 … 261
- 第 13 章 … 263
- 第 14 章 … 267
- 第 15 章 … 270
- 第 16 章 … 275
- 第 17 章 … 277
- 第 18 章 … 279
- 第 19 章 … 283
- 第 20 章 … 287
- 第 21 章 … 294
- 第 22 章 … 296
- 第 23 章 … 298
- 第 24 章 … 302

物理定数表　306
参 考 文 献　307
索　　引　309

第1章 量子力学前夜
―― 量子力学の黎明期まとめ

Contents

Section ❶ 散乱問題と波の描像，粒子の描像
Section ❷ 束縛問題とボーアの前期量子論
Section ❸ 波束と自由粒子のシュレディンガー方程式

キーポイント
散乱問題と束縛問題の区別をきちんとつけること．

　ここでは前哨戦として，古典力学の枠組みを超えるために必要とされるアインシュタイン，ド・ブロイならびにボーアの仮説を用いて，コンプトン散乱やポテンシャル束縛問題を解いていきます．これで19世紀末に明らかになってきた古典物理では説明できない現象に，理論的な枠組みを与えられるようになります．しかしボーアの仮説は古典力学の延長上のアイディアであり，最終的には捨てざるを得なくなります．そこで，波束の考えを用いて自由粒子のシュレディンガー方程式の建設を目指します．

❶ 散乱問題と波の描像，粒子の描像

　アインシュタインとド・ブロイの仕事の帰結として，ミクロな粒子の運動は波として記述でき，また進行する光波の様子は粒子集団の運動と見ることができることがわかってきました．これらをまとめると次のように表されます．

| ド・ブロイの関係式 | $p = \dfrac{h}{\lambda}$ | （物体の運動量に波長に反比例） |
| アインシュタインの仮説 | $E = h\nu$ | （光子1つのエネルギーは振動数に比例） |

　これらの式に現れる h を**プランク定数**と呼びます．1.1節ではこれら2つの武器を使って電子や光子の散乱問題を考察します．ここでは光の振動数と波長の関係が光速 c♠ を用いて

$$c = \nu\lambda$$

と書けることに注意して下さい．

♠ $c = 2.998 \times 10^8 \,[\mathrm{m \cdot sec^{-1}}]$

基本問題 1.1　　　　　　　　　　　　　　　　　　　　　　　重要

光電効果について，以下の問いにそれぞれ答えよ．
(1) ある金属に光を照射したところ，光の波長が 310 nm 以下のとき光電効果が観測された．そして光の波長が 155 nm では，4 eV までの電子が観測された．このことからプランク定数と光速の積の値を eV・nm 単位で求めよ．
(2) ある金属に光をあてて光電効果による電子を放出させるには，光の波長が 6280 Å 以下でなければならないという．この金属に波長が 1970 Å の光をあてたときに出てくる電子の最大エネルギーを有効数字 3 桁で求めよ．

方針　光電効果の問題です．金属に光をあてると，ある振動数以上で金属から電子が放射されます．これを**光電効果**といいます．光電効果の特徴は次のようにまとめられます．

- 照射する光の振動数がある臨界値 ν_0 以下では電子がとび出さない．
- とび出す電子の運動エネルギーの最大値は照射光の振動数 ν のみにより決まる．

$$E_{\max} = h\nu - W \quad (W = h\nu_0)$$

- とび出す電子の数はあてた光の強さに比例する．

本問はこれらの特徴に注目すれば解決できます．

【答案】　(1)　$\lambda_0 = 310\,[\text{nm}], \lambda = 155\,[\text{nm}]$ とおく．λ_0 は臨界波長であり

$$\nu_0 = \frac{c}{\lambda_0}, \quad \nu = \frac{c}{\lambda}$$

のように書ける．これより

$$4\,[\text{eV}] = h\nu - W = h\nu - h\nu_0 = hc\left(\frac{1}{155} - \frac{1}{310}\right)$$
$$= hc \times \frac{1}{310}$$

と書け，結局 $hc = 1240\,[\text{eV} \cdot \text{nm}]$ となる．

(2)　求めるべきエネルギーは

$$E_{\max} = h\nu - h\nu_0 = hc\left(\frac{1}{1970} - \frac{1}{6280}\right)\,[\text{eV} \cdot \text{nm} \cdot \text{Å}^{-1}]$$
$$= 1240 \times 3.484 \times 10^{-4} \times \frac{10^{-9}}{10^{-10}}\,[\text{eV}]$$
$$= 4.32\,[\text{eV}]$$

となる．■

基本問題 1.2 【重要】

光は波であるが，一方で運動量 $\frac{h\nu}{c} = \frac{h}{\lambda}$，エネルギー $h\nu$ の波ともみなせる．ただし c は光速であり，ν は光の振動数を表す．このような光が静止した電子に衝突する様子を考察しよう．散乱される電子の運動量 p とエネルギー E の間には相対論的エネルギー関係 $E^2 = (mc^2)^2 + p^2c^2$ が成り立つとして以下の問いに答えよ．

(1) コンプトンは 1923 年，この実験について角度 θ で光が散乱されたとき，波長のずれが次式で与えられることを発見した．
$$\Delta\lambda = \lambda' - \lambda = \frac{h}{mc}(1 - \cos\theta)$$
この現象を粒子どうしの衝突とみなして考察し上式が確かに成り立つことを示せ．

(2) (1) の場合に散乱された電子の運動エネルギーを求めよ．

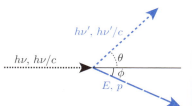

方針 古典力学では物体どうしの衝突（**散乱**）はエネルギー保存則や運動量保存則などを利用するのですが，前期量子論でも発想は一緒です．ただし物体のエネルギーが相対論的に考慮されること，光のエネルギーは $E = h\nu$ で与えられることに注意し，光の運動量が $p = \frac{h}{\lambda}$ で与えられることに気をつけて下さい．電子についても，静止した電子は運動量を持たないので，静止エネルギー mc^2 を持つことも忘れないで下さい．

また，適当な近似条件を考慮すれば**コンプトン散乱**の結果は非相対論的な環境下でも同様に成り立つことが示せます（演習問題 1.1）．

【答案】 (1) エネルギー保存則は
$$h\nu + mc^2 = h\nu' + \sqrt{m^2c^4 + p^2c^2} \quad ①$$
と書け，電子の運動量の大きさ p を用いて，運動量保存則 x 軸方向，y 軸方向についてそれぞれ
$$\frac{h\nu}{c} = \frac{h\nu'}{c}\cos\theta + p\cos\phi \quad ② \qquad \frac{h\nu'}{c}\sin\theta = p\sin\phi \quad ③$$
となる．②と③から ϕ を消去して $\nu^2 - 2\nu\nu'\cos\theta + \nu'^2 = \frac{c^2p^2}{h^2}$ …④ が成り立つ．①と④から p を消去して $\frac{h}{mc}(1-\cos\theta) = \left(\frac{1}{\nu'} - \frac{1}{\nu}\right)c = \lambda' - \lambda$ …⑤ となり，所望の式を得る．

(2) 運動エネルギーだけが欲しいので，①から
$$\sqrt{m^2c^4 + p^2c^2} - mc^2 = h\nu' - h\nu$$
と書け，求めるべきはこの値である．⑤から ν' を求めると $\nu' = \frac{mc^2\nu}{h\nu(1-\cos\theta)+mc^2}$ となるのでこれを代入し，$h\nu - h\nu' = h\nu\frac{h\nu(1-\cos\theta)}{mc^2+h\nu(1-\cos\theta)}$ を得る．■

ポイント さりげないですがアインシュタインの仮説を用いることで，コンプトンが X 線の実験から発見した $\Delta\lambda = \frac{h}{mc}(1-\cos\theta)$ という関係式を理論的に示せたという点が重要です．古典力学の知識だけでは，この関係式を示すことができません．

❷ 束縛問題とボーアの前期量子論

クーロンポテンシャルに束縛された電子や、調和振動子など、引力によって運動している粒子は「ポテンシャルに**束縛**されている」といいます。例えば、原子核のまわりを回る電子のような、クーロンポテンシャルに束縛されている粒子のエネルギー準位は実験結果として離散的に分布することが知られており[1]、本節ではこの「とびとびのエネルギー」を求めることが主眼となります。

そこで、ボーアとゾンマーフェルトによって提唱された次の式を用います。

$$\oint p\,dq = nh \quad (n = 1, 2, 3, \cdots)$$

この式を**ボーア–ゾンマーフェルトの量子化条件**と呼びます。q は粒子の空間座標、p は粒子の空間座標と共役な運動量を表します[2]。この積分 $\oint$ は粒子の軌道上を一周だけ回って積分するという意味で、**周回積分**と呼ばれます。

具体的な例で考えてみましょう。水素原子について、原子核のまわりを回る電子について考察します。電子の軌道が半径 r の円であるとし、円周の長さが波長の整数倍に一致すると、自然数 n に対し $2\pi r = n\lambda$ が成り立つと考えるのが自然です(一周して元に戻らないと周期運動になりません)。

素朴に物質波の波長 $\lambda = \frac{h}{p}$ を思い出すと、上の式から

$$2\pi r \cdot p = nh$$

が成り立つことがわかります。ボーア–ゾンマーフェルトの量子化条件はこの式の自然な拡張になっています。

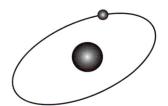

原子核のまわりを回る電子

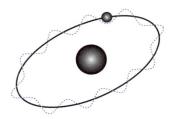

軌道の長さは波長の整数倍

---

[1] 水素原子からの可視光のスペクトル線から、バルマーはとびとびのエネルギーの関係式を見出しました。(バルマー系列) 次ページの基本問題 1.3 で、この関係式の導出を試みます。

[2] 座標 q の共役運動量はラグランジアン L を用いて $p = \frac{\partial L}{\partial \dot{q}}$ で与えられます。$\dot{q}$ は q の時間微分を表します。

基本問題 1.3 [重要]

水素原子の原子核のまわりを回る電子について考察しよう. 電子の質量を m とし, 電子の速さを v とする. また, 電気素量を e, 真空の誘電率を ε とする.

(1) 電子が陽子から受けるクーロン力の大きさは $\frac{e^2}{4\pi\varepsilon r^2}$ で与えられる. 力の釣合いの式から v を m, r, e, ε で表せ.

(2) 水素原子では, 電子が陽子のまわりを円運動しているとし (**ボーアモデル**), 電子の力学的エネルギーを r, e, ε で表せ.

(3) 電子を波長 λ の波と考えよう. 円周 $2\pi r$ が波長 λ の整数倍に一致するとし, $2\pi r = n\lambda$ ($n = 1, 2, \cdots$) を採用する. さらに物質波の波長, $\lambda = \frac{h}{p}$ を用いて, (2) で求めた電子の力学的エネルギーを書き換えよ.

(4) バルマーは 1885 年, 水素原子からの可視光スペクトル線の間にある関係式が成り立つことを発見した. 次の式はリュードベリがそれを少し書き換えたものである.

$$h\nu = Rch\left(\frac{1}{2^2} - \frac{1}{n^2}\right), \quad R = \frac{me^4}{8h^3c\varepsilon^2}$$

(3) で求めたエネルギー E_n について $E_n - E_2$ を計算し, 上記のバルマー系列を導出せよ.

方針 誘導に従うだけです. キーポイントは「電子の力学的エネルギーを r で表すこと」「r と v と量子数 n の関係を求めること」「力学的エネルギーを n で表すこと」の 3 つ.

【答え】 (1) クーロン力 $\frac{e^2}{4\pi\varepsilon r^2}$ と遠心力 $m\frac{v^2}{r}$ の釣合いから, $v = \sqrt{\frac{e^2}{4m\pi\varepsilon r}}$ が成り立つ.

(2) 電子の力学的エネルギーは (1) の結果から次のようになる.
$$E = \frac{1}{2}mv^2 - \frac{e^2}{4\pi\varepsilon r} = \frac{1}{2}m\frac{e^2}{4m\pi\varepsilon r} - \frac{e^2}{4\pi\varepsilon r} = -\frac{e^2}{8\pi\varepsilon r}$$

(3) 量子化条件 $2\pi r = n\lambda$ ($n = 1, 2, \cdots$) と物質波の式 $\lambda = \frac{h}{p}$ から $r = \frac{n\lambda}{2\pi} = \frac{nh}{2\pi}\frac{1}{mv} = \frac{nh}{2\pi m}\sqrt{\frac{4m\pi\varepsilon r}{e^2}} = nh\sqrt{\frac{\varepsilon}{m\pi e^2}r}$ と書け, これより $r = n^2 h^2 \frac{\varepsilon}{m\pi e^2}$ を得る. これを (2) の結果に代入し, 力学的エネルギー (エネルギー準位) が $E = -\frac{e^2}{8\pi\varepsilon}\frac{m\pi e^2}{n^2 h^2 \varepsilon} = -\frac{me^4}{8h^2\varepsilon^2}\frac{1}{n^2}$ として求められる.

(4) (3) より $E_n - E_2$ を計算すると, $E_n - E_2 = \frac{me^4}{8h^2\varepsilon^2}\left(\frac{1}{2^2} - \frac{1}{n^2}\right)$ となり, バルマー系列に一致する. ■

ポイント バルマー系列は古典力学の知識だけでは導出できません. ボーアの仮定した $2\pi r = n\lambda$ を適用することで導出できたことが重要なのです. しかしこれは粒子が円軌道を描いて運動していることを仮定しています. 次の問題では解析力学の手法を用い, 粒子の軌道を仮定せずにスタートして考えてみましょう.

> **コラム** 10 分で復習する解析力学

解析力学の手法について，ここで簡単におさらいしておきましょう．初歩的な力学の手法では粒子の軌道を描き，粒子に加わる力の差し引きから運動方程式を立てますが，解析力学は粒子のポテンシャルエネルギーからラグランジアンを作り，オイラー–ラグランジュの方程式に代入するか，ラグランジアンからハミルトニアンを作り正準方程式に代入することで運動方程式を導きます．

ラグランジュ形式
(1) ラグランジアン L を，粒子の空間座標を q としたときのポテンシャルエネルギー $V(q)$ と粒子の運動量を p としたときの運動エネルギー $T = \frac{1}{2}m\dot{q}^2$ から次のように求める．
$$L = T - V$$
$$= \frac{1}{2}m\dot{q}^2 - V(q)$$
(2) ラグランジアン L を，次のオイラー–ラグランジュ方程式に代入する．
$$\frac{d}{dt}\frac{\partial L}{\partial \dot{q}} - \frac{\partial L}{\partial q} = 0$$

ハミルトン形式
(1) ラグランジアンを用いて空間座標 q に共役な運動量 p を次の式から求める．
$$p = \frac{\partial L}{\partial \dot{q}}$$
(2) ラグランジアン L と (1) で求めた p を用いて $\dot{q}$ を p の式で書き換え，次の式からハミルトニアン H を求める．
$$H = p\dot{q} - L$$
$$= \frac{p^2}{2m} + V(q)$$
(3) ハミルトニアンを次の正準方程式に代入する．
$$\dot{q} = \frac{\partial H}{\partial p}, \quad \dot{p} = -\frac{\partial H}{\partial q}$$

どちらの手法にしろ得られるのは同じ運動方程式ですが，両者の違いは力学変数の選び方にあります．古典力学の延長上の方法として考えると粒子の空間座標と速度の組合せを力学変数として選ぶラグランジュの方法がより自然に思えるかもしれませんが，量子力学はむしろハミルトンの方法を意識した解析力学から出発しています．

基本問題 1.4

調和振動子に束縛される粒子について考えよう．調和振動子のラグランジアンを
$$L = \frac{1}{2}m\dot{q}^2 - \frac{1}{2}m\omega^2 q^2$$
とする．

(1) ラグランジアンから座標 q の共役運動量 $p = \frac{\partial L}{\partial \dot{q}}$ を求めよ．
(2) ハミルトニアン $H(q,p) = p\dot{q} - L$ を求めよ．
(3) 相空間を描き，軌道上の周回積分をボーア–ゾンマーフェルトの量子化条件に適用し，量子数 n によってエネルギー E を表せ．

方針 ハミルトニアンを一定値として qp 平面上に粒子の軌道を描きます．この軌道を**相空間**（または**位相空間**）と呼びます．この軌道上の積分を考え，量子化条件に持ち込みます．

【答案】 (1) $p = m\dot{q}$

(2) $H = p \cdot \dfrac{p}{m} - L = \dfrac{p^2}{2m} + \dfrac{1}{2}m\omega^2 q^2$

(3) $H = E$（一定）とすると，ハミルトニアンの式は qp 変数について右図のような楕円曲線を描くことがわかる．
$$\frac{q^2}{\left(\sqrt{\frac{2E}{m\omega^2}}\right)^2} + \frac{p^2}{(\sqrt{2mE})^2} = 1$$

楕円の面積は $S = \pi \times$ (長半径) $\times$ (短半径) で与えられるので，次が成り立つ．
$$\oint p\,dq = \pi\sqrt{\frac{2E}{m\omega^2}}\sqrt{2mE} = \frac{2\pi E}{\omega}$$

量子化条件より $\oint p\,dq = nh$ $(n = 0, 1, \cdots)$ と書け，$E = \frac{nh\omega}{2\pi}$ $(= n\hbar\omega)$♠ を得る．∎

ポイント 量子力学での結果 $E_n = \hbar\omega\left(n + \frac{1}{2}\right)$ に一致しないことに注意して下さい．最低エネルギーが 0 にならないのは零点振動によるもので，これは前期量子論では説明できません．ちなみに，楕円の面積は $q = \sqrt{\frac{2E}{m\omega^2}}\cos\theta, p = \sqrt{2mE}\sin\theta$ とおいて
$$\oint p\,dq = 4\int_{\frac{\pi}{2}}^{0} p\frac{dq}{d\theta}d\theta = \frac{2\pi E}{\omega}$$
と計算してやれば導くことができます．（積分範囲は，第一象限について積分して 4 倍することを考慮しています．積分の向きが $\frac{\pi}{2} \to 0$ なのは，$\dot{q} = -\sqrt{\frac{2E}{m\omega^2}}\sin\theta$ となり，$0 \le \theta \le \frac{\pi}{2}$ において $q > 0$ ならば $\dot{q} < 0$ となるためです．）

♠ $\hbar = \frac{h}{2\pi}$ はディラック定数と呼ばれます．量子力学ではプランク定数よりディラック定数がよく使われます．

基本問題 1.5

クーロンポテンシャル $-\dfrac{e^2}{4\pi\varepsilon r}$ に束縛されて二次元運動する質量 m の粒子について考えよう.

(1) 粒子の空間座標を $\boldsymbol{r}$ の x,y 成分をそれぞれ $r\cos\theta, r\sin\theta$ とする. $m\dot{\boldsymbol{r}}^2$ を計算し,ラグランジアン L を r,θ を用いて表せ.

(2) r と共役な運動量 p_r と,θ と共役な運動量 p_θ を求めよ.

(3) ハミルトニアンを次の式によって求め,正準方程式に代入して $\dot{r}, \dot{p}_r, \dot{\theta}, \dot{p}_\theta$ を求めよ.

$$H = p_r \dot{r} + p_\theta \dot{\theta} - L$$

(4) ボーア–ゾンマーフェルトの量子化条件

$$\oint p_\theta \, d\theta = nh$$

を用いて p_θ を求め,r を一定としてハミルトニアンを求めよ.

方針 基本問題 1.3 で求めた結果を,解析力学の方法からのアプローチで再計算します. ポイントはラグランジアンを求めてからハミルトニアンを導き,力学的エネルギーを求めた上でボーア–ゾンマーフェルトの量子化条件を適用する過程です. ハミルトニアンは力学的エネルギーに一致するため,これによってエネルギー準位が求められます.

【答案】 (1)

$$\boldsymbol{r} = \begin{pmatrix} r\cos\theta \\ r\sin\theta \end{pmatrix}$$

とおくと,

$$\dot{\boldsymbol{r}} = \begin{pmatrix} \dot{r}\cos\theta - r\dot{\theta}\sin\theta \\ \dot{r}\sin\theta + r\dot{\theta}\cos\theta \end{pmatrix}$$

となるので,

$$m\dot{\boldsymbol{r}}^2 = m\dot{r}^2 + mr^2\dot{\theta}^2$$

を得る. これよりラグランジアンは

$$L = \frac{1}{2}m\dot{r}^2 + \frac{1}{2}mr^2\dot{\theta}^2 + \frac{e^2}{4\pi\varepsilon r}$$

となる.

(2) 求めるものはそれぞれ

$$p_r = \frac{\partial L}{\partial \dot{r}} = m\dot{r}, \quad p_\theta = \frac{\partial L}{\partial \dot{\theta}} = mr^2\dot{\theta}$$

となる.

(3) ハミルトニアンを r, p_r, θ, p_θ で表すと，
$$H = p_r \dot{r} + p_\theta \dot{\theta} - L$$
$$= \frac{1}{2m} p_r^2 + \frac{1}{2mr^2} p_\theta^2 - \frac{e^2}{4\pi\varepsilon r}$$

となり，正準方程式
$$\dot{r} = \frac{\partial H}{\partial p_r}, \quad \dot{\theta} = \frac{\partial H}{\partial p_\theta}, \quad \dot{p}_r = -\frac{\partial H}{\partial r}, \quad \dot{p}_\theta = -\frac{\partial H}{\partial \theta}$$

にそれぞれ代入すると，
$$\dot{r} = \frac{p_r}{m}, \quad \dot{\theta} = \frac{p_\theta}{mr^2}, \quad \dot{p}_r = \frac{p_\theta^2}{mr^3} - \frac{e^2}{4\pi\varepsilon r^2}, \quad \dot{p}_\theta = 0$$

を得る．

(4) (3) より $\dot{p}_\theta = 0$ より p_θ は定数であり，ボーア–ゾンマーフェルトの量子化条件から
$$\oint p_\theta \, d\theta = 2\pi p_\theta = nh$$

となり，$p_\theta = \frac{nh}{2\pi}$ を得る．r を一定とすると，$\dot{r} = 0$ より (3) の正準方程式から $p_r = 0$ となり，これより $\dot{p}_r = 0$ となるため
$$\dot{p}_r = \frac{p_\theta^2}{mr^3} - \frac{e^2}{4\pi\varepsilon r^2} = 0$$

から r を求めると
$$r = \frac{4\pi\varepsilon}{me^2} p_\theta^2 = \frac{\varepsilon}{\pi me^2} n^2 h^2$$

を得る．ハミルトニアン H を r で表し，この r の式を代入すると
$$H = \frac{1}{2m} p_r^2 + \frac{1}{2mr^2} p_\theta^2 - \frac{e^2}{4\pi\varepsilon r}$$
$$= -\frac{me^4}{8h^2\varepsilon^2 n^2}$$

となる．これがこの系の力学的エネルギーである．■

■ポイント■ 途中から円軌道を仮定しているので力学的エネルギーは基本問題 1.3 と一致します．

❸ 波束と自由粒子のシュレディンガー方程式

物体の運動を平面波の重ね合わせで表し，次のような波束を考えます．

$$\psi(x,t) = \frac{1}{\sqrt{2\pi}} \int_{-\infty}^{\infty} g(k) \exp\{i(kx - \omega t)\}\, dk$$

$g(k)$ はその時々で選ばれる重み関数です．角振動数 ω は，光の場合は $\omega = ck$ を用いて表されますが，一般に物質波を考えるときは $\omega(k)$ のように一般に k の関数として表されます．こうすると上の積分が計算できないので，角振動数は $k = k_0$ の近くで緩やかに変動するとして

$$\omega(k) = \omega_0 + \underbrace{\left.\frac{d\omega}{dk}\right|_{k=k_0}}_{v_{\mathrm{g}}} (k-k_0) + \underbrace{\left.\frac{1}{2!}\frac{d^2\omega}{dk^2}\right|_{k=k_0}}_{\xi} (k-k_0)^2 + O((k-k_0)^3)$$

$$\approx \omega_0 + v_{\mathrm{g}}(k-k_0) + \xi(k-k_0)^2$$

と仮定して用います．

波の分散関係 $\omega = v_\phi k$ にちなんで，$v_\phi = \frac{\omega}{k}$ を**位相速度**と呼びます．例えば光の場合は $v_\phi = c$ なので光速が位相速度となります．一方で，物質波の一般化された分散関係

$$\omega(k) = \omega_0 + v_{\mathrm{g}}(k-k_0) + \xi(k-k_0)^2$$

において，v_{g} を**群速度**と呼びます．位相速度は 1 つの波の速度を表し，群速度は波のカタマリ（波の群れ）が移動する速度を表します♠．つまり，量子論では粒子の運動を波ではなく波のカタマリの進行とみなすわけです．

例えば次のような重み関数について波束を求めてみましょう．

$$g(k) = \begin{cases} \dfrac{1}{2\Delta k} & (k_0 - \Delta k \leq k \leq k_0 + \Delta k) \\ 0 & (その他のとき) \end{cases}$$

さらに物質波の分散関係を $\omega(k) = \omega_0 + v_{\mathrm{g}} k$ としてみましょう．このとき波束は

$$\begin{aligned}
\psi(x,t) &= \frac{1}{\sqrt{2\pi}\, 2\Delta k} \int_{k_0-\Delta k}^{k_0+\Delta k} \exp[i\{kx - (\omega_0 + v_{\mathrm{g}} k)t\}]\, dk \\
&= \frac{1}{\sqrt{2\pi}\, 2\Delta k} \exp(-i\omega_0 t) \frac{\exp\{i(k_0+\Delta k)(x - v_{\mathrm{g}} t)\} - \exp\{i(k_0-\Delta k)(x - v_{\mathrm{g}} t)\}}{i(x - v_{\mathrm{g}} t)} \\
&= \frac{1}{\sqrt{2\pi}\,(x - v_{\mathrm{g}} t)\Delta k} \exp[i\{k_0(x - v_{\mathrm{g}} t) - \omega_0 t\}] \sin((x - v_{\mathrm{g}} t)\Delta k)
\end{aligned}$$

のように求められます．

♠ 書籍なので表現しにくいのですが，このあたりはインターネットでアニメーションを探してみるとよくわかります．位相速度と群速度は一般には一致しません．

1.3 波束と自由粒子のシュレディンガー方程式

ここで $t=0$ とし,Δk を小さく取ると波束は下図のようなグラフを描きます.粒子の運動は波で記述されるという事実はすでに断った通りですが,重ね合わせの原理を考えればわかるように,物体の運動を記述するには波の重ね合わせを用いれば良いでしょう.下図のようにピークを持ったグラフが時間が経つにつれて動き出すと考えれば物体の運動を記述できるわけです.

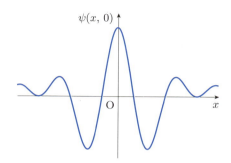

さて,あらためて波束の式

$$\psi(x,t) = \frac{1}{\sqrt{2\pi}} \int_{-\infty}^{\infty} g(k) \exp\{i(kx-\omega t)\} \, dk$$

を見てみましょう.質量 m の粒子の運動エネルギーは

$$\frac{p^2}{2m} = \frac{\hbar^2 k^2}{2m}$$

で表されることを思い出し角振動数を用いて $\hbar\omega(k)$ とも書けること(演習問題1.3)と比べれば

$$\hbar\omega = \frac{\hbar^2 k^2}{2m}$$

と書くことができます.ここでこれを意識して,演算子

$$i\hbar \frac{\partial}{\partial t} + \frac{\hbar^2}{2m} \frac{\partial^2}{\partial x^2}$$

を波束の左から掛けて

$$\left(i\hbar \frac{\partial}{\partial t} + \frac{\hbar^2}{2m} \frac{\partial^2}{\partial x^2}\right)\psi(x,t) = \frac{1}{\sqrt{2\pi}} \int_{-\infty}^{\infty} g(k) \left(\hbar\omega - \frac{\hbar^2 k^2}{2m}\right) \exp\{i(kx-\omega t)\} \, dk = 0$$

とすると,波束のみたす微分方程式

$$i\hbar \frac{\partial}{\partial t}\psi(x,t) = -\frac{\hbar^2}{2m} \frac{\partial^2}{\partial x^2}\psi(x,t)$$

が得られ,これを**自由粒子のシュレディンガー方程式**と呼びます.

基本問題 1.6

次の重み関数に対して波束を計算せよ．
$$g(k) = \left(\frac{a^2}{\pi}\right)^{\frac{1}{4}} \exp\left\{-\frac{a^2}{2}(k-k_0)^2\right\}$$

方針 複素数 a に対して拡張されたガウス積分 $\int_{-\infty}^{\infty} \exp(-ax^2)\,dx = \sqrt{\dfrac{\pi}{a}}$ （ただし a の実部は正）を用いて計算します．

【答案】 $g(k) = \left(\dfrac{a^2}{\pi}\right)^{\frac{1}{4}} \exp\left\{-\dfrac{a^2}{2}(k-k_0)^2\right\}$ から波束を計算する．ここで $A = \left(\dfrac{a^2}{\pi}\right)^{\frac{1}{4}}$, $b = \dfrac{a^2}{2}$, $K = k-k_0$ とおき，分散関係の近似式を $\omega(k) = \omega_0 + v_{\mathrm{g}}(k-k_0) + \xi(k-k_0)^2$ とすると，

$$\begin{aligned}
\psi(x,t) &= \frac{1}{\sqrt{2\pi}} \int_{-\infty}^{\infty} A\exp\left\{-\frac{a^2}{2}(k-k_0)^2 + i(kx-\omega t)\right\} dk \\
&= \frac{1}{\sqrt{2\pi}} \int_{-\infty}^{\infty} A\exp(-i\omega_0 t)\exp(-bK^2)\exp\{i(k_0+K)x\}\exp\{-i(v_{\mathrm{g}}K+\xi K^2)t\}\,dK \\
&= \frac{A}{\sqrt{2\pi}} \exp\{i(k_0 x - \omega_0 t)\} \int_{-\infty}^{\infty} \exp\{-(b+it\xi)K^2 + i(x-v_{\mathrm{g}}t)K\}\,dK \\
&= \frac{A}{\sqrt{2\pi}} \exp\{i(k_0 x - \omega_0 t)\} \\
&\quad \times \int_{-\infty}^{\infty} \exp\left[-(b+it\xi)\left\{K - \frac{i(x-v_{\mathrm{g}}t)}{2(b+it\xi)}\right\}^2 - \frac{(x-v_{\mathrm{g}}t)^2}{4(b+it\xi)}\right] dK \\
&= \frac{A}{\sqrt{2\pi}} \exp\{i(k_0 x - \omega_0 t)\} \sqrt{\frac{\pi}{b+it\xi}} \exp\left\{-\frac{(x-v_{\mathrm{g}}t)^2}{4(b+it\xi)}\right\} \\
&= \frac{A}{\sqrt{2(b+it\xi)}} \exp\left\{i(k_0 x - \omega_0 t) - \frac{(x-v_{\mathrm{g}}t)^2}{4(b+it\xi)}\right\}
\end{aligned}$$

を得る．ここで拡張されたガウス積分

$$\int_{-\infty}^{\infty} \exp(-ax^2)\,dx = \sqrt{\frac{\pi}{a}} \quad \text{（ただし a の実部は正）}$$

を用いた．最後に記号を元に戻して，波束は

$$\psi(x,t) = \frac{1}{\sqrt{a^2 + 2it\xi}} \left(\frac{a^2}{\pi}\right)^{\frac{1}{4}} \exp\left\{i(k_0 x - \omega_0 t) - \frac{(x-v_{\mathrm{g}}t)^2}{2(a^2 + 2it\xi)}\right\}$$

となる．■

ポイント ガウス積分については，例えば鈴木久男監修，引原俊哉著『演習しよう 物理数学』（数理工学社，2016）の第 1 章に計算の仕方が掲載されています．本問題のように a を複素数に拡張する際は，コーシーの積分定理を用いた複素積分（同書演習問題 4.5.3 で現れる α を，本問題の a の虚部と見る）を使います．

コラム　ボーアの前期量子論についての注意

束縛問題について，本章で学んだように，ボーアの仮説（ボーア–ゾンマーフェルトの量子化条件）を用いることで，ポテンシャルに束縛された粒子のとびとびのエネルギー（エネルギー準位）を求めることができました．しかし，これには以下のような批判的な注意がつきまとうことを忘れてはいけません．

- 非周期運動が扱えない．
- n が取る値が自明ではない．
- 積分に座標と運動量の組合せを必要とする．

特に最後の条件は，ハイゼンベルクの不確定性原理（座標と運動量は同時に観測できない）に矛盾することとなり，ボーアの仮説は量子力学の枠組みの中では使えないことになります．

すると，これからは束縛問題においてとびとびのエネルギーをどのように求めれば良いのでしょうか？

シュレディンガー方程式を立てる際，束縛問題を扱う際は粒子を束縛するポテンシャルを設定するとともに，その粒子がどの領域内に束縛されているかを指定する必要があります．この条件を境界条件といい，とびとびのエネルギーはこの境界条件から導かれます．（生成消滅演算子など，ポテンシャルに対応する演算子を用いて計算する際は，演算子を利用する際にとびとびのエネルギーを与える"状態"があることを前提として計算することになります．）

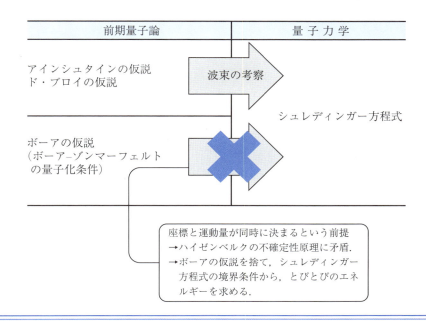

演習問題

— A —

1.1 非相対論的コンプトン散乱

非相対論的コンプトン散乱を考えてみよう．振動数 ν，波長 λ の光子が静止していた質量 m の電子に弾性衝突して角度 θ で散乱された．このときの振動数は ν' で，波長は λ' であった．一方電子は大きさ p の運動量で，角度 ϕ の方向に散乱された．

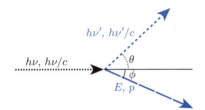

(1) エネルギー保存則と運動量保存則を書き下せ．
(2) 近似式
$$(\nu - \nu')^2 \ll 2\nu\nu'(1 - \cos\theta)$$
が成り立つと仮定し波長のずれを求めよ．

1.2 井戸型ポテンシャル束縛

ボーア–ゾンマーフェルトの量子化条件を用いて，無限の高さの井戸型ポテンシャル

$$V(x) = \begin{cases} 0 & \left(|x| < \dfrac{L}{2}\right) \\ +\infty & \left(\dfrac{L}{2} < |x|\right) \end{cases}$$

の中を運動する質量 m の粒子のエネルギー準位を求めよ．

— B —

1.3 物質波の群速度

質量が有限 ($m \neq 0$) の物質波において，一般に位相速度と群速度は一致しない．ド・ブロイの関係
$$p = \frac{\hbar}{\lambda} = \hbar k$$
を考慮して以下の問いに答えよ．
(1) 群速度 $\frac{d\omega}{dk}$ が古典的な粒子の速度 $\frac{p}{m}$ と等しいとして，ω を k で表せ．
(2) ω を p で表せ．
(3) 角振動数 ω と運動エネルギー $E = \frac{p^2}{2m}$ の間にはどのような関係が成り立つか．

1.4 物質波の位相速度

前問とは違い,今度は位相速度が古典的な速度と一致するとして角振動数と古典的なエネルギーの関係について考察しよう.
(1) 位相速度が古典的な粒子の速度に等しいとして,ω を k で表せ.
(2) この場合,角振動数と運動エネルギーとの間にはどのような関係が成り立つか.

1.5 水素原子モデルと量子化条件（楕円軌道の場合）

二次元極座標表示を用いて,ボーア–ゾンマーフェルトの量子化条件を用いて,水素原子で電子が楕円軌道を描く場合のスペクトルを求めよう.
(1) ボーア–ゾンマーフェルトの量子化条件を θ 座標について示せ.また,座標 θ についての積分を実行し,p_θ を求めよ.
(2) 楕円軌道において,$E, p_\theta = L$ は保存量であるから,r の正準共役運動量が $p_r = p_r(r, E, L)$ のように求められるはずである.座標 r についてのボーア–ゾンマーフェルト量子化条件に現れる一周積分は回帰点の a, b を用いて次のように表される.

$$2\int_a^b p_r(E, r, L) dr$$

回帰点 a, b を求め,これらを用いて関数 $p_r = p_r(E, L, r)$ を表せ.
(3) 水素原子のエネルギースペクトルが $E_n = -\frac{me^4}{2\hbar^2}\frac{1}{n^2}$ のようになることを示せ.必要なら積分公式

$$I(a,b) = \int_a^b \frac{\sqrt{(r-a)(b-r)}}{r} dr = \pi\left(\frac{a+b}{2} - \sqrt{ab}\right)$$

を用いよ.

1.6 ボーアの対応原理

ボーアは,古典力学との対応原理を用いて $\oint p\, dq = nh$ を用いた量子化の概念を生み出した.その概念に少しだけ触れてみよう.まず,原子のエネルギー準位がとびとびであるとする.また,その準位間の遷移のときに光子が放出されるとする.ボーアが基盤にした対応原理は,

放出される光子の振動数は,n が大きいとき（古典的なとき）には,
古典力学での電子の振動数（の整数倍）に一致するべきである.

というものであった.この条件は,n の大きいところでは次のように表される.

$$\frac{1}{h}\frac{dE}{dn} = \nu_{\text{cl.}}(E)$$

(1) この式から n の大きいところでの次の量子化則を導け.
$$\int^E \frac{dE}{\nu_{\rm cl.}(E)} = nh + {\rm const.}$$

(2) 作用 $J = \oint p\,dq$ をエネルギーの関数と考え，これと (1) の結果を結びつけよう．運動量をエネルギーで微分するとどのような物理量が得られるか.

(3) 作用を少し書き換え $J = 2\int_{a(E)}^{b(E)} p(E,q)dq$ あるいは $J = \oint p\dfrac{dq}{dt}dt$ とする．前問の結果を用いると，この量のエネルギー微分はどのような量になっているか.

(4) あるエネルギー $E_{\min}$ において，(1) の右辺に現れる定数と n がともに 0 であるとする．これまでの結果を用いて次が成り立つことを示せ.
$$\int_{E_{\min}}^{E_n} \frac{dE}{\nu_{\rm cl.}(E)} = \oint_{H=E} p\,dq = nh$$

1.7 実数の波と複素数の波

本章では複素数の波を考えているが，実数の波を考える場合は波の二乗振幅 ϕ^2 のピークが群速度と一致しないことを示そう.

(1) 実数の波の重ね合わせ
$$\phi(x,t) = \phi_{k+\delta k}(x,t) + \phi_{k-\delta k}(x,t), \quad \phi_k(x,t) = \cos\theta_k(x,t)$$
を考える．ここで $\theta_k(x,t) = kx - \omega(k)t$ とする．δk が小さいときにこの波が
$$\phi(x,t) = 2\cos\theta_k(x,t)\cos\delta\theta(x,t)$$
のように表されることを示し，$\delta\theta$ を求めよ.

(2) 波が実数である場合，二乗振幅のピークは
$$\frac{\partial \phi^2}{\partial x} = 0$$
より求められる．この条件を δk についての最低次数について評価し，二乗振幅のピークが動く速度を求めよ.

(3) 複素数の波の重ね合わせ
$$\psi_k(x,t) = \psi_{k+\delta k}(x,t) + \psi_{k-\delta k}(x,t), \quad \psi_k(x,t) = e^{i(kx-\omega t)}$$
を考える．δk が小さいときにこの波が
$$\psi_k(x,t) = 2\psi_k(x,t)\cos\delta\theta(x,t)$$
と表せることを示せ．ここで $\delta\theta$ は (1) と同じである.

(4) 波が複素数である場合，絶対二乗振幅のピークは
$$\frac{\partial |\psi|^2}{\partial x} = 0$$
より求められる．この条件を δk についての最低次数について評価し，二乗振幅のピークが動く速度を求めよ.

第2章 量子化と演算子代数
―― 計算の基礎の基礎！

Contents
Section ❶ 正準交換関係　　Section ❷ 生成演算子と消滅演算子
Section ❸ 角運動量演算子

キーポイント
とにかく正準交換関係に帰着させろ！

量子力学で最も基本的な概念である正準交換関係に慣れ親しみましょう．

❶ 正準交換関係

どんなに観測機器の精度をあげても，ミクロな粒子の座標と運動量を同時に測定することはできません．これが不確定性原理の主張であり，座標と運動量を時間の関数として求める古典力学の手法は，ミクロの世界を記述するためには全く役に立たなくなってしまいます．量子力学では不確定性関係[♠1]の主張を内包し，かつ「使い物になる」道具として「演算子」という概念を用います．その基本となるのが次の**正準交換関係**です．

$$[\hat{x}, \hat{p}] = i\hbar, \quad [\hat{x}, \hat{x}] = 0, \quad [\hat{p}, \hat{p}] = 0$$

$\hat{x}$ は座標演算子，$\hat{p}$ は運動量演算子を意味します．

量子力学で扱う演算子はハット（帽子）をつけて $\hat{A}$ のように表します．また，上で用いているように2つの演算子 $\hat{A}$ と $\hat{B}$ について，$[\hat{A}, \hat{B}] = \hat{A}\hat{B} - \hat{B}\hat{A}$ という量を定義しましょう．これを**交換子**と呼びます．例えば行列について積の交換 $AB = BA$ が必ずしも成り立つとは限らないように，演算子の交換子もまた，0になるとは限りません．ここがミソで，どの演算子の交換子が0になり，どの演算子の交換子が0にならないか，それを調べるのが本節の目的です．新しい演算子が現れたら，とことん交換関係を調べましょう．これが後々効いてくるのです．そのためにも，$\hat{x}$ と $\hat{p}$ の具体的な表示が必要になってきます．実は，正準交換関係をみたすならどのような $\hat{x}$ と $\hat{p}$ の組合せでも良いのですが[♠2]，本書ではよく用いられる "表示"[♠3] $\hat{x} = x, \hat{p} = -i\hbar \frac{d}{dx}$ を用います．この演算子が，きちんと正準交換関係をみたしていることを確かめておきましょう．

[♠1] 不確定性関係とは不確定性原理を定量的に不等式で表したものです．

[♠2] これは x, p のどちらを変数に選んでも良いことに対応しています．

[♠3] 本来，$\hat{x}$ を掛けることは座標を観測する行為に相当するのですが，ここでは "単に座標変数 x を掛けること" を表しています．

基本問題 2.1　　　　　　　　　　　　　　　　　　　　　　　重要

座標演算子 $\hat{x} = x$ と運動量演算子 $\hat{p} = -i\hbar \frac{d}{dx}$ が次の正準交換関係をみたすことを示せ．

$$[\hat{x}, \hat{p}] = i\hbar, \quad [\hat{x}, \hat{x}] = 0, \quad [\hat{p}, \hat{p}] = 0$$

方針　座標表示された座標演算子，運動量演算子はそれぞれ「x を掛ける」「x で微分する」役割を担います．積の微分に気をつけて計算すればゴールできます．

【答案】　任意の関数 $f(x)$ に対して，交換関係 $[\hat{x}, \hat{p}]$ を作用させる．

$$\begin{aligned}
[\hat{x}, \hat{p}]f(x) &= x\left(-i\hbar\frac{d}{dx}\right)f(x) - \left(-i\hbar\frac{d}{dx}\right)(xf(x)) \\
&= -i\hbar x\frac{df}{dx} + i\hbar\frac{d}{dx}(xf(x)) \\
&= -i\hbar x\frac{df}{dx} + i\hbar f + i\hbar x\frac{df}{dx} \\
&= i\hbar f(x)
\end{aligned}$$

ただし二行目から三行目にかけて積の微分を用いた．これにより

$$[\hat{x}, \hat{p}] = i\hbar$$

が成り立つことがわかる．$[\hat{x}, \hat{x}], [\hat{p}, \hat{p}]$ はそれぞれ，交換子の定義から 0 になる．(同じ演算子同士の交換関係は 0 になる！) これによって正準交換関係が成立することが示せた．■

ポイント　ちなみに，

$$[\hat{p}, \hat{x}] = -[\hat{x}, \hat{p}] = -i\hbar$$

が成り立つことにも注意しておきましょう．

　座標演算子と運動量演算子の間に正準交換関係をみたすように量子化してやると，後で示すように**不確定性関係**を示すことができます．量子力学と古典力学の大きな違いは不確定性原理が成り立つことにあり，正準交換関係はこの結果を与える超重要な関係式となるのです．

次に，様々な交換関係を計算するための重要公式を用意しましょう．

> **基本問題 2.2** 　　　　　　　　　　　　　　　　　　　　　　　　　　　　　　　重要
>
> 演算子の交換子について次が成り立つことを示せ．
> $$[\hat{A}, \hat{B}\hat{C}] = \hat{B}[\hat{A}, \hat{C}] + [\hat{A}, \hat{B}]\hat{C}$$
> $$[\hat{A}\hat{B}, \hat{C}] = \hat{A}[\hat{B}, \hat{C}] + [\hat{A}, \hat{C}]\hat{B}$$

方針　交換子の定義に従って右辺を展開して出発すれば，一気に左辺にたどりつけます．

【答案】　第一式を示そう．左辺は
$$[\hat{A}, \hat{B}\hat{C}] = \hat{A}\hat{B}\hat{C} - \hat{B}\hat{C}\hat{A}$$
となる．右辺は
$$\hat{B}[\hat{A}, \hat{C}] + [\hat{A}, \hat{B}]\hat{C} = \hat{B}\hat{A}\hat{C} - \hat{B}\hat{C}\hat{A} + \hat{A}\hat{B}\hat{C} - \hat{B}\hat{A}\hat{C}$$
$$= \hat{A}\hat{B}\hat{C} - \hat{B}\hat{C}\hat{A}$$
となり，左辺に一致していることがわかる．

第二式を示そう．左辺は
$$[\hat{A}\hat{B}, \hat{C}] = \hat{A}\hat{B}\hat{C} - \hat{C}\hat{A}\hat{B}$$
となる．右辺は
$$\hat{A}[\hat{B}, \hat{C}] + [\hat{A}, \hat{C}]\hat{B} = \hat{A}\hat{B}\hat{C} - \hat{A}\hat{C}\hat{B} + \hat{A}\hat{C}\hat{B} - \hat{C}\hat{A}\hat{B}$$
$$= \hat{A}\hat{B}\hat{C} - \hat{C}\hat{A}\hat{B}$$
となり，左辺に一致していることがわかる．これで所望の結果が得られた．■

ポイント　これらの式はこれからよく現れるので覚えてしまいましょう．アタマとオシリを優先して分解してやれば上手くいきます．例えば $[\hat{A}, \hat{B}\hat{C}]$ は並んだ演算子 $\hat{B}$ と $\hat{C}$ を先に右辺で分解します．
$$[\hat{A}, \hat{B}\hat{C}] = \hat{B}[\hat{A}, (\ \ )\hat{C}] + [\hat{A}, \hat{B}(\ \ )]\hat{C}$$
$$= \hat{B}[\hat{A}, \hat{C}] + [\hat{A}, \hat{B}]\hat{C}$$
先に $\hat{B}$ と $\hat{C}$ を書き込んで，残りを埋めれば完成します♠．

♠進んだ人のための注：あるいはこの式を積の微分と見ることもできます．例えば $\frac{d}{dx}, f$ を演算子 $\hat{D}, \hat{A}$ に対応させ，$\frac{d}{dx}f$ と $[\hat{D}, \hat{A}]$ を対応づけることで，積の微分の式 $\frac{d}{dx}(fg) = (\frac{d}{dx}f)g + f(\frac{d}{dx}g)$ は演算子の交換子 $[\hat{D}, \hat{A}\hat{B}] = [\hat{D}, \hat{A}]\hat{B} + \hat{A}[\hat{D}, \hat{B}]$ に対応づけられます．また，さらに複雑な交換子は積の微分を拡張したライプニッツ則と同じように対応づけて書き下すことができます．あるいは，演算子が左にも掛かることを考慮すると，$[\hat{A}\hat{D}, \hat{B}] = \hat{A}[\hat{D}, \hat{B}] + [\hat{A}, \hat{B}]\hat{D}$ も積の微分と対応づけられます．

基本問題 2.3

演算子の交換子について次が成り立つことを示せ．
$$[\hat{A}, \hat{B} + \hat{C}] = [\hat{A}, \hat{B}] + [\hat{A}, \hat{C}]$$
$$[\hat{A} + \hat{B}, \hat{C}] = [\hat{A}, \hat{C}] + [\hat{B}, \hat{C}]$$

方針 交換子の定義に従って計算するだけです．

【答案】 次のように計算できます．
$$[\hat{A}, \hat{B} + \hat{C}] = \hat{A}(\hat{B} + \hat{C}) - (\hat{B} + \hat{C})\hat{A}$$
$$= (\hat{A}\hat{B} - \hat{B}\hat{A}) + (\hat{A}\hat{C} - \hat{C}\hat{A})$$
$$= [\hat{A}, \hat{B}] + [\hat{A}, \hat{C}]$$

$$[\hat{A} + \hat{B}, \hat{C}] = (\hat{A} + \hat{B})\hat{C} - \hat{C}(\hat{A} + \hat{B})$$
$$= (\hat{A}\hat{C} - \hat{C}\hat{A}) + (\hat{B}\hat{C} - \hat{C}\hat{B})$$
$$= [\hat{A}, \hat{C}] + [\hat{B}, \hat{C}]$$

となり，所望の式が得られた．■

ポイント ちなみに
$$[\hat{A}, \hat{B}] = -[\hat{B}, \hat{A}]$$
および複素数 α, β に対し，
$$[\alpha\hat{A}, \hat{B}] = \alpha[\hat{A}, \hat{B}]$$
$$[\alpha\hat{A}, \beta\hat{B}] = \alpha\beta[\hat{A}, \hat{B}]$$
も成り立つことがわかります．

❷ 生成演算子と消滅演算子

正準交換関係 $[\widehat{x}, \widehat{p}] = i\hbar$ を利用すると様々な交換関係が示せます．これらの結果は後々の各章で活躍するのですが，先を急ぐ読者はとばしても大丈夫です．ここでは特に調和振動子や角運動量の節で用いる演算子を扱います．

調和振動子の節では，次の演算子を用います．

$$\widehat{a} = \sqrt{\frac{m\omega}{2\hbar}}\left(\widehat{x} + \frac{i\widehat{p}}{m\omega}\right), \quad \widehat{a}^\dagger = \sqrt{\frac{m\omega}{2\hbar}}\left(\widehat{x} - \frac{i\widehat{p}}{m\omega}\right), \quad \widehat{n} = \widehat{a}^\dagger \widehat{a}$$

それぞれ**消滅演算子**，**生成演算子**，**数演算子**という名前がついており，この役割については第 13 章で述べます．ここではそれぞれの交換関係についてだけ計算しておきましょう．

コラム　交換関係とポアソン括弧

解析力学では，ハミルトン形式における次のポアソン括弧を学びます．

$$\{A, B\}_{\text{PB}} = \frac{\partial A}{\partial q}\frac{\partial B}{\partial p} - \frac{\partial A}{\partial p}\frac{\partial B}{\partial q}$$

例えば A, B に空間座標 q と，q に共役な運動量 p を選ぶと $\{q, p\}_{\text{PB}} = 1$ であり，これは量子力学での交換関係 $[q, p] = i\hbar$（本章では q を x と表示していることに注意）に極めて良く似ていますね．実は量子力学の交換関係は，このポアソン括弧の性質に対応させ，量子力学の単位であるプランク定数を入れて作られています．この対応はこれにとどまらず，例えば解析力学において p と q から成る（t に陽に依存しない）物理量 O に対し，ハミルトンの正準方程式

$$\frac{dq}{dt} = \frac{\partial H}{\partial p}, \quad \frac{dp}{dt} = -\frac{\partial H}{\partial q}$$

を用いると，

$$\{O, H\}_{\text{PB}} = \frac{\partial O}{\partial q}\frac{dq}{dt} + \frac{\partial O}{\partial p}\frac{dp}{dt} = \frac{dO}{dt}$$

という関係（p, q が時間に依存することが前提）が得られ，物理量 O の時間発展 $\frac{dO}{dt}$ をポアソン括弧によって計算することができるようになりますが，量子力学でもシュレディンガー方程式から同様の結論として，$\widehat{p}, \widehat{q}$ から成る演算子 $\widehat{O}$ に対し

$$\frac{d\widehat{O}}{dt} = \frac{1}{i\hbar}[\widehat{O}, \widehat{H}]$$

が導けます（第 17 章で学ぶ演算子のハイゼンベルク描像）．

量子力学では，古典力学（ハミルトン形式の解析力学）との間に次の対応関係があります（これを発見者にちなんで**ディラックの規則**と呼びます）．

$$\{A, B\}_{\text{PB}} \to \frac{[A, B]}{i\hbar}$$

基本問題 2.4 　　　　　　　　　　　　　　　　　　　　　重要

次の交換関係を計算せよ．
(1) $[\hat{a}, \hat{a}^\dagger]$
(2) $[\hat{n}, \hat{a}]$
(3) $[\hat{n}, \hat{a}^\dagger]$

方針 　正準交換関係を用いて (1) を示します．また，(2), (3) を示すには，(1) の結果と，基本問題 2.2 で示した結果を使うことですぐに計算できます．

【答案】 (1) 正準交換関係 $[\hat{x}, \hat{p}] = i\hbar, [\hat{x}, \hat{x}] = 0, [\hat{p}, \hat{p}] = 0$ を用いると，

$$[\hat{a}, \hat{a}^\dagger] = \frac{m\omega}{2\hbar}\left[\hat{x} + \frac{i\hat{p}}{m\omega}, \hat{x} - \frac{i\hat{p}}{m\omega}\right]$$
$$= \frac{m\omega}{2\hbar}\left([\hat{x}, \hat{x}] + \frac{i}{m\omega}[\hat{p}, \hat{x}] - \frac{i}{m\omega}[\hat{x}, \hat{p}] + \frac{1}{m^2\omega^2}[\hat{p}, \hat{p}]\right)$$
$$= \frac{i}{2\hbar}\{(-i\hbar) - (i\hbar)\} = 1$$

ただし
$$[\hat{p}, \hat{x}] = \hat{p}\hat{x} - \hat{x}\hat{p} = -[\hat{x}, \hat{p}] = -i\hbar$$
となることを用いた．

(2) 数演算子の定義より
$$[\hat{n}, \hat{a}] = [\hat{a}^\dagger\hat{a}, \hat{a}]$$
である．これについて，基本問題 2.2 で示した次の公式
$$[\hat{A}\hat{B}, \hat{C}] = \hat{A}[\hat{B}, \hat{C}] + [\hat{A}, \hat{C}]\hat{B}$$
を用いると，
$$[\hat{a}^\dagger\hat{a}, \hat{a}] = \hat{a}^\dagger[\hat{a}, \hat{a}] + [\hat{a}^\dagger, \hat{a}]\hat{a} = -\hat{a}$$
となる．ただし (1) の結果と $[\hat{a}, \hat{a}] = 0$ を用いた（$[\hat{a}^\dagger, \hat{a}] = -1$ に注意）．これより
$$[\hat{n}, \hat{a}] = -\hat{a}$$
となることがわかる．

(3) 数演算子の定義より
$$[\hat{n}, \hat{a}^\dagger] = [\hat{a}^\dagger\hat{a}, \hat{a}^\dagger]$$
である．これより，
$$[\hat{a}^\dagger\hat{a}, \hat{a}^\dagger] = \hat{a}^\dagger[\hat{a}, \hat{a}^\dagger] + [\hat{a}^\dagger, \hat{a}^\dagger]\hat{a} = \hat{a}^\dagger$$
となる．ただし (1) の結果と $[\hat{a}^\dagger, \hat{a}^\dagger] = 0$ を用いた．∎

❸ 角運動量演算子

最後に角運動量演算子の交換関係について計算しましょう．古典力学では，角運動量は座標ベクトルと運動量ベクトルの外積で

$$\boldsymbol{l} = \boldsymbol{x} \times \boldsymbol{p}$$

と定義されるので，これに応じて，量子力学での軌道角運動量演算子を定義しましょう．三次元に拡張された正準交換関係については，例えば次が成り立ちます．

$$[\widehat{x}, \widehat{y}] = 0, \quad [\widehat{p}_x, \widehat{p}_y] = 0, \quad [\widehat{x}, \widehat{p}_y] = 0$$

これらを全てまとめると，x, y, z を $i, j = 1, 2, 3$ のように書いてやることで

$$[\widehat{x}_i, \widehat{p}_j] = i\hbar \delta_{ij}, \quad [\widehat{x}_i, \widehat{x}_j] = 0, \quad [\widehat{p}_i, \widehat{p}_j] = 0$$

のように表すことができます．δ_{ij} は**クロネッカーのデルタ**を表します．演算子をベクトルで書かないのは，ベクトル演算子同士の交換関係が定義できないためです♠1．三次元の正準交換関係をみたす演算子 $\widehat{x}_i, \widehat{p}_i$ を用いて，角運動量演算子を次のように定めます．

$$\widehat{l}_i = \varepsilon_{ijk} \widehat{x}_j \widehat{p}_k$$

ε_{ijk} は**レヴィ・チビタのイプシロン**♠2であり，上式では**アインシュタインの規約**♠3を用いています．このように書くと敷居が高いので，まずは具体表示で計算しましょう．

♠1 ベクトル演算子同士の内積はスカラー演算子になってしまうため，内積によって交換関係を定義することもできません．

♠2 あるいは**エディントンのイプシロン，反対称テンソル**などとも呼びます．

$$\varepsilon_{ijk} = \begin{cases} 1 & ((ijk) = (123), (231), (312) \text{ のとき}) \\ -1 & ((ijk) = (321), (213), (132) \text{ のとき}) \\ 0 & (\text{その他のとき}) \end{cases}$$

♠3 アインシュタインの規約とは，和の記号（シグマ）を省略する約束であり，上の式は本来 $\widehat{l}_i = \sum_{j=1}^{3} \sum_{k=1}^{3} \varepsilon_{ijk} \widehat{x}_j \widehat{p}_k$ と書かれるべきであったものを簡略化したものです．規約は初学者にはとっつきにくいですが，隠れたシグマを見抜くコツがあります．

同じ添字が 2 つあるときはシグマが隠れている

これに注意して和を取ってやれば良いわけです．上の式では確かに j, k についての和の記号が省略されています．

基本問題 2.5　　　　　　　　　　　　　　　　　　重要

角運動量演算子 $\hat{l}_x, \hat{l}_y$ は次のように表される.
$$\hat{l}_x = \widehat{yp_z} - \widehat{zp_y}, \quad \hat{l}_y = \widehat{zp_x} - \widehat{xp_z}$$
このとき，次の交換関係を計算せよ.
(1) $[\hat{y}, \hat{l}_x]$
(2) $[\hat{p}_x, \hat{l}_y]$
(3) $[\hat{l}_x, \hat{l}_y]$

方針　基本問題 2.2 で扱った公式
$$[\hat{A}, \hat{B}\hat{C}] = \hat{B}[\hat{A}, \hat{C}] + [\hat{A}, \hat{B}]\hat{C}$$
と，基本問題 2.3 で扱った公式
$$[\hat{A}, \hat{B} + \hat{C}] = [\hat{A}, \hat{B}] + [\hat{A}, \hat{C}]$$
をフル活用します.

【答案】　(1)　上の方針通り，基本問題 2.2, 2.3 で扱った公式を用いて計算する.
$$[\hat{y}, \hat{l}_x] = [\hat{y}, \widehat{yp_z} - \widehat{zp_y}] = [\hat{y}, \widehat{yp_z}] - [\hat{y}, \widehat{zp_y}]$$
$$= \hat{y}[\hat{y}, \hat{p}_z] + [\hat{y}, \hat{y}]\hat{p}_z - (\hat{z}[\hat{y}, \hat{p}_y] + [\hat{y}, \hat{z}]\hat{p}_y)$$
$$= -\hat{z}[\hat{y}, \hat{p}_y] = -i\hbar\hat{z}$$
により計算できた.

(2)　(1) と同様に計算する.
$$[\hat{p}_x, \hat{l}_y] = [\hat{p}_x, \widehat{zp_x} - \widehat{xp_z}] = [\hat{p}_x, \widehat{zp_x}] - [\hat{p}_x, \widehat{xp_z}]$$
$$= \hat{z}[\hat{p}_x, \hat{p}_x] + [\hat{p}_x, \hat{z}]\hat{p}_x - \hat{x}[\hat{p}_x, \hat{p}_z] - [\hat{p}_x, \hat{x}]\hat{p}_z$$
$$= -[\hat{p}_x, \hat{x}]\hat{p}_z = i\hbar\hat{p}_z$$
により計算できた.

(3)　(1), (2) と同様に
$$[\hat{y}, \hat{l}_y] = 0, \quad [\hat{p}_y, \hat{l}_y] = 0, \quad [\hat{p}_z, \hat{l}_y] = -i\hbar\hat{p}_x, \quad [\hat{z}, \hat{l}_y] = -i\hbar\hat{x}$$
が成り立つことが示せる．これを用いて次のように計算できる.
$$[\hat{l}_x, \hat{l}_y] = [\widehat{yp_z} - \widehat{zp_y}, \hat{l}_y] = [\widehat{yp_z}, \hat{l}_y] - [\widehat{zp_y}, \hat{l}_y]$$
$$= \hat{y}[\hat{p}_z, \hat{l}_y] + [\hat{y}, \hat{l}_y]\hat{p}_z - \hat{z}[\hat{p}_y, \hat{l}_y] - [\hat{z}, \hat{l}_y]\hat{p}_y$$
$$= \hat{y}(-i\hbar\hat{p}_x) - (-i\hbar\hat{x})\hat{p}_y = i\hbar(\widehat{xp_y} - \widehat{yp_x}) = i\hbar\hat{l}_z$$
これにより計算できた.　∎

2.3 角運動量演算子

基本問題 2.6 — 重要

次の交換関係が成り立つことを示せ.
$$[\widehat{l}_i, \widehat{l}_j] = i\hbar\varepsilon_{ijk}\widehat{l}_k$$

方針 本章で最も息の長い計算となります.
$$[\widehat{l}_i, \widehat{l}_j] = [\widehat{l}_i, \varepsilon_{jml}\widehat{x}_m\widehat{p}_l] = \varepsilon_{jml}[\widehat{l}_i, \widehat{x}_m\widehat{p}_l]$$
の右辺を計算するために, $[\widehat{l}_i, \widehat{x}_m], [\widehat{l}_i, \widehat{p}_l]$ をそれぞれ計算して準備しておきましょう.

【答案】 まずは $[\widehat{l}_i, \widehat{x}_m], [\widehat{l}_i, \widehat{p}_l]$ をそれぞれ計算する.

$$\begin{aligned}[\widehat{l}_i, \widehat{x}_m] &= [\varepsilon_{ijk}\widehat{x}_j\widehat{p}_k, \widehat{x}_m] \\
&= \varepsilon_{ijk}[\widehat{x}_j\widehat{p}_k, \widehat{x}_m] \quad \text{(積の交換関係を用いた)} \\
&= \varepsilon_{ijk}\widehat{x}_j[\widehat{p}_k, \widehat{x}_m] + \varepsilon_{ijk}[\widehat{x}_j, \widehat{x}_m]\widehat{p}_k \\
&= \varepsilon_{ijk}\widehat{x}_j(-i\hbar\delta_{km}) = -i\hbar\varepsilon_{ijm}\widehat{x}_j\end{aligned}$$

および

$$\begin{aligned}[\widehat{l}_i, \widehat{p}_l] &= [\varepsilon_{ijk}\widehat{x}_j\widehat{p}_k, \widehat{p}_l] \\
&= \varepsilon_{ijk}[\widehat{x}_j\widehat{p}_k, \widehat{p}_l] \quad \text{(積の交換関係を用いた)} \\
&= \varepsilon_{ijk}\widehat{x}_j[\widehat{p}_k, \widehat{p}_l] + \varepsilon_{ijk}[\widehat{x}_j, \widehat{p}_l]\widehat{p}_k \\
&= \varepsilon_{ijk}(i\hbar\delta_{jl})\widehat{p}_k = i\hbar\varepsilon_{ilk}\widehat{p}_k\end{aligned}$$

となる. これらを用いると

$$\begin{aligned}[\widehat{l}_i, \widehat{l}_j] &= [\widehat{l}_i, \varepsilon_{jml}\widehat{x}_m\widehat{p}_l] = \varepsilon_{jml}[\widehat{l}_i, \widehat{x}_m\widehat{p}_l] \\
&= \varepsilon_{jml}\widehat{x}_m[\widehat{l}_i, \widehat{p}_l] + \varepsilon_{jml}[\widehat{l}_i, \widehat{x}_m]\widehat{p}_l \\
&= \varepsilon_{jml}\widehat{x}_m(i\hbar\varepsilon_{ilk}\widehat{p}_k) + \varepsilon_{jml}(-i\hbar\varepsilon_{inm}\widehat{x}_n)\widehat{p}_l \\
&= i\hbar(\varepsilon_{jml}\varepsilon_{ilk}\widehat{x}_m\widehat{p}_k - \varepsilon_{jml}\varepsilon_{inm}\widehat{x}_n\widehat{p}_l)\end{aligned}$$

となることがわかる. イプシロンの性質から,

$$= i\hbar(\widehat{x}_i\widehat{p}_j - \widehat{x}_j\widehat{p}_i) = i\hbar\varepsilon_{ijk}\widehat{l}_k$$

となり, 所望の式が得られた. ∎

ポイント レヴィ・チビタのイプシロンについて $\varepsilon_{ijk}\varepsilon_{lmk} = \delta_{il}\delta_{jm} - \delta_{im}\delta_{jl}$ が成り立つことを用いました. このあたりの計算は結構ややこしいですが, 角運動量の議論で必須になります.

演習問題

— A —

2.1 初等的な交換関係の計算
次の交換関係を計算せよ．$V(x)$ は任意の x について微分可能な実関数である．
(1) $\left[\widehat{x}, \dfrac{\widehat{p}^2}{2m}\right]$ (2) $\left[\widehat{p}, \dfrac{\widehat{p}^2}{2m} + V(x)\right]$

2.2 ヤコビの恒等式
任意の演算子 $\widehat{A}, \widehat{B}, \widehat{C}$ が次のヤコビの恒等式をみたすことを示せ．
$$[\widehat{A},[\widehat{B},\widehat{C}]] + [\widehat{B},[\widehat{C},\widehat{A}]] + [\widehat{C},[\widehat{A},\widehat{B}]] = 0$$

— B —

2.3 [重要] 生成消滅演算子の代数
演算子 $\widehat{a}$ と $\widehat{a}^\dagger$ が交換関係 $[\widehat{a}, \widehat{a}^\dagger] = 1$ をみたしている．
(1) $[\widehat{a}, (\widehat{a}^\dagger)^n] = n(\widehat{a}^\dagger)^{n-1}$ を示せ．
(2) $f(x)$ を $x=0$ で解析的な（テイラー展開可能な）関数とする．このとき，$[\widehat{a}, f(\widehat{a}^\dagger)] = f'(\widehat{a}^\dagger)$ が成り立つことを示せ．
(3) 一般に，2つの演算子 $\widehat{a}$ と $\widehat{b}$ の交換関係 $[\widehat{a}, \widehat{b}]$ が定数の場合を考える．このとき，$[\widehat{a}, f(\widehat{b})] = [\widehat{a}, \widehat{b}] f'(\widehat{b})$ が成り立つことを示せ．

— C —

2.4 角運動量演算子の計算
角運動量演算子が，$[\widehat{l}_i, \widehat{l}_j] = i\hbar \varepsilon_{ijk} \widehat{l}_k$ の関係が成り立つとき，交換関係 $\left[\sum_{i=1}^{3} \widehat{l}_i \widehat{l}_i, \widehat{l}_j\right]$ を計算せよ．

2.5 レンツベクトル
ハミルトニアン $\widehat{H}$ とレンツベクトル演算子 $\widehat{K}_i$ を次で定める．
$$\widehat{H} = \frac{\widehat{\boldsymbol{p}}^2}{2m} + U(x,y,z) = \frac{\widehat{p}_j \widehat{p}_j}{2m} + U(x_i)$$
$$\widehat{K}_i = \frac{\widehat{x}_i}{r} + \frac{1}{2mA}\{(\widehat{\boldsymbol{l}} \times \widehat{\boldsymbol{p}})_i - (\widehat{\boldsymbol{p}} \times \widehat{\boldsymbol{l}})_i\}$$
ここで $\widehat{\boldsymbol{p}} \times \widehat{\boldsymbol{l}}$ は外積を表し，$\{\ \}_i$ は第 i 成分を表す．$r = \sqrt{x^2+y^2+z^2} = \sqrt{x_j x_j}$ である．アインシュタインの縮約に注意して，次の問いに答えよ．
(1) 交換関係 $[\widehat{l}_i, \widehat{K}_j]$ を計算せよ．
(2) 交換関係 $[\widehat{l}_k, \widehat{H}]$ を計算し，ポテンシャルを $U(x_i) = -\dfrac{e^2}{r}$ のように取るとこの値が 0 となることを示せ．

第3章 シュレディンガー方程式
――問題意識を深めるために

Contents

Section ❶ シュレディンガー方程式と確率解釈
Section ❷ 連続方程式の導出
Section ❸ 波動関数 ψ の変数分離
Section ❹ 問題意識（何を求めたいのか）

キーポイント

波動関数の意味と，方程式を解くまでの流れを押さえよう．

シュレディンガー方程式を使って，確率密度と確率密度流に関する保存則を導きましょう．道中で仮定する波動関数が無限遠で 0 に収束する条件が，同時に粒子を束縛状態にします．逆にこの仮定を外せば，粒子の散乱状態を論じることができます．束縛状態（束縛問題）では確率計算，散乱状態（散乱問題）では確率密度流の計算が役に立ちます．

❶ シュレディンガー方程式と確率解釈

三次元空間におけるシュレディンガー方程式は次で与えられます．

$$i\hbar \frac{\partial}{\partial t}\psi(\boldsymbol{r}, t) = -\frac{\hbar^2}{2m}\nabla^2 \psi(\boldsymbol{r}, t) + V(\boldsymbol{r})\psi(\boldsymbol{r}, t)$$

i は**虚数単位**（$i = \sqrt{-1}$）であり，$\hbar$ は**ディラック定数**♠と呼ばれます．m は対象となる粒子の質量であり，V は粒子に対する外場のポテンシャルを表します．∇ は三次元空間における勾配（grad）を表します．

これは第 1 章で考えた自由粒子のシュレディンガー方程式にポテンシャルを入れたものです．

はじめに注意しておくことがあります．第一に，前章で扱ったように運動量演算子を

$$p \to \widehat{p} = -i\hbar \frac{\partial}{\partial x}$$

と取りましたが，これを三次元に拡張してベクトル表示にすると次のように書けます．

$$\boldsymbol{p} \to \widehat{\boldsymbol{p}} = -i\hbar \nabla$$

このことに注意すると，シュレディンガー方程式の右辺が次のように書けます．

♠プランク定数 $h = 6.626 \times 10^{-27}$ [erg$\cdot$s] $= 6.626 \times 10^{-34}$ [J$\cdot$s] を 2π で割った値に相当します．

$$\left(\frac{\widehat{\boldsymbol{p}}^2}{2m}+V\right)\psi(\boldsymbol{r},t)$$

この（ ）内の式が「運動エネルギー + ポテンシャル（位置エネルギー）」，すなわち力学的エネルギーに対応していることがわかりますね．このように，力学的エネルギーに対応する演算子を**ハミルトニアン**と呼び，$\widehat{H}$（あるいは，筆記体で $\mathcal{H}$）と書きます．

$$\widehat{H}=-\frac{\hbar^2}{2m}\nabla^2+V$$

第二に，シュレディンガー方程式の解 $\psi(\boldsymbol{r},t)$ を**波動関数**と呼びます．また，**ボルンの確率解釈**からこの複素共役 $\psi^*(\boldsymbol{r},t)$ との積 $\psi^*(\boldsymbol{r},t)\psi(\boldsymbol{r},t)$ を**確率密度**といいます．これは名前の通り，座標 $\boldsymbol{r}$ の周辺で，微小体積 d^3r の空間に粒子が存在する確率を表します[♠1]．つまり，シュレディンガー方程式（あるいは波動関数）は「粒子がどこにあるのかは教えてくれないが，どこにありそうなのか[♠2]は教えてくれる」[♠3]のです．例えば，座標の期待値は

$$\langle\boldsymbol{r}\rangle=\int_{\text{全空間}}\psi^*(\boldsymbol{r},t)\boldsymbol{r}\psi(\boldsymbol{r},t)d^3r$$

で与えられます．一般に，物理量 A の期待値は，対応する演算子 $\widehat{A}$ を用いて次で表せます．

$$\langle A\rangle=\int_{\text{全空間}}\psi^*(\boldsymbol{r},t)\widehat{A}\psi(\boldsymbol{r},t)d^3r$$

さて，ここでは，**連続方程式の導出**と**波動関数の変数分離**を扱います．物理全般にいえることですが，あらゆる物体は何もないところから原因もなく突然現れることもなければ，突然消えることもない，という要請に応えるのが**連続方程式**[♠4]であり，量子力学でもシュレディンガー方程式から連続方程式を導出できます．

[♠1] 確率の和を取ると 1 になることから

$$\int\psi^*\psi\,d^3r=1$$

が要求され，これを**規格化条件**といいます．ただし，この積分が発散してしまう場合は，7.2 節のようにデルタ関数を用いて規格化します．

[♠2] 具体的には，座標の期待値を求めることでわかります．
[♠3] 波動関数をフーリエ変換すれば，座標でなく運動量で考えることもできます．
[♠4] 例えば，流体力学では質量保存則，電磁気学では電荷保存則として現れます．

❷ 連続方程式の導出

確率密度を

$$\rho(\boldsymbol{r},t) = \psi^*(\boldsymbol{r},t)\psi(\boldsymbol{r},t)$$

と書き，**確率密度流**（フラックスまたはカレントともいう）を次の式で定めます♠．

$$\boldsymbol{j}(\boldsymbol{r},t) = \frac{\hbar}{2mi}\{\psi^*(\boldsymbol{r},t)\nabla\psi(\boldsymbol{r},t) - \psi(\boldsymbol{r},t)\nabla\psi^*(\boldsymbol{r},t)\} = \frac{\hbar}{m}\mathrm{Im}(\psi^*\nabla\psi)$$

このように定めると，次の式が成り立つことが示せます．

$$\frac{\partial}{\partial t}\rho(\boldsymbol{r},t) + \nabla\cdot\boldsymbol{j}(\boldsymbol{r},t) = 0$$

この式は**連続方程式**と呼ばれる保存則です．また，この両辺を適当な条件を加えて全空間で積分することにより，方程式

$$\frac{d}{dt}\int\rho(\boldsymbol{r},t)d^3r = 0$$

が示せます．この式から，$\int\rho(\boldsymbol{r},t)d^3r$ が発散しなければ時刻 t に依らない定数であることがいえ，この値を 1 としてやることで「確率の和を全てにわたって行うと，時刻 t に関わらず 1 になる」という解釈が完成します．この一連の流れを，次の基本問題で確認しましょう．

コラム どうして $\hat{p}$ の期待値を計算するために $\hat{p}$ を ψ^* と ψ ではさむのか

以下では一次元空間で考えます．$\rho(x,t) = |\psi(x,t)|^2$ を確率密度とすると，確率論の考えから座標の期待値は $\langle x \rangle = \int_{-\infty}^{\infty} x|\psi(x,t)|^2 dx$ と書けるはずです．これを時間で微分してみましょう．

$$\frac{d}{dt}\langle x\rangle = \int_{-\infty}^{\infty}\left(\frac{\partial\psi^*}{\partial t}x\psi + \psi^* x\frac{\partial\psi}{\partial t}\right)dx = \frac{\hbar}{2mi}\int_{-\infty}^{\infty}\left(\frac{\partial^2\psi^*}{\partial x^2}x\psi - \psi^* x\frac{\partial\psi^2}{\partial x^2}\right)dx$$

ここで中辺から右辺にかけてポテンシャル $V(x)$ が実関数であることとシュレディンガー方程式を用いました．以下の部分積分

$$\int_{-\infty}^{\infty}\frac{\partial^2\psi^*}{\partial x^2}x\psi\,dx = \left[\frac{\partial\psi^*}{\partial x}x\psi\right]_{-\infty}^{\infty} - \int_{-\infty}^{\infty}\frac{\partial\psi^*}{\partial x}x\frac{\partial\psi}{\partial x}dx - \int_{-\infty}^{\infty}\psi^*\frac{\partial\psi}{\partial x}dx$$

$$\int_{-\infty}^{\infty}\psi^* x\frac{\partial^2\psi}{\partial x^2}dx = \left[\psi^* x\frac{\partial\psi}{\partial x}\right]_{-\infty}^{\infty} - \int_{-\infty}^{\infty}\frac{\partial\psi}{\partial x}x\frac{\partial\psi^*}{\partial x}dx - \left[\psi^*\psi\right]_{-\infty}^{\infty} + \int_{-\infty}^{\infty}\psi^*\frac{\partial\psi}{\partial x}dx$$

を用い，$\psi(x,t)$ の収束性として $[\cdots]_{-\infty}^{\infty} = 0$ が成り立つとすると，

$$\frac{d}{dt}\langle x\rangle = \frac{1}{m}\int_{-\infty}^{\infty}\psi^*\frac{\hbar}{i}\frac{\partial}{\partial x}\psi\,dx = \frac{1}{m}\int_{-\infty}^{\infty}\psi^*\hat{p}\psi\,dx$$

と書けることがわかります．古典力学との対応を考えると，これは $\frac{\langle p\rangle}{m}$ に等しいと見るべきでしょう．$\hat{p}$ の期待値を計算するには $\hat{p}$ を ψ^* と ψ ではさんで積分すると良いことがわかりますね．

♠ Im は複素数の虚部を取ることを表し，$\mathrm{Im}\,z = \frac{z-z^*}{2i}$ です．

基本問題 3.1 【重要】

三次元のシュレディンガー方程式に対して，
$$\rho(\boldsymbol{r},t) = \psi^*(\boldsymbol{r},t)\psi(\boldsymbol{r},t)$$
とおくことで，次の方程式が得られることを示し，そのようなベクトル関数 $\boldsymbol{j}(\boldsymbol{r},t)$ を求めよ．
$$\frac{\partial}{\partial t}\rho(\boldsymbol{r},t) + \nabla \cdot \boldsymbol{j}(\boldsymbol{r},t) = 0$$

方針 シュレディンガー方程式とその複素共役を考えます．

【答案】 シュレディンガー方程式
$$i\hbar\frac{\partial}{\partial t}\psi(\boldsymbol{r},t) = -\frac{\hbar^2}{2m}\nabla^2\psi(\boldsymbol{r},t) + V(\boldsymbol{r})\psi(\boldsymbol{r},t) \qquad ①$$
と，ポテンシャルが実関数であることに気をつけて，その複素共役
$$-i\hbar\frac{\partial}{\partial t}\psi^*(\boldsymbol{r},t) = -\frac{\hbar^2}{2m}\nabla^2\psi^*(\boldsymbol{r},t) + V(\boldsymbol{r})\psi^*(\boldsymbol{r},t) \qquad ②$$
を用意し，$\psi^* \times$ ① から $\psi \times$ ② を引いて，積の微分
$$\frac{\partial\rho}{\partial t} = \psi^*\frac{\partial\psi}{\partial t} + \psi\frac{\partial\psi^*}{\partial t}$$
に気をつけると，
$$i\hbar\frac{\partial\rho}{\partial t} = -\frac{\hbar^2}{2m}(\psi^*\nabla^2\psi - \psi\nabla^2\psi^*)$$
$$= -\frac{\hbar^2}{2m}\nabla\cdot(\psi^*\nabla\psi - \psi\nabla\psi^*)$$
と書ける．これより，
$$\frac{\partial\rho}{\partial t} + \nabla\cdot\frac{\hbar}{2mi}(\psi^*\nabla\psi - \psi\nabla\psi^*) = 0$$
となり，$\boldsymbol{j}(\boldsymbol{r},t)$ を
$$\boldsymbol{j}(\boldsymbol{r},t) = \frac{\hbar}{2mi}(\psi^*\nabla\psi - \psi\nabla\psi^*)$$
$$= \frac{\hbar}{m}\mathrm{Im}(\psi^*\nabla\psi)$$
とおけば，求めるべき式が得られる．■

ポイント 確率密度流は後々，散乱問題で活躍します．また，Im は複素数の虚部を取ることを表し，
$$\mathrm{Im}\,z = \frac{z - z^*}{2i}$$
とします．

基本問題 3.2 【重要】

$\lim_{|\boldsymbol{r}|\to\infty} \boldsymbol{j}(\boldsymbol{r},t) = 0$ となることを仮定して，連続方程式

$$\frac{\partial}{\partial t}\rho(\boldsymbol{r},t) + \nabla \cdot \boldsymbol{j}(\boldsymbol{r},t) = 0$$

を全空間で積分することで，全確率保存則

$$\frac{d}{dt}\int \rho(\boldsymbol{r},t)d^3r = 0$$

を導け．

方針 両辺を積分する際に，次のガウスの発散定理を用います．

$$\int_V \nabla \cdot \boldsymbol{A}\, dV = \int_S \boldsymbol{A} \cdot d\boldsymbol{S}$$

(V は領域，S は V の表面，$d\boldsymbol{S}$ は S に対して垂直外向きの面素ベクトル)．

【答案】 連続方程式を全空間で積分すると，次式のようになる．

$$\int \frac{\partial}{\partial t}\rho(\boldsymbol{r},t)d^3r + \int \nabla \cdot \boldsymbol{j}(\boldsymbol{r},t)d^3r = 0 \quad \text{①}$$

①の左辺の第一項について，時間微分と座標積分を入れ換えると，

$$\int \frac{\partial}{\partial t}\rho(\boldsymbol{r},t)d^3r = \frac{d}{dt}\int \rho(\boldsymbol{r},t)d^3r$$

となり（座標で積分すると時間のみの関数になるので，常微分にして良い），①の左辺の第二項についてガウスの発散定理を用いると

$$\int \nabla \cdot \boldsymbol{j}(\boldsymbol{r},t)d^3r = \int_{\text{全空間の表面}} \boldsymbol{j} \cdot d\boldsymbol{S} = 0$$

となる．ただしここで仮定

$$\lim_{|\boldsymbol{r}|\to\infty} \boldsymbol{j}(\boldsymbol{r},t) = \boldsymbol{0}$$

を用いた．これより①は

$$\frac{d}{dt}\int \rho(\boldsymbol{r},t)d^3r = 0$$

のように書き換えられ，求めるべき式を得る．■

ポイント 波動関数 $\psi(\boldsymbol{r},t)$ は，座標の関数と時間の関数に切り離して考えることができます．このテクニックを**変数分離**と呼びます．変数分離を行うことで，特に座標変数の微分方程式として定常状態のシュレディンガー方程式が現れます．これ以降「シュレディンガー方程式を解く」という場合は，この定常状態のシュレディンガー方程式を指します．

❸ 波動関数 ψ の変数分離

シュレディンガー方程式を時間の微分方程式と座標の微分方程式に分離してやりましょう．これを**変数分離**といいます．変数分離の手続きは，

$$\psi(\boldsymbol{r}, t) = T(t)\psi(\boldsymbol{r})$$

とおいてやり，両辺を $T(t)\psi(\boldsymbol{r})$ で割ることで行えます（他の偏微分方程式でも同じ）．シュレディンガー方程式について，この操作を行うと，次の式が得られます．

$$i\hbar \frac{1}{T}\frac{\partial}{\partial t}T = \frac{1}{\psi(\boldsymbol{r})}\left(-\frac{\hbar^2}{2m}\nabla^2 \psi + V\psi\right)$$

左辺は時間だけの変数を持ち，右辺は座標だけの変数を持つので，両辺はともに定数になります．この定数を E（これ以降では実数とします）とおくと，上の式から次の2つの微分方程式が得られます．

$$\frac{dT}{dt} = \frac{E}{i\hbar}T \qquad ①$$

$$-\frac{\hbar^2}{2m}\nabla^2 \psi(\boldsymbol{r}) + V(\boldsymbol{r})\psi(\boldsymbol{r}) = E\psi(\boldsymbol{r}) \qquad ②$$

①の解を求めておきましょう．①を

$$\frac{dT}{T} = -\frac{iE}{\hbar}dt$$

と変形し♠1，両辺を積分することで

$$T(t) = \exp\left(-\frac{itE}{\hbar}\right)$$

となります♠2．また，②の方程式を**定常状態のシュレディンガー方程式**と呼びます．これ以降は定常状態のシュレディンガー方程式をいかにして解くかが問題になってきます．

♠1 ただし，この変形は数学的には許されないので注意．
♠2 正しくは，時間に依存しない定数 $T(0)$ を用いて $T(0)\exp(-\frac{itE}{\hbar})$ と書きます．

$$\frac{dT}{T} = -\frac{iE}{\hbar}dt \quad \longrightarrow \quad \int_{T(0)}^{T}\frac{dT}{T} = -\int_{t=0}^{t}\frac{iE}{\hbar}dt \quad \longrightarrow \quad \log\left(\frac{T}{T(0)}\right) = -\frac{itE}{\hbar}$$

これによって

$$T = T(0)\exp\left(-\frac{itE}{\hbar}\right)$$

と書けることがわかりますが，この定数 $T(0)$ は後で規格化条件で決め直すことになるので，$\psi(\boldsymbol{r})$ の係数と一緒にしてしまいます．

基本問題 3.3

波動関数を変数分離することで，確率密度と確率密度流が時間に依存しないことを示し，$\nabla \cdot \boldsymbol{j}(\boldsymbol{r},t) = 0$ が成り立つことを示せ．

方針 上記の変数分離を用いて $\psi(\boldsymbol{r},t)$ を変形してやるだけです．

【答案】 波動関数を

$$\psi(\boldsymbol{r},t) = \exp\left(-\frac{itE}{\hbar}\right)\psi(\boldsymbol{r})$$

と変数分離してやると，

$$\left\{\exp\left(-\frac{itE}{\hbar}\right)\right\}^* = \exp\left(\frac{itE}{\hbar}\right)$$

に注意してやれば確率密度と確率密度流が

$$\rho(\boldsymbol{r},t) = \psi^*(\boldsymbol{r})\psi(\boldsymbol{r})$$

$$\boldsymbol{j}(\boldsymbol{r},t) = \frac{\hbar}{m}\mathrm{Im}(\psi^*(\boldsymbol{r})\nabla\psi(\boldsymbol{r}))$$

と書き換えられ，確率密度も確率密度流も時間に依存しないことが示せる．これより，連続方程式

$$\frac{\partial}{\partial t}\rho(\boldsymbol{r},t) + \nabla \cdot \boldsymbol{j}(\boldsymbol{r},t) = 0$$

の第一項が 0 となるので，所望の式を得る．■

ポイント 変数分離することで ρ が時間に依存しないことが示せました．このことから，先に示したように，確率が保存すること

$$\frac{d}{dt}\int \rho(\boldsymbol{r},t)d^3\boldsymbol{r} = 0$$

も自明となりますが，数学的には変数分離そのものが強い仮定であることに注意しましょう（一般的な解は変数分離の解の重ね合わせで表されます）．

また，本問で示した式 $\nabla \cdot \boldsymbol{j}(\boldsymbol{r},t) = 0$，つまり確率密度流の湧き出しが 0 であるという主張は，特に一次元で考えるとわかりやすいでしょう．一次元では

$$\frac{d}{dx}\boldsymbol{j}(x) = 0$$

となりますが，これより確率密度流が時間にも座標にもよらない定数であることがわかるわけです．

ここまでのシナリオを，一次元空間でのシュレディンガー方程式についての演習問題でいまいちど考えてみましょう．

基本問題 3.4 【重要】

一次元空間におけるシュレディンガー方程式について考えよう．
(1) 連続方程式を導き，確率密度流を求めよ．
(2) 座標と時間の変数分離を行い，確率密度流が時間に依存しないことを示せ．
(3) $\psi(x,t) = \exp\{i(kx - \omega t)\}$ のとき，確率密度流を求めよ．

方針 これまでの基本問題の繰返しです．(1) ではシュレディンガー方程式とその複素共役を用意し，連続方程式を組み立てます．(2) では $\psi(x,t) = \exp(-\frac{itE}{\hbar})\psi(x)$ と書けることを示し，(3) は確率密度流の定義にあてはめるだけで計算できます．

【答案】(1) 一次元空間におけるシュレディンガー方程式

$$i\hbar \frac{\partial}{\partial t}\psi(x,t) = -\frac{\hbar^2}{2m}\frac{\partial^2}{\partial x^2}\psi(x,t) + V(x)\psi(x,t) \qquad ①$$

とその複素共役

$$-i\hbar \frac{\partial}{\partial t}\psi^*(x,t) = -\frac{\hbar^2}{2m}\frac{\partial^2}{\partial x^2}\psi^*(x,t) + V(x)\psi^*(x,t) \qquad ②$$

を取り，$\psi^* \times ① - \psi \times ②$ から次の式を得る．ただし $\rho(x,t) = \psi^*(x,t)\psi(x,t)$ とおいた．

$$\frac{\partial}{\partial t}\rho + \frac{\partial}{\partial x}\left\{\frac{\hbar}{2mi}\left(\psi^*\frac{\partial}{\partial x}\psi - \psi\frac{\partial}{\partial x}\psi^*\right)\right\} = 0$$

これより，

$$j(x,t) = \frac{\hbar}{2mi}\left(\psi^*\frac{\partial}{\partial x}\psi - \psi\frac{\partial}{\partial x}\psi^*\right) = \mathrm{Im}\,\frac{\hbar}{m}\left(\psi^*\frac{\partial}{\partial x}\psi\right)$$

とおくと，連続方程式

$$\frac{\partial}{\partial t}\rho(x,t) + \frac{\partial}{\partial x}j(x,t) = 0$$

を得る．

(2) $\psi(x,t) = T(t)\psi(x)$ とおいてシュレディンガー方程式に代入すると

$$\frac{1}{T(t)}i\hbar\frac{\partial T(t)}{\partial t} = \frac{1}{\psi(x)}\left(-\frac{\hbar^2}{2m}\frac{\partial^2}{\partial x^2}\psi(x) + V(x)\psi(x)\right) = E \quad \text{(定数)}$$

となり，(左辺) = (右辺) の微分方程式から $T(t) = \exp(-\frac{itE}{\hbar})$ を得る．これにより，$\psi(x,t) = \exp(-\frac{itE}{\hbar})\psi(x)$ とおくと，

$$\mathrm{Im}\,\frac{\hbar}{m}\left\{\exp\left(\frac{itE}{\hbar}\right)\psi^*(x)\frac{\partial}{\partial x}\exp\left(-\frac{itE}{\hbar}\right)\psi(x)\right\} = \mathrm{Im}\,\frac{\hbar}{m}\left(\psi^*\frac{\partial\psi}{\partial x}\right)$$

となり，これは時間に依存しない．

(3) (2) より

$$j(x) = \frac{\hbar}{m}\mathrm{Im}\left[\{\exp(-ikx)\}\frac{d\exp(ikx)}{dx}\right] = \frac{\hbar k}{m}$$

となる．■

❹ 問題意識（何を求めたいのか）

まずは問題意識を把握しておきましょう．量子力学において考えるのはおおむね次の2つの問題設定です．

- 束縛問題
- 散乱問題

束縛問題とは，ポテンシャルに束縛されて（閉じ込められて）ある領域から出られない粒子の**エネルギー準位**（またはエネルギー固有値）を求める問題を指します．エネルギー準位とは，粒子の取りうるとびとびのエネルギーを小さいものから数列として表したものをいいます．つまり，定常状態のシュレディンガー方程式を通じて最終的に調べたいのは，エネルギー準位 E_n なのです♠．

束縛問題の例：左図は中心力ポテンシャル（バネ，クーロン力など）に引っ張られて回転している粒子．右図はこれをポテンシャル曲線（横軸が動径，縦軸がポテンシャル）上の粒子に書き直したもの

また，**散乱問題**とは，入射してきた自由粒子がポテンシャルにぶつかり，散乱波がどのようにしてとんで行くかを調べる問題を指します．入射粒子（入射波）のエネルギーはあらかじめ決まっており，ここでの目的は波動関数の振幅を求めることです．

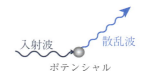

散乱問題の例：入射波がポテンシャルにぶつかって散乱波がとんでいくイメージ．

つまり，両者は同じシュレディンガー方程式を使ってアプローチするものの，求めたいものが全く異なるのです．

3.2節で連続方程式を導入した後，適当な条件（無限遠で確率密度流が0になること）を仮定して，確率が保存するという結果にたどりつきました．このような仮定（波動関数が無限遠で0になること）が束縛問題の問題設定を与えています．散乱問題では無限遠で波動関数が0に収束するとは限りません．

♠エネルギー準位を表す数列 E_n の添字 n を量子数と呼びます．シュレディンガー方程式だけではエネルギー準位を求めることはできず，この数列は微分方程式とセットで用いる**境界条件**から自然に現れます．つまり，束縛問題を解くにはシュレディンガー方程式とセットでどのような境界条件を用いるかを適切に把握している必要があるのです．

… コラム　本書の使い方

　本書ではこれ以降，具体的に与えられたポテンシャルのもとでのシュレディンガー方程式について，束縛状態と散乱状態のそれぞれについて論じていくことになります．一次元では井戸型ポテンシャル束縛（第 4 章），箱型ポテンシャル散乱（第 10 章）が最も簡単で，量子力学の特徴的な結果が（束縛問題では量子化されたエネルギーが，散乱問題ではトンネル効果が）得られることがわかります．

　三次元空間では束縛状態，散乱状態に関わらず，量子化された軌道角運動量（第 8 章，第 14 章）を論じる必要があり，磁場中においた粒子について考察する際には古典力学同様，ハミルトニアンにベクトルポテンシャルを入れる必要が生じます（第 19 章）．また，例えば磁場中の電子は（古典力学では現れなかった）スピン角運動量（第 15 章）を持ち，磁場中において 2 準位のエネルギー状態を生じさせます．

　本書の章立ては標準的な専門課程のコースに合わせたものですが，必ずしも順に取り組む必要はありません．次ページの表に示すように，量子力学では

- シュレディンガー方程式を偏微分方程式として解く解析的アプローチと
- 演算子の性質（交換関係）と状態ベクトル（ブラケット記法）を用いる代数的アプローチ

の 2 種類の考え方があります．

　解析的アプローチの考え方は，偏微分方程式を解くという意味で古典力学や電磁気学で学んだ手法に近いものがあり，汎用性が高い一方で，調和振動子ポテンシャルにおけるエルミート微分方程式（第 6 章）や角運動量の量子化（第 8 章）で現れるルジャンドル微分方程式など，複雑な式変形を要する計算が待ち構えています．

　これに対し，代数的アプローチは調和振動子ポテンシャルに対する生成消滅演算子（第 13 章）や角運動量演算子（第 14 章）でその威力を発揮します．汎用性はあまりありませんが，解析的アプローチと同じ結果を，より簡単な（交換関係を用いた）計算に帰着させて求めることができます．

　また，上記のような具体問題から離れ，量子力学の一般的な枠組みについても解析的アプローチ（第 7 章）と代数的アプローチ（第 12 章）のそれぞれを紹介しています．量子力学の学習において，波動関数の積分を用いた計算とブラケット記法の計算が同値であることも確認できるでしょう．第 12 章における演算子の固有状態と固有値について，感覚がいまいちつかめない場合は，第 11 章で行列計算の練習をしておけば，雰囲気をつかむことができるはずです．

　本書を読み進める際には，量子力学ではこのように，表の縦軸（粒子の物理的な状態）と横軸（2 つのアプローチ）があることを念頭においてみてください．学習していく中で，より問題意識がはっきりするでしょう．

	解析的アプローチ (波動力学) シュレディンガー方程式を微分方程式として境界条件を与えて解く	代数的アプローチ (行列力学) 正準交換関係とブラケット記法を用いて解く(対角化する)
量子力学の基礎原理		
エネルギー量子化 (とびとびのエネルギーを得る方法)	(無限遠での境界条件)	第 2 章
シュレディンガー方程式と確率解釈	第 3 章	
波動関数の固有関数展開, 固有関数(固有状態)の完全規格直交系	第 7 章	第 11 章, 第 12 章
不確定性関係	(演習問題 4.5, 6.3)	第 16 章
対称性と保存則		第 17 章
束縛状態(束縛問題)		
(一次元)井戸型ポテンシャル	第 4 章	
(一次元)自由粒子と周期境界条件の箱	第 5 章	
(一次元)調和振動子ポテンシャル	第 6 章	第 13 章
(三次元球座標)クーロンポテンシャル等	第 9 章	(演習問題 24.2)
(三次元直交座標)粒子に磁場を加えた場合	第 19 章	
近似的に束縛問題を解く方法		
定常状態の離散スペクトル摂動論	第 20 章	
非定常状態の離散スペクトル摂動論	第 21 章	
変分法・WKB 近似法	第 22 章	
(三次元空間の運動を考える場合) **束縛状態・散乱状態によらない性質**		
軌道角運動量	第 8 章	第 14 章, 第 15 章
スピン角運動量		
角運動量の合成		第 18 章
散乱状態(散乱問題)		
一次元ポテンシャル	第 10 章	
三次元ポテンシャル	第 23 章	

演習問題

― A ―

3.1 全確率保存則の導入

一次元的に移動できる質量 m の量子論的粒子がポテンシャル $V(x)$ の中を運動する.
(1) シュレディンガー方程式を書け.
(2) 全確率保存則 $i\hbar \dfrac{d}{dt}\displaystyle\int_{-\infty}^{\infty}\rho(x,t)dx = 0$ を導け.

― B ―

3.2 エーレンフェストの定理

三次元空間において,ポテンシャル $V(\boldsymbol{r})$ のもとに運動する質量 m の粒子について考えよう.
(1) 空間全体の積分によって座標の期待値を

$$\langle \boldsymbol{r} \rangle = \int \psi^*(\boldsymbol{r})\boldsymbol{r}\psi(\boldsymbol{r})d^3r$$

とし,運動量の期待値を

$$\langle \boldsymbol{p} \rangle = \int \psi^*(\boldsymbol{r})\widehat{\boldsymbol{p}}\psi(\boldsymbol{r})d^3r$$

とするとき,次が成り立つことを示せ.

$$m\frac{d}{dt}\langle \boldsymbol{r} \rangle = \langle \boldsymbol{p} \rangle$$

ただし,本問では $\psi(\boldsymbol{r})d\boldsymbol{S}$ は無限遠で 0 になると仮定し,必要であれば次のグリーンの定理[♠1]

$$\int_V \left(\phi(\boldsymbol{r})\nabla^2\varphi(\boldsymbol{r}) - \varphi(\boldsymbol{r})\nabla^2\phi(\boldsymbol{r})\right)d^3r = \int_S \left(\phi(\boldsymbol{r})\nabla\varphi(\boldsymbol{r}) - \varphi(\boldsymbol{r})\nabla\phi(\boldsymbol{r})\right)\cdot d\boldsymbol{S}$$

およびガウスの積分定理[♠2]

$$\int_V \nabla\phi(\boldsymbol{r})d^3r = \int_S \phi(\boldsymbol{r})d\boldsymbol{S}$$

を用いよ.ここで $d\boldsymbol{S}$ ベクトルは空間 V に対して垂直外向きの面素ベクトルである.

(2) 次の関係が成り立つことを示せ.これをエーレンフェストの定理という.

$$m\frac{d^2}{dt^2}\langle \boldsymbol{r} \rangle = -\langle \nabla V \rangle$$

[♠1] 証明は,例えば鈴木久男監修,引原俊哉著『演習しよう 物理数学』(数理工学社,2016)の演習問題 3.4.2 を参照.

[♠2] 証明は,例えば大谷俊介『速修 物理数学の応用技法』(プレアデス出版,2012)の 8.3 節を参照.

第4章　井戸型ポテンシャル束縛問題
――最も基本的な束縛問題

> Contents
> Section ❶ 適切な境界条件の定め方
> Section ❷ シュレディンガー方程式を解く
> Section ❸ 一次元ポテンシャル束縛問題の一般的な性質

> **キーポイント**
> シュレディンガー方程式を解いて，境界条件を使おう！

ここでは，図のような，簡単なポテンシャルに閉じ込められた粒子について扱います．谷に閉じ込められた人が崖と崖の間をさまよっている様子をイメージしてください．また，後半で一次元ポテンシャル束縛問題の一般的な性質について解き明かしていきます．

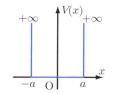

例：井戸型ポテンシャル

❶ 適切な境界条件の定め方
ここでは束縛問題で用いる条件を列挙しておきます．

(1) ψ が連続である．
(2) ψ の導関数が連続である（ただし $V=\infty$ の領域を除く）．
(3) 粒子の存在しないところ（$V=\infty$ の領域）では $\psi=0$ である．
(4) $\lim_{x\to\pm\infty}\psi(x)=0$ をみたす．

例えば (1) は，$\psi(x)$ の値がいきなりとばない（不連続に変化しない）ことを意味していますが，$|\psi|^2$ が確率密度を表している以上，自然な要求だといえます．(2) はシュレディンガー方程式が二階の微分方程式であることから必要なことです．(3) については，粒子の存在確率密度が $|\psi|^2$ で表されているため，粒子の存在しないところではこの値は当然 0 になるといえるでしょう．粒子が束縛されている（＝閉じ込められている），という設定上，(4) も同様にみたされるといって良いでしょう♠．

♠ 散乱，束縛とあわせると "$\lim_{x\to\pm\infty}\psi(x)$ が有限" という要求になります．

❷ シュレディンガー方程式を解く

定常状態のシュレディンガー方程式は次のように与えられます．
$$-\frac{\hbar^2}{2m}\frac{d^2}{dx^2}\psi(x) + V(x)\psi(x) = E\psi(x)$$
束縛問題でこれを解くには，次のような戦略を取ります．

> (1) エネルギー E がポテンシャルの谷に閉じ込められていることに注意する．
>   例えば右図のようなポテンシャルでは
> $$0 < E < V_1 < V_2$$
>   となるように（束縛状態の）エネルギー E が決まります．
> (2) シュレディンガー方程式の解を構成し，境界条件を用いて $\psi(x)$ を特定する．同時にエネルギー固有値 E_n も決定する．
>   シュレディンガー方程式をこの戦略に従って解いていきます．

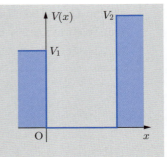

ただし，ポテンシャルの崖の高さが有限な場合はエネルギー準位をきっちり決めることができないので，後で述べるようにグラフを用いてどうやって評価するかが問題になります．

基本問題 4.1 ─────────────────────── 重要

図のようなポテンシャルに束縛された質量 m の粒子について，以下の問いに答えよ．
(1) 境界条件を明らかにして定常状態のシュレディンガー方程式を解け．
(2) 規格化条件を用いて $\psi(x)$ を規格化せよ．
(3) エネルギー準位 E_n を求めよ．

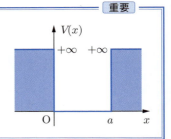

方針 粒子が束縛されているため図に従って $0 < E$ が成り立つことに注意しましょう．

【答案】 シュレディンガー方程式は $0 < x < a$ において成り立ち，次のように書ける．
$$-\frac{\hbar^2}{2m}\frac{d^2}{dx^2}\psi(x) = E\psi(x)$$
ここで，$k = \sqrt{\frac{2mE}{\hbar^2}}$ とおくと，この微分方程式は
$$\frac{d^2}{dx^2}\psi(x) = -k^2\psi(x)$$

のように書け，一般解は
$$\psi(x) = A\sin kx + B\cos kx$$
となる．用いるべき境界条件は
$$\psi(0) = 0, \quad \psi(a) = 0$$
であり♠1，$B=0, \sin ka = 0$ が成り立ち，これより
$$ka = n\pi \quad (ただし n = 1, 2, 3, \cdots)$$
が得られる♠2．このようにして k が得られるので，
$$\psi(x) = A\sin\frac{n\pi x}{a}$$
となる．

(2) 規格化条件より，
$$\begin{aligned}
\int_0^a |\psi|^2 \, dx &= |A|^2 \int_0^a \sin^2\frac{n\pi x}{a} dx \\
&= |A|^2 \int_0^a \frac{1 - \cos\frac{2n\pi x}{a}}{2} dx \quad \text{(半角の公式 } \sin^2\theta = \frac{1-\cos 2\theta}{2} \text{ を用いた)} \\
&= \frac{1}{2}|A|^2 \left(a - \int_0^a \cos\frac{2n\pi x}{a} dx \right) \\
&= \frac{1}{2}|A|^2 a = 1 \quad \text{(三角関数を一周期で積分すると 0)}
\end{aligned}$$
となり規格化定数を正にとることで，$A = \sqrt{\frac{2}{a}}$ を得る．

これにより
$$\psi(x) = \sqrt{\frac{2}{a}}\sin\frac{n\pi x}{a}$$
を得る．

(3) $k = \sqrt{\frac{2mE}{\hbar^2}}$ と $ka = n\pi$ からエネルギー準位は
$$E_n = \frac{\hbar^2 k^2}{2m} = \frac{\hbar^2 \pi^2}{2ma^2} n^2 \quad (ただし n = 1, 2, 3, \cdots)$$
となる．これで全て求められた．■

■ ポイント ■ エネルギー準位は低いものから順に基底エネルギー，第一励起エネルギー，第二励起エネルギー，$\cdots$ と呼びます．本問が量子力学における束縛問題において最も基本的な問題です．

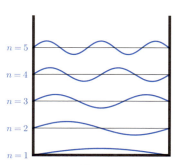

それぞれの n に対応する $\psi(x)$ の概形．n が 1 つ増えると節の数が 1 つ増える．

♠1 境界条件はポテンシャルが不連続なところで考えます．一階微分 ψ' の連続性は，ポテンシャルの高さが $+\infty$ なので使えません．

♠2 n が 0 のときは解がなくなってしまう．負のときは正のときと同じ（符号だけが違う）解しか現れず，規格化すれば正の解に一致してしまうのでダブルカウントとなり，n は正の整数だけを取ることがわかります．

基本問題 4.2　　　　　　　　　　　　　　　　　　　　　重要

図のようなポテンシャルに束縛された質量 m の粒子について，規格化された波動関数（固有関数）とエネルギー準位 E_n を求めよ．

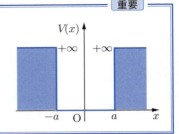

方針　前問と同様ですが，波動関数に sin と cos の両方が現れることに注意しましょう．

【答案】　$-a < x < a$ の領域で，$k = \sqrt{\frac{2mE}{\hbar^2}}$ とおくとシュレディンガー方程式は
$$\psi'' = -k^2\psi$$
と書け，一般解は $\psi(x) = A\sin kx + B\cos kx$ と書ける．境界条件は $\psi(-a) = 0$, $\psi(a) = 0$ であり，これから

$$-A\sin ka + B\cos ka = 0 \qquad ①$$
$$A\sin ka + B\cos ka = 0 \qquad ②$$

が成り立つ．① + ② より $B\cos ka = 0$ が得られ，
$$B = 0 \quad \text{または} \quad ka = \frac{2n+1}{2}\pi \quad (\text{ただし } n = 0, 1, 2, \cdots)$$
を得る．

　(i)　$B = 0$ のとき

①より $A\sin ka = 0$ が成り立ち，$A \neq 0$ より♣，$ka = n\pi$（ただし $n = 1, 2, 3, \cdots$）を得て，$\psi(x) = A\sin\frac{n\pi x}{a}$ を規格化すると，
$$\int_{-a}^{a} |\psi|^2 dx = |A|^2 \int_{-a}^{a} \sin^2\frac{n\pi x}{a} dx = |A|^2 a = 1$$
から $A = \sqrt{\frac{1}{a}}$ を得て，波動関数が
$$\psi(x) = \sqrt{\frac{1}{a}} \sin\frac{n\pi x}{a}$$
として求められる．また $ka = n\pi$ からエネルギー準位
$$E_n = \frac{\hbar^2 k^2}{2m} = \frac{\hbar^2 \pi^2}{2ma^2} n^2 \quad (\text{ただし } n = 1, 2, 3, \cdots)$$
を得る．

　(ii)　$ka = \frac{(2n+1)\pi}{2}$（ただし $n = 0, 1, 2, \cdots$）のとき

♣恒等的に 0 になる波動関数は無意味な解（粒子の存在確率が常に 0 となってしまう）なので，波動関数として採用しません．このような理由から $A = 0$ かつ $B = 0$ は許されません．

4.2 シュレディンガー方程式を解く

①より
$$A\sin\frac{2n+1}{2}\pi = A(-1)^n = 0$$
が成り立つので $A=0$ が得られる.これより波動関数は
$$\psi(x) = B\cos\frac{2n+1}{2a}\pi x \quad (ただし\ n=0,1,2,\cdots)$$
となる.これを規格化すると,
$$\int_{-a}^{a}|\psi|^2\,dx = |B|^2\int_{-a}^{a}\cos^2\frac{2n+1}{2a}\pi x\,dx$$
$$= |B|^2\int_{-a}^{a}\frac{1+\cos\frac{2n+1}{a}\pi x}{2}dx$$
$$= |B|^2 a = 1$$
となり $B = \sqrt{\frac{1}{a}}$ が得られ,
$$\psi(x) = \sqrt{\frac{1}{a}}\cos\frac{2n+1}{2a}\pi x \quad (ただし\ n=0,1,2,\cdots)$$
として波動関数が求められる.

また,$ka = \frac{(2n+1)\pi}{2}$ よりエネルギー準位は次のように求められる.
$$E_n = \frac{\hbar^2\pi^2}{2ma^2}\left(\frac{2n+1}{2}\right)^2$$

これで,2 つの場合(波動関数が偶関数になるときと奇関数になるとき)に応じて波動関数,エネルギー準位のペアが得られた.■

▌ポイント▌ 初見だと不思議な問題です.前問に対して,ポテンシャルの幅を変えただけで取りうる波動関数が二通りに分かれてしまいました.この原因はポテンシャルの偶関数性にあり,一般にポテンシャルが偶関数の一次元束縛問題では,波動関数が奇関数と偶関数の二通りを取ることが示せます(4.3 節で後述する "パリティ" を参照).このトリックを使って本問にアプローチすることもできます.

例えば,$\psi(x)$ が偶関数のときは $\psi'(0)=0$ が成り立ち,$\psi(x)$ が奇関数のとき $\psi(0)=0$ が成り立ちます(原点にとびがあるときは使えません).本問ではシュレディンガー方程式の一般解が $\psi(x) = A\sin kx + B\cos kx$ と書けるのですが,偶パリティのときは $\psi'(0) = kA = 0$ より $A=0$,奇パリティのときは $\psi(0) = B = 0$ より $B=0$ とすることで,それぞれの固有関数を決定できます.

基本問題 4.3 【重要】

図のようなポテンシャルに束縛された質量 m の粒子について考えよう．

(1) シュレディンガー方程式の解を，$x=0$ での境界条件を用いて求めよ．規格化する必要はない．

(2) (1) の結果と，$x=a$ での境界条件を用いて粒子が束縛されているためには
$$\frac{2mV_0a^2}{\hbar^2} > \frac{\pi^2}{4}$$
が成り立てば良いことを示せ．

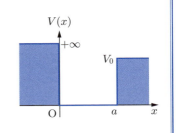

方針 最後の束縛評価でグラフを描くところがポイントです．これは難しい問題です．

【答案】(1) ポテンシャルが有限な領域 I：$0 < x < a$，領域 II：$a \leq x$ について考える．束縛されているので
$$0 < E < V_0 \qquad ①$$
が成り立つことに注意する．

(i) 領域 I：$0 < x < a$ について
シュレディンガー方程式は
$$-\frac{\hbar^2}{2m}\frac{d^2}{dx^2}\psi_\mathrm{I}(x) = E\psi_\mathrm{I}(x)$$
と書け，この一般解は $k = \sqrt{\frac{2mE}{\hbar^2}}$ を用いると次のように書ける．
$$\psi_\mathrm{I}(x) = A\sin kx + B\cos kx \qquad ②$$
ただし A, B は定数である．

(ii) 領域 II：$a \leq x$ について
シュレディンガー方程式は
$$-\frac{\hbar^2}{2m}\frac{d^2}{dx^2}\psi_\mathrm{II}(x) + V_0\psi_\mathrm{II}(x) = E\psi_\mathrm{II}(x)$$
と書け，この一般解は
$$\rho = \sqrt{\frac{2m(V_0-E)}{\hbar^2}}$$
とおくこと♠で次のように書ける．
$$\psi_\mathrm{II}(x) = Ce^{-\rho x} + De^{\rho x} \qquad ③$$
ただし C, D は定数である．②と③について整理しよう．まず②について，$x=0$ での接続条

♠ ①に注意して ρ を決めています．

件（境界条件）により $\psi_\mathrm{I}(0)=0$ が成り立ち ♠1，これより $B=0$ がいえ，

$$\psi_\mathrm{I}(x) = A\sin kx \qquad ④$$

と書ける．次に③について考えよう．$\psi_\mathrm{II}(x)$ は $x\to\infty$ で 0 にならなければならないので，$D=0$ となる．これにより

$$\psi_\mathrm{II}(x) = Ce^{-\rho x} \qquad ⑤$$

と書ける．

(2) ④と⑤について，$x=a$ での $\psi(x)$ の連続性より次が成り立つ．

$$A\sin ka = Ce^{-\rho a} \qquad ⑥$$

また，$x=a$ での波動関数の一階微分 $\psi'(x)$ の連続性より次が成り立つ．

$$kA\cos ka = -\rho Ce^{-\rho a} \qquad ⑦$$

⑥と⑦より，

$$\tan ka = -\frac{k}{\rho} \qquad ⑧$$

が成り立つことがわかる．また，

$$k^2 + \rho^2 = \frac{2mV_0}{\hbar^2}$$

が成り立つ．ここで

$$X = ka, \quad Y = \rho a, \quad r^2 = \frac{2mV_0 a^2}{\hbar^2}$$

とおくと $X^2 + Y^2 = r^2$ および⑧より

$$\tan X = -\frac{X}{Y}$$

が成り立つことがわかる．これらから Y を消去すると

$$-X\cot X = \sqrt{r^2 - X^2}$$

が成り立つことがわかり，ちょうどこれは右図のように2つの曲線の交点を与える方程式となっている．束縛されている（交点が存在する）♠2 条件は，図より $r > \frac{\pi}{2}$ であり，これはちょうど

$$\frac{2mV_0 a^2}{\hbar^2} > \frac{\pi^2}{4}$$

に相当する．これで所望の式が導けた．■

♠1 これは $x=0$ におけるポテンシャルの壁が無限に高いため．

♠2 交点が存在しない $\iff$ シュレディンガー方程式をみたす E が存在しない $\iff$ 粒子が束縛されない．

❸一次元ポテンシャル束縛問題の一般的な性質

一次元束縛問題の一般的な性質を列挙しておきます．本節ではこれらを証明していくわけですが，先に見通しを良くしておきましょう．

> (1) 縮退がない．
> (2) ポテンシャルが偶関数なら波動関数は偶関数か奇関数を取る（パリティ）．
> (3) ポテンシャルが有限なとびを持っていても波動関数の一階微分は常に連続．

いきなり縮退なんて言葉が出ました．**縮退**（あるいは**縮重**）とは，2つ以上の異なる物理状態が同じエネルギー準位を取ることを表します．いい換えると，シュレディンガー方程式の固有関数（波動関数）ψ_n と固有値（エネルギー準位）E_n が1対1対応していないときに"縮退がある"といえることになります♠．(1) の主張は，"一次元束縛問題でシュレディンガー方程式を解くと固有関数 ψ_n と固有値 E_n がきちんと1対1のセットになって現れるよ"，ということを保証しているのです．一方で，二次元，三次元空間と高次のシュレディンガー方程式を考えると（空間の対称性があるときに）縮退が現れることがわかってきます．縮退というのは面倒な概念ですが，一次元で考える際には気にしなくて良いわけです．

(2) は基本問題 4.2 で触れましたが，この性質を用いると問題の見通しがすっきりすることも少なくありません．証明には (1) の結果を用います．(2) を証明する問題は院試にもよく現れます．

ポテンシャルが不連続でも $\frac{d\psi}{dx}$ の連続性を与えてくれる (3) は強力な結果です．

♠ 量子力学では2つの固有関数（波動関数）が比例しているときは同一の固有関数（波動関数）であるとみなします．これは規格化定数とその符号をうまく選ぶことで同一視できるためです．

例えば，井戸型ポテンシャルの束縛問題でシュレディンガー方程式の解が $n=1,2,\cdots$ に対し

$$0 < x < a \text{ のとき} \quad \psi(x) = A\sin\frac{n\pi x}{a}$$

$$x < 0, a < x \text{ のとき} \quad \psi(x) = 0$$

で与えられたことを思い出してみましょう．規格化条件から $|A| = \sqrt{\frac{2}{a}}$ とわかり，$A = \sqrt{\frac{2}{a}}$ としても $A = -\sqrt{\frac{2}{a}}$ としても良いことになりますが，両者は比例関係にあるので同一の固有関数とみなされるわけです（だから規格化定数はいつでも正に取って良いわけです）．

4.3 一次元ポテンシャル束縛問題の一般的な性質

基本問題 4.4 　　　　　　　　　　　　　　　　　　　　　　　　　　重要

一次元束縛問題にはエネルギーに縮退がないことを示せ.

方針 　縮退が存在すると仮定して背理法で攻めましょう. 縮退があるとは同じエネルギー E に対応する波動関数が複数あることです.

本問のポイントは, 本章冒頭で扱った境界条件 $\lim_{x \to \pm\infty} \psi(x) = 0$ を用いるところです. 背理法はほとんどの人が苦手とするところですので, 注意深く解答していきましょう.

【答案】 縮退があると仮定する. つまり, 相異なる $\psi_1(x), \psi_2(x)$ に対して,

$$-\frac{\hbar^2}{2m}\frac{d^2}{dx^2}\psi_1(x) + V(x)\psi_1(x) = E\psi_1(x) \qquad ①$$

$$-\frac{\hbar^2}{2m}\frac{d^2}{dx^2}\psi_2(x) + V(x)\psi_2(x) = E\psi_2(x) \qquad ②$$

が同時に成り立っていると仮定する. ここで比例係数を除いて $\psi_1 \neq \psi_2$ である. この仮定が矛盾していることを示す. まず, $\psi_2 \times ① - \psi_1 \times ②$ より

$$-\frac{\hbar^2}{2m}\left(\psi_2\frac{d^2}{dx^2}\psi_1 - \psi_1\frac{d^2}{dx^2}\psi_2\right) = 0$$

となる. 係数を落として, 積の微分に気をつけてこれを

$$\frac{d}{dx}\left(\psi_2\frac{d}{dx}\psi_1 - \psi_1\frac{d}{dx}\psi_2\right) = 0$$

のように書き換えてやる. これより

$$\psi_2(x)\frac{d}{dx}\psi_1(x) - \psi_1(x)\frac{d}{dx}\psi_2(x) = C \quad \text{(定数)}$$

と書くことができる. これが任意の x で成り立っているから, ここで $x \to \infty$ としてみる. 束縛問題の波動関数は条件

$$\lim_{x \to \pm\infty} \psi(x) = 0$$

をみたしているから, 結局 $C = 0$ となる. 両辺を $\psi_1\psi_2$ で割ると,

$$\frac{1}{\psi_1}\frac{d}{dx}\psi_1 = \frac{1}{\psi_2}\frac{d}{dx}\psi_2$$

が成り立つことがわかる. 両辺を不定積分すると

$$\log\psi_1(x) = \log\psi_2(x) + D \quad \text{(定数)}$$

が成り立つことがわかり, 対数をはずすと $\psi_1(x)$ と $\psi_2(x)$ が比例関係にあることがわかる.

それぞれ規格化して符号を統一してやることで結局

$$\psi_1(x) = \psi_2(x)$$

となり♠, これは仮定 $\psi_1 \neq \psi_2$ に矛盾してしまう. ∎

♠前ページの脚注にあるように, 比例関係にある固有関数は同一視されます.

基本問題 4.5 　　　　　　　　　　　　　　　　　　　　　　　重要

一次元空間で，ポテンシャルが x の偶関数なら，シュレディンガー方程式

$$-\frac{\hbar^2}{2m}\frac{d^2}{dx^2}\psi(x) + V(x)\psi(x) = E\psi(x)$$

の束縛状態の固有関数は偶関数，または奇関数に取れることを示せ．

方針　こちらは直接示していきます．途中で "一次元束縛問題では縮退がない" ことを使っています．後々偶奇性（パリティ）の考え方が粒子の統計性につながってきます．

【答案】　シュレディンガー方程式

$$-\frac{\hbar^2}{2m}\frac{d^2}{dx^2}\psi(x) + V(x)\psi(x) = E\psi(x) \quad ①$$

に対し，x を $-x$ に書き換えると，$V(x)$ の偶関数性，つまり $V(x) = V(-x)$ より

$$-\frac{\hbar^2}{2m}\frac{d^2}{dx^2}\psi(-x) + V(x)\psi(-x) = E\psi(-x) \quad ②$$

がいえる．①と②より，"一次元問題には縮退がないこと" を使うと，ある定数 C があって

$$\psi(x) = C\psi(-x)$$

と書けることがわかり，

$$\begin{aligned}\psi(x) &= C\psi(-x) \\ &= C \times C\psi(x) \\ &= C^2 \psi(x) \quad \therefore \quad C = \pm 1\end{aligned}$$

が成り立つことがいえる．$C = 1$ のときは

$$\psi(x) = \psi(-x)$$

つまり $\psi(x)$ は偶関数であることがわかる．また $c = -1$ のときは

$$\psi(x) = -\psi(-x)$$

つまり $\psi(x)$ は奇関数であることがわかる．これより $\psi(x)$ は偶関数，または奇関数を取ることが確かめられた．■

【別答案】　①と②を足し合わせることで

$$\Psi(x) = \psi(x) + \psi(-x)$$

もまたシュレディンガー方程式をみたすことがわかる．$\Psi(x) = \Psi(-x)$ なのでこれは偶関数であり，一方①から②を引くことで

$$\Phi(x) = \psi(x) - \psi(-x)$$

もまたシュレディンガー方程式をみたすことがわかり，なおかつ $\Phi(x) = -\Phi(-x)$ が成り立つことからこれは奇関数であることがわかる．■

4.3 一次元ポテンシャル束縛問題の一般的な性質

基本問題 4.6

ポテンシャル $V(x)$ が $x = a$ で有限なとびを持っていても波動関数の一階微分は常に連続であることを示せ．

方針 シュレディンガー方程式を積分することで示せます．$\int_{a-\varepsilon}^{a+\varepsilon} dx$ を作用させてから $\varepsilon \to 0$ とするテクニックは院試必出のデルタ関数ポテンシャル束縛問題でも用います．

【答案】 図のようにポテンシャルは小さな $\varepsilon > 0$ に対して

$$V(a-\varepsilon) < V(a+\varepsilon)$$

をみたしていると仮定して一般性を失わない．

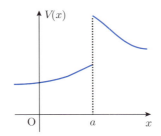

シュレディンガー方程式を

$$\frac{d^2}{dx^2}\psi(x) + \frac{2m}{\hbar^2}(E - V(x))\psi(x) = 0$$

と書き両辺に $\int_{a-\varepsilon}^{a+\varepsilon} dx$ を作用させる（積分する）と次のように書ける．

$$\left[\frac{d}{dx}\psi(x)\right]_{a-\varepsilon}^{a+\varepsilon} + \frac{2m}{\hbar^2}\int_{a-\varepsilon}^{a+\varepsilon}(E - V(x))dx = 0$$

ここで左辺第二項は被積分関数が有限であることから，$\varepsilon \to 0$ で 0 となる．よって前式で，$\varepsilon \to 0$ とすると次のようになる．

$$\lim_{\varepsilon \to 0}\left(\left.\frac{d\psi}{dx}\right|_{x=a+\varepsilon} - \left.\frac{d\psi}{dx}\right|_{x=a-\varepsilon}\right) = 0$$

これより波動関数の一階微分の連続性がいえる．■

基本問題 4.7

次のポテンシャル $V(x)$ 中に束縛された質量 m の粒子の定常状態を考えよう．必要ならばポテンシャルが偶関数なので，波動関数 $\psi(x)$ は偶関数または奇関数になることを用いよ．

$$V(x) = \begin{cases} -V_0 & (-a \leq x \leq a, V_0 > 0) \\ 0 & (x < -a, a < x) \end{cases}$$

(1) $x \to \pm\infty$ での波動関数 $\psi(x)$ の条件を記せ．
(2) パリティの固有状態で波動関数 $\psi(x)$ を求めよ．
(3) エネルギー固有値を求める式を導け．
(4) $V_0 a^2 < \frac{\pi^2 \hbar^2}{8m}$ のとき束縛状態は存在するか．

方針 これまでの総合問題です．境界条件の取り方とパリティに注意して進めましょう．

【答案】 (1) 無限遠で 0 に収束すれば良いので，答えは $\lim_{|x|\to\infty} \psi(x) = 0$ となる．（あるいは $\lim_{x \to \pm\infty} \psi(x) = 0$．）

(2) ポテンシャルの中の領域 I：$0 < x < a$，領域 II：$a \leq x$ について考える（パリティを使うので右側の領域だけを考える）．

領域 I：$0 < x < a$ について
シュレディンガー方程式は次のように書ける．

$$-\frac{\hbar^2}{2m}\frac{d^2}{dx^2}\psi_\mathrm{I}(x) - V_0 \psi_\mathrm{I}(x) = E\psi_\mathrm{I}(x)$$

ここで $k = \sqrt{\frac{2m(E+V_0)}{\hbar^2}}$ とおけば波動関数は次のように書ける．

$$\psi_\mathrm{I}(x) = A\sin kx + B\cos kx \qquad ①$$

領域 II：$a \leq x$ について
シュレディンガー方程式は

$$-\frac{\hbar^2}{2m}\frac{d^2}{dx^2}\psi_\mathrm{II}(x) = E\psi_\mathrm{II}(x)$$

と書け，$\rho = \sqrt{\frac{-2mE}{\hbar^2}}$ とおくことで波動関数は次のように書ける．

$$\psi_\mathrm{II}(x) = Ce^{-\rho x} + De^{\rho x} \quad \text{（ただし，} C, D \text{ は定数）} \qquad ②$$

ただし (1) の結果より $D = 0$ である．

パリティを考えよう．$\phi(x) = A\sin kx + B\cos kx$ とおく．
(i) 偶パリティ：波動関数が偶関数となるときを考え，

$$\psi(x) = \begin{cases} \phi(-x) & (-a < x < 0) \\ \phi(x) & (0 < x < a) \end{cases}$$

と書ければ偶関数なので $A = 0$ となり，波動関数が

$$\psi(x) = \begin{cases} Ce^{\rho x} & (x \leq -a) \\ B\cos kx & (-a < x < a) \\ Ce^{-\rho x} & (a \leq x) \end{cases}$$

と確定する．（$x=0$ で波動関数の連続性を用いた．）

(ii) 奇パリティ：波動関数が奇関数となるときを考え，

$$\psi(x) = \begin{cases} -\phi(-x) & (-a < x < 0) \\ \phi(x) & (0 < x < a) \end{cases}$$

と書ければ奇関数なので $B=0$ となり，波動関数が

$$\psi(x) = \begin{cases} -Ce^{\rho x} & (x \leq -a) \\ A\sin kx & (-a < x < a) \\ Ce^{-\rho x} & (a \leq x) \end{cases}$$

と確定する．（$x=0$ で波動関数の連続性を用いた．）

(3) 偶パリティのとき，$x=a$ での ψ と ψ' の接続条件（境界条件）から

$$B\cos ka = Ce^{-\rho a}$$
$$-kB\sin ka = -\rho Ce^{-\rho a}$$

が得られ，これをまとめて $\tan ka = \frac{\rho}{k}$ と書くことができる．

奇パリティのときも，同様にして $\tan ka = -\frac{k}{\rho}$ を得る．

(4) 偶パリティのときを考える．

$$k^2 + \rho^2 = \frac{2mV_0}{\hbar^2}$$

が成り立ち，$X = ka, Y = \rho a$ とおくとこれらの条件は

$$X\tan X = \sqrt{\frac{2mV_0 a^2}{\hbar^2} - X^2}$$

と書き換えられ，両辺の 2 曲線はいつでも交点を持つから，偶パリティではいつでも束縛が起こると考えられる．すなわち，問題で与えられた条件では，偶パリティでの束縛が起こる．

また，奇パリティでは，$k^2 + \rho^2 = \frac{2mV_0}{\hbar^2}$ と $\tan ka = -\frac{k}{\rho}$ から $X = ka, Y = \rho a$ とおくことで交点を持つ条件が

$$-X\cot X = \sqrt{\frac{2mV_0 a^2}{\hbar^2} - X^2}$$

と書け，これは

$$\frac{2mV_0 a^2}{\hbar^2} > \frac{\pi^2}{4}$$

で交点を持つ．これより，与式の条件と反するので，奇パリティにおいては束縛は起こらないと結論できる．■

演習問題

—— A ——

4.1 [重要] 井戸型ポテンシャルに閉じ込められた電子

長さ 1Å の井戸に閉じ込められた電子の基底エネルギー E を eV 単位で見積もれ．ただし必要なら，電子の質量 $m \simeq 0.51\,[\text{MeV}\cdot c^{-2}]$ および $\hbar c = 197\,[\text{eV}\cdot\text{nm}]$ の値を用いよ．

4.2 [重要] 三次元井戸（立方体）型束縛問題

点 $(x,y,z)=(0,0,0),(L,0,0),(L,L,L)$ を頂点に持つ立方体に束縛された質量 m の粒子について，規格化された波動関数を求め，エネルギー固有値を求めよ．また，第一励起状態についての縮退を調べよ．

4.3 [重要] 固有関数の実関数性

一次元束縛問題の固有関数は必ず実関数に取れることを示せ．

［ヒント：固有関数に虚部が存在すると仮定し一次元束縛問題では縮退が存在しないことを用いて矛盾を示せばよい．］

4.4 [重要] 固有エネルギーの性質

束縛問題の性質について以下の問いに答えよ．ただし波動関数の導関数が絶対二乗可積分であることは用いて良い．
(1) 束縛問題のエネルギーは下に有界であることを示せ
(2) 束縛問題のエネルギーはとびとびに分布することを示せ．

4.5 [重要] 不確定性関係

長さ a の完全な井戸に閉じ込められた質量 m の粒子について，基底状態の規格化された固有関数 $\psi_1(x)$ を用いて，次の量を計算せよ．

(1) 座標期待値 $\langle x \rangle = \int_0^a \psi_1^*(x) x \psi_1(x) dx$

(2) 座標分散 $(\Delta x)^2 = \langle x^2 \rangle - \langle x \rangle^2$

(3) 運動量期待値 $\langle p \rangle = \int_0^a \psi_1^*(x) \left(-i\hbar \dfrac{d}{dx} \right) \psi_1(x) dx$

(4) 運動量分散 $(\Delta p)^2 = \langle p^2 \rangle - \langle p \rangle^2$

(5) 不確定性関係の値 $(\Delta x)(\Delta p)$

4.6 固有関数の漸近形

定常状態の束縛問題において,ポテンシャルが遠方で十分速く 0 になるときを考えよう. $E < 0$ のとき,および $E > 0$ のそれぞれの場合に,遠方での波動関数の漸近形を求めよ.

4.7 波動関数からポテンシャルを推定

波動関数が
$$\psi(x) = \frac{A}{\cosh \lambda x}$$
となることがわかった. このとき,粒子を束縛しているポテンシャル関数 $V(x)$ を求めよ.

4.8 重要 波動関数の導関数が不連続な場合の接続条件

質量 m の粒子がポテンシャル $V(x) = -V_0 \delta(x)$ ($V_0 > 0$) に束縛されている.
(1) シュレディンガー方程式の両辺を $-\varepsilon$ から ε まで積分し,$\varepsilon \to 0$ とすることで次が成り立つことを示せ.
$$\lim_{\varepsilon \to 0}(\psi'(\varepsilon) - \psi'(-\varepsilon)) = -\frac{2mV_0\psi(0)}{\hbar^2}$$
(2) この粒子の波動関数と束縛エネルギーを求めよ.

4.9 井戸+デルタ突起ポテンシャル

質量 m の粒子が次のポテンシャルに束縛されている. ただし V_0 は正とする.
$$V(x) = \begin{cases} V_0 \delta(x) & (-a < x < a) \\ \infty & (x \leq -a, a \leq x) \end{cases}$$
(1) 定常状態のシュレディンガー方程式の固有関数 $\psi(x)$ について,次を示せ.
$$\psi'(+0) - \psi'(-0) = \frac{2mV_0}{\hbar^2}\psi(0)$$
(2) 束縛エネルギーを E とおき,$k = \frac{\sqrt{2mE}}{\hbar}$ とする. 偶パリティのとき,束縛エネルギー E を決める式が,k を用いて次のように与えられることを示せ.
$$\tan ka = -\frac{k\hbar^2}{mV_0}$$

4.10 ダブルデルタ束縛

質量 m の粒子が次のポテンシャルに束縛されている. V_0, a は正とする.
$$V(x) = -V_0 \delta(x+a) - V_0 \delta(x-a)$$
奇パリティにおいて,束縛エネルギーを求める式を与えよ.

4.11 1-3-5 ヘキサトリエン

$CH_2=CH-CH=CH-CH=CH_2$ の長さは $0.6\,\mathrm{nm}$ である．この分子の π 電子が一次元井戸型ポテンシャルの中の自由粒子であると近似できるとしよう．電子の質量は $m_\mathrm{e} = 9.1 \times 10^{-31}\,[\mathrm{kg}]$ とする．

(1) エネルギー準位を求めよ．

(2) 6 個の π 電子が最もエネルギーが低くなるように入っている基底状態の電子配置を示せ．

(3) この基底状態から 1 つの電子が励起してできる最低励起状態への励起エネルギーとそれに対応する遷移波長を求めよ．

第5章 自由粒子と周期境界条件の箱
——物性物理でよく用いられる考え方

Section ❶ 適切な境界条件の定め方

キーポイント
シュレディンガー方程式を解いて，境界条件を使うだけ．

　自由粒子に周期境界条件をつけると，擬似的な束縛状態が構成できます．これはちょうど，井戸型ポテンシャル束縛が固定端条件だったのに対し，ここで扱う周期境界条件は自由端条件を課していることに相当します．細かな設定は違っていても，箱の中の粒子について議論していることに変わりはないのです．

❶適切な境界条件の定め方

　ここでは用いる条件は 2 つあります．1 つ目は考えている領域の長さ（箱の大きさ）を L として，**周期境界条件** $\psi(x) = \psi(x+L)$ を課すことです♠．

　もう 1 つは，シュレディンガー方程式を解く際に片方の波だけを取り出すことです．自由粒子の（定常状態の）シュレディンガー方程式は次で与えられます．

$$-\frac{\hbar^2}{2m}\frac{d^2}{dx^2}\psi(x) = E\psi(x)$$

この一般解は $E = \frac{\hbar^2 k^2}{2m} > 0$ のとき，適当な定数を用いて $\psi(x) = Ae^{ikx} + Be^{-ikx}$ と書けるのでした．この一般解は，右向きの波 e^{ikx} と左向きの波 e^{-ikx} の重ね合わせで表されているのですが，境界条件が 1 つしかないので，A と B を同時に決定することができません．そこでとりあえず片方の波を切り捨て，$B = 0$ としてしまいましょう．このようにすると，一方通行の波が箱の中を運動していることになって，なんだか気持ち悪いことになります．しかし周期境界条件から "座標 $x = L$ までやってきた波は，瞬間的に $x = 0$ に戻って再びまっすぐ右方向に進む" ようなモデルがきちんと構成できていることに気づきます．無理矢理とはいえ "1 つの箱に 1 つの粒子のあるモデル" が作られているわけです．

　現実に粒子がこのように運動しているかどうかは問題ではなく，定常的にエネルギーが一定のままで運動している粒子が復元できているかどうかが重要なのです．

♠本来は導関数の連続性も考える必要がありますが，これは周期境界条件 $\psi(x) = \psi(x+L)$ に自動的に含まれていることに注意して下さい．

基本問題 5.1 【重要】

長さ L の一次元空間中にある質量 m の自由粒子について調べよう．
(1) シュレディンガー方程式の一般解を求め，x 軸正方向に進む波だけを取り出せ．
(2) 周期的境界条件 $\psi(x) = \psi(x+L)$ を課すことでエネルギー準位（エネルギー固有値）を求めよ．

方針 (1) で片方の波を取り出すのは（それだけ議論すれば十分という）物理的要請からくる条件です．

【答案】 (1) シュレディンガー方程式は次のように与えられる．ここで $E>0$ とする．

$$-\frac{\hbar^2}{2m}\frac{d^2}{dx^2}\psi(x) = E\psi(x)$$

$k = \sqrt{\frac{2mE}{\hbar^2}}$ とし，シュレディンガー方程式は

$$\frac{d^2}{dx^2}\psi(x) = -k^2\psi(x)$$

と書き換えられ，この一般解は，定数 A, B を用いて次のように書ける．

$$\psi(x) = Ae^{ikx} + Be^{-ikx}$$

ここで，問題の指定通り x 軸正方向の波だけを取り出し，答えは次のようになる．

$$\psi(x) = Ae^{ikx}$$

(2) 周期境界条件により $e^{ikx} = e^{ik(x+L)}$ となり $e^{ikL} = 1$ となる．よって任意の整数 n を用いて $k = \frac{2\pi n}{L}$ と書けることがわかる．$k = \sqrt{\frac{2mE}{\hbar^2}}$ であるから，エネルギー準位は

$$E_n = \frac{\hbar^2 k^2}{2m} = \frac{\hbar^2}{2m}\left(\frac{2\pi n}{L}\right)^2 \quad (n = 0, \pm 1, \pm 2, \cdots)$$

と求められる．■

ポイント 初っ端から出鼻をくじかれましたが，ちょうどエネルギー固有値は基本問題 4.1 で扱った井戸型ポテンシャル束縛問題のエネルギー固有値の 4 倍相当となり，固有関数も全く違う答えになりました．また，量子数の取り方が，井戸型ポテンシャル束縛のときは $n=1,2,\cdots$ だったのに対し，ここでは $n=0,\pm 1,\pm 2,\cdots$ となっていることに注意しましょう．これには「縮退」という概念が関わってきます．井戸型ポテンシャル束縛のときの固有関数 $\sin\left(\frac{n\pi x}{L}\right)$ について，n を $-n$ に取り直すと関数形が $-\sin\left(\frac{n\pi x}{L}\right)$ となるだけで，規格化し直せば元の関数と一致してしまいます．これは状態のダブルカウントになってしまうので許されません．

一方で周期境界条件では，n を $-n$ に取り直すと固有関数が $e^{\frac{in\pi x}{L}}$ から $e^{-\frac{in\pi x}{L}}$ に切り換わり，元の関数に一致しないのでダブルカウントにならないわけです．

基本問題 5.2 【重要】

基本問題 5.1 同様，長さ L の一次元空間中にある質量 m の自由粒子について調べよう．ただし，前問で調べたように境界条件として周期境界条件を用いるとする．

(1) 波動関数 $\psi(x) = Ae^{ikx}$ を $0 \le x \le L$ で規格化せよ．

(2) $k = \frac{2\pi n}{L}$ としたときの $n = \pm 1, \pm 2, \cdots$ を量子数と呼ぶ．(1) で求めた波動関数を $\psi_n = A\exp\left(i\frac{2\pi n}{L}x\right)$ と表すとき，波動関数 $\psi_n(x)$ が次の規格直交性をみたすことを示せ．

$$\int_0^L \psi_n^*(x)\psi_{n'}(x)\,dx = \begin{cases} 1 & (n = n') \\ 0 & (n \ne n') \end{cases}$$

方針 前問で $\psi(x) = Ae^{ikx}$ が得られたので，これを規格化します．規格化条件は本問の場合

$$\int_0^L \psi^*(x)\psi(x)\,dx = 1$$

で決まります．

【答案】 (1) シュレディンガー方程式の解は，一方向への波だけを考えて $\psi(x) = Ae^{ikx}$ と書ける．これを規格化すると，

$$\int_0^L \psi^*(x)\psi(x)\,dx = |A|^2 \int_0^L e^{-ikx}e^{+ikx}\,dx$$
$$= |A|^2 L = 1$$

となり，規格化定数を正の実数に取ると，$A = \frac{1}{\sqrt{L}}$ となり，次を得る．

$$\psi(x) = \frac{1}{\sqrt{L}}e^{ikx}$$

周期境界条件 $e^{ikL} = 1$ より

$$k = \frac{2\pi n}{L} \quad (n = \pm 1, \pm 2, \cdots)$$

とわかる（基本問題 5.1 のとおり）．

(2) 示すべき式の左辺を計算すると

$$\int_0^L \psi_{n'}^*(x)\psi_n(x)\,dx = \frac{1}{L}\int_0^L \exp\left\{\frac{2\pi(n-n')ix}{L}\right\}dx$$
$$= \begin{cases} \dfrac{1}{L}\int_0^L dx & (n = n') \\ \dfrac{1}{2\pi(n-n')i}[\exp\{2\pi(n-n')i\} - 1] & (n \ne n') \end{cases}$$
$$= \begin{cases} 1 & (n = n') \\ 0 & (n \ne n') \end{cases}$$

となり，求める結果が得られる．■

演習問題

A

5.1 三次元の箱型周期境界条件

一辺の長さが L の立方体中の，質量 m の自由粒子について考えよう．
(1) シュレディンガー方程式を周期境界条件のもとで解き，一方向に進む波だけを取り出せ．また，規格化された固有関数と固有エネルギーを求めよ．
(2) 第二励起状態の縮退度を求めよ．

B

5.2 多電子系の熱的性質

一辺の長さが L の立方体中の，質量 m の N 個の自由電子について考えよう．電子は互いに同じ状態にいることはできないものとする．
(1) 周期境界条件のもとで，規格化された 1 電子固有関数と固有エネルギーを求めよ．
(2) 電子によって占められた軌道状態は波数空間の球内の点として表される．球の表面のエネルギーを**フェルミエネルギー**と呼び ε_F と書く．また球の表面（フェルミ面）における波数を**フェルミ波数**と呼び k_F と書く．ε_F を k_F を用いて表せ．
(3) 電子のスピン自由度を考慮して，フェルミ球内の**状態数** N を計算せよ．また，立方体の体積を V で表すとき，k_F を N と V の式で表せ．
(4) ε_F を N と V の式で表せ．
(5) 系の圧力 p を求めよ．
(6) 系の**状態密度** $\frac{dN}{d\varepsilon_F}$ を求めよ．

C

5.3 周期的ポテンシャルとブロッホの定理（第 17 章）

周期的な一次元ポテンシャル $V(x) = V(x+a)$ 中を運動する質量 m の粒子を考えよう．
(1) 次の演算子が粒子の位置を平行移動する演算子であることを示せ．
$$\widehat{U} = e^{\frac{ia\hat{p}}{\hbar}} = e^{a\frac{\partial}{\partial x}}$$
$$\widehat{U}\psi(x) = \psi(x+a)$$
(2) $\widehat{U}$ が $V(x)$ と可換であること，すなわち
$$\widehat{U}(V(x)\psi(x)) = V(x)\widehat{U}\psi(x)$$
が成り立つことを示せ．

(3) $\widehat{U}$ がハミルトニアンと可換であることを示せ.
(4) 前問より $\widehat{U}$ が保存量であり,エネルギー固有状態を $\widehat{U}$ との同時固有状態に取れる. $\widehat{U}$ の固有値が $e^{i\theta}$ と表せることを示せ.
(5) 以上のことを用いて,エネルギー固有状態 $\psi_E(x)$ が位相を除いて周期的となること,
$$\psi_E(x+a) = e^{i\theta_E}\psi_E(x)$$
が成り立つことを示せ.これをブロッホの定理と呼ぶ.

5.4 クローニッヒ-ペニーのポテンシャル

図に示す一次元の周期的ポテンシャル $V(x)$ の中を運動する電子について考えよう.電子の質量は m とし,周期的ポテンシャルは
$$V(x) = \begin{cases} 0 & (n(a+b) < x \leq n(a+b)+a) \\ V_0(>0) & (n(a+b)+a < x \leq (n+1)(a+b)) \end{cases}$$
で与えられる.ここで,n は任意の整数である.

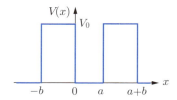

(1) $E < V_0$ とし,
$$K = \sqrt{\frac{2mE}{\hbar^2}}, \quad Q = \sqrt{\frac{2m(V_0-E)}{\hbar^2}}$$
とおいて,前問のブロッホの定理より $\psi(x+a+b) = e^{ik(a+b)}\psi(x)$ が成り立つことを用いて次が成り立つことを示せ.
$$\frac{Q^2 - K^2}{2QK}\sinh Qb \sin Ka + \cosh Qb \cos Ka = \cos k(a+b)$$
(2) $V_0 b =$(一定) として $b \to 0$ に近づけ,
$$\lim_{\substack{b\to 0 \\ Q\to\infty}} Q^2 ab = 2P$$
と取ると,(1) の結果は次のようになることを示せ.
$$\frac{P}{Ka}\sin Ka + \cos Ka = \cos ka$$
(3) (2) において,エネルギー固有値の取りうる値はどのようになるか.

第6章　調和振動子ポテンシャル束縛問題
――エルミート微分方程式に帰着させる解析的アプローチ

> **Contents**
> Section ❶ 問題を解くシナリオ
> Section ❷ シュレディンガー方程式を解く

> **キーポイント**
> エルミート微分方程式を解くまでの一連の流れを押さえよう．

調和振動子モデルとは，粒子間の相互作用を調和振動子で近似したモデルを表します♠．"シュレディンガー方程式を解いて固有関数とエネルギーを求める"というシナリオは前章までと同じですが，微分方程式の構造がやや複雑になるので，微分方程式を解く手続きが込み入ってきます．

❶問題を解くシナリオ

まずは，具体的に計算を始める前に全体像を眺めておきましょう．

手順 (1)　シュレディンガー方程式を書き下す．
$$-\frac{\hbar^2}{2m}\frac{d^2}{dx^2}\psi(x) + \frac{1}{2}m\omega^2 x^2\psi(x) = E\psi(x)$$

手順 (2)　無次元化
$$\xi \equiv \sqrt{\frac{m\omega}{\hbar}}x, \quad \lambda \equiv \frac{2E}{\hbar\omega}, \quad \psi(x) = e^{-\frac{\xi^2}{2}}f(\xi)$$
とおき，シュレディンガー方程式を書き直す

手順 (3)　手順 (2) からエルミート微分方程式を得る．
$$-\frac{d^2f}{d\xi^2} + 2\xi\frac{df}{d\xi} = (\lambda - 1)f$$

手順 (4)　級数解法
$f(\xi) = \sum_{k=0}^{\infty} c_k \xi^k$ とおいて係数 c_k を求める

手順 (4)′　物理的条件を加味して絞り込み

♠調和振動子が重要なのは，金属格子の原子など，ミクロな粒子同士の相互作用を調和振動子で近似するとうまくいくことが多いためです．例えば CO_2 のような分子の原子同士の引っ張り合う相互作用や，金属格子の原子が互いに引っ張り合う相互作用を，調和振動子の一体問題で近似してやることで，統計力学に使い回したときに系の比熱などが良い精度で求められます．

結果を先回りして書いておきます．$f(\xi)$ は**エルミート多項式**と呼ばれる多項式 $H_n(\xi)$ で表示されるようになり，固有関数は次のように表されます．

$$\psi_n(x) = N_n \exp\left(-\frac{m\omega}{2\hbar}x^2\right) H_n\left(\sqrt{\frac{m\omega}{\hbar}}\,x\right)$$

ただし $n = 0, 1, 2, \cdots$ です．N_n は規格化定数であり，次の式で与えられます．

$$N_n = \left(\frac{\sqrt{m\omega}}{\sqrt{\hbar\pi}\,2^n n!}\right)^{\frac{1}{2}}$$

（この規格化定数はエルミート多項式の母関数展開から導けます．（演習問題 6.4））境界条件から量子数 n が決まり，同時にエネルギー準位も

$$E_n = \hbar\omega\left(n + \frac{1}{2}\right)$$

として得られます．これでシュレディンガー方程式が完全に解けたことになります．

ここまでのシナリオを，次節の基本問題を解きながら踏み固めていきましょう．

エルミート多項式について

エルミート微分方程式を解くと，物理的に有意な解（無限遠で発散しない解）は n 次（n は任意の非負整数）の多項式になることが知られています．これらは

$$H_0(x) = 1$$
$$H_1(x) = 2x$$
$$H_2(x) = 4x^2 - 2$$
$$H_3(x) = 8x^3 - 12x$$

のように振る舞います．この結果は基本問題 6.3 で導出します．

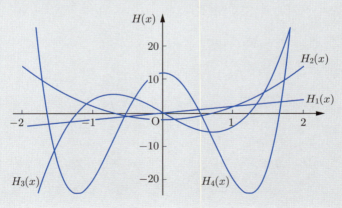

❷ シュレディンガー方程式を解く

本節は次の 3 つの基本問題から成ります.
基本問題 6.1：シュレディンガー方程式を書き換えてエルミート微分方程式にするまで.
基本問題 6.2：エルミート微分方程式を簡単な条件で解く（基底固有関数）.
基本問題 6.3：エルミート微分方程式を級数解法で解く.

> **ポイント** ここではシュレディンガー方程式を直接解く方法を扱っていますが，ハミルトニアンを「因数分解」して新しい演算子を作ることで，微分方程式を解かずにエネルギー準位を求めることができます．この手法は後の代数的アプローチ（第 13 章）で紹介します．微分方程式をいちいち解きたくない場合は，こちらを先に読んでも良いでしょう．

基本問題 6.1　　　　　　　　　　　　　　　　　　　　　重要

調和振動子ポテンシャルに束縛された質量 m のシュレディンガー方程式は
$$-\frac{\hbar^2}{2m}\frac{d^2}{dx^2}\psi(x) + \frac{1}{2}m\omega^2 x^2 \psi(x) = E\psi(x)$$
で与えられる.

(1) $\xi \equiv \sqrt{\frac{m\omega}{\hbar}}x$, $\lambda \equiv \frac{2E}{\hbar\omega}$, $\psi(x) = u(\xi)$ とおいて無次元化することで，$\left(-\frac{d^2}{d\xi^2} + \xi^2\right)u(\xi) = \lambda u(\xi)$ が得られることを示せ.

(2) さらに $u(\xi) = e^{-\frac{\xi^2}{2}}f(\xi)$ とおくことで♠，エルミート微分方程式 $-\frac{d^2 f}{d\xi^2} + 2\xi\frac{df}{d\xi} = (\lambda - 1)f$ が得られることを示せ.

> **方針** (1), (2) ともにただの書き換えです.

【答案】(1) シュレディンガー方程式に対し, $x = \sqrt{\frac{\hbar}{m\omega}}\xi$, $E = \frac{\hbar\omega}{2}\lambda$ とおいてやると, たしかに所望の方程式が得られる.

(2) $\left(-\frac{d^2}{d\xi^2} + \xi^2\right)u(\xi) = \lambda u(\xi)$ に対し, $u(\xi) = e^{-\frac{\xi^2}{2}}f(\xi)$ とおくと, $f' = \frac{df}{d\xi}$ として

$$\begin{aligned}
(\text{左辺}) &= -\frac{d^2}{d\xi^2}(e^{-\frac{\xi^2}{2}}f(\xi)) + \xi^2 e^{-\frac{\xi^2}{2}}f(\xi) \\
&= -\frac{d}{d\xi}(-\xi e^{-\frac{\xi^2}{2}}f + e^{-\frac{\xi^2}{2}}f') + \xi^2 e^{-\frac{\xi^2}{2}}f \\
&= -(-e^{-\frac{\xi^2}{2}}f + \xi^2 e^{-\frac{\xi^2}{2}}f - 2\xi e^{-\frac{\xi^2}{2}}f' + e^{-\frac{\xi^2}{2}}f'') + \xi^2 e^{-\frac{\xi^2}{2}}f \\
&= e^{-\frac{\xi^2}{2}}f + 2\xi e^{-\frac{\xi^2}{2}}f' - e^{-\frac{\xi^2}{2}}f'' = e^{-\frac{\xi^2}{2}}(f + 2\xi f' - f'')
\end{aligned}$$

と計算でき, 一方で右辺は $\lambda e^{-\frac{\xi^2}{2}}f$ となるので, 両辺を整理して, 所望の式を得る. ∎

♠ $|\xi| \to \infty$ で漸近的に $u(\xi) \approx e^{-\frac{\xi^2}{2}}$ のように振る舞うことを利用しています. 演習問題 6.6 を参照.

基本問題 6.2 【重要】

エルミート微分方程式は λ が奇数のときのみ多項式解 $H_\lambda(\xi)$ を持つことが知られている．以下ではこのことを用いて，$\lambda = 2n+1$ ($n = 0, 1, 2, \cdots$) として考えよう．

(1) $n=0$ のとき，規格化された固有関数を求めよ．
(2) 束縛された粒子の第 n 励起エネルギーを求めよ．

方針 (1) は変数分離によって微分方程式を解いていきます．境界条件に注意！

【答案】(1) $n=0$ のとき，エルミート微分方程式は次のように書ける．

$$-\frac{d^2 f}{d\xi^2} + 2\xi \frac{df}{d\xi} = 0$$

いま，$F = \frac{df}{d\xi}$ とおいて次のように変形する．

$$\frac{dF}{F} = 2\xi\, d\xi \xrightarrow{\text{積分}} \int \frac{dF}{F} = 2\int \xi\, d\xi \longrightarrow \log F = \xi^2 + C\ (\text{定数})$$

これより，$F = De^{\xi^2}$ ($D = e^C$ であり，定数) を得る．よって，

$$f(\xi) = D\int_0^\xi e^{x^2}\, dx + f(0)$$

と書ける．ここで固有関数の境界条件 $\lim_{|x|\to\infty} \psi(x) = 0$ を思い出すと，発散を避けるため $D = 0$ としなければならなくなる．これより $f(\xi) = f(0)$ となって，$u(\xi) = f(0)e^{-\frac{\xi^2}{2}}$ を得る．固有関数は

$$\psi(x) = f(0) e^{-\frac{m\omega x^2}{2\hbar}}$$

と書け，これを規格化すると♠，$f(0) = \left(\frac{m\omega}{\pi\hbar}\right)^{\frac{1}{4}}$ となり，結果

$$\psi(x) = \left(\frac{m\omega}{\pi\hbar}\right)^{\frac{1}{4}} e^{-\frac{m\omega x^2}{2\hbar}}$$

を得る．これより，規格化された固有関数として

$$\psi(x) = \left(\frac{m\omega}{\pi\hbar}\right)^{\frac{1}{4}} e^{-\frac{m\omega x^2}{2\hbar}}$$

を得る．

(2) 基本問題 6.1 での無次元化 $E = \frac{\hbar\omega}{2}\lambda$ から $\lambda = 2n+1$ として $E_n = \hbar\omega\left(n + \frac{1}{2}\right)$ を得る． ∎

♠ガウス積分を用いると規格化条件は次のようになります．

$$\int_{-\infty}^{\infty} \psi^*(x)\psi(x)\, dx = |f(0)|^2 \int_{-\infty}^{\infty} \exp\left(-\frac{m\omega x^2}{\hbar}\right) dx = |f(0)|^2 \sqrt{\frac{\pi\hbar}{m\omega}} = 1$$

基本問題 6.3 【重要】

次のエルミート微分方程式の解について，以下の手続きに従って調べよう．

$$-\frac{d^2 f}{d\xi^2} + 2\xi \frac{df}{d\xi} = (\lambda - 1)f$$

(1) 級数解を仮定し，係数の漸化式を求めよ．
(2) 束縛問題の境界条件 $\lim_{|x|\to\infty} \psi(x) = 0$ から，この解の係数がたかだか有限項で切れることを説明せよ．
(3) (2) より λ が奇数とならねばならないこと，および解が偶関数多項式か奇関数多項式となることを示せ．

方針 $f(\xi) = \sum_{k=0}^{\infty} c_k \xi^k$ と仮定して，係数 c_k を求めます．束縛の境界条件から，この和が途中で切れてしまうことを用いる問題は，これ以降もよく現れてきます．最初は非常に難しく感じますので，よく練習して下さい．またここでは扱いませんが，エルミート多項式の具体表示は演習問題 6.7 で求めます．

【答案】 (1) エルミート微分方程式に対して，$f(\xi) = \sum_{k=0}^{\infty} c_k \xi^k$ とおいて代入する．ここで

$$\frac{df}{d\xi} = \frac{d}{d\xi}(c_0 + c_1\xi + c_2\xi^2 + \cdots) = c_1 + 2\xi c_2 + \cdots$$
$$= \sum_{k=1}^{\infty} k c_k \xi^{k-1} = \sum_{k=0}^{\infty} (k+1) c_{k+1} \xi^k$$

と書けることに注意すると，エルミート微分方程式は次のように書き換えられる．

$$\sum_{k=1}^{\infty} \{-c_{k+2}(k+2)(k+1) + (2k - \lambda + 1)c_k\}\xi^k + \{-2c_2 - (\lambda - 1)c_0\} = 0$$

この式は任意の実数 ξ に対して常に成り立つので

$$-c_{k+2}(k+2)(k+1) + (2k - \lambda + 1)c_k = 0 \quad \text{①}$$

かつ

$$-2c_2 - (\lambda - 1)c_0 = 0 \quad \text{②}$$

が成り立たなければならない．①，② から

$$c_{k+2} = \frac{(2k - \lambda + 1)}{(k+2)(k+1)} c_k \quad (k = 0, 1, 2, \cdots)$$

が成り立つ．

(2) k が十分大きいとき，

$$c_{k+2} \approx \frac{2}{k+2} c_k$$

と近似でき，これより

6.2 シュレディンガー方程式を解く

$$c_{2m+1} \approx \frac{\overbrace{2\cdot 2\cdots 2}^{m\text{ 個}}}{(2m+1)(2m-1)\cdots 3}c_1 = \frac{1}{(m+\frac{1}{2})(m-\frac{1}{2})\cdots\frac{3}{2}}c_1 \approx \frac{1}{m!}c_1$$

$$c_{2m} \approx \frac{2^m}{2m(2m-2)\cdots 4\cdot 2}c_0 = \frac{1}{m(m-1)\cdots 2\cdot 1}c_0 = \frac{1}{m!}c_0$$

のように書ける．これより

$$\sum_{k=0}^{\infty} c_k \xi^k \approx \sum_{m=0}^{\infty} c_{2m}\xi^{2m} + \sum_{m=0}^{\infty} c_{2m+1}\xi^{2m+1}$$

$$\approx \sum_{m=0}^{\infty} \frac{c_0}{m!}\xi^{2m} + \sum_{m=0}^{\infty} \frac{c_1}{m!}\xi^{2m+1}$$

$$= c_0 e^{\xi^2} + c_1 \xi e^{\xi^2}$$

となり，

$$u(\xi) = e^{-\frac{\xi^2}{2}}f(\xi) \approx c_0 e^{\frac{\xi^2}{2}} + c_1 \xi e^{\frac{\xi^2}{2}}$$

より $\xi \to \infty$ で発散してしまう．これは束縛問題の境界条件 $\lim_{|x|\to\infty}\psi(x)=0$ に矛盾する．そこで，和を取る際に，無限の項について和を取るのではなく，有限項だけ和を取るようにしてやれば良いことがわかる．

(3) (1) より

$$c_{k+2} = \frac{(2k-\lambda+1)}{(k+2)(k+1)}c_k$$

を得ているので，非負整数 n を任意に取り，$\lambda = 2n+1$（つまり λ は奇数）とすることで，有限項で和が切れることがわかる．

ところで，n が奇数のときは $c_{n+2}=0, c_{2m}\neq 0\ (m=1,2,3,\cdots)$ となるので，

$$\sum_{k=0}^{\infty} c_k \xi^k = \sum_{m=0}^{\infty} c_{2m}\xi^{2m} + \sum_{m=0}^{\infty} c_{2m+1}\xi^{2m+1}$$

$$\approx \sum_{m=0}^{\infty} \frac{c_0}{m!}\xi^{2m} + \sum_{m=0}^{\frac{n-1}{2}} \frac{c_1}{m!}\xi^{2m+1}$$

$$= c_0 e^{\xi^2} + (2n+1 \text{ 次の奇関数多項式})$$

となって $\xi \to \infty$ で発散してしまうので，さらに $c_0=0$ としなければならず，このとき $f(\xi)$ は確かに奇関数の多項式となる．一方，n が偶数のときは $c_{n+2}=0, c_{2m+1}\neq 0\ (m=1,2,3,\cdots)$ となるので，

$$\sum_{k=0}^{\infty} c_k \xi^k = \sum_{m=0}^{\infty} c_{2m}\xi^{2m} + \sum_{m=0}^{\infty} c_{2m+1}\xi^{2m+1}$$

$$\approx \sum_{m=0}^{\frac{n}{2}} \frac{c_0}{m!}\xi^{2m} + \sum_{m=0}^{\infty} \frac{c_1}{m!}\xi^{2m+1}$$

$$= (2n \text{ 次の偶関数多項式}) + c_1 \xi e^{\xi^2}$$

となって $\xi \to \infty$ で発散してしまうので，さらに $c_1=0$ としなければならず，このとき $f(\xi)$ は確かに偶関数の多項式となる．これで束縛問題の境界条件に矛盾しない．■

第6章 調和振動子ポテンシャル束縛問題

演習問題
A

6.1 ガウス積分とその拡張

次が成り立つことを示せ．ただし $a > 0$ である．

(1) $\displaystyle\int_{-\infty}^{\infty} e^{-ax^2}\,dx = \sqrt{\dfrac{\pi}{a}}$

(2) $\displaystyle\int_{-\infty}^{\infty} x^{2n} e^{-ax^2}\,dx = \dfrac{\sqrt{\pi}}{(\sqrt{a})^{2n+1}}\dfrac{(2n-1)!!}{2^n} = \dfrac{\sqrt{\pi}}{(\sqrt{a})^{2n+1}}\dfrac{(2n-1)(2n-3)\cdots 1}{2^n}$

6.2 $^1\text{H}^{35}\text{Cl}$ 分子

$^1\text{H}^{35}\text{Cl}$ の振動は調和振動であると仮定できる．$n = 0 \to 1$ の遷移に対応する光波長（吸収光波長）は $3.47\,\mu\text{m}$ である．必要であればアボガドロ数 $6.02 \times 10^{23}\,\text{mol}^{-1}$ と光速 $2.998 \times 10^8\,\text{m}\cdot\text{s}^{-1}$ を用いよ．

(1) H–Cl 結合の力の定数（結合定数）を求めよ．
（ここでいう結合の力の定数とは弾性定数（バネ定数）のこと）

(2) H を重水素置換した DCl（$^2\text{H}^{35}\text{Cl}$）では対応する $n = 0 \to 1$ の遷移の吸収光波長はどれだけになるか求めよ（D は重水素）．

6.3 調和振動子の不確定性関係

調和振動子ポテンシャルに束縛された粒子について，基底状態の波動関数が

$$\psi_0(x) = \left(\dfrac{m\omega}{\pi\hbar}\right)^{\frac{1}{4}} e^{-\frac{m\omega x^2}{2\hbar}}$$

と求められることがわかっている（基本問題 6.2）．このとき，次の量を計算せよ．

(1) 座標期待値 $\langle x \rangle = \displaystyle\int_{-\infty}^{\infty} \psi_0^*(x)\, x\, \psi_0(x)\,dx$

(2) 座標分散 $(\Delta x)^2 = \langle x^2 \rangle - \langle x \rangle^2$

(3) 運動量期待値 $\langle p \rangle = \displaystyle\int_{-\infty}^{\infty} \psi_0^*(x)\left(-i\hbar\dfrac{d}{dx}\right)\psi_0(x)\,dx$

(4) 運動量分散 $(\Delta p)^2 = \langle p^2 \rangle - \langle p \rangle^2$

(5) 不確定性の積の値 $(\Delta x)(\Delta p)$

6.4 エルミート多項式の規格化

エルミート多項式の母関数展開（この式が成立することは演習問題 6.5 で示す）

$$e^{-t^2 + 2\xi t} = \sum_{n=0}^{\infty} \dfrac{H_n(\xi)}{n!} t^n$$

を用いて，$H_n(\xi)$ について次が成り立つことを示せ．

$$\int_{-\infty}^{\infty} H_n(\xi) H_m(\xi) e^{-\xi^2}\,d\xi = \delta_{nm} n! \sqrt{\pi}\, 2^n$$

演習問題   67

― B ―

6.5 ロドリグの公式

多項式 $H_n(\xi)$ を次で定義する．(エルミート多項式についてのロドリグの公式)

$$H_n(\xi) \equiv (-1)^n \exp(\xi^2) \frac{d^n}{d\xi^n} \exp(-\xi^2)$$

すると，この関数はエルミート微分方程式をみたす．このことを証明せよ．

(1) 次の恒等式が成り立つことを示せ．(これを**母関数表示**という)

$$\exp(-t^2 + 2\xi t) = \sum_{n=0}^{\infty} \frac{H_n(\xi)}{n!} t^n$$

(2) (1) より次が成り立つことを示せ．

$$H_{n+1}(\xi) - 2\xi H_n(\xi) + 2n H_{n-1}(\xi) = 0$$

$$\frac{dH_n(\xi)}{d\xi} = 2n H_{n-1}(\xi)$$

(3) (2) より，$H_n(\xi)$ がエルミート方程式をみたすことを示せ．

6.6 シュレディンガー方程式無次元化

調和振動子ポテンシャルに束縛された粒子のシュレディンガー方程式を無次元化すると，次の方程式が得られるのだった．

$$\left(-\frac{d^2}{d\xi^2} + \xi^2\right) u(\xi) = \lambda u(\xi)$$

$|\xi| \to \infty$ で漸近的に $u(\xi) \approx e^{\pm \frac{\xi^2}{2}}$ のように振る舞うことを示せ．また，束縛状態を考えると $e^{+\frac{\xi^2}{2}}$ は解として採用できないことを説明せよ．
[ヒント：$y = \xi^2$ とおいてみよ．]

6.7 エルミート多項式の級数表示

基本問題 6.3 の $f(\xi)$ が次のように書けることを示せ．

$$f(\xi) = \sum_{k=0}^{[n/2]} \frac{(-1)^k n!}{(n-2k)!\, k!} (2\xi)^{n-2k}$$

ただし $\left[\frac{n}{2}\right]$ は n が偶数のとき $\frac{n}{2}$ であり，奇数のとき $\frac{n-1}{2}$ である．

6.8 変則ポテンシャルの問題

次のポテンシャルに束縛された粒子のエネルギー固有値と固有関数を求めよ．

$$V(x) = \begin{cases} +\infty & (x < 0) \\ \frac{1}{2} m\omega^2 x^2 & (0 \leq x) \end{cases}$$

6.9 三次元等方調和振動子ポテンシャルと変数分離

次のポテンシャルに束縛された粒子のエネルギー固有値と固有関数を求めよ（ただし規格化する必要は無い）．また，縮退がある場合は縮退度を求めよ．
$$V(x) = \frac{1}{2}m\omega^2(x^2 + y^2 + z^2)$$

6.10 座標の行列表現

一次元調和振動子の固有関数 $\psi_n(x) = N_n H_n(\alpha x) e^{-\frac{\alpha^2 x^2}{2}}$ を用いて，
$$\langle x \rangle_{nm} = \int_{-\infty}^{\infty} \psi_n^*(x) x \psi_m(x)\, dx$$
を計算せよ．

6.11 2原子分子振動

一次元的に運動する，質量が m_1, m_2 の2つの粒子がある．この間には定数 k を用いて
$$V(x_1, x_2) = \frac{1}{2}k(x_1 - x_2)^2$$
というポテンシャルがある．
(1) シュレディンガー方程式を，相対座標と重心座標を用いて変数分離せよ．
(2) 振動のエネルギー準位を求めよ．

---- C ----

6.12 エルミート多項式の積分表示

(1) エルミート多項式 $H_n(\xi)$ が次のように積分表示できることを示せ．
$$H_n(\xi) = \frac{2^n}{\sqrt{\pi}} \int_{-\infty}^{\infty} dt\, \exp(-t^2)(\xi + it)^n$$

(2) 調和振動子束縛問題の固有関数 $\psi_n(x) = N_n H_n(\alpha x) \exp(-\frac{\alpha^2 x^2}{2})$ の完全性
$$\sum_{n=0}^{\infty} \psi_n(x)\psi_n^*(x') = \delta(x - x')$$
を示せ．

第7章 波動関数の完全規格直交系展開
──解析的なアプローチのために

Contents

Section ❶ 固有関数と規格直交性（束縛）
Section ❷ フーリエ変換と運動量表示
Section ❸ 波動関数の時間発展

キーポイント
演算子のエルミート性をフル活用せよ！

ここでは量子力学における一般的な性質として波動関数を構成する固有関数が，ハミルトニアンのエルミート性から完全規格直交性という性質をみたす完全規格直交系であることを導きます．また，フーリエ変換を用いて波動関数を座標表示から運動量表示にする方法についても述べます．第5章では平面波を箱を使って規格化しましたが，本章ではディラックのデルタ関数を用いて規格化することになります．

❶ 固有関数と規格直交性（束縛）

しばらく一次元の束縛問題に特化して考えます．

ハミルトニアン

$$\widehat{H} = -\frac{\hbar^2}{2m}\frac{d^2}{dx^2} + V(x)$$

を用いて，シュレディンガー方程式は

$$\widehat{H}\psi_n(x) = E_n\psi_n(x)$$

と記述されるのでした（第4章）．ここでは一般的にこの方程式の構造について調べていきましょう．例えば，エネルギー準位 E_n は物理量なので必ず実数になることや，異なるエネルギー状態が同時に実現できない♠ことは，物理的に自然な要求だといえます．これらの性質を，シュレディンガー方程式の構造から導いていくのがここでの目標です．

また，このような性質は理論を構成する上で必要な，重箱の隅をつつくようなマニアックな知識ではなく，これからテクニカルにどんどん使う性質です．

さて，このような性質を論じるために重要な概念を用意しておきましょう．それが**演算子のエルミート性**です．演算子の性質は積分を通して見えてきます．以下では演算子

♠これを数式で書くと，$\int_{-\infty}^{\infty} \psi_n^*(x)\psi_m(x)\,dx = \delta_{nm}$ と表されます．一枚のコインを振って表と裏を同時に出すなんてできませんよね．そんなことは起きないよ，という自然な要求です．

$\widehat{A}$ を，規格化可能な関数 ψ, φ で挟んだ次の積分を主体に考えていくことにしましょう♠．

$$\int \varphi^*(x) \widehat{A} \psi(x)\, dx$$

ここで，演算子 $\widehat{A}$ の**エルミート共役** $\widehat{A}^\dagger$ を次で定義します．

$$\int_{-\infty}^{\infty} \psi^*(\widehat{A}^\dagger \phi)\, dx \equiv \int_{-\infty}^{\infty} (\widehat{A}\psi)^* \phi\, dx \qquad ①$$

量子力学の枠組みにおいて "複素数に対する複素共役" の考え方を演算子にまで拡張したのが "演算子のエルミート共役" にあたります．また，次が成り立つとき，"$\widehat{A}$ は**エルミートである**"，といいます．

$$\widehat{A}^\dagger = \widehat{A} \qquad ②$$

これで道具が揃いました．

これらを用いて議論したいのは主に次の三項目です．

> (1) ハミルトニアンはエルミート演算子だろうか？ そもそもエルミート演算子であることの物理的な意味とはなんだろう？
> (2) ハミルトニアンの固有値 E_n は実数になることをどうやって証明するのだろうか？ あるいはエルミート演算子の固有値は実数になるのだろうか？
> (3) 冒頭の脚注で示していた次の式は本当に成り立つのだろうか？
> $$\int_{-\infty}^{\infty} \psi_n^*(x) \psi_m(x)\, dx = \delta_{nm}$$

これらを以降の基本問題で議論していきます．先にタネ明かししておくと，<u>物理量に相当する演算子はすべてエルミート</u>です．エルミートな演算子が現れたら，物理的な意味を調べる必要があります．

┃ポイント┃ 便利な記号として次の形式を用いて議論することもあります．

$$\langle \psi | \phi \rangle = \int_{-\infty}^{\infty} \psi^*(x) \phi(x)\, dx$$

また，演算子 $\widehat{A}$ を用いた次の形式もよく使われます．

$$\langle \psi | \widehat{A} \phi \rangle = \int_{-\infty}^{\infty} \psi^*(x) \widehat{A} \phi(x)\, dx$$

このような記述を**ブラケット記法**といいます．ブラケット記法を用いると，いちいち積分を書かずに記述が済むので，時間の節約になります．また，第 12 章で扱う表記と完全に一致するので，できればブラケット記法にも慣れておきましょう．

♠ おおざっぱにいうと，演算子とは，複素数や関数，微分演算子をひっくるめたものを指します．

7.1 固有関数と規格直交性（束縛）

基本問題 7.1 【重要】

(1) 運動量演算子はエルミートであることを示せ.
(2) ハミルトニアンはエルミートであることを示せ.

方針 泥臭いですが，部分積分で示します．束縛問題について考えているので $\lim_{|x|\to\infty} \psi(x) = 0$ が成り立つことを使います．また $\lim_{|x|\to\infty} \psi'(x) = 0$ も使います．

【答案】 (1) 運動量演算子 $\widehat{p} = -i\hbar \frac{d}{dx}$ がエルミート演算子であることを示す．部分積分より

$$\langle \psi | \widehat{p}\, \phi \rangle = \int_{-\infty}^{\infty} \psi^*(x) \left(-i\hbar \frac{d}{dx} \right) \phi(x)\, dx$$

$$= \int_{-\infty}^{\infty} \psi^*(x)(-i\hbar) \frac{d\phi}{dx}\, dx$$

$$= [\psi^*(x)(-i\hbar)\phi(x)]_{-\infty}^{\infty} - \int_{-\infty}^{\infty} \frac{d\psi^*}{dx}(-i\hbar)\phi\, dx$$

$$= \int_{-\infty}^{\infty} \left(-i\hbar \frac{d\psi}{dx} \right)^* \phi\, dx$$

$$= \langle \widehat{p}\,\psi | \phi \rangle = \langle \psi | \widehat{p}^{\dagger}\, \phi \rangle$$

と書けるので確かに運動量演算子はエルミートである．

(2) ハミルトニアン $\widehat{H} = -\frac{\hbar^2}{2m}\frac{d^2}{dx^2} + V(x)$ がエルミートであることを示す．
まずポテンシャル $V(x)$ は実関数なのでエルミート．
次に $\frac{\widehat{p}^2}{2m}$ がエルミートであることを示す．

$$-\frac{\hbar^2}{2m}\int_{-\infty}^{\infty} \psi \frac{d^2}{dx^2}\phi\, dx = -\frac{\hbar^2}{2m}\left[\psi \frac{d}{dx}\phi\right]_{-\infty}^{\infty} + \frac{\hbar^2}{2m}\int_{-\infty}^{\infty} \frac{d\psi}{dx}\frac{d\phi}{dx}\, dx$$

$$= \frac{\hbar^2}{2m}\left[\frac{d\psi}{dx}\phi\right]_{-\infty}^{\infty} - \frac{\hbar^2}{2m}\int_{-\infty}^{\infty} \frac{d^2\psi}{dx^2}\phi\, dx$$

よって $\frac{\widehat{p}^2}{2m}$ はエルミート．これより $\frac{\widehat{p}^2}{2m} + V(x)$ はエルミート．∎

【$\widehat{p}^2$ がエルミートであることの別証明】

(1) の結果より $\langle \psi | \widehat{p}\, \varphi \rangle = \langle \widehat{p}\,\psi | \varphi \rangle$ が成り立つ．いま，$\Psi = \widehat{p}\,\psi, \Phi = \widehat{p}\,\phi$ とおくと，

$$\langle \psi | \widehat{p}^2 \phi \rangle = \langle \psi | \widehat{p}\,\widehat{p}\, \phi \rangle = \langle \psi | \widehat{p}\, \Phi \rangle$$

$$\stackrel{\text{(1) の結果より}}{=} \langle \widehat{p}\,\psi | \Phi \rangle = \langle \Psi | \widehat{p}\, \phi \rangle$$

$$\stackrel{\text{(1) の結果より}}{=} \langle \widehat{p}\,\Psi | \phi \rangle = \langle \widehat{p}\,\widehat{p}\,\psi | \phi \rangle = \langle \widehat{p}^2\,\psi | \phi \rangle$$

$$= \langle \psi | \widehat{p}^{2\dagger}\, \phi \rangle.\ \blacksquare$$

基本問題 7.2　　　　　　　　　　　　　　　　　　　　　　　　　　　　重要

エルミート演算子 $\widehat{H}$ の固有方程式 $\widehat{H}\psi_n = E_n\psi_n$ について，以下の問いに答えよ．
(1) 固有値 E_n が実数であることを示せ．
(2) $n \neq m$ ならば
$$\int_{-\infty}^{\infty} \psi_n^*(x)\psi_m(x)\,dx = 0$$
が成り立つことを示せ．

方針　演算子がどの関数に掛かっているかに注意．固有方程式を積分して攻めます．

【答案】(1) $\widehat{H}\psi_n = E_n\psi_n$ の左から ψ_n^* を掛け，規格化条件に気をつけて積分すると
$$\int_{-\infty}^{\infty} \psi_n^*\widehat{H}\psi_n\,dx = E_n \int_{-\infty}^{\infty} \psi_n^*\psi_n\,dx = E_n \qquad ①$$
を得る．一方，固有方程式 $\widehat{H}\psi_n = E_n\psi_n$ の両辺の複素共役を取り，右から ψ_n を掛けて，規格化条件に気をつけて積分すると
$$\int_{-\infty}^{\infty} (\widehat{H}\psi_n)^*\psi_n\,dx = E_n^* \qquad ②$$
ハミルトニアンはエルミートなので，①の左辺と②の左辺は一致する．すなわち $E_n = E_n^*$ となり，E_n は実数であることが示せた♠．

(2) 固有方程式 $\widehat{H}\psi_n = E_n\psi_n$ の左から ψ_m^* を掛けて積分すると
$$\int_{-\infty}^{\infty} \psi_m^*\widehat{H}\psi_n\,dx = E_n \int_{-\infty}^{\infty} \psi_m^*\psi_n\,dx \qquad ③$$
を得る．一方，固有方程式 $\widehat{H}\psi_m = E_m\psi_m$ の両辺の複素共役を取り，E_m が実数であることに気をつけ右から ψ_n を掛けて積分すると
$$\int_{-\infty}^{\infty} (\widehat{H}\psi_m)^*\psi_n\,dx = E_m \int_{-\infty}^{\infty} \psi_m^*\psi_n\,dx \qquad ④$$
が成り立つ．ハミルトニアンはエルミートなので③の左辺と④の左辺は一致する．すなわち
$$(E_n - E_m)\int_{-\infty}^{\infty} \psi_m^*\psi_n\,dx = 0 \qquad ⑤$$
を得る．$E_n \neq E_m$ より，
$$\int_{-\infty}^{\infty} \psi_m^*\psi_n\,dx = 0 \quad (n \neq m)$$
となり，所望の式を得る．■

ポイント　⑤の式を**直交条件**といいます．$n = m$ のときの規格化条件と合わせて**規格直交条件** $\langle\psi_n|\psi_m\rangle = \delta_{nm}$ が成り立ちます．

♠ $E_n = a + bi$（a,b は実数）とおくと，$E_n^* = a - ib = a + ib$ より $b = 0$.

❷ フーリエ変換と運動量表示

　連続スペクトル（自由粒子，散乱問題）についても考えてみましょう．束縛問題と違って，こちらでは整数の量子数を用いた固有方程式 $\widehat{H}\psi_n = E_n\psi_n$ が成り立たず，また束縛問題の境界条件 $\lim_{|x|\to\infty}\psi(x) = 0$ も使えません．連続スペクトルでは，離散スペクトル（束縛問題）で用いたクロネッカーのデルタ δ_{nm} ではなく**ディラックのデルタ関数**を用います．

　自由粒子の波動関数が e^{ikx} と書けたことを思い出しましょう．$p = \hbar k$ の関係を用いて，以下では定数倍して $\phi_p(x) = \frac{1}{\sqrt{2\pi\hbar}}e^{\frac{ipx}{\hbar}}$ と書くことにします（その理由はすぐ明らかになります）．束縛問題のときと同様の積分

$$\int_{-\infty}^{\infty} \phi_p^*(x)\phi_{p'}(x)\,dx$$

を考えてみましょう．デルタ関数の積分表示公式（演習問題 7.2）

$$\delta(p) = \frac{1}{2\pi\hbar}\int_{-\infty}^{\infty} e^{\frac{ipx}{\hbar}}\,dx$$

と比較すると次が成り立つことがわかります．

$$\int_{-\infty}^{\infty} \phi_p^*(x)\phi_{p'}(x)\,dx = \delta(p-p')$$

これで規格直交条件が成り立つことがわかりました．

　これまで座標変数で波動関数 $\psi(x)$ を記述してきましたが，波動関数を**フーリエ変換**してやることで運動量変数の波動関数 $\widetilde{\psi}(p)$ を構成することができます．両者を結ぶフーリエ変換式は次で与えられます．

$$\widetilde{\psi}(p) = \frac{1}{\sqrt{2\pi\hbar}}\int_{-\infty}^{\infty} e^{-\frac{ipx}{\hbar}}\psi(x)\,dx \qquad ①$$

$$\psi(x) = \frac{1}{\sqrt{2\pi\hbar}}\int_{-\infty}^{\infty} e^{\frac{ipx}{\hbar}}\widetilde{\psi}(p)\,dp \qquad ②$$

波動関数の構成と固有関数の性質

	離散スペクトル	連続スペクトル
固有方程式	$\widehat{H}\psi_n(x) = E_n\psi_n(x)$	$\widehat{p}\phi_p(x) = p\phi_p(x)$
固有関数の規格直交性	$\int_{-\infty}^{\infty}\psi_n^*(x)\psi_m(x)dx = \delta_{nm}$	$\int_{-\infty}^{\infty}\phi_p^*(x)\phi_{p'}(x)dx = \delta(p-p')$
固有関数の完全性	$\sum_n \psi_n^*(x)\psi_n(x') = \delta(x-x')$	$\int_{-\infty}^{\infty}\phi_p^*(x)\phi_p(x')dp = \delta(x-x')$
波動関数の構成	$\psi(x) = \sum_n a_n\psi_n(x)$	$\psi(x) = \int_{-\infty}^{\infty} a(p)\phi_p(x)dp$
波動関数の規格化条件	$\int_{-\infty}^{\infty}\psi^*(x)\psi(x)dx = \sum_n \|a_n\|^2 = 1$	$\int_{-\infty}^{\infty}\psi^*(x)\psi(x)dx = \int_{-\infty}^{\infty}\|a(p)\|^2 dp = 1$

❸ 波動関数の時間発展

非定常状態のシュレディンガー方程式は

$$i\hbar\frac{\partial}{\partial t}\psi(x,t) = \widehat{H}\psi(x,t)$$

で与えられており，これを

$$\psi(x,t) = e^{-\frac{it\widehat{H}}{\hbar}}\psi(x)$$

と変数分離して定常状態のシュレディンガー方程式

$$\widehat{H}\psi_n(x) = E_n\psi_n(x)$$

を得ることができます．非定常状態の波動関数 $\psi(x,t)$ は，これを用いた重ね合わせで

$$\begin{aligned}\psi(x,t) &= e^{-\frac{it\widehat{H}}{\hbar}}\sum_n A_n\psi_n(x) \\ &= \sum_n A_n e^{-\frac{itE_n}{\hbar}}\psi_n(x)\end{aligned} \quad ①$$

と書けます．A_n は複素定数です．つまり，本来のシュレディンガー方程式の一般解はこの①で与えられるわけです．

さて，では最終的に求めたいのは何か？というところが問題になります．A_n が決まらなければ $\psi(x,t)$ も決まりません．実は，真っ先に決まるのは $\psi(x,t)$ であり，これは観測によって与えられます．そこで定常状態のシュレディンガー方程式を解き，$\psi_n(x)$ と E_n を求めます．最後に A_n を求めるわけです．$|A_n|^2$ は，観測された非定常状態の波動関数 $\psi(x,t)$ にどれくらいの割合で第 n 励起状態が混じっているかを示す値です．そこで A_n をどのように計算すれば良いかが気になります．次のように計算します．

まず①の両辺に $\psi_m^*(x)$ を掛けて積分すると，

$$\begin{aligned}\int_{-\infty}^{\infty}\psi_m^*(x)\psi(x,t)\,dx &= \int_{-\infty}^{\infty}\sum_n \psi_m^*(x)A_n e^{-\frac{itE_n}{\hbar}}\psi_n(x)\,dx \\ &= \sum_n A_n e^{-\frac{itE_n}{\hbar}}\int_{-\infty}^{\infty}\psi_m^*(x)\psi_n(x)\,dx \\ &= \sum_n A_n e^{-\frac{itE_n}{\hbar}}\delta_{mn} \\ &= A_m e^{-\frac{itE_m}{\hbar}}\end{aligned}$$

となり♠，A_n を求めることができます．

$$A_n = \int_{-\infty}^{\infty}(e^{-\frac{itE_n}{\hbar}}\psi_n(x))^*\psi(x,t)\,dx$$

♠ただし規格直交条件 $\langle\psi_m|\psi_n\rangle = \int_{-\infty}^{\infty}\psi_m^*(x)\psi_n(x)\,dx = \delta_{mn}$ を用いました．

基本問題 7.3

図のような領域 $0 < x < a$ に完全に束縛された質量 m の粒子について，系の波動関数が時刻 $t=0$ で

$$\psi(x,0) = A \sin\left(\frac{\pi x}{a}\right) \cos^2\left(\frac{\pi x}{2a}\right)$$

となった．$\psi(x,t)$ を求めよ．ただし，規格化定数 A を求める必要はない．

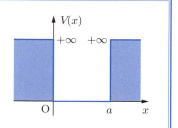

方針 固有関数の重ね合わせは最初はわかりにくいのでじっくり考えてみましょう．結局は $\psi(x,0)$ のフーリエ級数展開です．固有エネルギー E_n と固有関数 $\psi_n(x)$ を用いて $\psi(x,t) = \sum_{n=1}^{\infty} \exp(-\frac{itE_n}{\hbar})\psi_n(x)$ と展開できることを用います．

【答案】 次のように計算できる．

$$\psi(x,0) = A \sin\left(\frac{\pi x}{a}\right) \cos^2\left(\frac{\pi x}{2a}\right) = A \sin\left(\frac{\pi x}{a}\right) \frac{1+\cos\left(\frac{\pi x}{a}\right)}{2}$$

$$= \frac{A}{2} \sin\left(\frac{\pi x}{a}\right) + \frac{A}{2} \sin\left(\frac{\pi x}{a}\right) \cos\left(\frac{\pi x}{a}\right)$$

$$= \frac{A}{2} \sin\left(\frac{\pi x}{a}\right) + \frac{A}{4} \sin\left(\frac{2\pi x}{a}\right)$$

$$= \sqrt{\frac{a}{2}} \left(\frac{A}{2} \psi_1(x) + \frac{A}{4} \psi_2(x)\right)$$

ここで $\psi_n(x)$ は規格化定数を無視した井戸型ポテンシャルに束縛された粒子の固有関数である．この場合，

$$\widehat{H} \psi_n(x) = \frac{\hbar^2 \pi^2}{2ma^2} n^2 \psi_n(x)$$

が成り立つので♣

$$\psi(x,t) = e^{-\frac{it\widehat{H}}{\hbar}} \psi(x,0)$$

$$= e^{-\frac{it\widehat{H}}{\hbar}} \sqrt{\frac{a}{2}} \left(\frac{A}{2} \psi_1(x) + \frac{A}{4} \psi_2(x)\right)$$

$$= \sqrt{\frac{a}{2}} \left\{\frac{A}{2} \exp\left(-it\frac{\hbar \pi^2}{2ma^2}\right) \psi_1(x) + \frac{A}{4} \exp\left(-it\frac{2\hbar \pi^2}{ma^2}\right) \psi_2(x)\right\}$$

$$= \frac{A}{2} \exp\left(-it\frac{\hbar \pi^2}{2ma^2}\right) \sin\left(\frac{\pi x}{a}\right) + \frac{A}{4} \exp\left(-it\frac{2\hbar \pi^2}{ma^2}\right) \sin\left(\frac{2\pi x}{a}\right)$$

として $\psi(x,t)$ が得られる．■

♣ これより $\exp(\frac{it\widehat{H}}{\hbar})\psi_n(x) = \exp(\frac{itE_n}{\hbar})\psi_n(x)$ が成り立ちます．

演習問題

--- **A** ---

7.1 エルミート演算子の性質
演算子 $\widehat{A}, \widehat{B}$ に対し，$(\widehat{A}\widehat{B})^\dagger = \widehat{B}^\dagger \widehat{A}^\dagger$ および $(\widehat{A}^\dagger)^\dagger = \widehat{A}$ が成り立つことを示せ．

7.2 デルタ関数の積分表示公式
次のデルタ関数の積分表示が成り立つことを示せ．
$$\delta(p) = \frac{1}{2\pi\hbar}\int_{-\infty}^{\infty} e^{\frac{ipx}{\hbar}}\, dx$$

7.3 完全性
定常状態の固有関数 $\psi_n(x)$ について，波動関数が一意に $\psi(x) = \sum_n c_n \psi_n(x)$ と展開できるとき，次が成り立つことを示せ（この性質を**完全性**と呼ぶ）．
$$\sum_n \psi_n^*(x)\psi_n(x') = \delta(x - x')$$

7.4 運動量の固有関数
$$\phi_p(x) = \frac{1}{\sqrt{2\pi\hbar}} e^{\frac{ipx}{\hbar}}$$
が運動量演算子 $\widehat{p} = -i\hbar\frac{d}{dx}$ の固有関数であることを示し，固有値を求めよ．

7.5 重ね合わせた波動関数
一次元領域 $0 < x < a$ に完全に束縛された質量 m の粒子について，時刻 $t = 0$ での波動関数が
$$\psi(x, 0) = Ax(a - x) \quad (A\text{ は定数})$$
となることがわかった．
(1) 規格化定数 A を求めよ．
(2) 定常状態のシュレディンガー方程式を解き，固有関数 $\psi_n(x)$ の線形結合で波動関数 $\psi(x, 0)$ を表せ．これにより，第一励起状態の発現確率を求めよ．
(3) 非定常状態の波動関数 $\psi(x, t)$ を求めよ．

--- **B** ---

7.6 正準交換関係と運動量変数
運動量を変数に考えるとき，$\widehat{p} = p, \widehat{x} = i\hbar\frac{d}{dp}$ と取ると正準交換関係をみたすことを示せ．（第 2 章）

7.7 運動量表示を用いる方式（重力ポテンシャルの場合）

ポテンシャル $V(x) = bx$（b は定数）の相互作用を受けている質量 m の粒子がある．
(1) 定常状態のシュレディンガー方程式を運動量で記述し波動関数 $\widetilde{\psi}(p)$ を求めよ．
(2) フーリエ変換により $\psi(x)$ を求めよ．
(3) デルタ関数を用いて $\psi(x)$ を規格化せよ．

7.8 エネルギーの固有状態による展開

定常状態のシュレディンガー方程式 $\widehat{H}\psi_n(x) = E_n\psi_n$ をみたす $\psi_n(x)$ を用いて次式のように波動関数を構成する．
$$\psi(x,t) = \sum_n c_n \psi_n(x) e^{-\frac{iE_n t}{\hbar}}$$

(1) この波動関数は，
$$G(x,t;x',t') \equiv \sum_n \psi_n(x)\psi_n^*(x') \exp\left\{\frac{-iE_n(t-t')}{\hbar}\right\}$$
で定義されるグリーン関数を用いて
$$\psi(x,t) = \int dx' G(x,t;x',0)\psi(x',0)$$
と表されることを示せ．
(2) 本問で定義したグリーン関数は次の意味でユニタリであることを示せ．
$$\int dy G(x,t;y,\tau) G^*(x',t;y,\tau) = \delta(x-x')$$

--- C ---

7.9 調和振動子の固有状態とその重ね合わせ

質量 m，電荷 e を持つ一次元調和振動子がある．時刻 $t=0$ に一定電場 F が急激に印加されたとき，以下の問いに答えよ．ハミルトニアンは次で与えられる．
$$\widehat{H} = \begin{cases} \dfrac{\widehat{p}^2}{2m} + \dfrac{1}{2}m\omega^2\widehat{x}^2 & (t<0) \\ \dfrac{\widehat{p}^2}{2m} + \dfrac{1}{2}m\omega^2\widehat{x}^2 - \mathrm{e}F\widehat{x} & (0<t) \end{cases}$$
である．
(1) $t<0$ に対応する定常状態について考える．シュレディンガー方程式からエネルギー固有値 E_n と固有関数 $\psi_n(x)$ $(n=0,1,\cdots)$ を求めよ．
(2) $t<0$ で基底状態にいた状態の運動を考える．$t>0$ で n 番目の固有状態にいる確率を求めよ．

第8章 軌道角運動量
――ルジャンドル微分方程式を用いる
解析的アプローチと球面調和関数

Contents

Section ❶ 極座標への変数分離
Section ❷ ルジャンドル微分方程式とルジャンドル多項式

キーポイント

θ と ϕ に対応する固有関数の直交性と量子数を把握しよう．

ここではシュレディンガー方程式を動径と角運動に分解し，角運動についての固有関数，固有エネルギーを求めます．

❶ 極座標への変数分離

三次元のシュレディンガー方程式は次で与えられます．

$$-\frac{\hbar^2}{2m}\nabla^2 \psi(\boldsymbol{r}) + V(\boldsymbol{r})\psi(\boldsymbol{r}) = E\psi(\boldsymbol{r})$$

以下ではポテンシャルを球対称とし，$V(\boldsymbol{r})$ を

$$r = |\boldsymbol{r}| = \sqrt{x^2 + y^2 + z^2}$$

のみの関数とします．この方程式を r, θ, φ の極座標の微分方程式として表します．得られた微分方程式を変数分離して，r, θ, φ それぞれの3つの微分方程式に分解するのが第一の目標です．

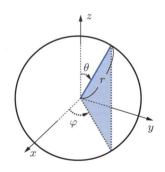

そのために，まずラプラシアンの極座標表示♣

$$\nabla^2 = \left(\frac{1}{r}\frac{\partial}{\partial r}r\right)^2 + \frac{1}{r^2\sin\theta}\frac{\partial}{\partial\theta}\sin\theta\frac{\partial}{\partial\theta} + \frac{1}{r^2\sin^2\theta}\left(\frac{\partial}{\partial\varphi}\right)^2$$

を用いてシュレディンガー方程式を次のように書き換えます．

$$-\frac{\hbar^2}{2m}\left\{\left(\frac{1}{r}\frac{\partial}{\partial r}r\right)^2 + \frac{1}{r^2\sin\theta}\frac{\partial}{\partial\theta}\sin\theta\frac{\partial}{\partial\theta} + \frac{1}{r^2\sin^2\theta}\left(\frac{\partial}{\partial\varphi}\right)^2\right\}\psi(\boldsymbol{r}) + V(\boldsymbol{r})\psi(\boldsymbol{r}) = E\psi(\boldsymbol{r})$$

ここで

$$\psi(r,\theta,\varphi) = R(r)\Theta(\theta)\Phi(\varphi)$$

とおき，両辺を $R(r)\Theta(\theta)\Phi(\varphi)$ で割ってやります．このような操作は，変数分離の常套手段です．

コラム ラプラシアンの球座標変換の簡単な方法

ラプラシアン $\nabla^2 = \frac{\partial^2}{\partial x^2} + \frac{\partial^2}{\partial y^2} + \frac{\partial^2}{\partial z^2}$ を直交座標から球座標に変換してみましょう．ここでは直交座標 → 円筒座標 → 球座標の順で変換します．まず $x = \rho\cos\phi, y = \rho\sin\phi, z = z$（円筒座標）に変換しましょう．$\rho = \sqrt{x^2 + y^2}$ より $\frac{\partial\rho}{\partial x} = \frac{x}{\sqrt{x^2+y^2}} = \cos\phi$ などとなることに気をつけ，合成関数の微分より

$$\frac{\partial}{\partial x} = \cos\phi\frac{\partial}{\partial\rho} - \frac{\sin\phi}{\rho}\frac{\partial}{\partial\phi}, \quad \frac{\partial}{\partial y} = \sin\phi\frac{\partial}{\partial\rho} + \frac{\cos\phi}{\rho}\frac{\partial}{\partial\phi}$$

となり，これより $\frac{\partial^2}{\partial x^2} + \frac{\partial^2}{\partial y^2} = \frac{\partial^2}{\partial\rho^2} + \frac{1}{\rho}\frac{\partial}{\partial\rho} + \frac{1}{\rho^2}\frac{\partial^2}{\partial\phi^2}$ を得ます．さらに $\rho = r\sin\theta, z = r\cos\theta$ とおくと，上と同様に合成関数の微分により

$$\frac{\partial}{\partial\rho} = \sin\theta\frac{\partial}{\partial r} + \frac{\cos\theta}{r}\frac{\partial}{\partial\theta}, \quad \frac{\partial^2}{\partial\rho^2} + \frac{\partial^2}{\partial z^2} = \frac{\partial^2}{\partial r^2} + \frac{1}{r}\frac{\partial}{\partial r} + \frac{1}{r^2}\frac{\partial^2}{\partial\theta^2}$$

となるので，三次元ラプラシアンの極座標表示が次のように得られます．

$$\frac{\partial^2}{\partial x^2} + \frac{\partial^2}{\partial y^2} + \frac{\partial^2}{\partial z^2} = \frac{\partial^2}{\partial r^2} + \frac{2}{r}\frac{\partial}{\partial r} + \frac{1}{r^2}\frac{\partial^2}{\partial\theta^2} + \frac{\cos\theta}{r^2\sin\theta}\frac{\partial}{\partial\theta} + \frac{1}{r^2\sin^2\theta}\frac{\partial^2}{\partial\phi^2}$$

♣ラプラシアンを直交座標から極座標へ書き換えるのは，たかが偏微分とはいえ相当の苦痛を伴います．ここでは既知として用いることにします．比較的簡単にこれを導く方法として，スケール因子を用いたラプラシアンの座標変換の公式が鈴木久男監修・引原俊哉著「演習しよう 物理数学」（数理工学社，2016）の基本問題 3.24 で取り上げられています．また，やや技巧的ですが円筒座標への変換を経て変数変換する方法が，大谷俊介著「速修 物理数学の応用数学の応用技法」（プレアデス出版，2012）の第 3 章章末問題で取り上げられています．

実際に次の基本問題でやってみましょう.

基本問題 8.1　　　　　　　　　　　　　　　　　　　　　　　　　　　重要

球対称ポテンシャル
$$V(\boldsymbol{r}) = V(r)$$
に束縛された粒子の，三次元シュレディンガー方程式は次のように与えられる．
$$-\frac{\hbar^2}{2m}\nabla^2\psi(\boldsymbol{r}) + V(\boldsymbol{r})\psi(\boldsymbol{r}) = E\psi(\boldsymbol{r})$$
この方程式を，ラプラシアンの極座標表示
$$\nabla^2 = \left(\frac{1}{r}\frac{\partial}{\partial r}r\right)^2 + \frac{1}{r^2\sin\theta}\frac{\partial}{\partial\theta}\left(\sin\theta\frac{\partial}{\partial\theta}\right) + \frac{1}{r^2\sin^2\theta}\left(\frac{\partial}{\partial\varphi}\right)^2$$
を用いて変数分離し，それぞれの座標 r, θ, φ の微分方程式に書き換えよ．

方針　まずは r 変数を分離して，その後で φ 変数を切り離します．$f(r) = g(\theta, \varphi)$ のような恒等式を作り，両辺が定数になることを利用します．

【答案】　シュレディンガー方程式に極座標ラプラシアンを代入して次を得る．
$$-\frac{\hbar^2}{2m}\left\{\left(\frac{1}{r}\frac{\partial}{\partial r}r\right)^2 + \frac{1}{r^2\sin\theta}\frac{\partial}{\partial\theta}\left(\sin\theta\frac{\partial}{\partial\theta}\right) + \frac{1}{r^2\sin^2\theta}\left(\frac{\partial}{\partial\varphi}\right)^2\right\}\psi(\boldsymbol{r})$$
$$+ V(\boldsymbol{r})\psi(\boldsymbol{r})$$
$$= E\psi(\boldsymbol{r})$$

ここで $\psi(r, \theta, \varphi) = R(r)\Theta(\theta)\Phi(\varphi)$ とおき，両辺を $R(r)\Theta(\theta)\Phi(\varphi)$ で割ってやり，
$$-\frac{\hbar^2}{2m}\left\{\frac{1}{R(r)}\left(\frac{1}{r}\frac{\partial}{\partial r}r\right)^2 R(r) + \frac{1}{r^2\sin\theta}\frac{1}{\Theta(\theta)}\frac{\partial}{\partial\theta}\left(\sin\theta\frac{\partial}{\partial\theta}\right)\Theta(\theta)\right\}$$
$$-\frac{\hbar^2}{2m}\left\{\frac{1}{r^2\sin^2\theta}\frac{1}{\Phi(\varphi)}\left(\frac{\partial}{\partial\varphi}\right)^2\Phi(\varphi)\right\} + V(\boldsymbol{r})$$
$$= E$$

とする．両辺に $-\frac{2mr^2}{\hbar^2}$ を掛け，左辺に r 変数の式を，右辺にそれ以外の変数の式を集めて，
$$\frac{r^2}{R(r)}\left(\frac{1}{r}\frac{\partial}{\partial r}r\right)^2 R(r) - \frac{2mr^2}{\hbar^2}(V(\boldsymbol{r}) - E)$$
$$= -\frac{1}{\Theta(\theta)\sin\theta}\frac{\partial}{\partial\theta}\left(\sin\theta\frac{\partial}{\partial\theta}\right)\Theta(\theta) - \frac{1}{\Phi(\varphi)\sin^2\theta}\left(\frac{\partial}{\partial\varphi}\right)^2\Phi(\varphi)$$
　　　　　　　　　　　　　　　　　　　　　　　　　　　　　　　　①

とする．両辺は恒等的に等しいので，定数にならなければならない♣.

♣例えば，独立な変数 x, y の関数 $f(x), g(y)$ について，常に $f(x) = g(y)$ が成り立つなら，$f(x) = g(y) = $ (定数) となるはずです．

8.1 極座標への変数分離

そこでこの両辺を λ（実数）とおいて分離する．まず r については

$$r^2 \left(\frac{1}{r}\frac{\partial}{\partial r}r\right)^2 R(r) - \frac{2mr^2}{\hbar^2}(V(r)-E)R(r) = +\lambda R(r) \quad ②$$

と書ける．もう一方は

$$\frac{1}{\Theta(\theta)\sin\theta}\frac{\partial}{\partial\theta}\left(\sin\theta\frac{\partial}{\partial\theta}\right)\Theta(\theta) + \frac{1}{\Phi(\varphi)\sin^2\theta}\left(\frac{\partial}{\partial\varphi}\right)^2\Phi(\varphi) \quad ③$$
$$= -\lambda$$

となる．次に，この方程式③から φ 成分を分離しよう．③を次のように変形する．

$$\sin\theta\frac{1}{\Theta(\theta)}\frac{\partial}{\partial\theta}\left(\sin\theta\frac{\partial}{\partial\theta}\right)\Theta(\theta) + \lambda\sin^2\theta$$
$$= -\frac{1}{\Phi(\varphi)}\frac{\partial^2\Phi(\varphi)}{\partial\varphi^2}$$

両辺はそれぞれ異なる変数の式だが，恒等的に等しいので定数である．これを m^2（実数）とおくと，

$$\sin\theta\frac{\partial}{\partial\theta}\left(\sin\theta\frac{\partial}{\partial\theta}\right)\Theta(\theta) = (m^2 - \lambda\sin^2\theta)\Theta(\theta) \quad ④$$

$$\frac{\partial^2\Phi(\varphi)}{\partial\varphi^2} = -m^2\Phi(\varphi) \quad ⑤$$

と書ける．これで変数分離が完了した．■

ポイント ④を**ルジャンドルの微分方程式**と呼びます．また，⑤については簡単に解くことができ，適当な定数を用いて

$$\Phi(\varphi) = Ae^{im\varphi} + Be^{-im\varphi}$$

と書くことができます．φ に関するポテンシャルがないので，自由粒子のとき（第 2 章基本問題 2.4）に考えたように，片方の波を落として

$$\Phi(\varphi) = e^{im\phi}$$

としてみましょう．さらに $\Phi(\varphi)$ に周期性

$$\Phi(0) = \Phi(2\pi)$$

を要求します．これは波動関数の連続性からいって自然な境界条件といえます．これより，m が整数であることがいえます．ちょうどこれは，円周（z 軸のまわり）をぐるぐる回る自由粒子を表しています．

ここで $\hat{l}_z = -i\hbar\frac{\partial}{\partial\varphi}$ とおくと，⑤は $\hat{l}_z^2\Phi(\varphi) = m^2\hbar^2\Phi(\varphi)$ と表せ，先の解 $\Phi(\varphi) = e^{im\varphi}$ の性質から同時に $\hat{l}_z\Phi(\varphi) = m\hbar\Phi(\varphi)$ が成り立つことがわかります．$\hat{l}_z^2$ の固有値 $m^2\hbar^2$ は z 軸まわりの角運動のエネルギーを表し，$\hat{l}_z$ の固有値 $m\hbar$ は z 軸まわりの角運動量の固有値を表すのです．

❷ ルジャンドル微分方程式とルジャンドル多項式

ここでは詳しい計算はせず，特徴的な性質と結果をまとめておきます．ルジャンドルの微分方程式は

$$\lambda = l(l+1) \quad (l \text{ は非負整数})$$

のときのみ物理的に意味のある解を持ち（演習問題 8.5），この方程式は

$$z = \cos\theta$$

$$P(z) = \Theta(\theta)$$

とおくと次のように書き換えられます．

$$\frac{d}{dz}\left\{(1-z^2)\frac{dP}{dz}\right\} + \left\{l(l+1) - \frac{m^2}{1-z^2}\right\}P = 0$$

これを**ルジャンドルの陪微分方程式**♠と呼びます．この方程式を解くのは演習問題にまわすことにして，先に結果から述べておきましょう．この解 $P_l^m(z)$ は量子数 l を用いて

$$P_l^m(z) = (1-z^2)^{\frac{|m|}{2}} \left(\frac{d}{dz}\right)^{|m|} P_l(z)$$

$$P_l(z) = \frac{1}{2^l\, l!} \frac{d^l}{dz^l}(z^2-1)^l$$

と記述されます．$P_l(z)$ を**ルジャンドル多項式**，$P_l^m(z)$ を**ルジャンドル陪多項式**と呼びます．最後にルジャンドル陪多項式

$$\Theta_{lm}(\theta) \equiv P_l^m(z)$$

と $\Phi_m(\varphi)$ の積を取って規格化した関数

$$Y_{lm}(\theta,\varphi) = (-1)^{\frac{|m|+m}{2}} \left(\frac{2l+1}{4\pi}\frac{(l-|m|)!}{(l+|m|)!}\right)^{\frac{1}{2}} P_l^m(\cos\theta)e^{im\varphi}$$

を**球面調和関数**と呼びます．つまり，三次元のシュレディンガー方程式の固有関数は

$$\psi(r,\theta,\varphi) = R(r)Y_{lm}(\theta,\varphi)$$

と書けるわけです．

最後に，角成分の微分方程式（基本問題 8.1 における③）の物理的な意味を述べて締めくくることにしましょう．新しく演算子

$$\widehat{l}^2 \equiv \left\{-\frac{1}{\sin\theta}\frac{\partial}{\partial\theta}\left(\sin\theta\frac{\partial}{\partial\theta}\right) - \frac{1}{\sin\theta}\frac{\partial^2}{\partial\varphi^2}\right\}\hbar^2$$

を定義すると，③から固有方程式

$$\widehat{l}^2 Y_{lm} = \lambda Y_{lm} = l(l+1)\hbar^2 Y_{lm}$$

♠ 『陪』は『（高貴な人に）付き従うこと』という意味です．

が成り立つことがわかります.さらにハミルトニアンは

$$\widehat{H} = -\frac{\hbar^2}{2m}\nabla^2 + V(r)$$
$$= -\frac{\hbar^2}{2m}\left(\frac{1}{r}\frac{\partial}{\partial r}r\right)^2 + \frac{\widehat{l}^2}{2mr^2} + V(r)$$

と書き換えられ,$\widehat{l}^2$ の固有値がエネルギーに寄与していることがはっきりわかります.ここで,ハミルトニアンの第一項が動径成分であり,第二項が角運動量によるエネルギーを表します♠.第 14 章でも扱いますが,$\widehat{l}^2$ は全角運動量に相当する演算子であることがわかります.

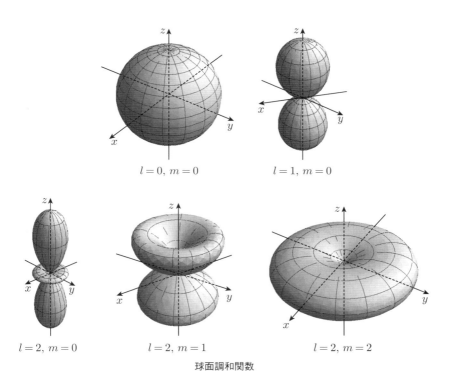

球面調和関数

♠これは解析力学の手法で古典的なハミルトニアンを極座標表示してみるとより一層はっきりしてくるでしょう.また,量子数 m はエネルギーに寄与していないことに注意しましょう.エネルギーに寄与しない量子数は,その自由度だけ縮退を起こします.

ポイント 前節で $\widehat{l}_z = -i\hbar \frac{\partial}{\partial \varphi}$ と書けたことから $\widehat{l}_z$ と $\widehat{l}^2$ は可換であることがわかります. また, $\widehat{l}^2 = \widehat{l}_x^2 + \widehat{l}_y^2 + \widehat{l}_z^2$ の固有値は $l(l+1)\hbar^2$ であり, $\widehat{l}_z^2$ の固有値は $m^2\hbar^2$ であったことから, $m^2 \leq l(l+1)$ が成り立ちそうに見えますが, 実際は

$$-l \leq m \leq l$$

の関係が成立しています（基本問題 14.3 で示します）.

ルジャンドル多項式 $P_l(x)$ を描くと, それぞれ図のようになります.

$$P_0(x) = 1$$
$$P_1(x) = x$$
$$P_2(x) = \frac{1}{2}(-1 + 3x^2)$$
$$P_3(x) = \frac{1}{2}(-3x + 5x^3)$$
$$P_4(x) = \frac{1}{8}(3 - 30x^2 + 35x^4)$$
$$P_5(x) = \frac{1}{8}(15x - 70x^3 + 63x^5)$$
$$P_6(x) = \frac{1}{16}(-5 + 105x^2 - 315x^4 + 231x^6)$$
$$P_7(x) = \frac{1}{16}(-35x + 315x^3 - 693x^5 + 429x^7)$$

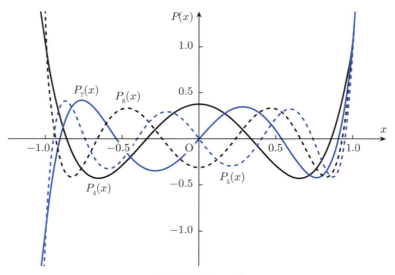

ルジャンドル多項式

演習問題

A

8.1 角運動量の固有状態

角運動量演算子の z 成分は次のように表される.
$$\hat{l}_z = -i\hbar \frac{\partial}{\partial \varphi}$$
この演算子の固有方程式を周期境界条件のもとで解け.

8.2 剛体回転子と一酸化炭素モデル

慣性モーメント I をもつ剛体に対応して,ハミルトニアン
$$\hat{H} = \frac{\hat{l}^2}{2I}$$
によって記述される系を**剛体回転子**という.

(1) 固定軸のまわりの回転に制限された場合の剛体に対応する量子力学的系の固有エネルギーが $E_l = \frac{\hbar^2}{2I}l(l+1)$ で表されることを説明し,固有関数を求めよ.

(2) $^{12}\text{C}^{16}\text{O}$ の核間距離は 0.11 nm であるとして,慣性モーメントを計算し,回転定数 B を求めよ.ここで回転定数は $B = \frac{\hbar^2}{2I}$ で与えられる量である.

(3) $^{12}\text{C}^{16}\text{O}$ について,$l=1 \to l=2$ へ遷移するときの遷移波長を求めよ.

B

8.3 ルジャンドル多項式の母関数

ルジャンドル多項式 $P_l(z)$ の1つの定義として,次の母関数展開によるものがある.
$$\frac{1}{\sqrt{1-2zt+t^2}} = \sum_{l=0}^{\infty} P_l(z) t^l$$
これより次の漸化式を導け.

(1) $(l+1)P_{l+1}(z) - (2l+1)zP_l(z) + lP_{l-1}(z) = 0$

(2) $\dfrac{dP_{l+1}(z)}{dz} - 2z\dfrac{dP_l(z)}{dz} + \dfrac{dP_{l-1}(z)}{dz} = P_l(z)$

8.4 ルジャンドルの微分方程式

(1) 前問 8.3 の結果から次の漸化式を導け.
$$(1-z^2)\frac{dP_l(z)}{dz} = l(-zP_l + P_{l-1}) = (l+1)(zP_l - P_{l+1})$$

(2) 前問 8.3 で定義した $P_l(z)$ が次の微分方程式をみたすことを示せ.
$$(1-z^2)\frac{d^2P_l}{dz^2} - 2z\frac{dP_l}{dz} + l(l+1)P_l = 0$$

8.5 ルジャンドル微分方程式の級数解

ルジャンドル微分方程式 $(1-z^2)\frac{d^2 P_l}{dz^2} - 2z\frac{dP_l}{dz} + l(l+1)P_l = 0$ の解を級数表示で求めよう．

(1) $P_l(z) = \sum_{m=0}^{\infty} c_m z^m$ とおいて c_m の漸化式を求めよ．

(2) $P_l(z)$ が発散しないためには l が整数のときに限ることを示せ．

(3) l を非負整数とするとき，ルジャンドル多項式の具体形を求めよ．

8.6 ルジャンドル多項式のロドリグの公式

(1) 母関数展開を用いて $P_n(z) = \sum_{r=0}^{[n/2]} \frac{(-1)^r (2n-2r)!}{2^n \, r! \, (n-r)! \, (n-2r)!} z^{n-2r}$ が成り立つことを示せ．

(2) $P_n(z)$ が $P_n(z) = \frac{1}{2^n \, n!} \frac{d^n (z^2-1)^n}{dz^n}$ と表されることを示せ．

8.7 ルジャンドル多項式の直交性

(1) $l > m$ のとき次が成り立つことを示せ．
$$\int_{-1}^{1} dz \, P_l(z) P_m(z) = 0$$

(2) 次が成り立つことを示せ．
$$\int_{-1}^{1} dz \, P_l(z) P_l(z) = \frac{2}{2l+1}$$

ポイント (1), (2) の結果は $\int_{-1}^{1} dz \, P_l(z) P_m(z) = \frac{2}{2l+1} \delta_{lm}$ のようにまとめられる．

8.8 ルジャンドル陪関数

ルジャンドル陪関数は次で定義される．
$$P_l^m(z) = (1-z^2)^{\frac{m}{2}} \frac{d^m P_l(z)}{dz^m} \quad (m = 0, 1, 2, \cdots, l)$$

ルジャンドル多項式の性質を用いて次のルジャンドルの陪微分方程式が成り立つことを示せ．
$$(1-z^2)\frac{d^2 P_l^m}{dz^2} - 2z\frac{dP_l^m}{dz} + \left\{ l(l+1) - \frac{m^2}{1-z^2} \right\} P_l^m = 0$$

8.9 ルジャンドル陪関数の直交性

(1) 次の直交関係を示せ．
$$\int_{-1}^{1} dz \, P_k^m(z) P_l^m(z) = \frac{2}{2l+1} \frac{(l+m)!}{(l-m)!} \delta_{kl}$$

(2) 球面調和関数が $Y_{lm}(\theta, \varphi) = (-1)^{\frac{|m|+m}{2}} \left\{ \frac{2l+1}{4\pi} \frac{(l-|m|)!}{(l+|m|)!} \right\}^{\frac{1}{2}} P_l^m(\cos\theta) e^{im\varphi}$ と書けることを示せ．

第9章 球対称ポテンシャル束縛
――とにかく水素原子モデルが重要

> Contents
> Section ❶ 動径方向の方程式
> Section ❷ 基底固有関数を求める
> Section ❸ 励起固有関数を求める（水素原子モデル）

> キーポイント
> 水素原子モデルの固有エネルギーを求められるようになろう．

　中心力ポテンシャルに束縛された粒子の固有エネルギーを求めます．特に重要なのは水素原子モデルで，第1章でボーア–ゾンマーフェルトの量子化条件を用いて求めた結果と一致します．

❶ 動径方向の方程式

　三次元のシュレディンガー方程式は次で与えられます．

$$-\frac{\hbar^2}{2m}\nabla^2\psi(\boldsymbol{r}) + V(\boldsymbol{r})\psi(\boldsymbol{r}) = E\psi(\boldsymbol{r})$$

以下では前章同様にポテンシャルを球対称とし，$V(\boldsymbol{r})$ を $r = |\boldsymbol{r}| = \sqrt{x^2+y^2+z^2}$ のみの関数とします．この方程式を r,θ,φ の極座標の微分方程式として書き直します．$\psi(r,\theta,\varphi) = R(r)\Theta(\theta)\Phi(\varphi)$ とおいて変数分離すると $R(r)$ についての微分方程式は

$$-\frac{\hbar^2}{2m}\frac{d^2}{dr^2}rR(r) + \left\{V(r) + \frac{l(l+1)\hbar^2}{2mr^2}\right\}rR(r) = E(rR(r))$$

となります．ただし $l = 0, 1, 2, \cdots, l_{\max}$ です．ここで $\chi(r) = rR(r)$ とおくと，

$$-\frac{\hbar^2}{2m}\frac{d^2}{dr^2}\chi(r) + \left(V(r) + \frac{l(l+1)\hbar^2}{2mr^2}\right)\chi(r) = E\chi(r)$$

となり，ちょうどポテンシャル

$$V_{\text{eff}}(r) = V(r) + \frac{l(l+1)\hbar^2}{2mr^2}$$

の一次元定常状態のシュレディンガー方程式と一致することがわかりますね．この $V_{\text{eff}}(r)$ を**有効ポテンシャル**と呼びます．（eff は effective の略）

　気をつけたいのが有効ポテンシャルの形です．$l = 0$ のときは一次元束縛問題と全く同様に解くことができますが，そうでない場合は相当込み入った微分方程式になることを覚悟しなければいけません．

　そこで，まずは次の節で $l = 0$ の場合から考えてみましょう．

❷ 基底固有関数を求める

今一度目的をはっきりしておきましょう．我々の目的はシュレディンガー方程式を解いてエネルギー固有値を求めること，および固有関数 $\psi(\boldsymbol{r})$ を求めることです．固有関数の角成分についてはすでに前章で扱っており，角成分に限って規格化すると球面調和関数 $Y_{lm}(\theta, \varphi)$ が現れるのでした．基底状態では $l = 0, m = 0$ であり，このとき

$$Y_{00}(\theta, \varphi) = \frac{1}{\sqrt{4\pi}}$$

が成り立ちます．そこで，固有関数については動径成分のシュレディンガー方程式を解けば

$$\chi(r) = rR(r)$$

が得られるので，これを用いて基底状態の固有関数

$$\psi(\boldsymbol{r}) = R(r)Y_{00}(\theta, \varphi)$$

を作ってやれば良いことになります．

ここでは問題を解く前に，あらかじめ境界条件と規格化条件について述べておきます．

境界条件について

(i) $|\psi(r)|^2$ が粒子の存在確率密度を表すため，束縛問題では $r \to \infty$ で粒子が存在できません．このことから自然に，収束境界条件 $\lim_{r \to \infty} R(r) = 0$ が要求されます．

(ii) $R(0)$ が有界（有限）です．上述と同じ理由で，$R(0)$ が発散することは避けなければなりません．

規格化条件について

(iii) 三次元積分を行うので，一次元のときとは違ってヤコビアンが現れます．動径成分での規格化条件は

$$\int_0^\infty |R(r)|^2 r^2 \, dr = 1$$

と書けます．ここで r^2 の因子は大変忘れやすいので注意しましょう．

また $\chi(r) = rR(r)$ とすると，規格化条件は

$$\int_0^\infty |\chi(r)|^2 \, dr = 1$$

となります．これより $\chi(r)$ についての方程式は比較的簡単になることがわかります．

基本問題 9.1 [重要]

次のポテンシャルに束縛された質量 m の粒子について考えよう．
$$V(r) = \begin{cases} 0 & (0 < r < a) \\ \infty & (a < r) \end{cases}$$
この粒子の基底状態について基底固有関数 $\psi(\boldsymbol{r})$ と束縛の基底エネルギーを求めよ．

方針 基底状態のときは $l = 0$ であることに注意して下さい．後は単なる微分方程式と境界条件の組合せでオシマイです．第 8 章で学んだ球面調和関数 $Y_{00} = \frac{1}{\sqrt{4\pi}}$ を忘れないようにしましょう．

【答案】 シュレディンガー方程式の動径成分は，$\chi(r) = rR(r)$ とおくと次のようになる．
$$-\frac{\hbar^2}{2m}\frac{d^2}{dr^2}\chi(r) + \left\{V(r) + \frac{l(l+1)\hbar^2}{2mr^2}\right\}\chi(r) = E\chi(r)$$
ここで，基底状態を考えるので $l = 0$ であり，考える領域 $0 < r < a$ においては
$$-\frac{\hbar^2}{2m}\frac{d^2}{dr^2}\chi(r) = E\chi(r)$$
と書ける．この一般解は，適当な定数を用いて
$$\chi(r) = A\sin kr + B\cos kr$$
と書ける．ただし $E = \frac{\hbar^2 k^2}{2m}$ とおいた．このとき，
$$R(r) = \frac{\chi(r)}{r} = A\frac{\sin kr}{r} + B\frac{\cos kr}{r}$$
となるため，$R(0)$ が有限であることから $B = 0$ であり，境界条件 $R(a) = 0$ より $ka = n\pi$ ($n = 1, 2, \cdots$) が成り立つことがわかる．ここで，エネルギー固有値は
$$E_n = \frac{\hbar^2 k^2}{2m} = \frac{\hbar^2 \pi^2 n^2}{2ma^2}$$
と書けるが，基底状態を扱っているため量子数は最低値を取る．すなわち $n = 1$ でなければならない．さらに，このときに固有関数の規格化を行うと，
$$\int_0^a |R(r)|^2 r^2 \, dr = |A|^2 \int_0^a \sin^2\frac{\pi r}{a} dr = \frac{|A|^2 a}{2} = 1$$
となることから規格化定数を正にとると $A = \sqrt{\frac{2}{a}}$ となり，規格化された基底固有関数は
$$\psi(\boldsymbol{r}) = R(r)Y_{00} = \sqrt{\frac{1}{2\pi a}}\frac{\sin\frac{\pi r}{a}}{r}$$
となり，基底エネルギーは
$$E = \frac{\hbar^2 \pi^2}{2ma^2}$$
となる．■

基本問題 9.2　　　　　　　　　　　　　　　　　　　　重要

調和振動子ポテンシャル
$$V(\boldsymbol{r}) = \frac{1}{2}m\omega^2 r^2$$
に束縛された質量 m の粒子について考えよう．この粒子の基底状態について，$R(r) = e^{-br^2}$ とおいて b を特定し，基底固有関数 $\psi(\boldsymbol{r})$ と束縛の基底エネルギーを求めよ．

方針　調和振動子の基底状態の固有関数が $R(r) = e^{-br^2}$ という関数形であることは覚えておきましょう．

【答案】　シュレディンガー方程式の動径成分は，$\chi(r) = rR(r)$ とおき，基底状態について
$$-\frac{\hbar^2}{2m}\frac{d^2}{dr^2}\chi(r) + \frac{1}{2}m\omega^2 r^2 \chi(r) = E\chi(r)$$
と書ける．この解を
$$\chi(r) = rR(r) = re^{-br^2}$$
とおいて，上の方程式に代入すると
$$-\frac{\hbar^2}{2m}(-6br + 4b^2 r^3)e^{-br^2} + \frac{1}{2}m\omega^2 r^3 e^{-br^2} = Ere^{-br^2}$$
が成り立つ．この式が恒等的に成り立っていることから，係数比較して
$$b = \frac{m\omega}{2\hbar}, \quad E = \frac{3\hbar^2}{m}b = \frac{3}{2}\hbar\omega$$
が成り立つことがわかる．基底エネルギーはこれより求められた．また，固有関数は
$$R(r) = Ae^{-\frac{m\omega}{2\hbar}r^2}$$
となることがわかる．これを規格化すると
$$\int_0^\infty |R(r)|^2 r^2 \, dr = |A|^2 \int_0^\infty r^2 e^{-2br^2} \, dr = |A|^2 \frac{1}{4}\sqrt{\frac{\pi}{8b^3}} = 1$$
となり，規格化定数を正にとると
$$A = 2\left(\frac{8b^3}{\pi}\right)^{\frac{1}{4}} = 2\left(\frac{m^3\omega^3}{\pi\hbar^3}\right)^{\frac{1}{4}}$$
となる．

これより，基底状態の固有関数は（第 8 章で学んだ基底状態の球面調和関数 Y_{00} を用いて）
$$\psi(\boldsymbol{r}) = R(r)Y_{00} = \frac{1}{\sqrt{\pi}}\left(\frac{m^3\omega^3}{\pi\hbar^3}\right)^{\frac{1}{4}} e^{-\frac{m\omega}{2\hbar}r^2}$$
として得られる．■

基本問題 9.3 【重要】

クーロンポテンシャル
$$V(r) = -\frac{e^2}{r}$$
に束縛された粒子について考えよう．この粒子の質量を m とし，基底状態について $R(r) = e^{-br}$ とおいて b を特定し，基底固有関数 $\psi(r)$ と束縛の基底エネルギーを求めよ．

方針 こちらも基底状態の固有関数が e^{-br} の形になっていることは覚えておきましょう．ポテンシャルの e^2 は exp ではなく，電子の電荷を表す定数です．

【答案】 シュレディンガー方程式の動径成分は，$\chi(r) = rR(r)$ とおき，基底状態について
$$-\frac{\hbar^2}{2m}\frac{d^2}{dr^2}\chi(r) - \frac{e^2}{r}\chi(r) = E\chi(r)$$
と書ける．この解を $\chi(r) = rR(r) = re^{-br}$ とおいて，上の方程式に代入すると
$$-\frac{\hbar^2}{2m}(-2b + b^2 r)e^{-br} - \frac{e^2}{r}re^{-br} = Ere^{-br}$$
が成り立つ．この式が恒等的に成り立っていることから，係数比較して
$$b = \frac{me^2}{\hbar^2}, \quad E = -\frac{\hbar^2 b^2}{2m} = -\frac{me^4}{2\hbar^2}$$
が成り立つことがわかる．基底エネルギーはこれより求められた．また，固有関数は
$$R(r) = e^{-\frac{me^2}{\hbar^2}r}$$
となることがわかる．これを規格化すると
$$\int_0^\infty |R(r)|^2 r^2\, dr = |A|^2 \int_0^\infty r^2 e^{-2br}\, dr = |A|^2 \frac{1}{4b^3} = 1$$
となり，規格化定数を正にとると
$$A = 2\sqrt{b^3} = 2\sqrt{\frac{m^3 e^6}{\hbar^6}}$$
となる．

これより，基底状態の固有関数は
$$\psi(\boldsymbol{r}) = R(r)Y_{00} = \sqrt{\frac{m^3 e^6}{\pi\hbar^6}} e^{-\frac{me^2}{\hbar^2}r}$$
として得られる． ■

ポイント 水素の基底エネルギーが $-\frac{me^4}{2\hbar^2} = -13.6\,[\text{eV}]$ となることや，ボーア半径が $a_0 = \frac{1}{b} = 0.5\,[\text{Å}]$ であることは覚えておきましょう．

❸ 励起固有関数を求める（水素原子モデル）

ここからは励起状態も射程に入れて考えましょう．実は $l \geq 0$ に対して動径成分を決定するのは一筋縄ではいきません．本節では水素原子モデルのみを考えることにし，他の問題は演習問題にまわします．それだけシナリオが長いのです．

一次元調和振動子（第 6 章）のときを思い出して下さい．シュレディンガー方程式を無次元化し，解の漸近形を使って微分方程式の形を整えて，級数解を無理矢理おいて漸化式を導いたのでした．これと同じことを行います．水素原子モデルの動径成分はラゲールの微分方程式に帰着され，固有関数はラゲール多項式で表されることになります．

ラゲール微分方程式は一般に次で与えられます．

$$x\frac{d^2 L_n}{dx^2} + (1-x)\frac{dL_n}{dx} + nL_n = 0$$

この解 $L(x)$ を**ラゲール多項式**といい，次の漸化式が成り立つことが知られています．

$$x\frac{d}{dx}L_n = nL_n - n^2 L_{n-1}, \quad L_{n+1} = (2n+1-x)L_n - n^2 L_{n-1}$$

基本問題 9.4 　**重要**

水素原子モデルについて考えよう．陽子と電子の 2 体問題は，換算質量 μ の仮想粒子についての 1 体問題とみなせるから，シュレディンガー方程式の動径成分は

$$\left\{-\frac{\hbar^2}{2\mu}\left(\frac{1}{r}\frac{d^2}{dr^2}r\right) + \frac{l(l+1)\hbar^2}{2\mu r^2} - \frac{e^2}{r}\right\}R(r) = ER(r)$$

で与えられる．

(1) r が大きいところでは，$R(r)$ は次のように振る舞うことを示せ．

$$R(r) \approx \exp\left(-\sqrt{\frac{-2\mu E}{\hbar^2}}r\right)$$

(2) $\rho \equiv \sqrt{\frac{-8\mu E}{\hbar^2}}r,\ \lambda \equiv \frac{e^2}{\hbar}\left(\frac{\mu}{-2E}\right)^{\frac{1}{2}}$ とおいて無次元化し，(1) の方程式が

$$\frac{d^2 R}{d\rho^2} + \frac{2}{\rho}\frac{dR}{d\rho} - \frac{l(l+1)}{\rho^2}R + \left(\frac{\lambda}{\rho} - \frac{1}{4}\right)R = 0$$

と書き換えられることを示せ．

(3) $R = e^{-\frac{\rho}{2}}\rho^l L(\rho)$ とおくと，$L(\rho)$ が次の式をみたすことを示せ．

$$\rho\frac{d^2 L}{d\rho^2} + (2l+2-\rho)\frac{dL}{d\rho} + (\lambda - 1 - l)L = 0$$

方針　(1) で遠方の解，(2) で原点近傍の解，(3) でそれ以外の領域の解を求め，それぞれの積を取って固有関数を作ります．

【答案】 (1) 与えられた微分方程式について，第一項を分解すると

9.3 励起固有関数を求める（水素原子モデル）

$$-\frac{\hbar^2}{2\mu}\left(\frac{2}{r}\frac{dR}{dr} + \frac{d^2R}{dr^2}\right) + \frac{l(l+1)\hbar^2}{2\mu r^2}R - \frac{e^2}{r}R = ER$$

となる．ここで動径を大きくすると，$\frac{1}{r}, \frac{1}{r^2}$ の項は小さくなって無視できるので，$-\frac{\hbar^2}{2\mu}\frac{d^2R}{dr^2} = ER$ のみが残る．ここで問題より束縛エネルギーが負であることに注意すると，この解は $R \approx \exp\left(-\sqrt{\frac{-2\mu E}{\hbar^2}}r\right)$ のように振る舞うことがわかる．もう1つの特解 $\exp\left(\sqrt{\frac{-2\mu E}{\hbar^2}}r\right)$ は発散してしまうので解として採用できない．

(2) ただ代入するだけなので省略する．

(3) $R = e^{-\frac{\rho}{2}}\rho^l L(\rho)$ とおいて (2) の方程式に代入する．ここで，

$$\frac{dR}{d\rho} = -\frac{1}{2}e^{-\frac{\rho}{2}}\rho^l L(\rho) + e^{-\frac{\rho}{2}}l\rho^{l-1}L(\rho) + e^{-\frac{\rho}{2}}\rho^l \frac{dL}{d\rho}$$

$$\frac{d^2R}{d\rho^2} = \frac{1}{4}e^{-\frac{\rho}{2}}\rho^l L - \frac{1}{2}le^{-\frac{\rho}{2}}\rho^{l-1}L - \frac{1}{2}e^{-\frac{\rho}{2}}\rho^l \frac{dL}{d\rho}$$
$$- \frac{1}{2}e^{-\frac{\rho}{2}}l\rho^{l-1}L + e^{-\frac{\rho}{2}}l(l-1)\rho^{l-2}L + e^{-\frac{\rho}{2}}l\rho^{l-1}\frac{dL}{d\rho}$$
$$- \frac{1}{2}e^{-\frac{\rho}{2}}\rho^l \frac{dL}{d\rho} + e^{-\frac{\rho}{2}}l\rho^{l-1}\frac{dL}{d\rho} + e^{-\frac{\rho}{2}}\rho^l \frac{d^2L}{d\rho^2}$$

であるから，(2) の方程式は

$$\frac{1}{4}e^{-\frac{\rho}{2}}\rho^l L - le^{-\frac{\rho}{2}}\rho^{l-1}L - e^{-\frac{\rho}{2}}\rho^l \frac{dL}{d\rho} \qquad \left.\right\} \leftarrow \frac{d^2R}{d\rho^2}$$
$$+ e^{-\frac{\rho}{2}}l(l-1)\rho^{l-2}L + 2e^{-\frac{\rho}{2}}l\rho^{l-1}\frac{dL}{d\rho} + e^{-\frac{\rho}{2}}\rho^l \frac{d^2L}{d\rho^2}$$
$$- e^{-\frac{\rho}{2}}\rho^{l-1}L + 2e^{-\frac{\rho}{2}}l\rho^{l-2}L + 2e^{-\frac{\rho}{2}}\rho^{l-1}\frac{dL}{d\rho} \qquad \left.\right\} \leftarrow \frac{2}{\rho}\frac{dR}{d\rho}$$
$$- l(l+1)e^{-\frac{\rho}{2}}\rho^{l-2}L \qquad \left.\right\} \leftarrow -\frac{l(l+1)}{\rho^2}R$$
$$+ \lambda e^{-\frac{\rho}{2}}\rho^{l-1}L - \frac{1}{4}e^{-\frac{\rho}{2}}\rho^l L \qquad \left.\right\} \leftarrow \left(\frac{\lambda}{\rho} - \frac{1}{4}\right)R$$
$$= 0$$

となる．$L, \frac{dL}{d\rho}, \frac{d^2L}{d\rho^2}$ についてそれぞれまとめると

$$\left(-\rho + 2l + \frac{1}{4}\rho^2 - l\rho + l(l-1) - l(l+1) + \lambda\rho - \frac{1}{4}\rho^2\right)L(\rho)$$
$$+ \left(2\rho - \rho^2 + 2l\rho\right)\frac{dL}{d\rho} + \rho^2 \frac{d^2L}{d\rho^2} = 0$$

となり，これより所望の式を得る．■

基本問題 9.5 【重要】

前問で与えられた微分方程式

$$\rho \frac{d^2 L}{d\rho^2} + (2l + 2 - \rho) \frac{dL}{d\rho} + (\lambda - 1 - l)L = 0$$

を解こう．

(1)

$$L(\rho) = \sum_{k=0}^{\infty} a_k \rho^k$$

とおき，次の漸化式が成り立つことを示せ．

$$\frac{a_{k+1}}{a_k} = \frac{(k+l+1-\lambda)}{(k+1)(k+2l+2)}$$

(2) $L(\rho)$ が多項式解になる（無限級数にならない）ことを説明し，和を取る最高次数を n_l とおくとき，次が成り立つことを示せ．

$$\lambda = n_l + l + 1$$

(3) 以下では λ が自然数であることを強調して n と書き直す．$l \geq 0$ であること（これは角運動量のセクションで扱う）を用いて，エネルギー固有値を求めよ．

方針 物理的に意味のある解である以上，収束境界条件 $\lim_{r \to \infty} R(r) = 0$ をみたすように解をとらなければなりません．このことに注意すれば多項式解にならざるを得ないことがわかります．

【答案】(1) $L(\rho) = \sum_{k=0}^{\infty} a_k \rho^k$ とおくと，

$$\sum_{k=0}^{\infty} \Big\{(k+2)(k+1)a_{k+2}\rho^{k+1} + (2l+2)(k+1)a_{k+1}\rho^k$$
$$- (k+1)a_{k+1}\rho^{k+1} + (\lambda - 1 - l)\, a_k \rho^k \Big\}$$
$$= 0$$

$$\therefore \sum_{k=1}^{\infty} \{(k+2)(k+1)a_{k+2} + (2l+2)(k+2)a_{k+2}$$
$$- (k+1)a_{k+1} + (\lambda - 1 - l)a_{k+1}\}\rho^{k+1} + \underbrace{(2l+2)a_1 + (\lambda - 1 - l)a_0}_{= 0}$$

$$= 0$$

が任意の ρ について成り立つので，漸化式

$$(k+2)(k+1+2l+2)a_{k+2} = (k+2-\lambda+l)a_{k+1}$$

を得る．これは所望の式と一致する．

(2) k が大きいとき,
$$\frac{a_{k+1}}{a_k} \approx \frac{1}{k}$$
となり,
$$L(\rho) \approx e^\rho$$
と評価できる.このとき,$\rho \to \infty$ で波動関数が発散してしまうため,束縛問題を考えていることに矛盾してしまう.そこで,和を取るときに次数 n_l で和が打ち切られると考えて良い.(1) の漸化式から,この次数で和が切れることを要求すると,
$$n_l + l + 1 - \lambda = 0$$
が成り立つことがわかり,確かに所望の式に一致する.

(3) 無次元化を思い出せば
$$\lambda = \frac{e^2}{\hbar}\left(\frac{\mu}{-2E}\right)^{\frac{1}{2}}$$
なので,これより固有エネルギーを求めると,
$$E = -\frac{\mu e^4}{2\hbar^2}\frac{1}{n^2} \quad (n = 1, 2, \cdots)$$
となる.■

ポイント 以下では $\lambda = n_l + l + 1$ を新しく n と書き,**主量子数**と呼びます.主量子数は正の整数で,$n = 1, 2, 3, \cdots$ となります.主量子数に応じて $L(\rho)$ の次数は変化し,主量子数が $n = 1$ のとき $n_l = 0, l = 0$ であり,$n = 2$ のとき $n_l = 1, l = 0$ または $n_l = 0, l = 1$ となり,$n = 3$ のとき $n_l = 2, l = 0$ または $n_l = 1, l = 1$ または $n_l = 0, l = 2, \cdots$ となります.

n	n_l	l
1	0	0
2	1	0
	0	1
3	2	0
	1	1
	0	2
4	3	0
	2	1
	1	2
	0	3

演習問題

A

9.1 ミューオン

ミューオンは電子などと同じレプトンと呼ばれる素粒子の仲間で，その質量はおよそ $100\,\mathrm{MeV}$ である♠．寿命は通常短いが，物質中では陽子と束縛状態を作り，比較的安定して存在できる．陽子と同じ電荷を持つミューオンと電子の束縛状態の基底状態のエネルギーは水素原子の場合に比べておよそどれくらいになるか．

B

9.2 水素原子モデルの固有関数

基本問題 9.5 で得られた漸化式から，規格化された固有関数の動径成分を $n=1,2$ のそれぞれに対して求め，それらを図示せよ．ただしボーア半径 $a=\frac{\hbar^2}{\mu e^2}$ を用いて答えること．

9.3 水素原子モデルと座標の期待値

演習問題 9.2 で求めた基底固有関数から動径座標とその逆数の期待値を計算せよ．

9.4 ゲルマニウムにヒ素をドーピング

ゲルマニウムに少量のヒ素をいれると，ヒ素は $+1$ に帯電し，そこに電子が束縛された状態は近似的に水素原子と同様に扱うことができる．ハミルトニアンは

$$\widehat{H} = \frac{\widehat{\boldsymbol{p}}^2}{2m^*} - \frac{e^2}{4\pi\varepsilon r}$$

とする．ここで m^* はゲルマニウム中を電子が動き回るときの質量で電子の本当の質量の $\frac{1}{10}$ とし，比誘電率は 10 とする．このとき，不純物からの電子のイオン化エネルギー E とボーア半径 a を求めよ．

9.5 三次元デルタポテンシャル（球殻束縛）

ポテンシャル $-V\delta(r-a)$ に束縛された質量 m の粒子の基底状態のエネルギーを与える式を求めよ．

9.6 [重要] 球殻と球殻の間の束縛

質量 m の粒子が半径 a と b の球殻 $(a<b)$ の間に閉じ込められている．このポテンシャルを次のようにモデル化し，基底エネルギーと規格化された波動関数を求めよ．

♠質量がエネルギーの単位で表されるのは，高エネルギー物理でよく使われる「自然単位系」を用いているためです．

$$V(\boldsymbol{r}) = \begin{cases} \infty & (r < a) \\ 0 & (a < r < b) \\ \infty & (b < r) \end{cases}$$

9.7 [重要] 三次元調和振動子

三次元調和振動子ポテンシャルに束縛された粒子を，球座標を用いて考えよう．

三次元等方調和振動子のハミルトニアンは次で与えられる．
$$\widehat{H} = -\frac{\hbar^2}{2m}\nabla^2 + \frac{1}{2}m\omega^2 r^2$$
この系のエネルギー固有値を極座標を用いて求めよう．

(1) 波動関数を $\psi(\boldsymbol{r}) = R_l(r)Y_{lm}(\theta,\varphi)$ とおいてシュレディンガー方程式を書き下し，$R_l(r)$ についての方程式が次式で与えられることを示せ．
$$-\frac{\hbar^2}{2mr}\frac{d^2}{dr^2}(rR_l) + \left\{\frac{\hbar^2}{2m}\frac{l(l+1)}{r^2} + \frac{1}{2}m\omega^2 r^2\right\}R_l = ER_l$$

(2) 関数 $y_l = rR_l$ および無次元量 $\varepsilon = \frac{2E}{\hbar\omega}, \rho = \sqrt{\frac{m\omega}{\hbar}}r$ を導入して (1) の方程式を次のように書き換えよ．
$$\frac{d^2 y_l}{d\rho^2} + \left\{-\frac{l(l+1)}{\rho^2} + \varepsilon - \rho^2\right\}y_l = 0$$

(3) ρ が 0 の近傍では $y_l \approx \rho^s, s = l+1, -l$ のように振る舞うことを示せ．

(4) $y_l = \exp(-\frac{\rho^2}{2})\rho^{l+1}f_l(\rho)$ とおいて $f_l(\rho)$ についての方程式が次で与えられることを示せ．
$$\frac{d^2 f_l}{d\rho^2} + 2\left(\frac{l+1}{\rho} - \rho\right)\frac{df_l}{d\rho} + (\varepsilon - 2l - 3)f_l = 0$$

(5) 未知関数 $f_l(r)$ を
$$f_l(r) = \sum_{k=0}^{\infty} c_k \rho^{k+\lambda} \quad (c_0 \neq 0)$$
と展開して微分方程式を解くことができる．c_k についての漸化式を書き下せ．

(6) ρ^λ の係数より，λ の値を定めよ．また，波動関数は $\rho = 0$ で正則であるから，$\lambda \geq -l$ の解のみを考察すれば良い．この場合に，(5) でおいた展開式が有限次元の多項式になるための条件を書き下し，エネルギー固有値を求めよ．

(7) 各エネルギー固有値に対してどのような角運動量の状態が含まれているか求めよ．

(8) 各エネルギー固有値に対して縮退度を求めよ．

第10章 一次元散乱問題
――トンネル効果,確率のしみ出しが見えてくる

Contents

Section ❶ **確率密度流**
Section ❷ **波の式と接続条件**

キーポイント
確率密度流と接続条件から反射率と透過率を求めよ！

古典力学の衝突問題はエネルギー保存則と運動量保存則を用いて解決しました．ここではこれらに代わるものとして確率密度保存則と波動関数の接続条件を用います．

❶ 確率密度流

確率密度保存則は次で与えられます．

$$\frac{\partial \rho(x,t)}{\partial t} + \frac{\partial j(x,t)}{\partial x} = 0$$

特に定常状態では確率密度 $\rho(x,t)$ も**確率密度流** $j(x,t)$ も時間に依存しないので，結局

$$j(x) = (一定)$$

と書けます．感覚的ですが，粒子の散乱においてこの法則は，"(確率密度流が本来ベクトルであることに気をつけて) 入射波の確率密度流 j_in (in, 入射) の大きさが反射波の確率密度流 j_r (reflect, 反射) の大きさと透過波の確率密度流 j_t (transmission, 透過) の大きさの和に等しい" ことを意味しています．これを書き換えてやるだけですが，結局次が成り立つことがわかりますね．

$$1 = \left|\frac{j_\text{r}}{j_\text{in}}\right| + \left|\frac{j_\text{t}}{j_\text{in}}\right|$$

これでほとんど準備が完了しました．確率密度流を用いて**反射率** R と**透過率** T を

$$R = \left|\frac{j_\text{r}}{j_\text{in}}\right|, \quad T = \left|\frac{j_\text{t}}{j_\text{in}}\right|$$

で定義してやりましょう．これで反射と透過の割合が決められるようになりました．次に，どうやって確率密度流を求めれば良いか考えてみましょう．

❷ 波の式と接続条件

波の式を構成しましょう．図のように，左 ($x = -\infty$) から入射波が入って，**反射波**と**透過波**に分かれる場合を考えます．**入射波数**を k とし，k がある程度大きな場合は次のように波の式が表されます（後の基本問題で扱います）．

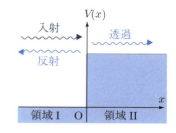

$$\psi(x) = \begin{cases} e^{ikx} + re^{-ikx} & (x \leq 0) \\ te^{ik'x} & (0 \leq x) \end{cases}$$

k' は**透過波数**です．ここで波動関数とその導関数の連続性を思い出しましょう．

(1) $\psi(x)$ は連続．
(2) $\psi'(x)$ は（ポテンシャルのとびが有限なら）連続．

この条件からすると，領域 I での波動関数を $\psi_\mathrm{I}(x)$，領域 II での波動関数を $\psi_\mathrm{II}(x)$ と書くとき $x = 0$ での $\psi(x)$ の接続条件 $\psi_\mathrm{I}(0) = \psi_\mathrm{II}(0)$ と一階微分の接続条件 $\psi'_\mathrm{I}(0) = \psi'_\mathrm{II}(0)$ を考え，$1 + r = t, ik - ikr = ik't$ が成り立つことがわかります．これらを踏まえると，r, t がそれぞれ次のように求められます．

$$r = \frac{k - k'}{k + k'}, \quad t = \frac{2k}{k + k'}$$

次に r, t を確率密度流の式に結びつけます．**確率密度流**が $j = \frac{\hbar}{m} \mathrm{Im}\left(\psi^*(x) \frac{d\psi(x)}{dx}\right)$ と書けることを思い出しましょう．求めるべきは $j_\mathrm{in}, j_\mathrm{r}, j_\mathrm{t}$ であり，それぞれ

$$j_\mathrm{in} = \frac{\hbar}{m} \mathrm{Im}\left(e^{-ikx} \frac{d}{dx} e^{ikx}\right) = \frac{\hbar k}{m}$$

$$j_\mathrm{r} = \frac{\hbar}{m} \mathrm{Im}\left(r^* e^{ikx} \frac{d}{dx} re^{-ikx}\right) = -|r|^2 \frac{\hbar k}{m}$$

$$j_\mathrm{t} = \frac{\hbar}{m} \mathrm{Im}\left(t^* e^{-ik'x} \frac{d}{dx} te^{ik'x}\right) = |t|^2 \frac{\hbar k'}{m}$$

と計算されます．これより，反射率と透過率は

$$R = \left|\frac{j_\mathrm{r}}{j_\mathrm{in}}\right| = |r|^2 = \frac{(k - k')^2}{(k + k')^2}, \quad T = \left|\frac{j_\mathrm{t}}{j_\mathrm{in}}\right| = \frac{k'}{k}|t|^2 = \frac{k'}{k}\left(\frac{2k}{k + k'}\right)^2 = \frac{4kk'}{(k + k')^2}$$

として求められます．これで反射率と透過率が求められました．これより，$R + T = 1$ であり，確率が保存していることもわかります．また反射率を $R = |r|^2$ として求め，T は $T = 1 - R$ として求めてもかまいません．

ところで，今回は k が大きな場合を取り扱っていますが，これはエネルギーが（ポテンシャル障壁の高さより）高い場合に相当します．例えば塀よりも高くボールを投げると，ボールは塀の向こうにとんで行ってしまいますが，量子力学では跳ね返ってくる波も同時に現れてしまうのです．

基本問題 10.1 【重要】

図のような高さ V_0 のポテンシャルの散乱モデルを考えよう．エネルギー E，質量 m の入射粒子を左方向 ($x = -\infty$) から侵入させた．$E > V_0$ とする．

(1) 波の式は適当な定数を用いて次のように書ける．
$$\psi(x) = \begin{cases} e^{ikx} + re^{-ikx} & (x < 0) \\ te^{ik'x} & (0 < x) \end{cases}$$
入射波数 k を E, m を用いて表せ．

(2) 透過波数 k' を E, V_0, m で表せ．
(3) 境界条件から r, t を k, k' で表せ．
(4) 散乱の反射率 R と透過率 T を k, k' で表せ．

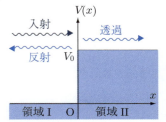

方針 そもそも波の式 $\psi(x)$ はシュレディンガー方程式をみたすはずなので，ここから逆算して k, k' を求めます．それぞれの領域でのポテンシャルの高さに気をつけましょう．

【答案】(1) 領域 I ではポテンシャルの高さが 0 なので，シュレディンガー方程式は
$$-\frac{\hbar^2}{2m}\frac{d^2}{dx^2}\psi_\mathrm{I}(x) = E\psi_\mathrm{I}(x)$$
となる．この方程式の 2 つの特殊解は
$$\exp\left(\pm i \frac{\sqrt{2mE}}{\hbar} x\right)$$
であり，$k = \frac{\sqrt{2mE}}{\hbar}$ とおいて入射波 e^{ikx} の振幅を 1，反射波 e^{-ikx} の振幅を r とおくと要求通りの式
$$\psi_\mathrm{I}(x) = e^{ikx} + re^{-ikx}$$
を得る．つまり入射波数は
$$k = \frac{\sqrt{2mE}}{\hbar}$$
である．

(2) 領域 II ではポテンシャルの高さが V_0 なので，シュレディンガー方程式は
$$-\frac{\hbar^2}{2m}\frac{d^2}{dx^2}\psi_\mathrm{II}(x) + V_0\psi_\mathrm{II}(x) = E\psi_\mathrm{II}(x)$$
となる．この方程式の 2 つの特殊解は
$$\exp\left(\pm i \frac{\sqrt{2m(E-V_0)}}{\hbar} x\right)$$
であり，
$$k' = \frac{\sqrt{2m(E-V_0)}}{\hbar}$$

とおく．ここで注意しなければならないのは，領域 II では右方向（$x = \infty$）からの入射波が存在しないので，透過波だけで波が構成でき，

$$\psi_{\text{II}}(x) = te^{ik'x}$$

と書ける．つまり透過波数は

$$k' = \frac{\sqrt{2m(E - V_0)}}{\hbar}$$

である．

(3) $x = 0$ での波の接続条件 $\psi_{\text{I}}(0) = \psi_{\text{II}}(0)$ と一階微分の接続条件 $\psi'_{\text{I}}(0) = \psi'_{\text{II}}(0)$ より

$$1 + r = t$$
$$ik - ikr = ik't$$

を得る．これらを連立させて次のように r, t が求められる．

$$r = \frac{k - k'}{k + k'}, \quad t = \frac{2k}{k + k'}$$

(4) 確率密度流をそれぞれの波について計算すると，

$$j_{\text{in}} = \frac{\hbar}{m} \operatorname{Im}\left(e^{-ikx} \frac{d}{dx} e^{ikx}\right) = \frac{\hbar k}{m}$$

$$j_{\text{r}} = \frac{\hbar}{m} \operatorname{Im}\left(r^* e^{ikx} \frac{d}{dx} re^{-ikx}\right) = -|r|^2 \frac{\hbar k}{m}$$

$$j_{\text{t}} = \frac{\hbar}{m} \operatorname{Im}\left(t^* e^{-ik'x} \frac{d}{dx} te^{ik'x}\right) = |t|^2 \frac{\hbar k'}{m}$$

となり，これらを用いて反射率と透過率は

$$R = \left|\frac{j_{\text{r}}}{j_{\text{in}}}\right| = |r|^2 = \frac{(k - k')^2}{(k + k')^2}$$

$$T = \left|\frac{j_{\text{t}}}{j_{\text{in}}}\right| = \frac{k'}{k} |t|^2 = \frac{k'}{k} \left(\frac{2k}{k + k'}\right)^2 = \frac{4kk'}{(k + k')^2}$$

として求められる．■

ポイント 反射率と透過率（あるいは波の振幅）は，ともに入射波のエネルギーとポテンシャル障壁の高さだけで決まることが示せましたね．物理的な条件として我々人間側が設定できるのは，まさにこの 2 つ，打ち出す粒子（入射波）のエネルギーとポテンシャル障壁の高さだけなので，これで散乱の様子を眺めることができるようになりました．

さて，透過率に注目してみると，$k' = 0$ すなわち $E = V_0$ で $T = 0$ となり，全反射が起きることがわかります．次の問題では，$E \leq V_0$ のケースで考えてみましょう．波の構成も，先ほどとは様子が変わってきます．

基本問題 10.2　　　　　　　　　　　　　　　　　　　　　　　重要

図のような高さ V_0 のポテンシャルの散乱モデルを考えよう．エネルギー E，質量 m の入射粒子を x 方向（$x = -\infty$）から侵入させた．$E \leq V_0$ とする．

(1) 波の式は適当な定数を用いて次のように書ける．

$$\psi(x) = \begin{cases} e^{ikx} + re^{-ikx} & (x \leq 0) \\ te^{-\rho x} & (0 \leq x) \end{cases}$$

入射波数 k を E, m を用いて表せ．

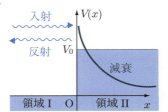

(2) ρ を E, V_0, m で表せ．
(3) 境界条件から r, t を k, ρ で表せ．
(4) 散乱の反射率 R と透過率 T を k, ρ で表せ．

方針　そもそも波の式 $\psi(x)$ はシュレディンガー方程式をみたすはずなので，ここから逆算して k, ρ を求めます．それぞれの領域でのポテンシャルの高さに気をつけましょう．

【答案】（1）領域 I ではポテンシャルの高さが 0 なので，シュレディンガー方程式は

$$-\frac{\hbar^2}{2m}\frac{d^2}{dx^2}\psi_\mathrm{I}(x) = E\psi_\mathrm{I}(x)$$

となる．この方程式の 2 つの特殊解は

$$\exp\left(\pm i \frac{\sqrt{2mE}}{\hbar} x\right)$$

であり，$k = \frac{\sqrt{2mE}}{\hbar}$ とおき，入射波の振幅を 1 とし，反射波の振幅を r とすることで，要求通りの式

$$\psi_\mathrm{I}(x) = e^{ikx} + re^{-ikx}$$

を得る．つまり入射波数は

$$k = \frac{\sqrt{2mE}}{\hbar}$$

である．

(2) 領域 II ではポテンシャルの高さが V_0 なので，シュレディンガー方程式は

$$-\frac{\hbar^2}{2m}\frac{d^2}{dx^2}\psi_\mathrm{II}(x) + V_0 \psi_\mathrm{II}(x) = E\psi_\mathrm{II}(x)$$

となる．$E \leq V_0$ であることに気をつけると，この方程式の 2 つの特殊解は

$$\exp\left(\pm \frac{\sqrt{2m(V_0 - E)}}{\hbar} x\right)$$

である．$\rho = \frac{\sqrt{2m(V_0-E)}}{\hbar}$ とおく．ここで，$\psi_\mathrm{II}(x)$ が $+\infty$ に発散しないためには，特殊解 $\exp\left(+\frac{\sqrt{2m(V_0-E)}}{\hbar} x\right)$ は採用できず，結局，適当な定数 t を用いて

$$\psi_{\mathrm{II}}(x) = te^{-\rho x}$$

と書けることがわかる.

$$\rho = \frac{\sqrt{2m(E-V_0)}}{\hbar}$$

が答え.

(3) 接続条件

$$\psi_{\mathrm{I}}(0) = \psi_{\mathrm{II}}(0), \quad \psi_{\mathrm{I}}'(0) = \psi_{\mathrm{II}}'(0)$$

から次を得る.

$$1 + r = t$$
$$ik - ikr = -\rho t$$

これらを連立させて,

$$r = \frac{ik + \rho}{ik - \rho}$$
$$t = \frac{2ik}{ik - \rho}$$

を得る.

(4) 確率密度流をそれぞれの波について計算すると,

$$j_{\mathrm{in}} = \frac{\hbar}{m} \mathrm{Im}\left(e^{-ikx} \frac{d}{dx} e^{ikx}\right) = \frac{\hbar k}{m}$$
$$j_{\mathrm{r}} = \frac{\hbar}{m} \mathrm{Im}\left(r^* e^{ikx} \frac{d}{dx} re^{-ikx}\right) = -|r|^2 \frac{\hbar k}{m}$$
$$j_{\mathrm{t}} = \frac{\hbar}{m} \mathrm{Im}\left(t^* e^{-\rho x} \frac{d}{dx} te^{-\rho x}\right) = 0$$

となる. 特に j_{t} については, $e^{-\rho x}$ が実関数であることから強制的に 0 になることがわかる. この時点で明白だが, 透過率が 0 になってしまうため, 反射率は 1 となる.

計算すると,

$$R = \left|\frac{j_{\mathrm{r}}}{j_{\mathrm{in}}}\right| = |r|^2 = \left|\frac{ik + \rho}{ik - \rho}\right|^2 = 1$$
$$T = \left|\frac{j_{\mathrm{t}}}{j_{\mathrm{in}}}\right| = 0$$

となる. ∎

ポイント 全反射が起きているはずなのに, $\psi_{\mathrm{II}}(x)$ は 0 ではないので, 粒子の存在確率は領域 II でも少なからず存在していることが伺えます. このような不思議な現象を **"確率のしみ出し (しみ込み)"** といいます.

演習問題

—— A ——

10.1 中性子散乱

左方向 ($x = -\infty$) から入射したエネルギー $E\ (>0)$ の波 e^{ikx} が，ポテンシャル
$$V(x) = \begin{cases} 0 & (x < 0) \\ -V_0 & (0 < x) \end{cases}$$
に散乱されるモデルを考えよう．粒子の質量を m とし，V_0 は正の定数とする．

(1) ポテンシャルの図を描け．

(2) 波の式は次のように表せる．
$$\psi(x) = \begin{cases} e^{ikx} + re^{-ikx} & (x < 0) \\ te^{ik'x} & (0 < x) \end{cases}$$
このとき，入射波数 k，透過波数 k' をそれぞれ m, E, V_0 を用いて表せ．

(3) 反射率 R を k, k' を用いて表せ．

(4) 一次元モデルの原子核ポテンシャル散乱を考え，入射した中性子のエネルギーを $4\,\mathrm{MeV}$ とし，ポテンシャルの高さを $60\,\mathrm{MeV}$ とする．このときの反射率 R を求めよ．

10.2 重要 デルタポテンシャルのトンネル効果

左方向 ($x = -\infty$) から入射した質量 m，正のエネルギー E を持つ粒子が，次のポテンシャルに散乱されるモデルを考えよう．
$$V(x) = S\delta(x), \quad S > 0$$

(1) 入射波を e^{ikx} とするとき，入射波数 k を E の式で表せ．以下では k を用いて答えよ．

(2)
$$-\frac{\hbar^2}{2m}\left[\frac{d\psi}{dx}\right]_{-0}^{+0} + S\psi(0) = 0$$
が成り立つことを示せ．

(3) 波の式が次のようになるとする．
$$\psi(x) = \begin{cases} e^{ikx} + re^{-ikx} & (x < 0) \\ te^{ikx} & (0 < x) \end{cases}$$
r, t の値を求め，反射率 R と透過率 T を求めよ．

B

10.3 トンネル効果

左方向 ($x = -\infty$) から入射した質量 m, エネルギー E の粒子が, 図のような高さ V_0 で幅が a の矩形ポテンシャルに散乱されるモデルを考えよう. 波動関数が

$$\psi(x) = \begin{cases} e^{ikx} + re^{-ikx} & (x < 0) \\ Ae^{\rho x} + Be^{-\rho x} & (0 < x < a) \\ te^{ikx} & (a < x) \end{cases}$$

のようになるとして, 以下の問題に答えよ. ただし各係数は複素数である.

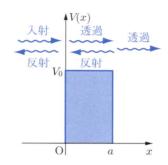

(1) $x = 0, a$ についての $\psi(x), \psi'(x)$ の接続条件(連続性の境界条件)を書き下せ.
(2) (1) で求めた条件から A, B を消去して r と t の関係を求めよ.
(3) 確率密度流の連続性から r と t の関係を求めよ.
(4) 散乱の反射率 R と透過率 T をそれぞれ計算せよ.
(5) $V_0 a = U$ (一定) として $a \to 0$ の極限を取って反射率 R と透過率 T を求めよ.

10.4 位相のずれ

基本問題 10.2 において $r = e^{2i\phi}$ とおいて位相のずれ ϕ を定める. 実関数 ϕ を求めよ.

10.5 ガモフの透過率

図に示す一次元ポテンシャル障壁に質量 m, エネルギー E の粒子がポテンシャル障壁の左方向 ($x = -\infty$) から入射する.

$$\psi(x) = \begin{cases} e^{ik_0 x} + re^{-ik_0 x} & (x \to -\infty) \\ te^{ik_0 x} & (x \to \infty) \end{cases}$$

ここで $k_0 = \sqrt{\frac{2mE}{\hbar^2}}$ である. 以下の問いに答えよ.

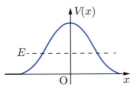

(1) 確率密度流が一定である条件から r と t の関係を求めよ．
(2) 局所波数
$$k(x) = \sqrt{\frac{2m(E-V(x))}{\hbar^2}}$$
を用いて
$$\tau(x) \equiv \frac{1}{2}\left(-i\frac{\psi'(x)}{k(x)} + \psi(x)\right)$$
で与えられる関数 $\tau(x)$ を定める．$\tau(x)$ の $x \to \infty$ での漸近形を求めよ．

(3) 関数 $\tau(x)$ は近似的に次のように与えられる．
$$\tau(x) = \sqrt{\frac{k_0}{k(x)}} e^{ik_0 x_0} \exp\left(i\int_{x_0}^{x} dx' \, k'(x')\right)$$
ここで $x_0\ (<0)$ は $\frac{V(x_0)}{E} \ll 1$ をみたす任意の点であり，$x \leq x_0$ において $k(x) \approx k_0$ とみなせる．$\tau(x)$ の $x \to \infty$ の振舞いから，ポテンシャルの透過率が近似的に
$$|t|^2 \approx \exp\left(-2\int_a^b dx \sqrt{\frac{2m}{\hbar^2}(V(x)-E)}\right)$$
で与えられることを示せ．ただし，エネルギー E は障壁の高さに比べて十分小さいとし，$E=V(x)$ をみたす転回点を $a,b\ (a<b)$ とする．また $E<V(x)$ となる領域では
$$k(x) = i\sqrt{\frac{2m(V(x)-E)}{\hbar^2}}$$
となる．

(4) あるエネルギーで透過率が 10^{-3} であった．この粒子の質量が 4 倍になったとき，同じエネルギーで入射した場合，透過率はいくらになるか．

10.6 共鳴トンネリング（ダブルデルタ散乱）

ポテンシャル
$$V(x) = \frac{\hbar^2 v}{2m}\delta(x+a) + \frac{\hbar^2 v}{2m}\delta(x-a)$$
に散乱される粒子のモデルを考えよう．粒子の質量を m とする．
(1) $x<-a$ での波動関数を $\psi_\mathrm{I}(x)$，$-a<x<a$ での波動関数を $\psi_\mathrm{II}(x)$ とし，

$x = -a$ での波動関数と導関数の接続条件を求めよ．粒子が左方向 ($x = -\infty$) から正の向きに入射する状況を考える．

(2) 波動関数を
$$\psi_{\mathrm{I}}(x) = e^{ikx} + Ae^{-ikx} \quad (x < -a)$$
$$\psi_{\mathrm{II}}(x) = Be^{ikx} + Ce^{-ikx} \quad (-a < x < a)$$
$$\psi_{\mathrm{III}}(x) = De^{ikx} \quad (a < x)$$
としたとき，粒子が $x = +\infty$ に透過する確率（透過率）T を求めよ．

(3) 入射エネルギーがどのような条件をみたせば $T = 1$ となるか．

10.7 解けない方程式

次のポテンシャルについて考えよう．a は正定数である．
$$V(x) = -\frac{\hbar^2 a^2}{m} \operatorname{sech}^2 ax$$

(1) 波数を $k = \frac{\sqrt{2mE}}{\hbar}$ とおくと，次の波動関数
$$\psi_k(x) = \left(\frac{ik - a\tanh ax}{ik + a} \right) e^{ikx}$$
が，$E > 0$ においてシュレディンガー方程式をみたすことを示せ．

(2) (1) の波において，$x \to \pm\infty$ のそれぞれについて漸近形を求めよ．また，これを用いて反射率と透過率を求めよ．

10.8 井戸型ポテンシャル散乱

図のような高さ V_0 の一次元井戸型ポテンシャルの散乱モデルを考えよう．$x = -\infty$ からやってきた波 $\exp(ikx)$ がポテンシャルに散乱され，波動関数が次のようになると仮定する．
$$\psi(x) = \begin{cases} \exp(ikx) + r\exp(-ikx) & (x < -\frac{a}{2}) \\ A\exp(ipx) + B\exp(-ipx) & (-\frac{a}{2} < x < \frac{a}{2}) \\ t\exp(ikx) & (\frac{a}{2} < x) \end{cases}$$

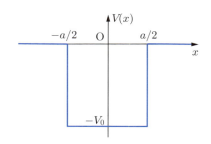

(1) 入射波，反射波，透過波についてのフラックス（確率密度流）を表し，r, t の関係式を与えよ．

(2) $t = |t|e^{i\theta}$ と書くとき，位相 θ が現れる物理的理由を述べよ．

(3) p を $\hbar, m, k, V_0$ を用いて表せ．

(4) t を次のように表すとき，空欄部分を k, p を用いて表せ．

$$t = \frac{e^{-ika}}{\boxed{}\cos pa - i\boxed{}\sin pa}$$

(5) 透過率が 1 になるための条件を求めよ．

── C ──

10.9 グリーン関数を用いた摂動論

1. 座標 x' においてデルタポテンシャル $\delta(x-x')$ がある場合を考えよう．
   (1) このときのシュレディンガー方程式を書き下せ．ただし，波動関数を $G(x,x')$ とし，エネルギーを $\frac{\hbar^2 k^2}{2m}$ とする（この $G(x,x')$ をグリーン関数という）．
   (2) $x \neq x'$ におけるシュレディンガー方程式の一般解 $G(x,x')$ を求めよ．

2. ここで 1. に対し x' から左右対称に平面波が移動するように $G(x,x')$ を取ると，

$$G(x,x') = Ce^{ik|x-x'|}$$

となる．ただし C は定数である．

   (3) 微係数の境界条件

$$\left[\frac{d}{dx}G(x,x')\right]_{x'-0}^{x'+0} = +1$$

   を要求して定数 C を決定せよ．

3. 左方向 $(x = -\infty)$ からの入射波 e^{ikx} がポテンシャル $V(x)$ に散乱されるモデルを考えよう．このとき，シュレディンガー方程式の一般解は次のように書ける．

$$\psi(x) = e^{ikx} + \int_{-\infty}^{\infty} dx'\, \psi(x') G(x,x') V(x')$$

ここで右辺第二項は透過波や反射波の重ね合わせを表している．

   (4) このことを示す．上式右辺について，左から $(\frac{d^2}{dx^2} + k^2)$ を作用させ，(1) の結果を用いることで，シュレディンガー方程式が得られることを示せ．
   (5) 2. で仮定した $G(x,x')$ を用いて $\psi(x)$ を表せ．

10.10 グリーン関数の応用

演習問題 10.9 で求めたグリーン関数を用いて，次のポテンシャルに左方向（$x = -\infty$）から入射波 e^{ikx} が入射した場合の系の波動関数を求め，反射率と透過率を計算せよ．また，それぞれの結果を演習問題 10.2, 10.6 の結果と比較せよ．

(1) $V(x) = S\delta(x), S > 0$ の場合
(2) $V(x) = \frac{\hbar^2 v}{2m}\delta(x+a) + \frac{\hbar^2 v}{2m}\delta(x-a)$ の場合

10.11 散乱行列

図のように一般的なポテンシャルで領域 I, III において $V(x) = 0$ となるようなものを考えよう．領域 I, III では，波動関数は次のように振る舞う．

$$\psi(x) = \begin{cases} Ae^{ikx} + Be^{-ikx} & \text{（領域 I）} \\ Fe^{ikx} + Ge^{-ikx} & \text{（領域 III）} \end{cases}$$

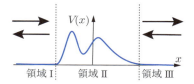

また，領域 II での波動関数が

$$\psi(x) = Cf(x) + Dg(x)$$

となるとして，以下の問いに答えよ．

ただし $f(x)$ と $g(x)$ はシュレディンガー方程式の線形独立な解とする．これらの波の接続から C, D を消去し，適切な定数を用いて

$$B = S_{11}A + S_{12}G, \quad F = S_{21}A + S_{22}G$$

と書く．ここで S_{ij} からなる行列を **S 行列**（**散乱行列**）と呼ぶ．上式は次のように書ける．

$$\begin{pmatrix} B \\ F \end{pmatrix} = \begin{pmatrix} S_{11} & S_{12} \\ S_{21} & S_{22} \end{pmatrix} \begin{pmatrix} A \\ G \end{pmatrix}$$

左方向（$x = -\infty$）から波が入射する場合 $G = 0$ と書け，このときの反射率と透過率は

$$R = \left|\frac{B}{A}\right|^2_{G=0} = |S_{11}|^2, \quad T = \left|\frac{F}{A}\right|^2_{G=0} = |S_{12}|^2$$

となり，右方向（$x = \infty$）から入射した場合は

$$R = \left|\frac{F}{G}\right|^2_{A=0} = |S_{22}|^2, \quad T = \left|\frac{B}{G}\right|^2_{A=0} = |S_{21}|^2$$

となる．

(1) ポテンシャル
$$V(x) = -S\delta(x) \quad (S > 0)$$
に対し，S 行列を構成せよ．

(2) ポテンシャル
$$V(x) = \begin{cases} -V_0 & \left(|x| < \dfrac{a}{2}\right) \\ 0 & \left(\dfrac{a}{2} < |x|\right) \end{cases}$$
に対し，S 行列を構成せよ．

10.12 転送行列

入射波に対する応答を与える**転送行列** M を次で定める．
$$\begin{pmatrix} F \\ G \end{pmatrix} = \begin{pmatrix} M_{11} & M_{12} \\ M_{21} & M_{22} \end{pmatrix} \begin{pmatrix} A \\ B \end{pmatrix}$$

(1) S 行列（散乱行列）の成分を用いて M 行列を表し，逆に M 行列の成分を用いて S 行列の成分を書き下せ．

(2) 図のように孤立した 2 つのポテンシャルからなる散乱を考える場合，それぞれのポテンシャルに対する M 行列の積が，2 つのポテンシャルをあわせたポテンシャルの M 行列に等しいことを示せ．すなわち $M = M_1 M_2$ が成り立つことを示せ．

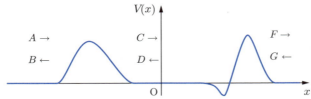

(3) $V(x) = -S\delta(x-a)$ の場合の M 行列を求めよ．
(4) $V(x) = -S\delta(x-a) - S\delta(x+a)$ の場合の M 行列を求めよ．

第11章 行列代数と固有値問題
――ブラケット記法のための **Warming Up!**

Section ❶ 行列とベクトル
Section ❷ 行列と固有値問題

キーポイント
記法に慣れて，固有値問題が解けるようになろう．

　この後自然に量子力学の概念に入っていけるように，書き方を量子力学風にして進めます．内容そのものは簡単なので，記号に慣れる準備だと思って下さい．行列の性質は，これから用いる "演算子" と同等の性質を持っているので，同じ公式が後で使い回せるわけです．

❶ 行列とベクトル

　列ベクトルと行ベクトルを，複素数の成分を用いて次のように書いてみます．

$$|\psi\rangle = \begin{pmatrix} a \\ b \end{pmatrix}, \quad \langle\psi| = \begin{pmatrix} a^* & b^* \end{pmatrix}$$

$|\psi\rangle$ をケットベクトル，$\langle\psi|$ をブラベクトルと呼びます．列ベクトルと行ベクトルの性質上，次のようにベクトルの積で内積や外積（行列）を作ることができます．

$$\langle\psi|\psi\rangle = \begin{pmatrix} a^* & b^* \end{pmatrix} \begin{pmatrix} a \\ b \end{pmatrix} = |a|^2 + |b|^2$$

$$|\psi\rangle\langle\psi| = \begin{pmatrix} a \\ b \end{pmatrix} \begin{pmatrix} a^* & b^* \end{pmatrix} = \begin{pmatrix} |a|^2 & ab^* \\ ba^* & |b|^2 \end{pmatrix}$$

ベクトルの成分が複素数なので，列ベクトルから行ベクトルに転置するときに，同時に複素共役を取っていることに注意して下さい（そうしないとノルムが正にならない！）．

　転置行列の複素共役を取ったものを**エルミート共役**と呼び，ダガー（†）をつけて表します．例えば行列 $A = \begin{pmatrix} a & b \\ c & d \end{pmatrix}$ のエルミート共役は $A^\dagger = \begin{pmatrix} a^* & c^* \\ b^* & d^* \end{pmatrix}$ と書き，またベクトル $|\varphi\rangle$ のエルミート共役は，次のように書きます．

$$|\varphi\rangle^\dagger = \langle\varphi|$$

❷ 行列と固有値問題

行列の対角化に挑戦してみましょう．行列を**対角化**することを「**固有値問題を解く**」といいます．固有値問題を解くには，まず固有値を求め，次にその固有値に対応する固有ベクトルを求めます．行列 A の固有方程式は次のように書けます．

$$A|\psi\rangle = \lambda|\psi\rangle$$

ここで λ を**固有値**，$|\psi\rangle$ を**固有ベクトル**といいます．固有ベクトルは必ずゼロベクトルにはなりません（ゼロベクトルになったら固有方程式の意味がない）．また，以下では利便性のため規格化条件 $\langle\psi|\psi\rangle = 1$（固有ベクトルの大きさが1）を要求することにします．

行列に特化して固有値問題を解いてみましょう．単位行列を I として，固有方程式は

$$(A - \lambda I)|\psi\rangle = 0$$

と書け，$\det(A - \lambda I) = 0$ が成り立つ♠ことから λ を決定します．次に具体的な λ の値が決まると，これに応じて $|\psi\rangle$ を決めることができます．

例えば，$A = \begin{pmatrix} 0 & 1 \\ 1 & 0 \end{pmatrix}$ について考えてみましょう．固有ベクトルを $|\psi\rangle = \begin{pmatrix} x \\ y \end{pmatrix}$ とおきます．$\det(A - \lambda I) = 0$ より，固有値を λ とおくと次が成り立ちます．

$$\det(A - \lambda I) = \det\begin{pmatrix} -\lambda & 1 \\ 1 & -\lambda \end{pmatrix} = \lambda^2 - 1 = 0$$

これより，$\lambda = 1, -1$ の2通りの固有値があることがわかります．そこで $\lambda_1 = 1, \lambda_2 = -1$ とおきます．固有ベクトルは固有値に応じて異なります．そこで，まず固有値 $\lambda_1 = 1$ に対応する固有ベクトルを規格化して求めます．固有方程式は次で書けます．

$$(A - \lambda_1 I)|\psi_1\rangle = \begin{pmatrix} -1 & 1 \\ 1 & -1 \end{pmatrix} \begin{pmatrix} x \\ y \end{pmatrix} = \begin{pmatrix} -x+y \\ x-y \end{pmatrix} = \begin{pmatrix} 0 \\ 0 \end{pmatrix}$$

$x = y$ となり，ここで，規格化条件より

$$\langle\psi_1|\psi_1\rangle = \begin{pmatrix} x^* & y^* \end{pmatrix} \begin{pmatrix} x \\ y \end{pmatrix} = |x|^2 + |y|^2 = 2|x|^2 = 1$$

から，x の符号を正に取ると $x = \frac{1}{\sqrt{2}}$ となり，固有ベクトルも

$$|\psi_1\rangle = \frac{1}{\sqrt{2}} \begin{pmatrix} 1 \\ 1 \end{pmatrix}$$

として得られます．$\lambda_2 = -1$ については，次の基本問題 11.1 でやってみましょう．

♠もし "$\det(A - \lambda I) \neq 0 \iff A - \lambda I$ が逆行列を持つ" が成り立つとしたら，両辺に $(A - \lambda I)^{-1}$ を掛けて $|\psi\rangle = 0$ と書くことができ，矛盾してしまいます．

基本問題 11.1　　　　　　　　　　　　　　　　　　　　　　　　　　　重要

行列 $A = \begin{pmatrix} 0 & 1 \\ 1 & 0 \end{pmatrix}$ について，固有値 -1 に対応する固有ベクトルを規格化して求めよ．

方針　固有ベクトルを適当において，固有方程式に当てはめます．規格化条件 $\langle \psi | \psi \rangle = 1$ に注意．

【答案】　固有値 -1 に対応する固有ベクトルを

$$|\psi_2\rangle = \begin{pmatrix} x \\ y \end{pmatrix}$$

とおくと，固有方程式より

$$\begin{pmatrix} 1 & 1 \\ 1 & 1 \end{pmatrix} \begin{pmatrix} x \\ y \end{pmatrix} = \begin{pmatrix} 0 \\ 0 \end{pmatrix}$$

が成り立ち，これより $x = -y$ が得られる．これより，規格化条件から

$$\langle \psi_2 | \psi_2 \rangle = \begin{pmatrix} x^* & y^* \end{pmatrix} \begin{pmatrix} x \\ y \end{pmatrix}$$
$$= |x|^2 + |y|^2$$
$$= 2|x|^2 = 1$$

と書け，x を正に取ると

$$x = \frac{1}{\sqrt{2}}$$

となり，これより固有ベクトルが

$$|\psi_2\rangle = \frac{1}{\sqrt{2}} \begin{pmatrix} 1 \\ -1 \end{pmatrix}$$

として求められる．■

さて，ここで「行列のエルミート性」について扱っておきましょう．

行列 A とそのエルミート共役 $A^\dagger$ について，$A = A^\dagger$ が成り立っているとき，A はエルミートであるといいます．例えば行列 $A = \begin{pmatrix} 0 & 1 \\ 1 & 0 \end{pmatrix}$ はエルミートです．物理量に対応する演算子，行列は固有値（つまり物理量）が実数であることからエルミートであることが要求されます．

与えられた行列がエルミートであるか判定し，固有値問題を解く練習をしておきましょう．

基本問題 11.2

行列 $A = \begin{pmatrix} 0 & -i \\ i & 0 \end{pmatrix}$ について考えよう.

(1) この行列はエルミートか.
(2) この行列の固有値を求めよ.
(3) この行列の固有ベクトルを規格化して求めよ.
(4) 異なる固有値に対応する固有ベクトルは，全て内積が 0 になることを示せ.
(5) この行列を対角化するユニタリ行列 U を求めよ.

方針 ユニタリ行列は固有ベクトルを並べて行列を作るだけで求められます．

【答案】 (1) この行列のエルミート共役を取ると次のようになって，確かにこれはエルミート．

$$A^\dagger = \begin{pmatrix} 0 & -i \\ i & 0 \end{pmatrix} \overset{転置}{=} \begin{pmatrix} 0 & i \\ -i & 0 \end{pmatrix} \overset{複素共役}{=} \begin{pmatrix} 0 & -i \\ i & 0 \end{pmatrix} = A$$

(2) 行列の固有値を λ とおき，固有ベクトルを $|\psi\rangle$ とおく．固有方程式より，

$$\det(A - \lambda I) = \det \begin{pmatrix} -\lambda & -i \\ i & -\lambda \end{pmatrix} = \lambda^2 - 1 = 0$$

として，固有値は $\lambda_1 = 1, \lambda_2 = -1$ と求められる．

(3) まず $\lambda_1 = 1$ に対応する固有ベクトル $|\psi_1\rangle$ を求める．$|\psi_1\rangle = \begin{pmatrix} x \\ y \end{pmatrix}$ とおくと，固有方程式より

$$(A - \lambda_1 I)|\psi_1\rangle = \begin{pmatrix} -1 & -i \\ i & -1 \end{pmatrix} \begin{pmatrix} x \\ y \end{pmatrix} = \begin{pmatrix} -x - iy \\ ix - y \end{pmatrix} = \begin{pmatrix} 0 \\ 0 \end{pmatrix}$$

となって，$y = ix$ を得る．規格化条件より $\langle \psi_1 | \psi_1 \rangle = |x|^2 + |y|^2 = 2|x|^2 = 1$ となり，x を正とすれば $x = \dfrac{1}{\sqrt{2}}$ となり，固有ベクトル $|\psi_1\rangle = \dfrac{1}{\sqrt{2}} \begin{pmatrix} 1 \\ i \end{pmatrix}$ が得られる．

次に $\lambda_2 = -1$ に対応する固有ベクトル $|\psi_2\rangle$ を求める．上記と同様にして固有方程式より $(A - \lambda_2 I)|\psi_1\rangle = \begin{pmatrix} 1 & -i \\ i & 1 \end{pmatrix} \begin{pmatrix} x \\ y \end{pmatrix} = \begin{pmatrix} x - iy \\ ix + y \end{pmatrix} = \begin{pmatrix} 0 \\ 0 \end{pmatrix}$ から規格化して $|\psi_2\rangle = \dfrac{1}{\sqrt{2}} \begin{pmatrix} 1 \\ -i \end{pmatrix}$ を得る．

(4) $\langle \psi_1 | \psi_2 \rangle = \dfrac{1}{2} \begin{pmatrix} 1 & -i \end{pmatrix} \begin{pmatrix} 1 \\ -i \end{pmatrix} = 0$ となり所望の結果を得る（ベクトルの直交性）．

(5) 2 つのベクトルを並べてユニタリ行列

$$U = \frac{1}{\sqrt{2}} \begin{pmatrix} 1 & 1 \\ i & -i \end{pmatrix}$$

を得る．■

基本問題 11.3

エルミート行列 A とその固有方程式 $A|n\rangle = \lambda_n |n\rangle$ について考えよう．
(1) λ_n は実数であることを示せ．
(2) $n \neq m$ なら $\langle n|m\rangle = 0$ となることを示せ．
(3) 任意のベクトル $|f\rangle$ が $|f\rangle = \sum_n c_n |n\rangle$ のように一意に展開できるとする．規格化された固有ベクトル $|n\rangle$ について，次の性質が成り立つことを示せ．
$$\sum_n |n\rangle\langle n| = I \quad \text{(単位行列)}$$

方針 エルミート行列の性質の中でも，特に重要なものです．内積で考えていきましょう．これまで $|\psi_n\rangle$ と書いてきましたが，以下では $|n\rangle$ と記述します．n は自然数です．

【答案】 (1) 固有方程式の左から $\langle n|$ を掛けて（内積を取って）
$$\langle n|A|n\rangle = \lambda_n \langle n|n\rangle = \lambda_n$$
と書ける．ただし $|n\rangle$ は規格化したベクトルである．また，A はエルミートなので
$$(A|n\rangle)^\dagger = \langle n|A^\dagger = \langle n|A$$
であり，固有方程式のエルミート共役 $\langle n|A = \lambda_n^* \langle n|$ の右から $|n\rangle$ を掛けて（内積させて）
$$\langle n|A|n\rangle = \lambda_n^* \langle n|n\rangle = \lambda_n^*$$
を得る．これらから，$\lambda_n^* = \lambda_n$ がいえ，λ_n は実数であることがわかる♣．

(2) 固有方程式の左から $\langle m|$ を掛けて（内積を取って）
$$\langle m|A|n\rangle = \lambda_n \langle m|n\rangle$$
となり，今度は固有方程式のエルミート共役 $\langle m|A = \lambda_m \langle m|$ の右から $|n\rangle$ を掛けて
$$\langle m|A|n\rangle = \lambda_m \langle m|n\rangle$$
を得る．これより
$$(\lambda_n - \lambda_m)\langle m|n\rangle = 0$$
となり，$\lambda_n \neq \lambda_m$ より所望の式を得る．規格化された固有ベクトルについて，$\langle n|m\rangle = \delta_{nm}$ が成り立つことがわかる．

(3) (2) の結果を用いて，
$$\sum_n |n\rangle\langle n|f\rangle = \sum_n \sum_m |n\rangle c_m \delta_{nm} = |f\rangle$$
と書けるので，形式的に $\sum_n |n\rangle\langle n| = I$ が成り立つことがわかる．■

♣複素数 $\lambda_n = a + bi$ (a,b は実数) を仮定するとすぐに $b = 0$ とわかります．

演習問題 A

11.1 [重要] 行列の積のエルミート共役

A, B, C をエルミート行列とする．次が成り立つことを示せ．

(1) $(AB)^\dagger = B^\dagger A^\dagger$

(2) $(ABC)^\dagger = C^\dagger B^\dagger A^\dagger$

11.2 積の交換関係

行列の交換関係を
$$[A, B] = AB - BA$$
で定義する．次が成り立つことを示せ．

(1) $[AB, C] = A[B, C] + [A, C]B$

(2) $[A, BC] = B[A, C] + [A, B]C$

11.3 3×3 行列の対角化

次の行列について考えよう．

$$A = \begin{pmatrix} 1 & i & 0 \\ -i & 0 & -i \\ 0 & i & 1 \end{pmatrix}$$

(1) この行列の固有値を全て求めよ．

(2) (1) で求めた固有値に対応する固有ベクトルを全て求めよ．

(3) この行列を対角化するユニタリ行列を求めよ．

第12章 ブラケット記法
──使いこなせると便利な記法

Contents

Section ❶ 行列から演算子へ
Section ❷ フーリエ変換と運動量表示
Section ❸ 時間に依存する状態の構成

キーポイント

完全性と規格直交性を表す記法をマスターしよう．

重要なのは，次ページで紹介する 6 つの式（3 つの外積 = 完全性と 3 つの内積 = 規格直交性）です．ブラケット記法を用いると，積分記号の煩雑さから解放されます．

❶ 行列から演算子へ

定常状態の一次元束縛問題では，シュレディンガー方程式が次で与えられるのでした（第 4 章）．

$$-\frac{\hbar^2}{2m}\frac{d^2}{dx^2}\psi_n(x) + V(x)\psi_n(x) = E_n\psi_n(x)$$

固有関数 $\psi_n(x)$ は，量子数 n と座標変数 x を持ちます．ところで，エネルギー固有値 E_n を決めるのは量子数だけで，座標変数は関係しないことに注目してみましょう．そこで，いっそのこと座標変数は考えないことにして，ハミルトニアンを用いて次のように書き換えてみましょう．

$$\widehat{H}|\psi_n\rangle = E_n|\psi_n\rangle$$

$|\psi_n\rangle$ は，固有関数 $\psi_n(x)$ から座標変数を取り除いた（取り払った）もので，**固有状態**（固有ベクトル）と呼ばれます．特に $|\ \rangle$ で記したものを**ケットベクトル**と呼び，$|\psi\rangle$ のエルミート共役を $\langle\psi|$ で表します．$\langle\ |$ で記したものを**ブラベクトル**と呼びます．ケットベクトルとブラベクトルは互いにエルミート共役の関係なのです．

これに座標変数をつけてやることで，もとの固有関数に戻してやることができます．

$$\psi_n(x) = \langle x|\psi_n\rangle$$

固有関数を復元するために用いた $\langle x|$ をブラベクトルと呼ぶわけです．

さて，以下では $|\psi_n\rangle$ を $|n\rangle$ とも書くことにしましょう．記号がどんどん簡略化されてきたことがわかりますね．座標変数は必要なときだけ後ろ（左）からつけてやることにして，以下では $|n\rangle$ を用いて議論していきましょう．

第 12 章 ブラケット記法

前章で議論した行列代数と全く同じ性質が，演算子代数でも成り立ちます．定義も全く同様であり，例えばケットベクトル $|n\rangle$ のエルミート共役はブラベクトル $\langle n|$ で表され，エルミート演算子も $\widehat{A} = \widehat{A}^\dagger$ をみたすように定義されます．

ただし行列代数と異なり，連続ラベルのケットベクトル $|x\rangle, |p\rangle$ についても議論しておく必要があります♣．ブラケット記法での重要な性質を，あらかた列挙すると次のようになります．

$$\int dx\, |x\rangle\langle x| = 1 \quad \text{（完全性）}$$

$$\int dp\, |p\rangle\langle p| = 1 \quad \text{（完全性）}$$

$$\sum_n |n\rangle\langle n| = 1 \quad \text{（完全性）}$$

$$\langle n|m\rangle = \delta_{nm} \quad \text{（規格直交性）}$$

$$\langle x|x'\rangle = \delta(x - x') \quad \text{（規格直交性）}$$

$$\langle p|p'\rangle = \delta(p - p') \quad \text{（規格直交性）}$$

これらの性質は第 7 章で取り扱った固有関数の性質と全く同値であり，第 7 章で明らかになった性質から導くこともできるし，逆に，上の性質から第 7 章で与えた固有関数の性質を導くこともできます．

例えば固有関数の規格直交条件

$$\int_{-\infty}^{\infty} \psi_n^*(x) \psi_m(x) dx = \delta_{nm}$$

は，ブラケットを用いて $\psi_n(x) = \langle x|n\rangle$ および $\psi_n^*(x) = \langle n|x\rangle$ に気をつけて

$$\delta_{nm} = \langle n|m\rangle$$
$$= \langle n| \int dx\, |x\rangle\langle x|m\rangle \quad \left(\int dx\, |x\rangle\langle x| = 1 \text{ を用いた}\right)$$
$$= \int dx\, \langle n|x\rangle\langle x|m\rangle$$
$$= \int \psi_n^*(x) \psi_m(x) dx$$

のように復元できることがわかりますね．

♣ これらはそれぞれ $\widehat{x}, \widehat{p}$ の固有ベクトルであり，固有方程式 $\widehat{x}|x\rangle = x|x\rangle, \widehat{p}|p\rangle = p|p\rangle$ をみたすケットベクトルです．

❷ フーリエ変換と運動量表示

　第 7 章ではハミルトニアンの固有関数を座標表示と運動量表示のどちらでも表すことができ，両者はフーリエ変換で結ばれていました．ブラケットではもっと簡単になり，$|n\rangle$ の左から $\langle x|$ を掛ければ座標表示，$\langle p|$ を掛ければ運動量表示の固有関数を得ることができます．上で定義したブラケットの性質から，例えば両者の変換は

$$\langle p|n\rangle = \langle p|\int dx\, |x\rangle\langle x|n\rangle = \int dx\, \langle p|x\rangle\langle x|n\rangle$$

と書くことができます．

　本来 $\widehat{x}$ と $\widehat{p}$ の間には，正準交換関係 $[\widehat{x},\widehat{p}] = i\hbar$ が働いており，第 7 章ではこれを破って x 主体の表記を用いていますが，ブラケット記法ではこれを破らないで（壊さないで）議論することができるわけです．

❸ 時間に依存する状態の構成

　時間に依存する波動関数は次のように表されるのでした（第 7 章）．

$$\psi(x,t) = \sum_n a_n e^{-\frac{iE_n t}{\hbar}} \psi_n(x)$$

ここでも左辺の波動関数から座標変数を分離させてしまいましょう．

$$\psi(x,t) = \langle x|\psi(t)\rangle$$

と書くことで非定常状態ベクトル $|\psi(t)\rangle$ を構成することができます．

$$|\psi(t)\rangle = \sum_n a_n e^{-\frac{iE_n t}{\hbar}} |n\rangle$$

ここで初期状態ベクトルと非定常状態ベクトルの関係が

$$|\psi(t)\rangle = e^{-\frac{it\widehat{H}}{\hbar}} |\psi(0)\rangle$$

で与えられることに注意しましょう．

基本問題 12.1 【重要】

ハミルトニアンはエルミート演算子である．この固有方程式が $\widehat{H}|n\rangle = E_n|n\rangle$ のように与えられており，$\langle n|n\rangle = 1$ が成り立っているとする．以下の問いに答えよ．

(1) ハミルトニアンのエルミート性から，E_n が実数であることを示せ．
(2) $E_m \neq E_n$ ならば $\langle n|m\rangle = 0$ が成り立つことを示せ．
(3) 規格化された任意のベクトル $|f\rangle$ が $|n\rangle$ について次のように一意に展開できるとする．ここでは $|n\rangle c_n = c_n|n\rangle$ が成り立つことに注意せよ．

$$|f\rangle = \sum_n |n\rangle c_n$$

このとき，展開係数 c_n を求め，次が成り立つことを示せ．$\widehat{1}$ は恒等演算子である．

$$\sum_n |n\rangle\langle n| = \widehat{1}$$

方針 基本問題 11.3 と同じ内容です．

【答案】 (1) ハミルトニアンの固有方程式 $\widehat{H}|n\rangle = E_n|n\rangle$ の左から $\langle n|$ を掛けて $\langle n|\widehat{H}|n\rangle = E_n$ を得る．また，固有方程式の両辺のエルミート共役を取ると $\langle n|\widehat{H}^\dagger = \langle n|E_n^*$ と書け，ハミルトニアンのエルミート性 $\widehat{H}^\dagger = \widehat{H}$ に注意して，右から $|n\rangle$ を掛けると

$$\langle n|\widehat{H}|n\rangle = E_n^*$$

を得る．これより $E_n = E_n^*$ となり，E_n が実数であることがわかる．

(2) まず固有方程式 $\widehat{H}|n\rangle = E_n|n\rangle$ の左から $\langle m|$ を掛けて $\langle m|\widehat{H}|n\rangle = E_n\langle m|n\rangle$ を得る．一方で，固有方程式のエルミート共役 $\langle m|\widehat{H} = \langle m|E_m$（ただし，ハミルトニアンがエルミートであることと，E_m が実数であることを用いた）の右から $|n\rangle$ を掛けて $\langle m|\widehat{H}|n\rangle = E_m\langle m|n\rangle$ を得る．よって，

$$(E_n - E_m)\langle m|n\rangle = 0$$

がいえ，$E_n \neq E_m$ ならば $\langle m|n\rangle = 0$（あるいは $\langle n|m\rangle = 0$）が成り立つことが確かめられる．

(3) $|f\rangle = \sum_n |n\rangle c_n$ から展開係数 c_n を求める．

$$\langle n|f\rangle = \langle n|\sum_m |m\rangle c_m = \sum_m \langle n|m\rangle c_m = \sum_m \delta_{nm} c_m = c_n$$

より $c_n = \langle n|f\rangle$ を得る．これより

$$|f\rangle = \sum_n |n\rangle c_n = \sum_n |n\rangle\langle n|f\rangle$$

が成り立ち，$\sum_n |n\rangle\langle n| = \widehat{1}$ が成り立つことが確かめられた．■

演習問題

A

12.1 運動量演算子の解析的表現
一次元座標変数表示では,正準交換関係を仮定して演算子 $\widehat{p}$ が,
$$\widehat{p} = -i\hbar \frac{d}{dx}$$
と表されることを示せ.

B

12.2 フーリエ変換のブラケット表示
(1) 次が成り立つことを示せ.
$$\langle x | p \rangle = \frac{1}{\sqrt{2\pi\hbar}} e^{\frac{ipx}{\hbar}}$$
(2) (1) より固有関数のフーリエ変換が次のように書けることを示せ.
$$\widetilde{\psi}_n(p) = \frac{1}{\sqrt{2\pi\hbar}} \int_{-\infty}^{\infty} \psi_n(x) e^{-\frac{ipx}{\hbar}} \, dx$$

12.3 グリーン関数
グリーン関数 $G(x', t'; x, t)$ を次のように定義する.
$$G(x', t'; x, t) = \langle x' | \exp\left\{ -\frac{i(t-t')\widehat{H}}{\hbar} \right\} | x \rangle$$
一次元自由粒子についてグリーン関数を計算せよ.

12.4 トーマス-ライヒェ-クーンの総和則
一次元ハミルトニアン
$$\widehat{H} = \frac{\widehat{p}^2}{2m} + V(x)$$
が与えられた,束縛された一粒子系について考える.
(1) 交換関係 $[[\widehat{H}, \widehat{x}], \widehat{x}]$ を計算せよ.
(2)
$$\sum_{n'} |\langle n' | \widehat{x} | n \rangle|^2 (E_{n'} - E_n) = \frac{\hbar^2}{2m}$$
が成り立つことを示せ.

12.5 ビリアル定理

任意の固有状態 $|\psi_n\rangle$ に対する平均を $\langle\cdots\rangle$ で表す.

(1) 次が成り立つことを示せ.
$$[\widehat{x}\widehat{p}, \widehat{H}] = 2i\hbar\frac{\widehat{p}^2}{2m} - i\hbar xV'(x)$$

(2) 次のビリアル定理が成り立つことを示せ.
$$\left\langle \frac{\widehat{p}^2}{2m} \right\rangle = \frac{1}{2}\langle xV'(x)\rangle$$

(3) 次のそれぞれのポテンシャルに対しビリアル定理を適用し, 運動エネルギーの期待値 $\langle\frac{\widehat{p}^2}{2m}\rangle$ を表す式を求めよ.

(a) 調和振動子ポテンシャル
$$V(x) = \frac{1}{2}m\omega^2 x^2$$

(b) 基底状態の平均値に対するクーロンポテンシャル
$$V(r) = -\frac{e^2}{r}$$

(c) デルタポテンシャル
$$V(x) = -V_0\delta(x)$$

12.6 時間付きビリアル定理

シュレディンガー方程式が
$$i\hbar\frac{\partial}{\partial t}\psi = \left(-\frac{\hbar^2}{2m}\nabla^2 + V(\boldsymbol{r})\right)\psi$$

で与えられる場合,
$$\overline{\left\langle \frac{1}{2m}\widehat{p}^2 \right\rangle} = \frac{1}{2}\overline{\langle \boldsymbol{r}\cdot\nabla V(\boldsymbol{r})\rangle}$$

が成り立つことを, 次の手順に従って示せ.

ただし $\langle\boldsymbol{r}\rangle$, $\langle\boldsymbol{p}\rangle$ および $\langle\boldsymbol{r}\cdot\boldsymbol{p}\rangle$ は時間について周期的に変化しているとし, $\overline{\langle\cdots\rangle}$ は時間的な平均を表している.

(1) 交換関係 $[\widehat{x}_i\widehat{p}_i, \widehat{H}]$ を計算せよ.

(2) 十分大きな時間に対して $\overline{\frac{d}{dt}\langle\boldsymbol{r}\cdot\boldsymbol{p}\rangle} = 0$ を示せ.

(3) ビリアル定理を示せ.

第13章 調和振動子と生成・消滅演算子
――生成・消滅演算子を用いた代数的アプローチ

> Contents
> Section ❶ 調和振動子のハミルトニアンを対角化するシナリオ
> Section ❷ 固有ケットと数演算子の対角化

キーポイント
生成・消滅演算子を用いて数演算子を対角化せよ！

　ここでは第 6 章のようにシュレディンガー方程式を微分方程式として解く開放的アプローチではなく，生成・消滅演算子の交換関係を用いる代数的アプローチによってエネルギー固有値を求めます．トリッキーな方法ですが，こちらの方がやり方としては簡単です．

❶ 調和振動子のハミルトニアンを対角化するシナリオ

調和振動子ポテンシャルに束縛された粒子のハミルトニアン

$$\widehat{H} = -\frac{\hbar^2}{2m}\frac{d^2}{dx^2} + \frac{1}{2}m\omega^2 x^2$$

を対角化します♣．まず，ハミルトニアンをうまく"因数分解"し，おつりの項を加えることで，次のように書き換えることができます．

$$\widehat{H} = \hbar\omega\left(\widehat{a}^\dagger \widehat{a} + \frac{1}{2}\right)$$

このような演算子 $\widehat{a}^\dagger, \widehat{a}$ をそれぞれ**生成演算子**，**消滅演算子**と呼び，次のように書きます．

$$\widehat{a}^\dagger = \sqrt{\frac{m\omega}{2\hbar}}\left(\widehat{x} - \frac{i\widehat{p}}{m\omega}\right)$$

$$\widehat{a} = \sqrt{\frac{m\omega}{2\hbar}}\left(\widehat{x} + \frac{i\widehat{p}}{m\omega}\right)$$

特にこれらの積 $\widehat{a}^\dagger \widehat{a}$ を**数演算子**と呼び，以下では $\widehat{n}$ と記述します．ハミルトニアンの対角化は結局，数演算子の対角化に帰着されるわけです．数演算子の固有方程式

$$\widehat{n}|n\rangle = n|n\rangle$$

を解くためには，生成・消滅演算子を用いたトリックが必要になってくるのですが，まずは**生成・消滅演算子の性質**について調べておく必要があります．次の基本問題を通して眺めてみましょう．

♣演算子の固有値を求めることを"対角化"といいます．

基本問題 13.1 【重要】

生成・消滅演算子を次のように定める．以下の問いに答えよ．

$$\widehat{a}^\dagger = \sqrt{\frac{m\omega}{2\hbar}}\left(\widehat{x} - \frac{i\widehat{p}}{m\omega}\right), \quad \widehat{a} = \sqrt{\frac{m\omega}{2\hbar}}\left(\widehat{x} + \frac{i\widehat{p}}{m\omega}\right)$$

(1) $\widehat{a}^\dagger$ が $\widehat{a}$ のエルミート共役であることを確かめよ．
(2) 数演算子 $\widehat{n} = \widehat{a}^\dagger \widehat{a}$ はエルミートか．
(3) 一次元調和振動子のハミルトニアンが $\widehat{H} = \hbar\omega\left(\widehat{a}^\dagger\widehat{a} + \frac{1}{2}\right)$ と書けることを示せ．

方針 正準交換関係 $[\widehat{x}, \widehat{p}] = i\hbar$ に注意して計算を進めましょう．

【答案】 (1) $\widehat{x}, \widehat{p}$ がともにエルミート演算子なので，

$$\sqrt{\frac{m\omega}{2\hbar}}\left(\widehat{x} + \frac{i\widehat{p}}{m\omega}\right)^\dagger = \sqrt{\frac{m\omega}{2\hbar}}\left(\widehat{x}^\dagger + \frac{(i\widehat{p})^\dagger}{m\omega}\right)$$

$$= \sqrt{\frac{m\omega}{2\hbar}}\left(\widehat{x} + \frac{-i\widehat{p}}{m\omega}\right)$$

となって，$\widehat{a}^\dagger$ は $\widehat{a}$ のエルミート共役であることが確かめられた．

(2) エルミート演算子の性質 $(\widehat{A}\widehat{B})^\dagger = \widehat{B}^\dagger\widehat{A}^\dagger$ および $(\widehat{A}^\dagger)^\dagger = \widehat{A}$ を用いて，

$$(\widehat{a}^\dagger\widehat{a})^\dagger = (\widehat{a})^\dagger(\widehat{a}^\dagger)^\dagger = \widehat{a}^\dagger\widehat{a}$$

と書けるので，確かにこれはエルミート．

(3) 生成・消滅演算子の定義から，正準交換関係を用いて次のように計算できる．

$$\widehat{H} = \hbar\omega\left(\widehat{a}^\dagger\widehat{a} + \frac{1}{2}\right)$$

$$= \hbar\omega\left\{\sqrt{\frac{m\omega}{2\hbar}}\left(\widehat{x} - \frac{i\widehat{p}}{m\omega}\right)\right\}\left\{\sqrt{\frac{m\omega}{2\hbar}}\left(\widehat{x} + \frac{i\widehat{p}}{m\omega}\right)\right\} + \frac{\hbar\omega}{2}$$

$$= \hbar\omega\frac{m\omega}{2\hbar}\left(\widehat{x}\widehat{x} + \widehat{x}\frac{i\widehat{p}}{m\omega} - \frac{i\widehat{p}}{m\omega}\widehat{x} + \frac{\widehat{p}\widehat{p}}{m^2\omega^2}\right) + \frac{\hbar\omega}{2}$$

$$= \frac{m\omega^2}{2}\left(\widehat{x}^2 + \frac{i}{m\omega}[\widehat{x},\widehat{p}] + \frac{\widehat{p}^2}{m^2\omega^2}\right) + \frac{\hbar\omega}{2}$$

$$= \frac{m\omega^2}{2}\widehat{x}^2 + \frac{1}{2}i(i\hbar)\omega + \frac{\widehat{p}^2}{2m} + \frac{\hbar\omega}{2}$$

$$= \frac{\widehat{p}^2}{2m} + \frac{1}{2}m\omega^2\widehat{x}^2$$

$$= -\frac{\hbar^2}{2m}\frac{d^2}{dx^2} + \frac{1}{2}m\omega^2 x^2$$

これは一次元調和振動子ポテンシャルに束縛された粒子のハミルトニアンに確かに一致している．■

基本問題 13.2 【重要】

一次元調和振動子のハミルトニアンを構成する生成・消滅演算子 $\hat{a}^\dagger, \hat{a}$ について考えよう.

(1) 生成・消滅演算子が次の交換関係をみたすことを示せ.
$$[\hat{a}, \hat{a}^\dagger] = 1$$

(2) 次の交換関係が成り立つことを示せ.
$$[\hat{a}^\dagger \hat{a}, \hat{a}] = -\hat{a}$$
$$[\hat{a}^\dagger \hat{a}, \hat{a}^\dagger] = \hat{a}^\dagger$$

方針 (1) では正準交換関係 $[\hat{x}, \hat{p}] = i\hbar$ に注意して進めましょう. (2) では (1) の結果を使います.

【答案】 (1)
$$A = \sqrt{\frac{m\omega}{2\hbar}}, \quad B = \frac{1}{\sqrt{2m\hbar\omega}}$$

とおくと, 消滅演算子は
$$\hat{a} = A\hat{x} + iB\hat{p}$$

と書くことができる. これを用いて,
$$[\hat{a}, \hat{a}^\dagger] = [A\hat{x} + iB\hat{p}, A\hat{x} - iB\hat{p}]$$
$$= A^2[\hat{x}, \hat{x}] - ABi[\hat{x}, \hat{p}] + iBA[\hat{p}, \hat{x}] + B^2[\hat{p}, \hat{p}]$$
$$= -2iAB[\hat{x}, \hat{p}] = 2\hbar AB = 1$$

と書くことができ, 所望の式が得られた.

(2) (1) の結果と, 演算子の性質
$$[\hat{A}\hat{B}, \hat{C}] = \hat{A}[\hat{B}, \hat{C}] + [\hat{A}, \hat{C}]\hat{B}$$

を用いて,
$$[\hat{a}^\dagger \hat{a}, \hat{a}] = \hat{a}^\dagger [\hat{a}, \hat{a}] + [\hat{a}^\dagger, \hat{a}]\hat{a} = -[\hat{a}, \hat{a}^\dagger]\hat{a} = -\hat{a}$$

となり OK.

また, もう一方の式も,
$$[\hat{a}^\dagger \hat{a}, \hat{a}^\dagger] = \hat{a}^\dagger [\hat{a}, \hat{a}^\dagger] + [\hat{a}^\dagger, \hat{a}^\dagger]\hat{a} = \hat{a}^\dagger [\hat{a}, \hat{a}^\dagger] = \hat{a}^\dagger$$

となり OK. ■

ポイント 数演算子の対角化には, この基本問題 13.2 の性質をフルに使っていくことになります.

❷ 固有ケットと数演算子の対角化

本章の目標は数演算子の固有方程式

$$\hat{n}|n\rangle = n|n\rangle$$

を解いて，固有値 n と **固有ケット** $|n\rangle$ を明らかにすることです．そのためには，最終的に固有ケットの漸化式を作ることになるのですが，まずは数演算子の性質を使って，次のような式変形を試みてみましょう．

$$\begin{aligned}
\hat{n}\hat{a}|n\rangle &= \hat{a}^\dagger \hat{a}\hat{a}|n\rangle = ([\hat{a}^\dagger, \hat{a}] + \hat{a}\hat{a}^\dagger)\hat{a}|n\rangle \\
&= (-\hat{a} + \hat{a}\hat{a}^\dagger \hat{a})|n\rangle = (-\hat{a} + \hat{a}\hat{n})|n\rangle \\
&= (-\hat{a} + \hat{a}n)|n\rangle = (n-1)\hat{a}|n\rangle
\end{aligned}$$

数演算子の固有方程式から定数 c を用いて $\hat{a}|n\rangle = c|n-1\rangle$ と書けることがわかります♠．同様に $\hat{a}^\dagger|n\rangle = c'|n+1\rangle$（ただし c' は定数）と書けることも確かめられ，これらの漸化式を用いて固有ケット $|n\rangle$ を求めていくことができます．さらに，結果的に n が非負整数を取ることもわかります．これによって固有値 n も得られ，目標は達成されます．

ここまでの流れを次の基本問題で手を動かして確かめてみましょう．

基本問題 13.3 【重要】

一次元調和振動子のハミルトニアンを構成する生成・消滅演算子 $\hat{a}^\dagger, \hat{a}$ について考えよう．
(1) 規格化条件を用いて $\hat{a}|n\rangle = \sqrt{n}|n-1\rangle$ が成り立つことを示せ．
(2) 規格化条件を用いて $\hat{a}^\dagger|n\rangle = \sqrt{n+1}|n+1\rangle$ が成り立つことを示せ．
(3) $n = 0, 1, 2, \cdots$ であることを示せ．
(4) 調和振動子ハミルトニアンの固有値を求めよ．

方針 (1), (2) では規格化条件 $\langle n|n\rangle = \langle n-1|n-1\rangle = 1$ を用います．(4) では $E_n = \langle n|\hat{H}|n\rangle$ からエネルギー固有値 E_n を求めます．

【答案】 (1) $\hat{a}|n\rangle$ に対して $\hat{n}$ を作用させてやると，

$$\begin{aligned}
\hat{n}\hat{a}|n\rangle &= \hat{a}^\dagger \hat{a}\hat{a}|n\rangle = ([\hat{a}^\dagger, \hat{a}] + \hat{a}\hat{a}^\dagger)\hat{a}|n\rangle \\
&= (-\hat{a} + \hat{a}\hat{a}^\dagger \hat{a})|n\rangle = (-\hat{a} + \hat{a}\hat{n})|n\rangle \\
&= (-\hat{a} + \hat{a}n)|n\rangle = (n-1)\hat{a}|n\rangle
\end{aligned}$$

となって数演算子の固有方程式から定数 c を用いて $\hat{a}|n\rangle = c|n-1\rangle$ と書けることがわかる．また，両辺のエルミート共役 $\langle n|\hat{a}^\dagger = c^*\langle n-1|$ を左から掛けて

♠ ここで密かに "一次元束縛問題には縮退が存在しない" ことを使っていることに注意して下さい．

13.2 固有ケットと数演算子の対角化

$$\langle n|\hat{a}^\dagger\hat{a}|n\rangle = |c|^2\langle n-1|n-1\rangle$$

が得られ，左辺は

$$\langle n|\hat{a}^\dagger\hat{a}|n\rangle = \langle n|\hat{n}|n\rangle = n$$

となり，右辺は $|c|^2$ となって，c の符号を正に取ると，$c=\sqrt{n}$ となることがいえ，所望の式を得る．

(2) (1) 同様に，今度は $\hat{a}^\dagger|n\rangle$ に対して $\hat{n}$ を作用させてやると，

$$\begin{aligned}
\hat{n}\hat{a}^\dagger|n\rangle &= \hat{a}^\dagger\hat{a}\hat{a}^\dagger|n\rangle \\
&= \hat{a}^\dagger([\hat{a},\hat{a}^\dagger]+\hat{a}^\dagger\hat{a})|n\rangle \\
&= \hat{a}^\dagger(1+\hat{n})|n\rangle \\
&= \hat{a}^\dagger(1+n)|n\rangle = (n+1)\hat{a}^\dagger|n\rangle
\end{aligned}$$

これより，数演算子の固有方程式から定数 c' を用いて $\hat{a}^\dagger|n\rangle = c'|n+1\rangle$ と書ける．規格化条件より，両辺のエルミート共役を左から掛けて

$$\langle n|\hat{a}\hat{a}^\dagger|n\rangle = \langle n+1|n+1\rangle|c'|^2 = |c'|^2$$

を得る．ここで

$$\langle n|\hat{a}\hat{a}^\dagger|n\rangle = \langle n|[\hat{a},\hat{a}^\dagger]+\hat{a}^\dagger\hat{a}|n\rangle = \langle n|\hat{n}+1|n\rangle = n+1$$

より c' を正に取ると $|c'|=\sqrt{n+1}$ と書け，所望の式を得る．

(3) (1) で求めた式について，両辺のノルムを取ると，$\|\hat{a}|n\rangle\|^2 = n$ でありノルムの性質から $\|\hat{a}|n\rangle\|^2 \geq 0$ がいえるため，n は非負である．(1)，(2) で明らかになったように，固有値 n の値は 1 ずつ上がったり下がったりするので，n が非負であるためには $\hat{a}|0\rangle = 0$ となる状態 $|0\rangle$ が必要である．このとき $n=0$ を取るので，結局 $n=0,1,2,\cdots$ となることがわかった．

(4) ハミルトニアンは

$$E_n = \langle n|\widehat{H}|n\rangle = \langle n|\hbar\omega\left(\hat{n}+\frac{1}{2}\right)|n\rangle = \hbar\omega\left(n+\frac{1}{2}\right)$$

と対角化され，エネルギー準位

$$E_n = \hbar\omega\left(n+\frac{1}{2}\right) \quad (n=0,1,2,\cdots)$$

が求められた．■

これでハミルトニアンが対角化できました．

ポイント 第 6 章ではシュレディンガー方程式をエルミート微分方程式に書き換えて無限遠で波動関数が 0 に収束する境界条件のもとで解きました．一方ここでは，正準交換関係 $[\hat{x},\hat{p}] = i\hbar$ を利用して生成・消滅演算子を作り，$|n\rangle$ に関する漸化式を立ててエネルギー固有値を求めました．代数的アプローチにおいては正準交換関係が離散的なエネルギーを求める前提条件になっています（ちょうど無限遠における境界条件に対応する役割を果たしているわけです）．

演習問題

A

13.1 重要 **基底状態の固有関数と第 n 励起状態**

以下の問いに答えよ．
(1) 基底状態について $\hat{a}|0\rangle = 0$ が成り立つ．これより，規格化された基底状態の固有関数 $\psi_0(x) = \langle x|0\rangle$ を求めよ．
(2) 第 n 励起状態 $|n\rangle$ が，次のように書けることを示せ．
$$|n\rangle = \frac{(\hat{a}^\dagger)^n}{\sqrt{n!}}|0\rangle$$

13.2 重要 **座標の期待値と分散**

一次元調和振動子について，座標の期待値 $\langle 0|\hat{x}|0\rangle$ と分散 $\langle 0|\hat{x}^2|0\rangle$ を計算せよ．

B

13.3 重要 **状態の時間推進**

調和振動子ポテンシャルに束縛された粒子について，$t=0$ での波動関数が
$$|\Psi(0)\rangle = \sqrt{\frac{1}{3}}|1\rangle + \sqrt{\frac{2}{3}}|2\rangle$$
であった．
(1) 時刻 $t > 0$ での波動関数 $|\Psi(t)\rangle$ を求めよ．
(2) エネルギーの期待値を求めよ．
(3) 座標 $\hat{x}$ の演算子は，$\hat{x} = X(\hat{a} + \hat{a}^\dagger)$ のように書ける．$\hat{x}$ の期待値を求めよ．

13.4 重要 **コヒーレント状態**

消滅演算子が固有状態と固有値を持つとしよう．すなわち，ある λ に対して
$$\hat{a}|\lambda\rangle = \lambda|\lambda\rangle$$
が成り立っているとする．この $|\lambda\rangle$ をコヒーレント状態と呼ぶ．数演算子 $\hat{n} = \hat{a}^\dagger \hat{a}$ に対して，その固有方程式を $\hat{n}|n\rangle = n|n\rangle$ と書くことにしよう．n は非負整数を取るのだった．このような $|n\rangle$ を用いて
$$|\lambda\rangle = \sum_{n=0}^{\infty} c_n(\lambda)|n\rangle$$
と書くとき，$|\lambda\rangle$ の規格化条件などを用いて $c_n(\lambda)$ を求め，$|\lambda\rangle$ を $|n\rangle$ で展開せよ．
また，その結果が次のようになることを示せ．
$$e^{-\frac{|\lambda|^2}{2}} e^{\lambda \hat{a}^\dagger}|0\rangle$$

13.5 コヒーレント状態の不確定性

コヒーレント状態 $|\lambda\rangle$ に対して不確定性関係 $\Delta x \Delta p = \frac{\hbar}{2}$ を示せ．ここで $\Delta x = \sqrt{\langle\lambda|\widehat{x}^2|\lambda\rangle - (\langle\lambda|\widehat{x}|\lambda\rangle)^2}, \Delta p = \sqrt{\langle\lambda|\widehat{p}^2|\lambda\rangle - (\langle\lambda|\widehat{p}|\lambda\rangle)^2}$ である．

—— C ——

13.6 コヒーレント状態の完全性

次が成り立つことを示せ．
$$\frac{1}{\pi}\int d\{\mathrm{Re}(\lambda)\}\int d\{\mathrm{Im}(\lambda)\}|\lambda\rangle\langle\lambda| = 1$$

13.7 コヒーレント状態の座標表示

コヒーレント状態の座標表示 $\langle x|\lambda\rangle$ が次のようになることを示せ．
$$\langle x|\lambda\rangle = \left(\frac{m\omega}{\pi\hbar}\right)^{\frac{1}{4}}\exp\left\{-\frac{1}{2}(|\lambda|^2 - \lambda^2)\right\}\exp\left\{-\frac{m\omega}{2\hbar}\left(x - 2\lambda\sqrt{\frac{\hbar}{2m\omega}}\right)^2\right\}$$

13.8 調和振動子のグリーン関数

調和振動子のハミルトニアン $\widehat{H}$ に対し，次のグリーン関数を計算せよ．
$$G(x', x; t) = \langle x'|\exp\left(-\frac{it\widehat{H}}{\hbar}\right)|x\rangle$$

13.9 シュウィンガーの角運動量

角運動量の交換関係と2つの互いに独立な調和振動子の交換関係との間には興味深い関係がある．2つの調和振動子の一方の消滅および生成演算子を $\widehat{a}_+, \widehat{a}_+^\dagger$ とし，もう片方の消滅および生成演算子を $\widehat{a}_-, \widehat{a}_-^\dagger$ と記す．同じ型の振動子の演算子に対しては，通常の調和振動子の交換関係
$$[\widehat{a}_+, \widehat{a}_+^\dagger] = 1, \quad [\widehat{a}_-, \widehat{a}_-^\dagger] = 1$$
が成立する．異なる型の振動子の一対の演算子は常に交換するものとする．次に
$$\widehat{J}_+ \equiv \widehat{a}_+^\dagger \widehat{a}_-, \quad \widehat{J}_- \equiv \widehat{a}_-^\dagger \widehat{a}_+, \quad \widehat{J}_z \equiv \frac{1}{2}(\widehat{a}_+^\dagger \widehat{a}_+ - \widehat{a}_-^\dagger \widehat{a}_-)$$
をそれぞれ定義する．

(1) これらの演算子は次の交換関係を満足することを示せ．
$$[\widehat{J}_z, \widehat{J}_\pm] = \pm\widehat{J}_\pm, \quad [\widehat{J}_+, \widehat{J}_-] = 2\widehat{J}_z$$

(2) 次の性質が成り立つことを示せ．ただし φ は実定数とする．
$$e^{i\varphi\widehat{J}_z}\widehat{J}_\pm e^{-i\varphi\widehat{J}_z} = \widehat{J}_\pm e^{\pm i\varphi}$$

(3) (2) の性質の物理的な意味を説明せよ．

第14章　角運動量と昇降演算子
――要領は生成・消滅演算子と一緒.
　スピンも記述できる代数的アプローチ

Contents

Section ❶ **全角運動量と昇降演算子**
Section ❷ **角運動量演算子とその固有状態**
Section ❸ **全角運動量の対角化**

キーポイント
使うのは昇降演算子と $\hat{l}_z$.

球対称ポテンシャルに束縛された粒子のハミルトニアンは次のように与えられます.

$$\hat{H} = -\frac{\hbar^2}{2m}\frac{1}{r}\frac{d^2}{dr^2}r - \frac{\hbar^2}{2mr^2}\left\{\frac{1}{\sin\theta}\frac{\partial}{\partial\theta}\left(\sin\theta\frac{\partial}{\partial\theta}\right) + \frac{1}{\sin^2\theta}\frac{\partial^2}{\partial\varphi^2}\right\} + V(r)$$

$$\equiv \frac{\hat{p}_r^2}{2m} + V(r) + \frac{\hat{l}^2}{2mr^2}$$

第8章では動径成分と角成分に変数分離して微分方程式を解きましたが，これはちょうど動径成分と角成分を分けて，それぞれを別々に対角化することに相当します．これらはちょうど動径方向のハミルトニアンと全角運動量演算子を意味しており，本章では全角運動量 $\hat{l}^2$ の対角化が最終目標となります．その道すがら，特に $\hat{l}_z$ の対角化についてもマスターしていきましょう．

❶全角運動量と昇降演算子

全角運動量演算子 $\hat{l}^2 = \hat{l}_x^2 + \hat{l}_y^2 + \hat{l}_z^2$ を対角化するために，生成・消滅演算子と同様に演算子の"因数分解"を考えてやりましょう．しかし，ここでは方向に応じた角運動量演算子が $\hat{l}_x, \hat{l}_y, \hat{l}_z$ のように3つも現れ，複雑に絡み合ってきます.

そこで，それぞれの演算子の役割を整理するために，まずは角運動量演算子の表式をはっきりさせ，各演算子の交換関係に注目します．量子力学では

　　"非可換な物理量は同時測定不能だが，可換な物理量は同時測定可能
　　（固有値が違うだけで，固有状態が一緒）"

という事実に注意しましょう．角運動量演算子どうしの交換関係を調べ，可換なペアを見つけて，それを元手に勝負する，という戦略を取ります．

14.1 全角運動量と昇降演算子

角運動量演算子はアインシュタインの縮約を用いて次のように表します.

$$\widehat{l}_i = \varepsilon_{ijk}\widehat{x}_j\widehat{p}_k$$

ただし $i = 1, 2, 3$ はそれぞれ x, y, z を表します. ε_{ijk} はレヴィ・チビタのイプシロンです. 計算は後回しにして, 次のような交換関係が成り立つことが示せます.

$$[\widehat{l}_x, \widehat{l}_y] = i\hbar\widehat{l}_z, \quad [\widehat{l}_y, \widehat{l}_z] = i\hbar\widehat{l}_x, \quad [\widehat{l}_z, \widehat{l}_x] = i\hbar\widehat{l}_y$$

$$[\widehat{l}^2, \widehat{l}_z] = [\widehat{l}^2, \widehat{l}_x] = [\widehat{l}^2, \widehat{l}_y] = 0$$

ここから次のような結論に達します.

> "l^2 と l_z は同時に測定できるが, l_z が確定してしまうと, l_x と l_y は不確定になってしまう."

そこで同時に状態が観測できる $\widehat{l}^2$ と $\widehat{l}_z$ をメインに考えていくことにしましょう (もちろん $\widehat{l}^2$ と $\widehat{l}_x$ のペアを考えても構いませんが, ここではよく用いられる $\widehat{l}_z$ を選びます).
$\widehat{l}_x$ と $\widehat{l}_y$ は直接用いず, 代わりに新しく次の演算子を用意します.

$$\widehat{l}_+ = \widehat{l}_x + i\widehat{l}_y$$
$$\widehat{l}_- = \widehat{l}_x - i\widehat{l}_y$$

$\widehat{l}^+, \widehat{l}^-$ をそれぞれ**昇降演算子**と呼びます. これで道具が揃うのですが, 改めて昇降演算子についても交換関係を調べておきましょう. 次が成り立つことが示せます.

$$[\widehat{l}_z, \widehat{l}_\pm] = \pm\hbar\widehat{l}_\pm, \quad [\widehat{l}^2, \widehat{l}_\pm] = 0$$

この式を見て気づくかもしれませんが, 昇降演算子がちょうど生成・消滅演算子と同じ働きをしてくれることがわかります.

ところで, いちいち交換関係に $\hbar$ が出てくるのは煩わしいので, 以下では記号 $\widehat{j} = \dfrac{\widehat{l}}{\hbar}$ も新しく導入します♠. 改めて $\widehat{j}$ の定義と性質を列挙すると次のようになります.

$$\widehat{j}_i = \frac{\widehat{l}_i}{\hbar}, \quad \widehat{j}_\pm = \frac{\widehat{l}_\pm}{\hbar}$$

$$\widehat{j}^2 = \widehat{j}_x^{\,2} + \widehat{j}_y^{\,2} + \widehat{j}_z^{\,2}$$

$$[\widehat{j}_i, \widehat{j}_j] = i\varepsilon_{ijk}\widehat{j}_k$$

$$[\widehat{j}^2, \widehat{j}_i] = 0$$

$$[\widehat{j}_\pm, \widehat{j}_z] = \mp\widehat{j}_\pm$$

$$[\widehat{j}^2, \widehat{j}_\pm] = 0$$

♠これを一般化された**角運動量演算子**といいます. 第 8 章で扱う軌道角運動量と第 15 章で扱うスピン角運動量をまとめて取り扱うことができます.

基本問題 14.1 【重要】

角運動量は
$$\widehat{l}_i = \varepsilon_{ijk}\widehat{x}_j\widehat{p}_k$$
で与えられる．次が成り立つことを証明せよ．
(1) $[\widehat{l}_i, \widehat{l}_j] = i\hbar\varepsilon_{ijk}\widehat{l}_k$
(2) $[\widehat{l}^2, \widehat{l}_i] = 0$

方針 正準交換関係
$$[\widehat{x}_i, \widehat{p}_j] = i\hbar\delta_{ij}, \quad [\widehat{x}_i, \widehat{x}_j] = 0, \quad [\widehat{p}_i, \widehat{p}_j] = 0$$
をひたすら使って邪魔者を消していきます．アインシュタインの縮約と添字の嵐に注意して慎重に．

【答案】 (1) 交換関係の公式
$$[\widehat{A}\widehat{B}, \widehat{C}] = \widehat{A}[\widehat{B}, \widehat{C}] + [\widehat{A}, \widehat{C}]\widehat{B}$$
$$[\widehat{A}, \widehat{B}\widehat{C}] = \widehat{B}[\widehat{A}, \widehat{C}] + [\widehat{A}, \widehat{B}]\widehat{C}$$
を用いて，
$$\begin{aligned}
[\widehat{l}_i, \widehat{x}_l] &= \varepsilon_{ikj}[\widehat{x}_k\widehat{p}_j, \widehat{x}_l] \\
&= \varepsilon_{ikj}\left(\widehat{x}_k[\widehat{p}_j, \widehat{x}_l] + [\widehat{x}_k, \widehat{x}_l]\widehat{p}_j\right) \\
&= (-i\hbar)\widehat{x}_k\varepsilon_{ikj}\delta_{jl} \\
&= (-i\hbar)\varepsilon_{ikl}\widehat{x}_k
\end{aligned}$$
および
$$[\widehat{l}_i, \widehat{p}_m] = \varepsilon_{ijk}[\widehat{x}_j\widehat{p}_k, \widehat{p}_m] = (i\hbar)\varepsilon_{imk}\widehat{p}_k$$
を得る．ここで公式
$$\varepsilon_{ijk}\varepsilon_{lmk} = \delta_{il}\delta_{jm} - \delta_{im}\delta_{jl}$$
を用いて，
$$\begin{aligned}
[\widehat{l}_i, \widehat{l}_j] &= [\widehat{l}_i, \varepsilon_{jlm}\widehat{x}_l\widehat{p}_m] \\
&= \varepsilon_{jlm}(\widehat{x}_l[\widehat{l}_i, \widehat{p}_m] + [\widehat{l}_i, \widehat{x}_l]\widehat{p}_m) \\
&= i\hbar\varepsilon_{jlm}\left(\widehat{x}_l\varepsilon_{imk}\widehat{p}_k - \varepsilon_{ikl}\widehat{x}_k\widehat{p}_m\right) \\
&= i\hbar\left(\delta_{jk}\delta_{li} - \delta_{ji}\delta_{lk}\right)\widehat{x}_l\widehat{p}_k + (-i\hbar)(\delta_{mi}\delta_{jk} - \delta_{mk}\delta_{ij})\widehat{x}_k\widehat{p}_m \\
&= i\hbar\left(\widehat{x}_i\widehat{p}_j - \cancel{\delta_{ji}\widehat{x}_l\widehat{p}_l} - \widehat{x}_j\widehat{p}_i + \cancel{\delta_{ij}\widehat{x}_k\widehat{p}_k}\right) \\
&= i\hbar\varepsilon_{ijk}\widehat{l}_k
\end{aligned}$$
を得る．

(2) 次のように計算できる.

$$\begin{aligned}
[\widehat{l}^2, \widehat{l}_i] &= [\widehat{l}_j \widehat{l}_j, \widehat{l}_i] \\
&= \widehat{l}_j [\widehat{l}_j, \widehat{l}_i] + [\widehat{l}_j, \widehat{l}_i] \widehat{l}_j \\
&= i\hbar \widehat{l}_j \varepsilon_{jik} \widehat{l}_k + i\hbar \varepsilon_{jik} \widehat{l}_k \widehat{l}_j \\
&= i\hbar \varepsilon_{jik} \widehat{l}_j \widehat{l}_k + i\hbar \varepsilon_{kij} \widehat{l}_j \widehat{l}_k \quad \text{(第二項で j と k を取り換えた)} \\
&= i\hbar \varepsilon_{jik} \widehat{l}_j \widehat{l}_k - i\hbar \varepsilon_{jik} \widehat{l}_j \widehat{l}_k \quad \text{($\varepsilon_{kij} = -\varepsilon_{jik}$ の性質を用いた)} \\
&= 0
\end{aligned}$$

これで所望の式を得る. ■

【(1) の別答案】

$$\widehat{p}_x = -i\hbar \frac{\partial}{\partial x}$$
$$\widehat{p}_y = -i\hbar \frac{\partial}{\partial y}$$
$$\widehat{p}_z = -i\hbar \frac{\partial}{\partial z}$$

であることを用いて

$$\begin{aligned}
\widehat{l}_x \widehat{l}_y &= -\hbar^2 \left(y \frac{\partial}{\partial z} - z \frac{\partial}{\partial y} \right) \left(z \frac{\partial}{\partial x} - x \frac{\partial}{\partial z} \right) \\
&= -\hbar^2 \left(y \frac{\partial}{\partial x} + yz \frac{\partial^2}{\partial z \partial x} - xy \frac{\partial^2}{\partial z^2} - z^2 \frac{\partial^2}{\partial y \partial x} + zx \frac{\partial^2}{\partial y \partial z} \right)
\end{aligned}$$

$$\begin{aligned}
\widehat{l}_y \widehat{l}_x &= -\hbar^2 \left(z \frac{\partial}{\partial x} - x \frac{\partial}{\partial z} \right) \left(y \frac{\partial}{\partial z} - z \frac{\partial}{\partial y} \right) \\
&= -\hbar^2 \left(yz \frac{\partial^2}{\partial z \partial x} - z^2 \frac{\partial^2}{\partial y \partial x} - xy \frac{\partial^2}{\partial z^2} + x \frac{\partial}{\partial y} + zx \frac{\partial^2}{\partial y \partial z} \right)
\end{aligned}$$

と書ける. ただし

$$\frac{\partial}{\partial z} \left(z \frac{\partial}{\partial x} \right) = \frac{\partial}{\partial x} + z \frac{\partial^2}{\partial z \partial x} \quad \text{(積の微分)}$$

に注意. これより

$$\begin{aligned}
[\widehat{l}_x, \widehat{l}_y] &= -\hbar^2 \left(y \frac{\partial}{\partial x} - x \frac{\partial}{\partial y} \right) \\
&= i\hbar \widehat{l}_z
\end{aligned}$$

が得られる. 他の成分も同様に計算できるので, 事実上 (1) の式は証明できた. ■

❷ 角運動量演算子とその固有状態

以下では $\hat{l}^2$ と $\hat{l}_z$ について調べていくわけですが，ここでは特に $\hat{l}_z$ に注目しましょう．この演算子を対角化し，固有値と固有状態を求めていきます．$\hat{j}_z = \frac{\hat{l}_z}{\hbar}$ を使って計算します．

基本問題 14.2 〈重要〉

(1) $\hat{j}_z$ の固有方程式

$$\hat{j}_z |m\rangle = m|m\rangle$$

に対し，$\hat{j}_z$ の固有値には上限と下限が存在することを示せ．

(2) 昇降演算子 $\hat{j}_\pm \equiv \hat{j}_x \pm i\hat{j}_y$ について，交換関係 $[\hat{j}_z, \hat{j}_\pm]$ を計算せよ．

(3) 次が成り立つことを示せ．

$$\hat{j}_\pm |m\rangle \propto |m \pm 1\rangle$$

方針　生成・消滅演算子のときを思い出して下さい（第 13 章）．生成・消滅演算子が昇降演算子に対応し，数演算子が $\hat{l}_z$ に対応しています．

【答案】　(1) 任意のエルミート演算子 $\hat{A}$ と任意のケットベクトル $|m\rangle$ について $\langle m|\hat{A}^2|m\rangle \geq 0$ が成り立ち，これを用いて

$$\begin{aligned}
\langle m|\hat{j}^2|m\rangle &= \langle m|\hat{j}_x^2 + \hat{j}_y^2|m\rangle + \langle m|\hat{j}_z^2|m\rangle \\
&\geq \langle m|\hat{j}_z^2|m\rangle \\
&= m^2
\end{aligned}$$

と書けるから，

$$-\sqrt{\langle m|\hat{j}^2|m\rangle} \leq m \leq +\sqrt{\langle m|\hat{j}^2|m\rangle}$$

となり，上限と下限が存在することが確かめられる．

(2) 角運動量の交換関係の式

$$[\hat{j}_i, \hat{j}_j] = i\varepsilon_{ijk}\hat{j}_k$$

を用いて，次のように計算できる．

$$\begin{aligned}
[\hat{j}_z, \hat{j}_\pm] &= [\hat{j}_z, \hat{j}_x \pm i\hat{j}_y] \\
&= [\hat{j}_z, \hat{j}_x] \pm i[\hat{j}_z, \hat{j}_y] \\
&= i\hat{j}_y \pm i(-i\hat{j}_x) \\
&= \pm \hat{j}_x + i\hat{j}_y \\
&= \pm(\hat{j}_x \pm i\hat{j}_y) \\
&= \pm \hat{j}_\pm
\end{aligned}$$

(3) $\hat{j}_\pm|m\rangle$ に対して,左から $\hat{j}_z$ を掛けると,

$$\hat{j}_z\hat{j}_\pm|m\rangle = ([\hat{j}_z,\hat{j}_\pm] + \hat{j}_\pm\hat{j}_z)|m\rangle$$
$$= (\pm\hat{j}_\pm)|m\rangle + \hat{j}_\pm m|m\rangle$$
$$= (m\pm 1)\hat{j}_\pm|m\rangle$$

が得られ,固有方程式

$$\hat{j}_z|m\pm 1\rangle = (m\pm 1)|m\pm 1\rangle$$

と比較すると,確かに

$$\hat{j}_\pm|m\rangle \propto |m\pm 1\rangle$$

と書けることが確かめられる.■

■ ポイント ■ 証明は演習問題 14.6 で取り上げますが,m は整数または半整数であることが示せます.

第 8 章と重複しますが,基本問題 14.2 で注目した $\hat{l}_z$ を極座標表示で考えると,

$$\hat{l}_z = -i\hbar\frac{\partial}{\partial\varphi}$$

と書けます(証明は演習問題 14.7 で取り上げます).このことを利用すると,$\hat{l}_z$ の固有方程式は

$$-i\hbar\frac{\partial}{\partial\varphi}\Phi_m(\varphi) = m\hbar\Phi_m(\varphi)$$

と書けます.この微分方程式の特殊解は簡単に

$$\Phi_m(\varphi) = e^{im\varphi}$$

と求めることができます.

軌道角運動量についていえば,角度 φ が 0 から 2π まで動くことで一周すると思えば,周期境界条件

$$\Phi_m(0) = \Phi_m(2\pi)$$

を課す(一価関数であることを要求する)のは自然な要求だといえます.これより m は整数であることがわかります.これで $\hat{l}_z$ の固有方程式は完璧に解けましたね.

❸ 全角運動量の対角化

最後に $\hat{l}^2$ の対角化を行いましょう．これでハミルトニアンの角成分が対角化できることになります．$\hat{l}^2$ は $\hat{l}_z$ と可換なので，$\hat{l}_z$ の固有状態が使い回せます．結果から先に述べると，m の最大値を j とおくことで，$\hat{j}^2$ の固有方程式が次のように書けることが示せます．

$$\hat{j}^2|m\rangle = j(j+1)|m\rangle$$

この性質を示すのが本章最後の課題となります．ところで，この式の $|m\rangle$ には，m の最大値 j も盛り込まれているので，わざと次のように書く場合もあります．

$$\hat{j}^2|jm\rangle = j(j+1)|jm\rangle$$

おまけとして，第 8 章の内容に照らし合わせると，$\langle\theta\varphi|jm\rangle$ が球面調和関数に一致していることがわかります（演習問題 14.7 で証明します）．

基本問題 14.3 〔重要〕

(1) $\hat{j}_-\hat{j}_+ = \hat{j}^2 - \hat{j}_z{}^2 - \hat{j}_z$ が成り立つことを示せ．

(2) $\hat{j}_z$ の固有方程式 $\hat{j}_z|m\rangle = m|m\rangle$ に対し，$\hat{j}_z$ の固有値 m の上限を j と書くことにする．$\hat{j}^2|j\rangle = j(j+1)|j\rangle$ が成り立つことを示せ．

(3) $\hat{j}^2|m\rangle = j(j+1)|m\rangle$ が成り立つことを示せ．

方針 m の上限 j について，$\hat{j}_+|j\rangle = 0$ となることを用います（上限より大きな固有値は存在しないので，固有ベクトルも存在しない）．(3) は $\hat{j}_\pm|m\rangle \propto |m\pm 1\rangle$ を使います．

【答案】 (1) 次のように計算できる．

$$\hat{j}_-\hat{j}_+ = (\hat{j}_x - i\hat{j}_y)(\hat{j}_x + i\hat{j}_y) = \hat{j}_x{}^2 + \hat{j}_y{}^2 + i[\hat{j}_x, \hat{j}_y]$$
$$= \hat{j}_x{}^2 + \hat{j}_y{}^2 - \hat{j}_z = \hat{j}^2 - \hat{j}_z{}^2 - \hat{j}_z$$

(2) (1) の結果より次のように計算できる．ただし $\hat{j}_+|j\rangle = 0$ を用いていることに注意．

$$\hat{j}^2|j\rangle = (\hat{j}_z{}^2 + \hat{j}_z + \hat{j}_-\hat{j}_+)|j\rangle = j(j+1)|j\rangle + \hat{j}_-\hat{j}_+|j\rangle = j(j+1)|j\rangle$$

(3) $\hat{j}_\pm|m\rangle \propto |m\pm 1\rangle$ より，$|m\rangle \propto (\hat{j}_-)^{j-m}|j\rangle$ であり，比例定数を A と書くと，

$$\hat{j}^2|m\rangle = A\hat{j}^2(\hat{j}_-)^{j-m}|j\rangle$$
$$= A(\hat{j}_-)^{j-m}\hat{j}^2|j\rangle \quad (\hat{j}^2 と \hat{j}_- が可換なので \hat{j}^2 と (\hat{j}_-)^{j-m} も可換)$$
$$= A(\hat{j}_-)^{j-m}j(j+1)|j\rangle$$
$$= j(j+1)A(\hat{j}_-)^{j-m}|j\rangle$$
$$= j(j+1)|m\rangle.$$

これで所望の式が示せた．■

演習問題

━━━ A ━━━

14.1 角運動量について

角運動量演算子 $\widehat{l}_i = \varepsilon_{ijk}\widehat{x}_j\widehat{p}_k$ はエルミートであることを示せ.

14.2 重要 角運動量演算子の規格化

$\widehat{j}_\pm|m\rangle = \sqrt{(j\mp m)(j\pm m+1)}|m\pm 1\rangle$ が成り立つことを示せ.

14.3 角運動量の行列表示

角運動量の固有状態 $|jm\rangle$ は完全規格直交系を張るので $\langle jm|j'm'\rangle = \delta_{jj'}\delta_{mm'}$ が成り立つ.

(1) $j=j'=1$ のとき,角運動量の行列表示 $\langle jm|\widehat{j}_+|j'm'\rangle, \langle jm|\widehat{j}_-|j'm'\rangle$ を求めよ.

(2) (1)のとき,角運動量の行列表示 $\langle jm|\widehat{j}_x|j'm'\rangle, \langle jm|\widehat{j}_y|j'm'\rangle, \langle jm|\widehat{j}_z|j'm'\rangle$ を求めよ.

14.4 $\widehat{j}_x$ の平均値

系が $\widehat{j}_z$ の固有状態のとき,$\widehat{j}_x$ の平均値を求めよ.

14.5 重要 同時観測可能な物理量

$\widehat{A}$ が $\widehat{j}_1, \widehat{j}_2$ と可換なとき,$\widehat{j}_3$ も可換であることを示せ.

━━━ B ━━━

14.6 角運動量固有値

角運動量 $\widehat{j}_z$ の固有方程式 $\widehat{j}_z|m\rangle = m|m\rangle$ の固有値 m の上限値を j とおく.j が整数,または半整数となることを示せ.

━━━ C ━━━

14.7 球面調和関数

角運動量演算子の解析的表示を考えよう.

(1) 次が成り立つことを示せ.

$$\widehat{j}_x = -i\left(-\sin\varphi\frac{\partial}{\partial\theta} - \cot\theta\cos\varphi\frac{\partial}{\partial\varphi}\right),\quad \widehat{j}_y = -i\left(\cos\varphi\frac{\partial}{\partial\theta} - \cot\theta\sin\varphi\frac{\partial}{\partial\varphi}\right)$$

$$\widehat{j}_z = -i\frac{\partial}{\partial\varphi}$$

(2) $\widehat{j}^2 = -\frac{1}{\sin\theta}\frac{\partial}{\partial\theta}\sin\theta\frac{\partial}{\partial\theta} - \frac{1}{\sin^2\theta}\frac{\partial^2}{\partial\varphi^2}$ が成り立つことを示せ.

(3) $\widehat{j}_z$ と $\widehat{j}^2$ の同時固有関数(球面調和関数)$Y_{jm}(\theta,\varphi) = \langle\theta\varphi|jm\rangle$ を求めよ.

第15章 スピン
―― 角運動量演算子と使い方は一緒

Contents
Section ❶ 電子スピン　　Section ❷ 一般の荷電粒子のスピン

キーポイント
第 14 章と一緒（行列を用いる）．主役はパウリ行列．

静止した電子に一様磁場 B を掛けてやると，定数 μ_e（固有磁気モーメント）を用いて電子のエネルギーが $-\mu_e B, +\mu_e B$ の 2 準位に分裂することが知られており[♠1]，この事実は古典力学で説明することができません[♠2]．

そこで，このエネルギー分裂を表すために新しい物理量を導入します．スピンと呼ばれる，座標や運動量とは全く無関係な物理量です．磁場を受けた荷電粒子のエネルギー分裂を決める状態は，スピン演算子の固有状態で表されると考えるわけです．

❶ 電子スピン

まず，一様磁場を掛ける方向は z 軸正方向に統一されているとして，**電子スピン**について取り扱います．この場合電子は 2 準位に分裂するので 2×2 行列を使えばスピンが表現できます．ここではよく用いられる**パウリ行列**を使います．

$$\sigma_1 = \begin{pmatrix} 0 & 1 \\ 1 & 0 \end{pmatrix}, \quad \sigma_2 = \begin{pmatrix} 0 & -i \\ i & 0 \end{pmatrix}, \quad \sigma_3 = \begin{pmatrix} 1 & 0 \\ 0 & -1 \end{pmatrix}$$

どれも固有値は ± 1 であり（第 11 章の基本問題 11.1 参照），この行列をハミルトニアンに取り込めば，エネルギー固有値 $\pm \mu_e B$ のハミルトニアンが作れます．パウリ行列はそれぞれ x, y, z 方向のスピンに対応しています．ここでは σ_3 に注目し，σ_3 の固有ベクトルを

$$|\uparrow\rangle = \begin{pmatrix} 1 \\ 0 \end{pmatrix}, \quad |\downarrow\rangle = \begin{pmatrix} 0 \\ 1 \end{pmatrix}$$

と表すことにしましょう．本節ではスピンの行列表示と演算子表示が同値なものであることを示し，なぜこの物理量がスピン（回転）と呼ばれるのか見ていきます．

[♠1] 一般の荷電粒子のエネルギー分裂は 2 準位とは限りません．

[♠2] 例えば J.J. サクライ「現代の量子力学（上）」（吉岡書店，1989 年）では，（このような）「シュテルン–ゲルラッハ型の 2 準位系は，最も非古典的で最も量子論的な系といえる」と紹介しており，第 1 章で電子スピンを取り上げています．座標や運動量など（**外部自由度**）では表現できない，新しい自由度（**内部自由度**）とそれに付随する角運動量を持つ，というのがスピンの性質であり，その記述では第 8 章のような解析的アプローチでなく，第 14 章のような代数的アプローチを用います．

15.1 電子スピン

> **基本問題 15.1** 　　　　　　　　　　　　　　　　　　　　　　　　　　　**重要**
>
> パウリ行列を用いて次の電子スピン行列を定める.
> $$s_i = \frac{\hbar}{2}\sigma_i \quad (i = 1, 2, 3)$$
> (1) 行列 s_3 の固有値，固有ベクトルを求めよ.
> (2) 行列 s_2 の固有ベクトルを，(1) で求めた 2 つのベクトルの線形結合で表せ.
> (3) $s^2 = s_1^2 + s_2^2 + s_3^2$ を計算せよ.

方針 　行列の固有値問題です．第 11 章で扱った内容なので，ここではほとんど結果のみ記しておきます．

【答案】 (1) $s_3 = \dfrac{\hbar}{2}\begin{pmatrix} 1 & 0 \\ 0 & -1 \end{pmatrix}$ の固有値は $\dfrac{\hbar}{2}, -\dfrac{\hbar}{2}$ であり，それぞれに対応する規格化された固有ベクトルは

$$|\uparrow\rangle = \begin{pmatrix} 1 \\ 0 \end{pmatrix}, \quad |\downarrow\rangle = \begin{pmatrix} 0 \\ 1 \end{pmatrix}$$

である.

(2) $s_2 = \dfrac{\hbar}{2}\begin{pmatrix} 0 & -i \\ i & 0 \end{pmatrix}$ の固有値を λ とおくと，

$$\det \begin{pmatrix} -\lambda & -\frac{\hbar i}{2} \\ \frac{\hbar i}{2} & -\lambda \end{pmatrix} = 0$$

より固有値は $\lambda = \pm \dfrac{\hbar}{2}$ であり，それぞれに対応する固有ベクトルは $\dfrac{1}{\sqrt{2}}\begin{pmatrix} 1 \\ i \end{pmatrix}, \dfrac{1}{\sqrt{2}}\begin{pmatrix} 1 \\ -i \end{pmatrix}$ と書け，それぞれ

$$\frac{|\uparrow\rangle + i|\downarrow\rangle}{\sqrt{2}}, \quad \frac{|\uparrow\rangle - i|\downarrow\rangle}{\sqrt{2}}$$

と表せる.

(3) $s_1^2 = s_2^2 = s_3^2 = \dfrac{\hbar^2}{4}\begin{pmatrix} 1 & 0 \\ 0 & 1 \end{pmatrix}$ より，答えは

$$s^2 = \frac{3}{4}\hbar^2 \begin{pmatrix} 1 & 0 \\ 0 & 1 \end{pmatrix}$$

である. ∎

ポイント 　本問では扱っていませんが，スピン行列が全てエルミートであること，対角化されているのが s_3 のみであることに注意して下さい．s^2 が単位行列の定数倍であることから，s^2 と s_3（あるいは s_1, s_2）が同時固有状態を持つことが確かめられます．

基本問題 15.2 【重要】

スピンの演算子表現について考えよう．$\hat{s}_3$ の固有方程式を次のように与える．

$$\hat{s}_3|\uparrow\rangle = \frac{\hbar}{2}|\uparrow\rangle$$

$$\hat{s}_3|\downarrow\rangle = -\frac{\hbar}{2}|\downarrow\rangle$$

また，$\hat{s}_\pm$ を次をみたすように定める．

$$\hat{s}_+|\uparrow\rangle = 0, \qquad \hat{s}_+|\downarrow\rangle = \hbar|\uparrow\rangle,$$
$$\hat{s}_-|\uparrow\rangle = \hbar|\downarrow\rangle, \quad \hat{s}_-|\downarrow\rangle = 0$$

(1) $\hat{s}_3$ の行列表現として，以下の成分を全て計算せよ．

$$s_3 = \begin{pmatrix} \langle\uparrow|\hat{s}_3|\uparrow\rangle & \langle\uparrow|\hat{s}_3|\downarrow\rangle \\ \langle\downarrow|\hat{s}_3|\uparrow\rangle & \langle\downarrow|\hat{s}_3|\downarrow\rangle \end{pmatrix}$$

(2) (1) と同様に

$$\frac{\hat{s}_+ + \hat{s}_-}{2}, \quad \frac{\hat{s}_+ - \hat{s}_-}{2i}$$

の行列表現（電子スピン行列）を求めよ．

方針 スピン演算子がエルミートであることから，

$$\langle\uparrow|\uparrow\rangle = \langle\downarrow|\downarrow\rangle = 1$$
$$\langle\uparrow|\downarrow\rangle = \langle\downarrow|\uparrow\rangle = 0$$

（規格直交条件）をみたすように状態ケットをとることができ，この性質を用います．

【答案】 (1) 各成分を計算すると，

$$\langle\uparrow|\hat{s}_3|\uparrow\rangle = \frac{\hbar}{2}\langle\uparrow|\uparrow\rangle = \frac{\hbar}{2}$$

$$\langle\uparrow|\hat{s}_3|\downarrow\rangle = -\frac{\hbar}{2}\langle\uparrow|\downarrow\rangle = 0$$

$$\langle\downarrow|\hat{s}_3|\uparrow\rangle = \frac{\hbar}{2}\langle\uparrow|\downarrow\rangle = 0$$

$$\langle\downarrow|\hat{s}_3|\downarrow\rangle = -\frac{\hbar}{2}\langle\downarrow|\downarrow\rangle = -\frac{\hbar}{2}$$

となり，結局，対角行列

$$s_3 = \frac{\hbar}{2}\begin{pmatrix} 1 & 0 \\ 0 & -1 \end{pmatrix}$$

を得る．

15.1 電子スピン

これはパウリ行列を用いた行列表現（電子スピン行列）に一致している．

(2) 同様に $\hat{s}_+, \hat{s}_-$ の行列表現は

$$s_+ = \begin{pmatrix} \langle\uparrow|\hat{s}_+|\uparrow\rangle & \langle\uparrow|\hat{s}_+|\downarrow\rangle \\ \langle\downarrow|\hat{s}_+|\uparrow\rangle & \langle\downarrow|\hat{s}_+|\downarrow\rangle \end{pmatrix} = \begin{pmatrix} 0 & \hbar\langle\uparrow|\uparrow\rangle \\ 0 & \hbar\langle\downarrow|\uparrow\rangle \end{pmatrix}$$

$$= \begin{pmatrix} 0 & \hbar \\ 0 & 0 \end{pmatrix}$$

$$= \hbar \begin{pmatrix} 0 & 1 \\ 0 & 0 \end{pmatrix}$$

$$s_- = \begin{pmatrix} \langle\uparrow|\hat{s}_-|\uparrow\rangle & \langle\uparrow|\hat{s}_-|\downarrow\rangle \\ \langle\downarrow|\hat{s}_-|\uparrow\rangle & \langle\downarrow|\hat{s}_-|\downarrow\rangle \end{pmatrix} = \begin{pmatrix} \hbar\langle\uparrow|\downarrow\rangle & 0 \\ \hbar\langle\downarrow|\downarrow\rangle & 0 \end{pmatrix}$$

$$= \begin{pmatrix} 0 & 0 \\ \hbar & 0 \end{pmatrix}$$

$$= \hbar \begin{pmatrix} 0 & 0 \\ 1 & 0 \end{pmatrix}$$

となる．

これを用いると，

$$\frac{\hat{s}_+ + \hat{s}_-}{2} = \frac{\hbar}{2}\begin{pmatrix} 0 & 1 \\ 1 & 0 \end{pmatrix}$$

$$\frac{\hat{s}_+ - \hat{s}_-}{2i} = \frac{\hbar}{2i}\begin{pmatrix} 0 & 1 \\ -1 & 0 \end{pmatrix}$$

$$= \frac{\hbar}{2}\begin{pmatrix} 0 & -i \\ i & 0 \end{pmatrix}$$

となり，それぞれ $\hat{s}_1, \hat{s}_2$ に対応していることがわかる．■

ポイント 電子スピンは第14章で扱った角運動量と全く同じように扱えることがわかりました（この場合の電子スピンは2準位系なので，演算子を行列に書き換えているだけなのです）．第14章の記法に照らし合わせてみると，基本問題15.1で求めた，全スピン行列

$$s^2 = \frac{3}{4}\hbar^2 \begin{pmatrix} 1 & 0 \\ 0 & 1 \end{pmatrix} = \frac{1}{2}\left(\frac{1}{2}+1\right)\hbar^2 \begin{pmatrix} 1 & 0 \\ 0 & 1 \end{pmatrix}$$

からわかるように，$j=\frac{1}{2}$ に対応することがわかります．また，$|\uparrow\rangle$ は $m=\frac{1}{2}$，$|\downarrow\rangle$ は $m=-\frac{1}{2}$ に相当します．そのため，本書における $|\uparrow\rangle$ を $|\frac{1}{2}\frac{1}{2}\rangle$，$|\downarrow\rangle$ を $|\frac{1}{2}\frac{-1}{2}\rangle$ のように記述することもあります．

基本問題 15.3 【重要】

一様な静磁場中に電子が静止している．電子のハミルトニアンはパウリ行列 $\boldsymbol{\sigma}$ を用いてそれぞれ次のように与えられる．

$$s = \frac{\hbar}{2}\boldsymbol{\sigma}, \quad \widehat{H} = -\mu\boldsymbol{\sigma}\cdot\boldsymbol{B} = -\mu(\sigma_1 B_1 + \sigma_2 B_2 + \sigma_3 B_3)$$

磁束密度の大きさを B とし，z 軸正方向を向いているとする．また，μ は定数である．

(1) ハミルトニアンのエネルギー固有値を求めよ．
(2) s_3 の固有ベクトルを $|\uparrow\rangle, |\downarrow\rangle$ で表す．x 軸正方向を向くスピン状態を $|\uparrow\rangle, |\downarrow\rangle$ の重ね合わせで表せ．
(3) 時刻 $t=0$ でスピンが x 軸正方向を向いていたとして，時刻 t におけるスピンの x 成分の期待値を求めよ．

方針 (3) では

$$|\psi(t)\rangle = e^{-\frac{it\widehat{H}}{\hbar}}|\psi(0)\rangle$$

を思い出し，

$$\langle\psi(t)|\widehat{s}_1|\psi(t)\rangle$$

を計算します．

【答案】 (1) ハミルトニアンは

$$H = -\mu B \sigma_3$$

と書けるので，エネルギー固有値は $-\mu B, \mu B$ である．以下では対応する固有ベクトルを $|\uparrow\rangle, |\downarrow\rangle$ で表す．

(2) x 軸正方向を向くスピン状態を $|x_+\rangle$ で表し，定数 a, b を用いて

$$|x_+\rangle = a|\uparrow\rangle + b|\downarrow\rangle$$

とおき，定数 a, b を求める．このスピン状態は固有方程式

$$\sigma_1 |x_+\rangle = 1 |x_+\rangle$$

をみたすので，

$$\sigma_1 |x_+\rangle = a\begin{pmatrix} 0 & 1 \\ 1 & 0 \end{pmatrix}\begin{pmatrix} 1 \\ 0 \end{pmatrix} + b\begin{pmatrix} 0 & 1 \\ 1 & 0 \end{pmatrix}\begin{pmatrix} 0 \\ 1 \end{pmatrix}$$

$$= a\begin{pmatrix} 0 \\ 1 \end{pmatrix} + b\begin{pmatrix} 1 \\ 0 \end{pmatrix}$$

$$= \begin{pmatrix} b \\ a \end{pmatrix}$$

$$|x_+\rangle = \begin{pmatrix} a \\ b \end{pmatrix}$$

より $b = a$ が得られる．規格化条件 $|a|^2 + |b|^2 = 1$ から $a = \frac{1}{\sqrt{2}}$ と取ると，

$$|x_+\rangle = \frac{1}{\sqrt{2}} \begin{pmatrix} 1 \\ 1 \end{pmatrix}$$
$$= \frac{1}{\sqrt{2}}|\uparrow\rangle + \frac{1}{\sqrt{2}}|\downarrow\rangle$$

が得られる．

(3) $|\psi(0)\rangle = |x_+\rangle$ より，

$$|\psi(t)\rangle = e^{-\frac{it\widehat{H}}{\hbar}}|\psi(0)\rangle$$
$$= \frac{1}{\sqrt{2}}e^{\frac{it\mu B \sigma_3}{\hbar}}|\uparrow\rangle + \frac{1}{\sqrt{2}}e^{\frac{it\mu B \sigma_3}{\hbar}}|\downarrow\rangle$$
$$= \frac{1}{\sqrt{2}}e^{\frac{it\mu B}{\hbar}}|\uparrow\rangle + \frac{1}{\sqrt{2}}e^{-\frac{it\mu B}{\hbar}}|\downarrow\rangle$$

が得られる．これより，

$$s_1|\psi(t)\rangle = \frac{1}{\sqrt{2}}\frac{\hbar}{2}\begin{pmatrix} 0 & 1 \\ 1 & 0 \end{pmatrix}e^{\frac{it\mu B}{\hbar}}\begin{pmatrix} 1 \\ 0 \end{pmatrix} + \frac{1}{\sqrt{2}}\frac{\hbar}{2}\begin{pmatrix} 0 & 1 \\ 1 & 0 \end{pmatrix}e^{-\frac{it\mu B}{\hbar}}\begin{pmatrix} 0 \\ 1 \end{pmatrix}$$
$$= \frac{\hbar}{2}\left(\frac{1}{\sqrt{2}}e^{\frac{it\mu B}{\hbar}}\begin{pmatrix} 0 \\ 1 \end{pmatrix} + \frac{1}{\sqrt{2}}e^{-\frac{it\mu B}{\hbar}}\begin{pmatrix} 1 \\ 0 \end{pmatrix}\right)$$
$$= \frac{\hbar}{2}\left(\frac{1}{\sqrt{2}}e^{\frac{it\mu B}{\hbar}}|\downarrow\rangle + \frac{1}{\sqrt{2}}e^{-\frac{it\mu B}{\hbar}}|\uparrow\rangle\right)$$

となり，結局スピンの期待値は

$$\langle\psi(t)|s_1|\psi(t)\rangle = \frac{\hbar}{2}\left(\frac{1}{\sqrt{2}}e^{-\frac{it\mu B}{\hbar}}\langle\uparrow| + \frac{1}{\sqrt{2}}e^{\frac{it\mu B}{\hbar}}\langle\downarrow|\right)$$
$$\times \left(\frac{1}{\sqrt{2}}e^{\frac{it\mu B}{\hbar}}|\downarrow\rangle + \frac{1}{\sqrt{2}}e^{-\frac{it\mu B}{\hbar}}|\uparrow\rangle\right)$$
$$= \frac{\hbar}{2}\left(\frac{1}{2}e^{-\frac{2it\mu B}{\hbar}} + \frac{1}{2}e^{\frac{2it\mu B}{\hbar}}\right)$$
$$= \frac{\hbar}{2}\cos\left(\frac{2\mu Bt}{\hbar}\right)$$

として計算できる．■

▍ポイント ▍ これより，x 軸正方向のスピン期待値は周期 $\frac{\pi}{\mu B}$ でぐるぐる回転していることがわかります．スピンもやはり回転（自転）を表す物理量であり，軌道上をぐるぐる回る（公転に相当する）**軌道角運動量**と区別されます．

❷ 一般の荷電粒子のスピン

　一般に，**スピン角運動量**は半整数を取り，電子スピンの大きさは $\frac{1}{2}$ です．スピン角運動量の値を m とおくと，**スピン自由度**は $2m+1$ だけあることになります．電子スピンの大きさは $\frac{1}{2}$ であり，自由度（固有ベクトルの数）は確かに 2 つだけありましたね（15.1 節）．スピン m の粒子を扱う場合は $(2m+1) \times (2m+1)$ 行列でスピンを表す必要があります．

　スピンが整数の粒子を**ボース粒子（ボゾン）**と呼び，スピンが半奇数の粒子を**フェルミ粒子（フェルミオン）**と呼びます．全ての粒子は（この時点では）ボース粒子とフェルミ粒子に分けられることになります．ボース粒子とフェルミ粒子の大きな違いは反交換性と交換性からくる統計性（複数の粒子がそれぞれどのような状態を取りうるか）の違いにあり，多粒子集団を扱う場合にこのポイントが大きく関わってきます．

基本問題 15.4

　粒子のスピンと統計性の間には密接な関係があり，スピンが い の粒子はフェルミオンで，そうでないスピンを持つ粒子はボゾンである．また，f 個のフェルミオンと b 個のボゾンからなる複合粒子の統計性については，ろ が偶数であるか奇数であるかに応じて，その複合粒子がボゾンであるかフェルミオンであるかが決まる．例えば ^{3}He 原子は，原子核が 2 個の陽子と 1 個の中性子から成り，そのまわりを 2 個の電子が回っているから は であるが，^{4}He 原子核は ^{3}He 原子核に比べて に が 1 つ多く ほ になる．また ^{3}He 原子のスピンは へ で，^{4}He 原子のスピンは と である．そのため，凝縮系の低温での振舞いは大きく異なる．^{4}He 原子が 2K 程度で超流動性を示すのに対し，^{3}He 原子の超流動はクーパー対を作る必要があるため，ずっと低い温度で起こることが知られている． い ～ と を埋めよ．

方針　多粒子系の物性の基本事項です．

【答案】 スピンが半奇数のときはフェルミオンで，スピンが整数のときはボゾンであり，それぞれを足し合わせた数の偶奇で複合粒子の統計性が決まる．陽子，中性子，電子は全てフェルミオンなので ^{3}He 原子はフェルミオンであり，^{4}He 原子はボゾンとなる．

　　い：半奇数　　　　　　ろ：f

　　は：フェルミオン　　　に：中性子

　　ほ：ボゾン　　　　　　へ：$\frac{1}{2}$

　　と：0　　　　　　　　　　　■

演習問題

━━━ A ━━━

15.1 スピンの交換関係

$[\sigma_1, \sigma_2], \{\sigma_1, \sigma_2\}$ をそれぞれ計算せよ．ただし $[\hat{A}, \hat{B}] = \hat{A}\hat{B} - \hat{B}\hat{A}, \{\hat{A}, \hat{B}\} = \hat{A}\hat{B} + \hat{B}\hat{A}$ とする．

15.2 フェルミオンスピンの行列表示

スピン $\frac{3}{2}$ の粒子について，j_1, j_2, j_3 の行列表示を求めよ．

15.3 角運動量固有値

任意の (θ, φ) 方向を向いている電子スピン状態は次で表されることを示せ．
$$\cos\frac{\theta}{2}|\uparrow\rangle + \sin\frac{\theta}{2}e^{i\varphi}|\downarrow\rangle$$

15.4 パウリ行列の積の性質

(1) パウリ行列について $\sigma_i\sigma_j = \delta_{ij} + i\varepsilon_{ijk}\sigma_k$ が成り立つことを示せ．
(2) 2つの3成分ベクトル $\boldsymbol{A}, \boldsymbol{B}$ について次が成り立つことを示せ．
$$(\boldsymbol{A} \cdot \boldsymbol{\sigma})(\boldsymbol{B} \cdot \boldsymbol{\sigma}) = \boldsymbol{A} \cdot \boldsymbol{B} + i(\boldsymbol{A} \times \boldsymbol{B}) \cdot \boldsymbol{\sigma}$$

━━━ B ━━━

15.5 スピン1のボゾン

スピン1の粒子のスピン角運動量ベクトル $\boldsymbol{J}$ は $\boldsymbol{J} = \hbar\boldsymbol{S}$ で与えられ，

$\boldsymbol{S} = (S_x, S_y, S_z)$

$$S_x = \begin{pmatrix} 0 & 0 & 0 \\ 0 & 0 & -i \\ 0 & i & 0 \end{pmatrix}, \quad S_y = \begin{pmatrix} 0 & 0 & i \\ 0 & 0 & 0 \\ -i & 0 & 0 \end{pmatrix}, \quad S_z = \begin{pmatrix} 0 & -i & 0 \\ i & 0 & 0 \\ 0 & 0 & 0 \end{pmatrix}$$

である．系のハミルトニアンは $H = -\boldsymbol{\mu} \cdot \boldsymbol{B}$ で与えられる．ここで $\boldsymbol{\mu} = \gamma\boldsymbol{J}$ であり，γ は定数である．また磁場は定ベクトル $\boldsymbol{B} = (0, 0, B)$ で与えられる．

(1) ハイゼンベルクの運動方程式（第17章参照）から $\boldsymbol{J}(t)$ の時間発展を求めよ．
(2) 時刻 $t = 0$ に，スピンが x 軸正方向を向いているとする．すなわち，J_x の固有状態にあり固有値が $\hbar$ であるとする．この状態の規格化された波動関数（固有ベクトル）を求めよ．
(3) 時刻 t における波動関数を求めよ．
(4) 時刻 t におけるスピン角運動量ベクトル $\boldsymbol{J}$ の期待値を求めよ．
(5) 時刻 t に再び J_x を観測したとき，$\hbar$ である確率を求めよ．

15.6 回転する磁場とユニタリ変換

スピン $\frac{1}{2}$ の粒子が磁場中に静止している．まず z 軸正方向に磁場を印可した．系のハミルトニアンが $\widehat{H} = \frac{1}{2}\hbar\omega\widehat{\sigma}_z$, $\omega = -\gamma B_0$ で与えられる．

(1) 時刻 $t=0$ にスピン状態が $\Psi(0) = \dfrac{1}{\sqrt{2}}\begin{pmatrix} 1 \\ 1 \end{pmatrix}$ であったとする．時刻 t でのスピンの z 成分の期待値 $\langle \widehat{s}_z \rangle$ と，分散 $\langle \widehat{s}_z^2 \rangle - \langle \widehat{s}_z \rangle^2$ を求めよ．

次に z 軸正方向に磁束密度の大きさが B_0 の静磁場と，角速度 $\omega = -\gamma B_0$ で xy 平面内を回転する磁束密度の大きさが B_0 の磁場を同時に印可する．つまり，粒子の感じる磁束密度は $\boldsymbol{B} = (B_0 \cos\omega t, B_0 \sin\omega t, B_0)$ である．このときのハミルトニアンは
$$\widehat{H} = \frac{1}{2}\hbar\omega(\widehat{\sigma}_z + \widehat{\sigma}_x \cos\omega t + \widehat{\sigma}_y \sin\omega t), \quad \omega = -\gamma B_0$$
となる．

(2) 波動関数の時間発展を知るために，回転磁場と一緒に回転する座標系でシュレディンガー方程式を求める．静止系の波動関数 $\Psi(t)$ と回転座標系の波動関数 $\Psi'(t)$ は時間に依存するユニタリ演算子 $\widehat{U}(t)$（第 17 章参照）によって，次の式で関係づけられる．
$$\Psi(t) = \widehat{U}(t)\Psi'(t)$$
$\Psi(t)$ が静止座標系のシュレディンガー方程式をみたすことから，$\Psi'(t)$ がみたす回転座標系のシュレディンガー方程式，および回転座標系のハミルトニアン $\widehat{H}'$ は次式で与えられることを示せ．
$$i\hbar\frac{\partial}{\partial t}\Psi'(t) = \widehat{H}'\Psi'(t), \quad \widehat{H}' = \widehat{U}^\dagger \widehat{H} \widehat{U} - i\hbar\widehat{U}^\dagger \frac{\partial \widehat{U}}{\partial t}$$

(3) 具体的な $\widehat{U}(t)$ の式は $\widehat{U}(t) = e^{-i\omega t \widehat{s}_z} = e^{-i\frac{\omega t}{2}\widehat{\sigma}_z}$ で与えられる．$\widehat{H}'$ を求めよ．ただし必要なら次の公式を用いて良い．
$$e^{i\frac{\theta}{2}\widehat{\sigma}_z} \widehat{\sigma}_x e^{-i\frac{\theta}{2}\widehat{\sigma}_z} = \widehat{\sigma}_x \cos\theta - \widehat{\sigma}_y \sin\theta$$
$$e^{i\frac{\theta}{2}\widehat{\sigma}_z} \widehat{\sigma}_y e^{-i\frac{\theta}{2}\widehat{\sigma}_z} = \widehat{\sigma}_x \sin\theta + \widehat{\sigma}_y \cos\theta$$
$$e^{i\frac{\theta}{2}\widehat{\sigma}_z} \widehat{\sigma}_z e^{-i\frac{\theta}{2}\widehat{\sigma}_z} = \widehat{\sigma}_z$$

(4) 以上の結果から時刻 $t=0$ でスピンが z 軸上向きであった場合に，静止座標系で t 秒後のスピンの z 成分の期待値を求めよ．

第16章 不確定性関係
——量子力学の基本原理

Contents

Section ❶ 不確定性原理と不確定性関係
Section ❷ 不確定性関係と基底エネルギーの見積もり
Section ❸ 不確定性関係の導出

キーポイント
基底エネルギーの見積もりと，分散の計算が鍵．

不確定性原理（ミクロな粒子の座標と運動量は同時に測定できない）は量子力学の基本原理[♠1]であり，これを定量的に表した式

$$\Delta x \Delta p \geq \frac{\hbar}{2}$$

を**不確定性関係**と呼びます[♠2]．本章では

「不確定性関係を使って何が計算できるか」
「不確定性関係の導出」

の2つがテーマとなります．

❶不確定性原理と不確定性関係

まずは不確定性関係に現れる $\Delta x, \Delta p$ ですが，これはそれぞれ座標と運動量の不確定さ（揺らぎ，分散）を表しています．x の平均値を $\langle x \rangle$ で表すとすると，不確定さは

$$(\Delta x)^2 \equiv \langle (x - \langle x \rangle)^2 \rangle$$

で定義される量であり，x の平均からのズレを表す量だといえます．当然この量は確率密度関数から定まる量であり，波動関数 $\psi(x)$ によって与えられます．

[♠1] 正準交換関係

$$[\hat{x}, \hat{p}] = i\hbar$$

が量子力学の基本原理であり，状態ケットの仮定と合わせて量子力学での議論が全て構成できるようになっています．不確定性関係も，正準交換関係と状態ケットの仮定（内積が定義できること）から自然に証明されます．

[♠2]

$$\Delta x \Delta p \gtrsim \hbar$$

と書く場合もありますが，これはあくまで「大ざっぱな」評価式です．

第 16 章　不確定性関係

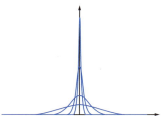

確率密度関数の分散がどんどん小さくなっていく様子．分散が 0 になる極限で，確率密度関数はデルタ関数になる．

基本問題 16.1 【重要】

$$(\Delta x)^2 = \langle x^2 \rangle - \langle x \rangle^2$$

となることを示せ．

方針　何度も何度も使う性質です．期待値の定義に照らし合わせるだけです．

【答案】　次のように計算できる．$\langle x \rangle$ の期待値は当然 $\langle x \rangle$ であることに注意．

$$\begin{aligned}
(\Delta x)^2 &= \langle (x - \langle x \rangle)^2 \rangle \\
&= \langle x^2 - 2x\langle x \rangle + \langle x \rangle^2 \rangle \\
&= \langle x^2 \rangle - 2\langle x \rangle\langle x \rangle + \langle x \rangle^2 \\
&= \langle x^2 \rangle - \langle x \rangle^2
\end{aligned}$$

より示された．■

❷ 不確定性関係と基底エネルギーの見積もり

不確定性関係を用いると，束縛状態の粒子の**基底エネルギー**（最低エネルギー）を見積もることができます．あくまで見積もりであって，正確な値ではありませんが，オーダーで見れば（大雑把に見れば）マトを外していないので，シュレディンガー方程式を解かなくても手軽に計算できる分だけお得です．計算方法はいたって簡単です．論理はかなり乱暴ですが，そのあたりは個々の問題でフォローするとして，次のように計算します．

① ハミルトニアン $H = \frac{p^2}{2m} + V(x)$ を用意する．
② エネルギーの期待値を取り，$\langle E \rangle \approx \frac{1}{2m}(\Delta p)^2 + V(\Delta x) \geq \frac{1}{2m}\frac{\hbar^2}{4(\Delta x)^2} + V(\Delta x)$ とする．
③ ②の最右辺の最小値を見積もる．

さっそく具体問題に当たってみましょう．

基本問題 16.2 【重要】

次の粒子の基底エネルギーを見積もろう．
(1) 調和振動子ポテンシャル $V(x) = \frac{1}{2}m\omega^2 x^2$ に束縛された粒子
(2) 領域 $0 \leq x \leq a$ に完全に束縛された質量 m の粒子（底なしの井戸型ポテンシャル）

方針 基本問題 16.1 の結果を使って，不確定性関係を $(\Delta p)^2 \geq \frac{\hbar^2}{4(\Delta x)^2}$ の形で用います．

【答案】 (1) まず，調和振動子ポテンシャル（バネ）に束縛された粒子は，正方向にも負方向にも等しく運動できるので $\langle x \rangle = 0$, $\langle p \rangle = 0$ である（この粒子は，$x = a$ での存在確率と全く同じ確率で $x = -a$ に存在できる）．前問より $(\Delta x)^2 = \langle x^2 \rangle - \langle x \rangle^2$ であるから，$(\Delta x)^2 = \langle x^2 \rangle$ および $(\Delta p)^2 = \langle p^2 \rangle$ が成り立つ．

これより，不確定性関係 $\Delta x \Delta p \geq \frac{\hbar}{2}$ を用いて基底エネルギーはエネルギー期待値の最小値とみて

$$\langle E \rangle = \frac{1}{2m}\langle p^2 \rangle + \frac{1}{2}m\omega^2 \langle x^2 \rangle$$
$$\geq \frac{1}{2m}\frac{\hbar^2}{4(\Delta x)^2} + \frac{1}{2}m\omega^2 (\Delta x)^2 \geq 2\sqrt{\frac{1}{2m}\frac{\hbar^2}{4(\Delta x)^2}\frac{1}{2}m\omega^2 (\Delta x)^2} = \frac{1}{2}\hbar\omega$$

として見積もれる（最後に相加相乗平均の不等式 $a + b \geq 2\sqrt{ab}$ を用いた $(a, b > 0)$♠）．

(2) 粒子は領域 $0 \leq x \leq a$ に閉じ込められているので，座標の不確定さは $\Delta x = a$ と見積もれる．粒子にはポテンシャル相互作用がないので，不確定性関係 $\Delta x \Delta p \geq \frac{\hbar}{2}$ を用いてエネルギー期待値の最小値は $\langle E \rangle = \frac{\langle p^2 \rangle}{2m} = \frac{(\Delta p)^2}{2m} \geq \frac{1}{2m}\frac{\hbar^2}{4(\Delta x)^2} \approx \frac{\hbar^2}{8ma^2}$ と見積もれる．これが基底エネルギーの見積もり値である．■

♠ $f(x) = ax + \frac{b}{x}$ の最小値は，$f'(x) = a - \frac{b}{x^2} = 0 \longrightarrow x = \sqrt{\frac{b}{a}}$ により $f\left(\sqrt{\frac{b}{a}}\right)$ として求められます．こちらの方法でも結果は同じです．

❸ 不確定性関係の導出

一般的にエルミート演算子の交換関係 $[\hat{A}, \hat{B}] = i\hat{C}$ が成り立つとき，

$$(\Delta A)(\Delta B) \geq \frac{|\langle C \rangle|}{2}$$

が成り立つことが示せます．このことを認めれば，正準交換関係 $[\hat{x}, \hat{p}] = i\hbar$ から，確かに不確定性関係

$$\Delta x \Delta p \geq \frac{\hbar}{2}$$

が成り立つことがわかりますね．本節では上の不等式を示し，不確定性関係を最小にする状態がどのようにして得られるか調べていくことにしましょう．以下ではブラケット記法を積極的に用いていきます．

不等式

$$(\Delta A)(\Delta B) \geq \frac{|\langle C \rangle|}{2}$$

を示すために，**シュワルツの不等式**を用います．シュワルツの不等式は次で与えられます．

$$|\langle a|b \rangle|^2 \leq \langle a|a \rangle \langle b|b \rangle$$

この関係式を示しておきましょう．

【証明】 複素数 λ を用いて $|c\rangle = |a\rangle + \lambda |b\rangle$ とおく．ノルムの性質より $\langle c|c \rangle \geq 0$ なので，

$$\langle c|c \rangle = \langle a|a \rangle + \lambda \langle a|b \rangle + \lambda^* \langle b|a \rangle + |\lambda|^2 \langle b|b \rangle$$
$$= \langle a|a \rangle + \lambda \langle a|b \rangle + \lambda^* \langle a|b \rangle^* + |\lambda|^2 \langle b|b \rangle \geq 0$$

であり，

$$\lambda = -\frac{\langle a|b \rangle^*}{\langle b|b \rangle}$$

とおくと，

$$\langle a|a \rangle - \frac{|\langle a|b \rangle|^2}{\langle b|b \rangle} - \frac{\cancel{|\langle a|b \rangle|^2}}{\cancel{\langle b|b \rangle}} + \frac{\cancel{|\langle a|b \rangle|^2}}{\cancel{\langle b|b \rangle}} \geq 0 \quad \therefore \quad \langle a|a \rangle \langle b|b \rangle \geq |\langle a|b \rangle|^2$$

となり，所望の式を得る．■

ポイント 本書では（他書にもあるように）$\langle \psi | A \psi \rangle$ と $\langle \psi | A | \psi \rangle$ のように | があるものと無いものが現れますが，読者の皆さんはこれらを同一物とみなして構いません．より厳密に説明すれば，$\langle \psi | A | \psi \rangle$ は演算子 $\hat{A}$ が $\langle \psi |$ と $|\psi \rangle$ に挟まれてできたものであり，演算子 $\hat{A}$ が特に $|\psi \rangle$ に作用した場合 $\langle \psi | A \psi \rangle$ と書き換えると考えておけば良いでしょう．

これでシュワルツの不等式が得られました．次の基本問題で実際に不確定性関係を示してみましょう．

基本問題 16.3 【重要】

エルミート演算子 $\hat{A}, \hat{B}$ が交換関係 $[\hat{A}, \hat{B}] = i\hat{C}$ をみたしているとする.
(1) 演算子 $\hat{C}$ がエルミートであることを示せ.
(2) $\langle A \rangle \equiv \langle \psi | \hat{A} \psi \rangle$ および $(\Delta A)^2 \equiv \langle \psi | (\hat{A} - \langle A \rangle)^2 \psi \rangle$ を定める. これらを用いて
$$\sqrt{(\Delta A)^2 (\Delta B)^2} \geq \frac{1}{2} |\langle \hat{C} \rangle|$$
が成り立つことを示せ.
(3) 不確定性関係 $\sqrt{(\Delta x)^2 (\Delta p)^2} \geq \frac{\hbar}{2}$ が成り立つことを示せ.

方針 $\hat{A}, \hat{B}$ がエルミートであることに注意. 最後にシュワルツの不等式を用います.

【答案】 (1) まず
$$[\hat{A}, \hat{B}]^\dagger = (\hat{A}\hat{B} - \hat{B}\hat{A})^\dagger = (\hat{B}^\dagger \hat{A}^\dagger - \hat{A}^\dagger \hat{B}^\dagger) = (\hat{B}\hat{A} - \hat{A}\hat{B}) = -[\hat{A}, \hat{B}]$$
が成り立つ. 一方, $(i\hat{C})^\dagger = -i\hat{C}^\dagger$ が成り立つので, $[\hat{A}, \hat{B}] = i\hat{C}^\dagger$ となり, $\hat{C} = \hat{C}^\dagger$ が得られ, $\hat{C}$ はエルミートであることが示される.

(2)
$$|a\rangle = (\hat{A} - \langle A \rangle)|\psi\rangle, \quad |b\rangle = (\hat{B} - \langle B \rangle)|\psi\rangle$$
とおくと, ノルムについて
$$\langle a|a \rangle = \langle \psi | (\hat{A} - \langle A \rangle)^2 | \psi \rangle = \Delta A^2$$
$$\langle b|b \rangle = \langle \psi | (\hat{B} - \langle B \rangle)^2 | \psi \rangle = \Delta B^2$$
が成り立ち, 内積について
$$\langle a|b \rangle = \langle \psi | (\hat{A} - \langle A \rangle)(\hat{B} - \langle B \rangle) | \psi \rangle$$
$$= \langle \psi | \hat{A}\hat{B} - \hat{A}\langle B \rangle - \hat{B}\langle A \rangle + \langle A \rangle \langle B \rangle | \psi \rangle$$
$$= \langle \psi | \hat{A}\hat{B} | \psi \rangle - \langle A \rangle \langle B \rangle - \langle B \rangle \langle A \rangle + \langle A \rangle \langle B \rangle$$
$$\langle b|a \rangle = \langle \psi | \hat{B}\hat{A} | \psi \rangle - \langle A \rangle \langle B \rangle$$

$$\therefore \quad \text{Im}\langle a|b \rangle = \frac{\langle a|b \rangle - \langle b|a \rangle}{2i} = \frac{\langle \psi | [\hat{A}, \hat{B}] | \psi \rangle}{2i} = \frac{i\langle C \rangle}{2i} = \frac{\langle C \rangle}{2}$$

虚部と絶対値の比較, およびシュワルツの不等式より, $\text{Im}\langle a|b \rangle \leq |\langle a|b \rangle| \leq \sqrt{\langle a|a \rangle \langle b|b \rangle}$ が成り立ち, これより
$$\frac{1}{2}|\langle \hat{C} \rangle| \leq \Delta A \Delta B = \sqrt{(\Delta A)^2 (\Delta B)^2}$$
が得られる.

(3) 正準交換関係 $[\hat{x}, \hat{p}] = i\hbar$ から不確定性関係が得られることがわかる. ■

第 16 章 不確定性関係

次の問題ではこの別証明を扱ってみます．

基本問題 16.4 　　　　　　　　　　　　　　　　　　　　　　　　　　重要

不確定性関係を最小にする，$\Delta x \Delta p = \frac{\hbar}{2}$ が成り立つような状態（あるいは波動関数）を求めよう．

(1)
$$\widehat{A} = \widehat{x} - \langle x \rangle, \quad \widehat{B} = \widehat{p} - \langle p \rangle$$

とおく．このとき，交換関係 $[\widehat{A}, \widehat{B}]$ を求めよ．

(2) 任意の t について
$$\langle (\widehat{A} + it\widehat{B})\psi | (\widehat{A} + it\widehat{B})\psi \rangle$$

が非負であることを用いて，
$$\Delta x \Delta p \geq \frac{\hbar}{2}$$

が成り立つことを示せ．

(3) $\Delta x \Delta p = \frac{\hbar}{2}$ が成り立つためには，
$$(\widehat{A} + it\widehat{B})|\psi\rangle = 0$$

が成り立てば良い．この条件を微分方程式に帰着させ，
$$\psi(x) = \langle x | \psi \rangle$$

を求めよ．

方針 　(2) までは基本問題 16.3 と同じ結果を与えます．(3) の条件が，調和振動子の基底状態の式（あるいはガウス波束）に一致することに，気づきますか？

【答案】 (1) 次のように計算できる．
$$\begin{aligned}[\widehat{A}, \widehat{B}] &= [\widehat{x} - \langle x \rangle, \widehat{p} - \langle p \rangle] \\ &= [\widehat{x}, \widehat{p}] \\ &= i\hbar\end{aligned}$$

(2)
$$\langle (\widehat{A} + it\widehat{B})\psi | (\widehat{A} + it\widehat{B})\psi \rangle \geq 0$$

であり，$\widehat{A}, \widehat{B}$ はともにエルミートなので，この式の左辺は次のように書き換えられる．
$$\begin{aligned}\langle (\widehat{A} + it\widehat{B})\psi | (\widehat{A} + it\widehat{B})\psi \rangle &= \langle \psi | (\widehat{A} - it\widehat{B})(\widehat{A} + it\widehat{B}) | \psi \rangle \\ &= \langle \psi | (\widehat{A}^2 + it[\widehat{A}, \widehat{B}] + t^2 \widehat{B}^2) | \psi \rangle \\ &= (\Delta x)^2 - \hbar t + (\Delta p)^2 t^2 \geq 0\end{aligned}$$

16.3 不確定性関係の導出

ここで，最後の不等式は変数 t の放物線が t 軸にたかだか 1 つの交点を持つ条件を表しているから，二次関数の判別式から

$$\hbar^2 - 4(\Delta x)^2 (\Delta p)^2 \leq 0$$

が成り立つことがわかる．これは不確定性関係に一致している．

(3) (2) において，不確定性関係が等号となるには

$$(\Delta x)^2 - \hbar t + (\Delta p)^2 t^2 = 0$$
$$\iff \langle (\widehat{A} + it\widehat{B})\psi | (\widehat{A} + it\widehat{B})\psi \rangle = 0$$
$$\iff (\widehat{A} + it\widehat{B})|\psi\rangle = 0$$

が成り立つことがわかる．以下では $\langle x \rangle = x_0, \langle p \rangle = p_0$ とおく．

$$\widehat{A} = \widehat{x} - \langle x \rangle, \quad \widehat{B} = \widehat{p} - \langle p \rangle$$

より上の式は結局，

$$\{(\widehat{x} - x_0) + it(\widehat{p} - p_0)\}|\psi\rangle = 0$$
$$\therefore \quad \langle x|\{(\widehat{x} - x_0) + it(\widehat{p} - p_0)\}|\psi\rangle = 0$$
$$\therefore \quad (x - x_0)\psi(x) + t\hbar \frac{d}{dx}\psi(x) - itp_0\psi(x) = 0$$
$$\therefore \quad t\hbar \frac{d}{dx}\psi(x) = -(x - x_0)\psi(x) + itp_0\psi(x)$$

となり，この微分方程式を解けば良い．変数分離して

$$t\hbar \int \frac{d\psi}{\psi} = -\int (x - x_0)dx + itp_0 \int dx$$
$$\implies t\hbar \log \psi = -\frac{1}{2}(x - x_0)^2 + itp_0 x + C \quad (C \text{ は積分定数})$$

となる．これより，

$$\psi(x) = C' \exp\left\{-\frac{(x - x_0)^2}{2\hbar t} + \frac{ip_0 x}{\hbar}\right\} \quad (C' \text{ は任意定数})$$

が得られる．■

ポイント 二次方程式 $(\Delta x)^2 - \hbar t + (\Delta p)^2 t^2 = 0$ が成り立つときは，

$$t = \frac{\hbar}{2(\Delta p)^2} = (\Delta x)^2$$
$$\equiv \frac{1}{\Delta^2}$$

のように書けることがわかりますね．これを用いて $\psi(x)$ を規格化し直してやると，

$$\psi(x) = \left(\frac{\Delta^2}{\pi\hbar}\right)^{\frac{1}{4}} \exp\left\{-\frac{\Delta^2}{2\hbar}(x - x_0)^2 + \frac{ip_0 x}{\hbar}\right\}$$

と書けることがわかります．

演習問題
A

16.1 重要 **水素原子と不確定性関係**

水素原子は 1 個の陽子と 1 個の電子がクーロン相互作用している系である．このハミルトニアンは $r = \sqrt{x^2 + y^2}$ を用いて

$$\widehat{H} = \frac{1}{2m}(p_x^2 + p_y^2) - \frac{e^2}{r}$$

で表される．陽子は電子に比べて重いので静止しているとする．
(1) 不確定性関係

$$\Delta x \Delta p_x \geq \frac{\hbar}{2}$$

などを用いて基底エネルギーを見積もれ．
(2) 電子が陽子に落ち込まない理由について説明せよ．

16.2 不確定性関係を用いた基底エネルギーの見積もり

ポテンシャル

$$V(x) = F|x| \quad (F > 0)$$

に閉じ込められた質量 m の粒子について，基底エネルギーを見積もれ．

16.3 三次元動径運動量と不確定性関係

三次元球座標表示のハミルトニアンは，角成分を無視すると

$$\widehat{H} = -\frac{\hbar^2}{2m}\left(\frac{1}{r}\frac{d}{dr}r\right)^2$$

と書け，これより動径運動量を

$$\widehat{p}_r = -i\hbar\frac{1}{r}\frac{d}{dr}r$$

と定める．これに対して，交換関係 $[\widehat{r}, \widehat{p}_r]$ と不確定性関係

$$\Delta r \Delta p_r \geq \frac{\hbar}{2}$$

が成り立つことを示せ．

16.4 具体的な波動関数と不確定性関係 — B —

波動関数が
$$\psi(x) \propto e^{-a|x|} \quad (a>0)$$
で与えられている場合を考える．このときの不確定性関係を計算しよう．
(1) $\langle x \rangle, \langle x^2 \rangle$ を計算せよ．
(2) 運動量表示の固有関数 $\tilde{\psi}(p)$ をフーリエ変換によって求め，$\langle p \rangle, \langle p^2 \rangle$ を計算せよ．
(3) 不確定性関係 $\Delta x \Delta p$ を計算せよ．

— C —

16.5 角運動量の不確定性関係①

角運動量 $\hat{l}_z$ の固有状態を $|m\rangle$ で表す．これに対する期待値を $\langle \cdots \rangle$ で表し，分散を $\Delta(\cdots)$ のように表す．このとき，次が成り立つことを示せ．
$$(\Delta l_x)^2 (\Delta l_y)^2 \geq \frac{\hbar^4}{4} m^2$$

16.6 角運動量の不確定性関係②

角運動量の第三成分が解析的に
$$\hat{l}_z = -i\hbar \frac{\partial}{\partial \varphi}$$
と書けることを利用して，以下の問いに答えよ．
(1) 規格化され，周期境界条件を課された任意の関数 $f(\varphi)$ について，次を示せ．
$$\langle \varphi f | \hat{l}_z f \rangle - \langle \hat{l}_z f | \varphi f \rangle = i\hbar \langle f | f \rangle - 2\pi i\hbar |f(0)|^2$$
(2) 上の関係を利用して，角度と角運動量の不確定性について次が成り立つことを示せ．
$$(\Delta \varphi)^2 (\Delta \hat{l}_z)^2 \geq \frac{\hbar^2}{4}(1 - 2\pi|f(0)|^2)^2$$
角度と角運動量の間に不確定性関係が成り立つといえるだろうか．

第17章　対称性と保存則
——ハイゼンベルクの方程式を使い倒そう

Contents
- Section ❶ **時間発展と保存則**
- Section ❷ **時間発展演算子とハイゼンベルク描像**
- Section ❸ **ユニタリ演算子とユニタリ変換**

キーポイント
ユニタリ演算子を使いこなせ！

ここでは，物理量の時間発展を与えるハイゼンベルクの方程式と，その中に隠れているユニタリ演算子が主役です．ユニタリ演算子にはいくつかのバリエーションがあり，保存量に密接に関わっていることがわかります．

❶ 時間発展と保存則

波動関数を用いて，物理量 A の期待値は次で与えられます．

$$\langle A \rangle = \int \psi^*(\boldsymbol{r},t) \widehat{A} \psi(\boldsymbol{r},t) d^3r$$

まずは，A が保存量である条件を探ってみましょう．保存量ならば時間変化に対して不変なので，

$$\frac{d}{dt}\langle A \rangle = 0$$

が要求されます．非定常状態のシュレディンガー方程式を用いて，

$$\begin{aligned}
\frac{d}{dt}\langle A \rangle &= \frac{d}{dt}\int \psi^*(\boldsymbol{r},t) \widehat{A} \psi(\boldsymbol{r},t) d^3r \\
&= \int \frac{\partial \psi^*(\boldsymbol{r},t)}{\partial t} \widehat{A} \psi(\boldsymbol{r},t) d^3r + \int \psi^*(\boldsymbol{r},t) \widehat{A} \frac{\partial \psi(\boldsymbol{r},t)}{\partial t} d^3r \\
&= \int \frac{-1}{i\hbar} \widehat{H} \psi^*(\boldsymbol{r},t) \widehat{A} \psi(\boldsymbol{r},t) d^3r + \int \psi^*(\boldsymbol{r},t) \widehat{A} \frac{1}{i\hbar} \widehat{H} \psi(\boldsymbol{r},t) d^3r \\
&= \frac{-1}{i\hbar}\int \psi^*(\boldsymbol{r},t) \widehat{H}\,\widehat{A} \psi(\boldsymbol{r},t) d^3r + \frac{1}{i\hbar}\int \psi^*(\boldsymbol{r},t) \widehat{A}\,\widehat{H} \psi(\boldsymbol{r},t) d^3r \\
&= \frac{1}{i\hbar}\int \psi^*(\boldsymbol{r},t) [\widehat{A}, \widehat{H}] \psi(\boldsymbol{r},t) d^3r \\
&= \frac{1}{i\hbar}\langle [\widehat{A}, \widehat{H}] \rangle
\end{aligned}$$

と計算できます♠. この式を**ハイゼンベルクの方程式**といいます. これより, $\hat{H}$ と $\hat{A}$ が交換可能(**可換**)つまり

$$[\hat{H}, \hat{A}] = 0$$

が成り立つならば, A が保存量であることがいえます.

どのようなハミルトニアンに対して, どのような演算子が保存量であるか調べてみましょう.

コラム ディラックのデルタ関数について

本書のあちこちで現れるディラックのデルタ関数についてこのスペースを使ってまとめておきます. デルタ関数 $\delta(x)$ は, 任意の連続関数 $f(x)$ から $f(0)$ を取り出すものとして, 次の式で定義されます.

$$\int_{-\infty}^{\infty} f(x)\delta(x)dx = f(0) \quad (x \neq 0 \text{ のとき } \delta(x) = 0)$$

デルタ関数は積分によって定義される超関数であり, $\delta(x)$ 単独の扱いは普通の関数と少し異なります. よく見られる表式として, 次の式が使われます.

$$\delta(x) = \begin{cases} +\infty & (x = 0) \\ 0 & (x \neq 0) \end{cases}$$

しかしこの式では使い勝手が悪いため, なんらかの極限を用いた次のような表式がしばしば使われます.

$$\delta(x) = \frac{1}{2\pi} \int_{-\infty}^{\infty} e^{ikx} dk$$

$$\delta(x) = \lim_{n \to \infty} \frac{\sin nx}{\pi x} \quad \left(= \lim_{n \to \infty} \frac{1}{2\pi} \int_{-n}^{n} e^{ikx} dk \right)$$

前者は, フーリエ変換した関数を逆変換すると元に戻るという定理(**フーリエの積分定理**)

$$f(x) = \frac{1}{2\pi} \int_{-\infty}^{\infty} dk \left(\int_{-\infty}^{\infty} f(x') e^{-ikx'} dx' \right) e^{ikx}$$

に由来します ($x = 0$ とするとデルタ関数の表式が得られます). 演習問題 7.2 ではこの性質を用いています.

♠第三行から第四行にかけて $\hat{H}$ のエルミート性(つまり

$$\int (\hat{H}\psi^*)\varphi \, d^3r = \int \psi^* \hat{H}\varphi \, d^3r$$

が成り立つこと)を用いました.

基本問題 17.1

以下の問いに答えよ.

(1) 一次元自由粒子

$$\widehat{H} = \frac{\widehat{p}^2}{2m}$$

に対して，交換関係 $[\widehat{H},\widehat{x}], [\widehat{H},\widehat{p}]$ を計算せよ.

(2) 球対称ポテンシャル

$$\widehat{H} = \frac{\widehat{p}^2}{2m} + V(r)$$

に対して，交換関係 $[\widehat{H},\widehat{x}_i], [\widehat{H},\widehat{p}_i], [\widehat{H},\widehat{l}_i]$ を計算せよ.

方針 ひたすら交換関係を計算します．(2) ではアインシュタインの縮約に注意.

【答案】 (1) 次のように計算できる.

$$[\widehat{H},\widehat{x}] = \frac{1}{2m}[\widehat{p}\widehat{p},\widehat{x}] = \frac{1}{2m}\widehat{p}[\widehat{p},\widehat{x}] + \frac{1}{2m}[\widehat{p},\widehat{x}]\widehat{p} = \frac{-i\hbar\widehat{p}}{m} \neq 0$$

$$[\widehat{H},\widehat{p}] = \frac{1}{2m}[\widehat{p}\widehat{p},\widehat{p}] = 0$$

これより，一次元自由粒子について運動量 p が保存量であることが確かめられる.

(2) (1) の結果と $[\widehat{p}_j, V(r)] = -i\hbar\frac{\partial}{\partial x_j}V(r)$ を用いる.

$$[\widehat{H},\widehat{x}_i] = \frac{1}{2m}[\widehat{p}_j\widehat{p}_j,\widehat{x}_i] + [V(r),\widehat{x}_i] = -\frac{i\hbar}{m}\widehat{p}_i \neq 0$$

$$[\widehat{H},\widehat{p}_i] = \left[\frac{1}{2m}\widehat{p}_j\widehat{p}_j + V(r),\widehat{p}_i\right] = i\hbar\frac{\partial}{\partial x_i}V(r) \neq 0$$

$$[\widehat{H},\widehat{l}_i] = \left[\frac{\widehat{p}_n\widehat{p}_n}{2m} + V(r),\widehat{l}_i\right] = [V(r),\widehat{l}_i]$$

$$= \varepsilon_{ijk}[V(r),\widehat{x}_j\widehat{p}_k] = \varepsilon_{ijk}\widehat{x}_j[V(r),\widehat{p}_k] + \varepsilon_{ijk}[V(r),\widehat{x}_j]\widehat{p}_k$$

$$= \varepsilon_{ijk}\widehat{x}_j[V(r),\widehat{p}_k] = \varepsilon_{ijk}\widehat{x}_j\left(i\hbar\frac{\partial V(r)}{\partial x_k}\right) = i\hbar\varepsilon_{ijk}\widehat{x}_j\left(\frac{\partial r}{\partial x_k}\frac{dV(r)}{dr}\right)$$

$$= i\hbar\varepsilon_{ijk}x_j\frac{x_k}{r}\frac{dV(r)}{dr} = 0$$

となる．ただし最後の行の計算で，$\varepsilon_{ijk}\widehat{A}_i\widehat{A}_j = 0$ を用いた♠.

♠次のように計算できることを用いています.

$$2\varepsilon_{ijk}\widehat{A}_i\widehat{A}_j = \varepsilon_{ijk}\widehat{A}_i\widehat{A}_j - \varepsilon_{jik}\widehat{A}_i\widehat{A}_j \quad (\varepsilon_{ijk} = -\varepsilon_{jik} \text{ を用いた})$$

$$= \varepsilon_{ijk}\widehat{A}_i\widehat{A}_j - \varepsilon_{ijk}\widehat{A}_j\widehat{A}_i \quad (\text{第二項で } i \text{ と } j \text{ を入れ換え})$$

$$= \varepsilon_{ijk}[\widehat{A}_i,\widehat{A}_j] = 0$$

17.1 時間発展と保存則

自由粒子（$V=0$）については運動量と角運動量が保存量であり，中心力ポテンシャルに束縛された粒子については角運動量のみが保存量となる．■

ポイント (1) の自由粒子はひたすら等速で並進運動（等速直線運動）するので角運動量はそもそも 0 のままで一定です．また，等速直線運動する粒子なら，運動量保存が成り立つのも自然なことだといえるでしょう．ハミルトニアンが座標によらないことを，**空間の一様性**といいます．(2) では，中心力ポテンシャルが角度に依存しないことがポイントです．(1) と同様に，角度の変化に対してハミルトニアンが変化しないので，角運動量は保存し続けるといえるわけです．このように，ハミルトニアンが角度によらないことを，**空間の等方性**といいます．

空間の一様性や等方性などは解析力学でも示唆される事柄ですが，どちらにせよ，ハミルトニアン（あるいはポテンシャル）の対称性が保存量を決めていると考えられますね．

コラム　ディラックの規則と保存則

基本問題 17.1 では，与えられたハミルトニアンに対して運動量や角運動量が保存するかどうかを交換関係から調べました．第 2 章のコラム（p.21「交換関係とポアソン括弧」）でも述べましたが，量子力学の交換関係は，古典力学（解析力学）のポアソン括弧に非常によく似ています（両者の対応を**ディラックの規則**と呼びます）．

次節でも取り上げるハイゼンベルク描像と合わせて，解析力学（古典力学）と量子力学の対応についてまとめると以下の表のようになっています．ハイゼンベルク描像では，演算子 $\widehat{A}$ をユニタリ変換した $\widehat{A}_\mathrm{H}$ を考えることで，期待値を取らずに物理量（演算子）の時間発展を論じることができます．一方，シュレディンガー描像では波動関数を主体に考えているので，演算子 $\widehat{A}$ を時間に依存する波動関数で挟んで期待値を取ってやる必要があります．どちらにせよ，得られる結果は本質的に同じです．両者の違いは時間的に変動するのが波動関数であると見るか，演算子であると見るかという，見方の問題に過ぎません．

量子力学における 2 つの描像は，それぞれ時間に依存するのが波動関数か演算子かという違いだけ

	解析力学（古典力学） ポアソン括弧 $\{x,p\}_\mathrm{PB}=1$	量子力学 正準交換関係 $[\widehat{x},\widehat{p}]=i\hbar$	
物理量 A の時間発展	$\dfrac{d}{dt}A=\{A,H\}_\mathrm{PB}$	ハイゼンベルクの方程式 $\dfrac{d}{dt}\langle A\rangle=\dfrac{1}{i\hbar}\langle[\widehat{A},\widehat{H}]\rangle$ （シュレディンガー描像） $\langle A\rangle=\langle\psi(t)|\widehat{A}|\psi(t)\rangle$ $=\langle\psi(0)|e^{\frac{i\widehat{H}t}{\hbar}}\widehat{A}e^{-\frac{i\widehat{H}t}{\hbar}}|\psi(0)\rangle$	ハイゼンベルクの方程式 $\dfrac{d}{dt}\widehat{A}_\mathrm{H}=\dfrac{1}{i\hbar}[\widehat{A}_\mathrm{H},\widehat{H}]$ （ハイゼンベルク描像） $\widehat{A}_\mathrm{H}=e^{\frac{i\widehat{H}t}{\hbar}}\widehat{A}e^{-\frac{i\widehat{H}t}{\hbar}}$

基本問題 17.2 【重要】

一次元空間でハミルトニアンが
$$\widehat{H} = \frac{\widehat{p}^2}{2m} + V(x)$$
で与えられている．
(1) $\dfrac{d}{dt}\langle x \rangle$ を求めよ．
(2) $\dfrac{d}{dt}\langle p \rangle$ を求めよ．

方針 時間発展の公式（ハイゼンベルクの方程式）
$$\frac{d}{dt}\langle A \rangle = \frac{1}{i\hbar}\langle [\widehat{A}, \widehat{H}] \rangle$$
を用います．

【答案】 (1) まず $[\widehat{H}, \widehat{x}]$ を計算する．
$$[\widehat{H}, \widehat{x}] = \left[\frac{\widehat{p}^2}{2m} + V(x), \widehat{x}\right] = \frac{1}{2m}[\widehat{p}^2, \widehat{x}]$$
$$= \frac{1}{2m}\widehat{p}[\widehat{p}, \widehat{x}] + \frac{1}{2m}[\widehat{p}, \widehat{x}]\widehat{p} = -\frac{i\hbar\widehat{p}}{m}$$
よりハイゼンベルクの方程式から
$$\frac{d}{dt}\langle x \rangle = \frac{1}{m}\langle p \rangle$$
が得られる．

(2) まず $[\widehat{p}, \widehat{H}]$ を計算する．
$$[\widehat{p}, \widehat{H}] = \left[\frac{1}{2m}\widehat{p}^2 + V(x), \widehat{p}\right] = [V(x), \widehat{p}] = -i\hbar\frac{\partial V}{\partial x}$$
よりハイゼンベルクの方程式から
$$\frac{d}{dt}\langle p \rangle = -\left\langle \frac{\partial V}{\partial x} \right\rangle$$
が得られる．■

ポイント (1) と (2) の結果と合わせて
$$m\frac{d^2}{dt^2}\langle x \rangle = -\left\langle \frac{\partial V}{\partial x} \right\rangle$$
は**エーレンフェストの定理**と呼ばれます．ニュートンの運動方程式そっくりの式であり，量子力学における物理量の期待値が，古典力学そっくりに振る舞うものと解釈できそうです．しかし，例えば座標の期待値を引数としたポテンシャル $V(\langle x \rangle)$ と，ポテンシャルそのものの期待値 $\langle V(x) \rangle$ が一致するとは限らず，厳密な意味で古典力学の結果に一致しているわけではないことに注意して下さい．

❷ 時間発展演算子とハイゼンベルク描像

初期時刻の波動関数 $\psi(\boldsymbol{r},0)$ を用いて時刻 t の波動関数 $\psi(\boldsymbol{r},t)$ は次のように書けます．

$$\psi(\boldsymbol{r},t) = e^{-\frac{it\widehat{H}}{\hbar}} \psi(\boldsymbol{r},0)$$

さて，ここで現れた演算子 $\widehat{U}(t) = e^{-\frac{it\widehat{H}}{\hbar}}$ は波動関数を時間推進する演算子であり，**時間発展演算子**と呼ばれます．時間発展演算子を用いて物理量 $\widehat{A}$ の期待値が次のように表されることがわかりますね．

$$\langle \psi(t)|\widehat{A}|\psi(t)\rangle = \langle \psi(0)|\widehat{U}^{-1}(t)\widehat{A}\widehat{U}(t)|\psi(0)\rangle$$

左辺と右辺を比較してみましょう．左辺では時間に陽に依存しない演算子 $\widehat{A}$ について，両端から時刻 t の波動関数で挟んでやることで，時刻 t における物理量 A の期待値を表しています．それに対して，右辺では

$$\widehat{A}_H = \widehat{U}^{-1}\widehat{A}\widehat{U}$$

とおいたとき，演算子そのものが時間発展しており，両端から初期状態の波動関数で挟んでやることで，時刻 t における物理量 A の期待値を表しているといえます．

このように，同じ式でも"波動関数に時間発展を押しつけるのか"，"演算子に時間発展を押しつけるか"で2通りの見方があり，前者を**シュレディンガー描像**，後者を**ハイゼンベルク描像**と呼びます．両者は数学的に同値な表現ですが，ハイゼンベルク描像の方が（演算子そのものの時間発展がわかる分）物理量の"振舞い"が見やすくなるといえます．

そこで，ハイゼンベルク描像で演算子の時間発展を考えてみましょう．すでにハイゼンベルクの方程式

$$\frac{d}{dt}\langle A\rangle = \frac{1}{i\hbar}\langle [\widehat{A},\widehat{H}]\rangle$$

は紹介していますが，これをハイゼンベルク描像で書き直すと次のようになります．

$$\begin{aligned}
\frac{d}{dt}\widehat{A}_H &= \frac{d}{dt}\left\{\widehat{U}^{-1}(t)\widehat{A}\widehat{U}(t)\right\} = \frac{d}{dt}\left(e^{\frac{i\widehat{H}t}{\hbar}}\widehat{A}e^{-\frac{i\widehat{H}t}{\hbar}}\right) \\
&= \frac{i\widehat{H}}{\hbar}e^{\frac{i\widehat{H}t}{\hbar}}\widehat{A}e^{-\frac{i\widehat{H}t}{\hbar}} + e^{\frac{i\widehat{H}t}{\hbar}}\widehat{A}\frac{-i\widehat{H}}{\hbar}e^{-\frac{i\widehat{H}t}{\hbar}} \\
&= \frac{i}{\hbar}\left(e^{\frac{i\widehat{H}t}{\hbar}}\widehat{H}\widehat{A}e^{-\frac{i\widehat{H}t}{\hbar}} - e^{\frac{i\widehat{H}t}{\hbar}}\widehat{A}\widehat{H}e^{-\frac{i\widehat{H}t}{\hbar}}\right) \\
&= \frac{i}{\hbar}\widehat{U}^{-1}(t)[\widehat{H},\widehat{A}]\widehat{U}(t) = \frac{i}{\hbar}[\widehat{H},\widehat{A}_H]
\end{aligned}$$

ただし $e^{-\frac{i\widehat{H}t}{\hbar}}\widehat{H} = \widehat{H}e^{-\frac{i\widehat{H}t}{\hbar}}$ が成り立つ♠ことを用いました．

♠ 演習問題 17.1(1) 参照

❸ユニタリ演算子とユニタリ変換

ユニタリ演算子とは,

$$\widehat{U}^{-1} = \widehat{U}^\dagger$$

をみたす演算子として定義されます.

ここまでひたすらハイゼンベルクの方程式を中心として保存則を議論をしてきましたが, そもそも保存則は自然の対称性から現れるものであり, ここでは "対称性" を探し出す武器としてユニタリ変換を扱います. **ユニタリ変換**とは, 物理的に演算子を用いて時間や座標, 運動量などを動かす (推進したり反転したりする) 変換を指します. 例えば, 演算子 $\widehat{A}$ の, ハミルトニアンを用いたユニタリ変換は,

$$e^{\frac{i\widehat{H}t}{\hbar}} \widehat{A} e^{-\frac{i\widehat{H}t}{\hbar}}$$

と表されます.

ちょうどこれは (ハイゼンベルク描像で) 時間推進された演算子を表しており, 演算子 $\widehat{A}$ がユニタリ変換に対して不変 (つまり, 時間がどれだけ経過しても演算子そのものが不変) なら,

$$\widehat{U}(t) = e^{-\frac{it\widehat{H}}{\hbar}}$$

とおいて

$$\widehat{A} = \widehat{U}^{-1} \widehat{A} \widehat{U}$$
$$\therefore \quad [\widehat{A}, \widehat{U}] = 0$$

が成り立つことがいえますね. 実はこのとき, 時間発展演算子の性質から

$$[\widehat{A}, \widehat{H}] = 0$$

がいえます. これは $\widehat{A}$ が保存量である条件に一致しています.

ユニタリ変換に対して不変な量を見つけることで, 保存則や対称性が系統的に明らかになるわけです.

ユニタリ演算子の例

	ユニタリ演算子による波動関数の変換	パラメータ	古典物理との対応規則
時間並進	$\psi(x, t+\delta t) = e^{-\frac{i\widehat{H}\delta t}{\hbar}} \psi(x,t)$	δt は定数 (微少時間)	$H \leftrightarrow i\hbar \dfrac{\partial}{\partial t}$
空間並進	$\psi(x+\delta x, t) = e^{\frac{i\widehat{p}\delta x}{\hbar}} \psi(x,t)$	δx は定数 (微少距離)	$p \leftrightarrow -i\hbar \dfrac{\partial}{\partial x}$
軌道回転	$\psi(\varphi+\delta\varphi, t) = e^{\frac{i\widehat{l}_z\delta\varphi}{\hbar}} \psi(\varphi,t)$	$\delta\varphi$ は定数 (微少角度)	$l_z \leftrightarrow -i\hbar \dfrac{\partial}{\partial \varphi}$

基本問題 17.3

次の式をみたす演算子 $\widehat{U}$ について考えよう.
$$\widehat{U}|x\rangle = |-x\rangle$$
(1) $\widehat{U}$ はユニタリ演算子であることを示せ．また $\widehat{U}^2 = \widehat{1}$ が成り立つことを示せ．
(2) $\widehat{U}^{-1}\widehat{x}\widehat{U} = -\widehat{x}$ が成り立つことを示せ．
(3) $\widehat{U}^{-1}\widehat{p}\widehat{U} = -\widehat{p}$ が成り立つことを示せ．

方針 ここではパリティ変換の演算子を扱います．固有状態の変換で定義されているので，固有状態でひたすら挟んで考える必要があります．

【答案】(1) $\widehat{U}|x\rangle = |-x\rangle$ の左からさらに $\langle x'|\widehat{U}^\dagger$ を掛けて
$$\langle x'|\widehat{U}^\dagger \widehat{U}|x\rangle = \langle -x'|-x\rangle = \delta(x'-x) = \langle x'|x\rangle$$
$$\therefore \quad \widehat{U}^\dagger \widehat{U} = \widehat{1}$$
となり主張が示される．

また，$\widehat{U}\widehat{U}|x\rangle = \widehat{U}|-x\rangle = |x\rangle$ より $\widehat{U}^2 = \widehat{1}$ が示される．

(2) 与式から
$$\widehat{U}^{-1}\widehat{x}\widehat{U}|x\rangle = \widehat{U}^{-1}\widehat{x}|-x\rangle$$
$$= -x\widehat{U}|-x\rangle$$
$$= -x|x\rangle = -\widehat{x}|x\rangle$$
と計算され，これにより示せた．

(3) 演習問題 12.2 の結果より
$$\langle x|p\rangle = \frac{1}{\sqrt{2\pi\hbar}}e^{\frac{ipx}{\hbar}}$$
が成り立つので，
$$\langle p|\widehat{U}|x\rangle = \langle p|-x\rangle = \langle -p|x\rangle$$
として両辺のエルミート共役を取ると $\langle x|\widehat{U}|p\rangle = \langle x|-p\rangle$ となり，
$$\widehat{U}|p\rangle = |-p\rangle$$
が成り立つことがわかる．これより，(2) と同様に，
$$\widehat{U}^{-1}\widehat{p}\widehat{U}|p\rangle = \widehat{U}^{-1}\widehat{p}|-p\rangle$$
$$= -p\widehat{U}^{-1}|-p\rangle$$
$$= -p|p\rangle = -\widehat{p}|p\rangle$$
となり，所望の式が得られた．■

演習問題

━━ A ━━

17.1 [重要] **ユニタリ演算子の構成**

演算子の指数関数表示は次で定義される．
$$e^{\widehat{A}} = \widehat{1} + \widehat{A} + \frac{1}{2!}\widehat{A}^2 + \frac{1}{3!}\widehat{A}^3 + \cdots$$

(1) エルミート演算子 $\widehat{A}$ について，$\widehat{A}$ と $e^{\widehat{A}}$ が可換であることを示せ．
(2) 実数 a とエルミート演算子 $\widehat{A}$ による演算子 $e^{ia\widehat{A}}$ はユニタリ演算子であることを示せ．

━━ B ━━

17.2 交換関係の公式

演算子 $\widehat{A}, \widehat{B}$ について次が成り立つことを示せ．
$$e^{\widehat{A}} \widehat{B} e^{-\widehat{A}} = \widehat{B} + [\widehat{A}, \widehat{B}] + \frac{1}{2!}[\widehat{A}, [\widehat{A}, \widehat{B}]] + \cdots$$

17.3 ベイカー–キャンベル–ハウスドルフの公式

演算子 $\widehat{A}, \widehat{B}$ について次が成り立つことを示せ．
$$\exp(\widehat{A})\exp(\widehat{B}) = \exp\left(\widehat{A} + \widehat{B} + \frac{1}{2}[\widehat{A}, \widehat{B}] + \cdots\right)$$

17.4 [重要] **座標推進演算子**

a を定数とする．演算子 $\widehat{U} = e^{-\frac{ia\widehat{p}}{\hbar}}$ について，以下の問いに答えよ．
(1) $\widehat{U}$ はユニタリ演算子であることを示せ．
(2) 座標 $\widehat{x}$ をユニタリ変換せよ．すなわち $\widehat{U}^{-1}\widehat{x}\widehat{U}$ を計算せよ．

17.5 波動関数のガリレイ変換

$$\widehat{\mathcal{U}} = \exp\left\{\frac{i}{\hbar}(mv\widehat{x} - vt\widehat{p})\right\}$$

なる演算子を定める．
(1) この演算子はユニタリ演算子であることを示し，座標と運動量が次で変換されることを示せ．
$$\widehat{x} \mapsto \widehat{\mathcal{U}}^{-1}\widehat{x}\widehat{\mathcal{U}} = \widehat{x} + vt$$
$$\widehat{p} \mapsto \widehat{\mathcal{U}}^{-1}\widehat{p}\widehat{\mathcal{U}} = \widehat{p} + mv$$

(2) 演習問題 17.3 の結果から次が成り立つことを示せ．
$$i\hbar \frac{d}{dt}\widehat{\mathcal{U}} = \widehat{\mathcal{U}} v\widehat{p} + \widehat{\mathcal{U}}\frac{mv^2}{2}$$

(3) 状態ベクトル $|\psi(t)\rangle$ は，ガリレイ変換のもとで次のように変換される．
$$|\psi(t)\rangle \mapsto |\psi'(t)\rangle = \exp\left\{\frac{i}{\hbar}(mv\widehat{x} - vt\widehat{p})\right\}|\psi(t)\rangle$$
ガリレイ変換されたハミルトニアンを $\widehat{H}'$ で表す．シュレディンガー方程式がガリレイ変換で不変のとき，$\widehat{H}'$ が次の関係をみたすことを示せ．
$$\widehat{\mathcal{U}}\left(v\widehat{p} + \frac{mv^2}{2} + \widehat{H}\right)\widehat{\mathcal{U}}^{-1} = \widehat{H}'$$
(4) 自由粒子を想定し $\widehat{H}' = \frac{\widehat{p}^2}{2m}$ とするとき，$\widehat{H}$ を求めよ．

17.6 [重要] スピン（回転）演算子によるユニタリ行列

次のパウリ行列を考える．
$$\sigma_x = \begin{pmatrix} 0 & 1 \\ 1 & 0 \end{pmatrix}, \quad \sigma_y = \begin{pmatrix} 0 & -i \\ i & 0 \end{pmatrix}, \quad \sigma_z = \begin{pmatrix} 1 & 0 \\ 0 & -1 \end{pmatrix}$$

(1) $\sigma_z^2 = 1$（単位行列）に注意して $U_z(\theta) \equiv e^{-i\theta\sigma_z}$ が次のようになることを示せ．
$$U_z(\theta) = \begin{pmatrix} e^{-i\theta} & 0 \\ 0 & e^{i\theta} \end{pmatrix}$$

(2) σ_x, σ_y のユニタリ変換
$$\sigma'_x = U_z^\dagger\left(\frac{\theta}{2}\right)\sigma_x U_z\left(\frac{\theta}{2}\right), \quad \sigma'_y = U_z^\dagger\left(\frac{\theta}{2}\right)\sigma_y U_z\left(\frac{\theta}{2}\right)$$
を求め，σ'_x, σ'_y を σ_x, σ_y の線形結合を用いて表せ．

17.7 等加速度直線運動（古典力学との対応）

一次元系において質量 m の粒子がハミルトニアン $\widehat{H} = \frac{\widehat{p}^2}{2m} + V(x)$ のもとで運動している．
(1) 時刻 $t = 0$ での波動関数を $\psi(x,0) = \varphi(x)$ とするとき，$\psi(x,t) = U(t)\varphi(x)$（ただし $U(t) = e^{-\frac{it}{\hbar}\widehat{H}}$）はシュレディンガー方程式の解となることを示せ．
(2) 交換関係 $[\widehat{x}, \widehat{H}]$ および $[\widehat{p}, \widehat{H}]$ を計算せよ．
(3) 任意の演算子 $\widehat{Q}$ に対して，そのハイゼンベルク描像 $\widehat{Q}_\mathrm{H}(t)$ を
$$\widehat{Q}_\mathrm{H}(t) = U(t)^{-1}\widehat{Q}U(t)$$
で定義する．このとき，次の関係が成立することを示せ．
$$\frac{d}{dt}\widehat{x}_\mathrm{H}(t) = \frac{1}{m}\widehat{p}_\mathrm{H}(t)$$
(4) ポテンシャルが $V(x) = ax + b$ で与えられているとき，$\widehat{x}_\mathrm{H}(t) = x + \frac{\widehat{p}}{m}t - \frac{1}{2m}at^2$ となることを示せ．ただし a, b は実定数である．

第18章　角運動量の合成
——$\frac{1}{2}+\frac{1}{2}$合成が最重要問題

Contents

Section ❶ 状態の表記と次元
Section ❷ クレプシュ–ゴルダン係数

キーポイント
一番上の状態を作って，1つずつ下降演算子を掛けていけ．

単一粒子について，軌道角運動量とスピン角運動量のなす相互作用（LS結合）についてハミルトニアンを対角化する場合や2粒子スピン同士の相互作用についてハミルトニアンを対角化する場合において，2つの角運動量を合成する手法が役に立ちます．

❶状態の表記と次元

まず，2つの独立な角運動量を用意します（例えば軌道角運動量とスピン，あるいは2つの粒子のスピン同士，などなど）．この2つの角運動量を合成して新しい角運動量を作りその固有状態を調べる，というのがこの節の主題です．例えばLS結合（演習問題18.3）などのハミルトニアンを書き下す際に，この手法が役に立ちます．

独立な2つの角運動量 $\hat{j}_1$ と $\hat{j}_2$ に対し[♠1]，それぞれの固有方程式が次のように書けるとします[♠2]．

$$(※) \begin{cases} \hat{j}_1^2 |j_1 m_1\rangle = j_1(j_1+1) |j_1 m_1\rangle \\ \hat{j}_2^2 |j_2 m_2\rangle = j_2(j_2+1) |j_2 m_2\rangle \\ \hat{j}_{1z} |j_1 m_1\rangle = m_1 |j_1 m_1\rangle \\ \hat{j}_{2z} |j_2 m_2\rangle = m_2 |j_2 m_2\rangle \end{cases}$$

2つの固有状態 $|j_1 m_1\rangle$ と $|j_2 m_2\rangle$ からなる直積状態を

$$|j_1 m_1 j_2 m_2\rangle \equiv |j_1 m_1\rangle \otimes |j_2 m_2\rangle \quad (= |j_1 m_1\rangle |j_2 m_2\rangle)$$

で定義します．これは単に「1つ目の角運動量の固有値が j_1, m_1（の組）で，かつ，2つ目の角運動量の固有値が j_2, m_2（の組）で与えられる状態」を表しているに過ぎません．

例えばこの直積状態に左から $\hat{j}_{1z}$ を掛けてみましょう．これで固有値 m_1 が得られ，

[♠1] $\hat{j}_1$ と $\hat{j}_2$ が独立であるとは，各成分がそれぞれ可換で $[\hat{j}_{1k}, \hat{j}_{2l}] = 0$ が成り立つことをいいます．

[♠2] 角運動量 $\hat{j}$ が1つ決まると，$\hat{j}^2$ と $\hat{j}_z$ が可換（同時対角化可能）であるために同じ固有状態を共有する固有方程式が2つ現れます．ここでは角運動量が2つあるので，合計4つの固有方程式が現れるわけです．

18.1 状態の表記と次元

$$\widehat{j}_{1z}|j_1m_1j_2m_2\rangle = m_1|j_1m_1j_2m_2\rangle$$

が成り立ちます.

この式をもう少し丁寧な書き方で与えておきます.

$$\widehat{j}_{1z}|j_1m_1j_2m_2\rangle = \widehat{j}_{1z}|j_1m_1\rangle\otimes|j_2m_2\rangle = m_1|j_1m_1\rangle\otimes|j_2m_2\rangle$$
$$= m_1|j_1m_1j_2m_2\rangle$$

では左から $\widehat{j}_2^2$ を掛けるとどうなるでしょうか？
次のようになります.

$$\widehat{j}_2^2|j_1m_1j_2m_2\rangle = |j_1m_1\rangle\otimes\widehat{j}_2^2|j_2m_2\rangle = |j_1m_1\rangle\otimes j_2(j_2+1)|j_2m_2\rangle$$
$$= j_2(j_2+1)|j_1m_1j_2m_2\rangle$$

これらの結果をまとめると，固有方程式群（※）から次が成り立つことがわかります.

$$\widehat{j}_{1z}|j_1m_1j_2m_2\rangle = m_1|j_1m_1j_2m_2\rangle$$
$$\widehat{j}_1^2|j_1m_1j_2m_2\rangle = j_1(j_1+1)|j_1m_1j_2m_2\rangle$$
$$\widehat{j}_{2z}|j_1m_1j_2m_2\rangle = m_2|j_1m_1j_2m_2\rangle$$
$$\widehat{j}_2^2|j_1m_1j_2m_2\rangle = j_2(j_2+1)|j_1m_1j_2m_2\rangle$$

このようにして直積状態に演算子がどのように掛かるかを記述してやるわけです．これで直積状態の記述についての準備は整いました.

次に合成演算子と合成状態を定義しましょう．角運動量 $\widehat{\boldsymbol{j}}_1$ と $\widehat{\boldsymbol{j}}_2$ の和（**合成角運動量**）を $\widehat{\boldsymbol{j}} = \widehat{\boldsymbol{j}}_1 + \widehat{\boldsymbol{j}}_2$ で定めます．

次に $\widehat{j}^2, \widehat{j}_z$ の固有方程式を次のように与えます．

$$\widehat{j}^2|j_1j_2jm\rangle = j(j+1)|j_1j_2jm\rangle, \quad \widehat{j}_z|j_1j_2jm\rangle = m|j_1j_2jm\rangle$$

ここで $\widehat{j}^2, \widehat{j}_z$ が可換なのは非自明なことに注意して下さい（演習問題 18.1）．また，安易に $j = j_1 + j_2$ などと書かないように注意して下さい．$|j_1j_2jm\rangle$ を**合成状態**と呼びます．

以上で 2 つの角運動量を記述する方法が直積状態と合成状態の 2 通りあることを見ました．本章のメインは直積状態から合成状態への変換です．状態の書換えを敢行する前に何をすべきか，あらかじめ列挙しておきます．

- 直積状態も合成状態も次元（状態ケットの数）は一緒.
  → それぞれいくつあるのか数えておく.
- 要領よく書換えを行うためにはどの手順に従えば良いか.
  → 状態の書換えで現れる係数を調べる.

次元を数えるために，まずは次の基本問題に取り組んでみましょう．

基本問題 18.1 　　　　　　　　　　　　　　　　　　　　　　　　　重要

一般に大きさ j_1 で z 成分の値が m_1 の角運動量と，大きさ j_2 で z 成分の値が m_2 の角運動量を合成し，合成状態 $|jm\rangle$ を作るとする．j の取りうる値が $j = j_1 + j_2, j_1 + j_2 - 1, \cdots, |j_1 - j_2|$ であることを示せ．

方針　単純なベクトルの合成を考えれば妥当な結果だとわかります．直積状態がいくつあるか，一方で合成状態がいくつあるか数え，両者が一致することを確かめましょう．

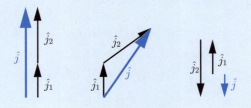

【答案】 $\hat{j}_1^2$ と $\hat{j}_{1z}$ の同時固有状態を $|j_1 m_1\rangle$ とし，$\hat{j}_2^2$ と $\hat{j}_{2z}$ の同時固有状態を $|j_2 m_2\rangle$ とする．このとき，以下が成り立つ．

$$\hat{j}_1^2 |j_1 m_1\rangle = j_1(j_1+1)|j_1 m_1\rangle, \quad \hat{j}_{1z}|j_1 m_1\rangle = m_1|j_1 m_1\rangle$$
$$\hat{j}_2^2 |j_2 m_2\rangle = j_2(j_2+1)|j_2 m_2\rangle, \quad \hat{j}_{2z}|j_2 m_2\rangle = m_2|j_2 m_2\rangle$$

ただし $m_1 = -j_1, -j_1+1, \cdots, j_1-1, j_1$, $m_2 = -j_2, -j_2+1, \cdots, j_2-1, j_2$ であり，$\max(m_1) = j_1$, $\max(m_2) = j_2$ が成り立つ．

合成角運動量 $\hat{j} = \hat{j}_1 + \hat{j}_2$ を構成する．ここで $\hat{j}_z = \hat{j}_{1z} + \hat{j}_{2z}$ とする．

まず $\hat{j}_1^2, \hat{j}_{1z}, \hat{j}_2^2, \hat{j}_{2z}$ の同時固有状態 $|j_1 m_1 j_2 m_2\rangle \equiv |j_1 m_1\rangle \otimes |j_2 m_2\rangle$ と，$\hat{j}^2, \hat{j}_z, \hat{j}_1^2, \hat{j}_2^2$ の同時固有状態 $|j_1 j_2 j m\rangle$ について扱う．状態の数は等しく，どちらのケットも $\hat{j}_z = \hat{j}_{1z} + \hat{j}_{2z}$ の固有関数である $\cdots$ ①

ここで $|j_1 m_1\rangle$ が $(2j_1+1)$ 個だけあり，$|j_2 m_2\rangle$ が $(2j_2+1)$ 個だけ存在するので $|j_1 m_1 j_2 m_2\rangle \equiv |j_1 m_1\rangle \otimes |j_2 m_2\rangle$ は $(2j_1+1)(2j_2+1)$ 個だけ存在する．また①より

$$\hat{j}_z |j_1 m_1 j_2 m_2\rangle = (m_1 + m_2)|j_1 m_1 j_2 m_2\rangle \qquad ②$$

である．ここで $m_1 + m_2 = -j_1 - j_2, -j_1 - j_2 + 1, \cdots, j_1 + j_2$ である．

次に①を考慮して次のように書ける．

$$\hat{j}_z |j_1 j_2 j m\rangle = m |j_1 j_2 j m\rangle \qquad ③$$

②，③より $m = m_1 + m_2$ であり，m の最大値は $j_1 + j_2$ に一致する．また，j の最小値を M とおくと，基底の数の比較により

$$(2j_1+1)(2j_2+1) = \sum_{j=M}^{j_1+j_2}(2j+1) = (j_1+j_2)^2 - M^2 + 2(j_1+j_2) + 1$$

から $M = |j_1 - j_2|$ となり，所望の結果を得る．■

❷ クレプシュ–ゴルダン係数

合成状態 $|j_1 j_2 jm\rangle$ を直積状態 $|j_1 m_1 j_2 m_2\rangle$ で次のように展開してみましょう.

$$|j_1 j_2 jm\rangle = \sum_{m_1, m_2} C^{j,m}_{m_1, m_2} |j_1 m_1 j_2 m_2\rangle$$

ここで現れる係数 $C^{j,m}_{m_1, m_2}$ を**クレプシュ–ゴルダン係数**と呼びます. クレプシュ–ゴルダン係数を全て求めれば直積状態から合成状態への書換えが完了するわけです. ではどうすれば良いか.

角運動量の節で角運動量の固有状態を全て列挙するために昇降演算子を用いたことを思い出しましょう. ここでも合成角運動量の昇降演算子を新しく作ります.

$$\widehat{j}_\pm \equiv \widehat{j}_{1\pm} \pm \widehat{j}_{2\pm}$$

ここで合成角運動量の昇降演算子は次の関係式をみたします.

$$\widehat{j}_\pm |j_1 j_2 jm\rangle = \sqrt{(j \mp m)(j \pm m + 1)} |j_1 j_2 j(m \pm 1)\rangle$$

次のステップに従って全ての固有状態を求めていきましょう.

(1) $m_1 = j_1, m_2 = j_2$ (それぞれの z 成分が最大) の状態を作る.
 (このとき直積状態 $|j_1 j_1 j_2 j_2\rangle$ と合成状態 $|j_1 j_2 (j_1 + j_2)(j_1 + j_2)\rangle$ は完全に一致します)
(2) (1) で作った式 $|j_1 j_1 j_2 j_2\rangle = |j_1 j_2 (j_1 + j_2)(j_1 + j_2)\rangle$ 両辺に合成角運動量の下降演算子を掛け続け, 合成状態を生成する.
(3) 残りの状態がいくつか確かめて, 直交条件から決定する.

これらステップが完了すれば, 同時にクレプシュ–ゴルダン係数が全て決まります.
一般的なケースを扱うと話が長くなるので, 次の基本問題 18.2 では $j_1 = \frac{1}{2}, j_2 = \frac{1}{2}$ の場合について具体的に考えてみましょう. これは電子スピンの合成に相当します.

下降演算子の掛かり方

$$\widehat{j}_- |j_1 j_2 jm\rangle = \sqrt{(j+m)(j-m+1)} |j_1 j_2 j(m-1)\rangle$$

$$\begin{aligned}
\widehat{j}_- |j_1 m_1 j_2 m_2\rangle &= (\widehat{j}_{1-} + \widehat{j}_{2-}) |j_1 m_1 j_2 m_2\rangle \\
&= \widehat{j}_{1-} |j_1 m_1\rangle \otimes |j_2 m_2\rangle + |j_1 m_1\rangle \otimes \widehat{j}_{2-} |j_2 m_2\rangle \\
&= \sqrt{(j_1 + m_1)(j_1 - m_1 + 1)} |j_1 (m_1 - 1) j_2 m_2\rangle \\
&\quad + \sqrt{(j_2 + m_2)(j_2 - m_2 + 1)} |j_1 m_1 j_2 (m_2 - 1)\rangle
\end{aligned}$$

この二式を応用して状態を生成していきます. 例えば $m_1 = j_1, m_2 = j_2$ のときは上の二式が一致します.

基本問題 18.2 【重要】

2つの電子からなる合成系について考えよう．
(1) 1個の電子について，スピンの大きさを答え，2電子合成スピン j の取りうる大きさを全て答えよ．
(2) 独立な2つの電子スピンからなる直積状態は $\left|\frac{1}{2}\right\rangle_1 \left|\frac{-1}{2}\right\rangle_2$ などを含めて4種類ある．これらを全て書き下せ．（添字はそれぞれの電子の番号を表す）
(3) (2)で求めた4つの状態を用いて合成スピン系の固有状態 $\left|\frac{1}{2}\frac{1}{2}jm\right\rangle$ を全て（規格化して）表せ．
(4) 合成スピンの固有状態について，すべてのクレプシュ–ゴルダン係数を決定せよ．

方針 ここでは $\left|\frac{1}{2}\frac{1}{2}jm\right\rangle$ を $|jm\rangle$ と略記することにします．まずは①合成状態 $|11\rangle$ を作り，②下降演算子を作用させ $|10\rangle, |1-1\rangle$ を決定し，③直交条件から $|00\rangle$ を求めます．

【答案】 (1) 電子スピンは $\frac{1}{2}$ であり，2電子合成スピン j の取りうる大きさは次の2通り．
$$j = \left|\frac{1}{2} \pm \frac{1}{2}\right| = 1, 0 \quad \text{（基本問題 18.1 を参照）}$$

(2)
$$\left|\frac{1}{2}\right\rangle_1 \left|\frac{1}{2}\right\rangle_2, \left|\frac{-1}{2}\right\rangle_1 \left|\frac{1}{2}\right\rangle_2, \left|\frac{1}{2}\right\rangle_1 \left|\frac{-1}{2}\right\rangle_2, \left|\frac{-1}{2}\right\rangle_1 \left|\frac{-1}{2}\right\rangle_2$$

の4つ．

(3) まず
$$|11\rangle = \left|\frac{1}{2}\right\rangle_1 \left|\frac{1}{2}\right\rangle_2$$
$$(= |\uparrow\rangle_1 |\uparrow\rangle_2)$$

であり，これに下降演算子を作用させると
$$\hat{j}_- |11\rangle = \sqrt{2} |10\rangle$$
$$\hat{j}_- \left|\frac{1}{2}\right\rangle_1 \left|\frac{1}{2}\right\rangle_2 = (\hat{j}_{1-} + \hat{j}_{2-}) \left|\frac{1}{2}\right\rangle_1 \left|\frac{1}{2}\right\rangle_2$$
$$= \left|\frac{-1}{2}\right\rangle_1 \left|\frac{1}{2}\right\rangle_2 + \left|\frac{1}{2}\right\rangle_1 \left|\frac{-1}{2}\right\rangle_2$$

と書け，これより
$$|10\rangle = \frac{\left|\frac{-1}{2}\right\rangle_1 \left|\frac{1}{2}\right\rangle_2 + \left|\frac{1}{2}\right\rangle_1 \left|\frac{-1}{2}\right\rangle_2}{\sqrt{2}}$$
$$\left(= \frac{|\downarrow\rangle_1 |\uparrow\rangle_2 + |\uparrow\rangle_1 |\downarrow\rangle_2}{\sqrt{2}}\right)$$

を得る．
さらにこれに下降演算子を作用させると

18.2 クレプシュ–ゴルダン係数

$$\hat{j}_- |10\rangle = \sqrt{2}|1-1\rangle$$

$$\hat{j}_- \frac{|\tfrac{-1}{2}\rangle_1|\tfrac{1}{2}\rangle_2 + |\tfrac{1}{2}\rangle_1|\tfrac{-1}{2}\rangle_2}{\sqrt{2}} = (\hat{j}_{1-} + \hat{j}_{2-})\frac{|\tfrac{-1}{2}\rangle_1|\tfrac{1}{2}\rangle_2 + |\tfrac{1}{2}\rangle_1|\tfrac{-1}{2}\rangle_2}{\sqrt{2}}$$

$$= \sqrt{2}\left|\frac{-1}{2}\right\rangle_1\left|\frac{-1}{2}\right\rangle_2$$

となり,

$$|1-1\rangle = \left|\frac{-1}{2}\right\rangle_1\left|\frac{-1}{2}\right\rangle_2 \quad (=|\downarrow\rangle_1|\downarrow\rangle_2)$$

を得る.

最後に $|10\rangle$ と直交する状態を次のように取ることができる.

$$|00\rangle = \frac{|\tfrac{1}{2}\rangle_1|\tfrac{-1}{2}\rangle_2 - |\tfrac{-1}{2}\rangle_1|\tfrac{1}{2}\rangle_2}{\sqrt{2}} \quad \left(= \frac{|\uparrow\rangle_1|\downarrow\rangle_2 - |\downarrow\rangle_1|\uparrow\rangle_2}{\sqrt{2}}\right)$$

これで全ての合成状態が作れた.

(3) の結果を並べると次の通り.

$$|11\rangle = \left|\frac{1}{2}\right\rangle_1\left|\frac{1}{2}\right\rangle_2$$

$$|10\rangle = \frac{|\tfrac{-1}{2}\rangle_1|\tfrac{1}{2}\rangle_2 + |\tfrac{1}{2}\rangle_1|\tfrac{-1}{2}\rangle_2}{\sqrt{2}}$$

$$|1-1\rangle = \left|\frac{-1}{2}\right\rangle_1\left|\frac{-1}{2}\right\rangle_2$$

$$|00\rangle = \frac{|\tfrac{1}{2}\rangle_1|\tfrac{-1}{2}\rangle_2 - |\tfrac{-1}{2}\rangle_1|\tfrac{1}{2}\rangle_2}{\sqrt{2}}$$

これらの係数がクレプシュ–ゴルダン係数である.

$$C^{11}_{\tfrac{1}{2}\tfrac{1}{2}} = \left\langle \frac{1}{2}\frac{1}{2}\Big|11\right\rangle = 1$$

$$C^{10}_{\tfrac{-1}{2}\tfrac{1}{2}} = \left\langle \frac{-1}{2}\frac{1}{2}\Big|10\right\rangle = \frac{1}{\sqrt{2}}$$

$$C^{10}_{\tfrac{1}{2}\tfrac{-1}{2}} = \left\langle \frac{1}{2}\frac{-1}{2}\Big|10\right\rangle = \frac{1}{\sqrt{2}}$$

$$C^{1-1}_{\tfrac{-1}{2}\tfrac{-1}{2}} = \left\langle \frac{-1}{2}\frac{-1}{2}\Big|1-1\right\rangle = 1$$

$$C^{00}_{\tfrac{1}{2}\tfrac{-1}{2}} = \left\langle \frac{1}{2}\frac{-1}{2}\Big|00\right\rangle = \frac{1}{\sqrt{2}}$$

$$C^{00}_{\tfrac{-1}{2}\tfrac{1}{2}} = \left\langle \frac{-1}{2}\frac{1}{2}\Big|00\right\rangle = -\frac{1}{\sqrt{2}} \quad\blacksquare$$

演習問題

――― A ―――

18.1 [重要] 交換関係

合成角運動量

$$J = J_1 + J_2$$

の交換関係 $[\hat{j}^2, \hat{j}_z]$ を計算せよ．

――― B ―――

18.2 $1 + \frac{1}{2}$ 合成

$j_1 = 1$ および $j_2 = \frac{1}{2}$ の場合に，全ての合成状態を直積状態の線形結合で表せ．

18.3 [重要] LS 結合

スピン $\frac{1}{2}$ を持つ粒子が，中心力ポテンシャル中を運動し，軌道角運動量 $l = 1$ の状態にある．スピン軌道相互作用 $\lambda \hat{\boldsymbol{l}} \cdot \hat{\boldsymbol{s}}$（$\lambda$ は定数）が加わった場合を考えると，この場合の全系のハミルトニアンは次式で与えられる．

$$\hat{H} = \frac{\hat{p}^2}{2m} + V(r) + \lambda \hat{\boldsymbol{l}} \cdot \hat{\boldsymbol{s}}$$

(1) この粒子の全角運動量はいくらを取るか．
(2) $\hat{\boldsymbol{l}} \cdot \hat{\boldsymbol{s}}$ を全角運動量 $\hat{\boldsymbol{j}}$ $(= \hat{\boldsymbol{l}} + \hat{\boldsymbol{s}})$，軌道角運動量 $\hat{\boldsymbol{l}}$，スピン角運動量 $\hat{\boldsymbol{s}}$ を用いて表せ．
(3) (2) の結果を用いて，スピン軌道相互作用が有限の大きさを持つ場合について，異なる状態間のエネルギー分裂を調べよ．

18.4 ランデの g 因子

軌道角運動量 $\boldsymbol{L}$，スピン角運動量 $\boldsymbol{S}$ の合成角運動量を $\boldsymbol{J} = \boldsymbol{L} + \boldsymbol{S}$ で表す．
(1) $\hat{\boldsymbol{J}}$ の固有状態 $|Jm\rangle$ に対して，次が成り立つことを示せ．

$$\langle Jm | \hat{\boldsymbol{L}} \cdot \hat{\boldsymbol{S}} | Jm \rangle = \frac{\hbar^2}{2} \{ J(J+1) - L(L+1) - S(S+1) \}$$

(2) ベクトル $\hat{\boldsymbol{L}} + 2\hat{\boldsymbol{S}}$ を $\hat{\boldsymbol{J}}$ に平行な部分と垂直な部分に分けて

$$\hat{\boldsymbol{L}} + 2\hat{\boldsymbol{S}} = g_J \hat{\boldsymbol{J}} + \hat{\boldsymbol{J}}'$$

と書く．$\hat{\boldsymbol{J}}'$ は $\hat{\boldsymbol{J}}$ に垂直なベクトルである．このとき，g_J が次のように決まることを示せ．

$$g_J = \frac{3}{2} + \frac{S(S+1) - L(L+1)}{2J(J+1)}$$

18.5 重要 電子スピン合成

一様な静磁場にスピン $\frac{1}{2}$ を持った 2 つの粒子が静止しており，粒子には次の相互作用が働いている．

$$H = -\mu\boldsymbol{\sigma}_1\cdot\boldsymbol{B} - \mu\boldsymbol{\sigma}_2\cdot\boldsymbol{B} + v\boldsymbol{\sigma}_1\cdot\boldsymbol{\sigma}_2$$

ただし μ, v は定数で $\boldsymbol{B}$ は大きさ B の磁場であり，z 軸正方向を向いている．1, 2 は粒子の番号を表す．また，$\boldsymbol{\sigma}$ はパウリ行列ベクトルである．

(1) 合成スピン

$$\boldsymbol{\sigma} = \boldsymbol{\sigma}_1 + \boldsymbol{\sigma}_2$$

を用いてハミルトニアンを表し，ハミルトニアンの固有値を全て求めよ．

(2) 時刻 $t=0$ において合成スピンが x 軸正方向を向いていたとする．時刻 t における S_x の期待値を計算せよ．

18.6 クレプシュ-ゴルダン係数の漸化式

次の漸化式が成り立つことを示せ．

$$\sqrt{(j\pm m)(j\mp m+1)}\, C^{j,m\mp 1}_{m_1 m_2} = \sqrt{(j_1\pm m_1+1)(j_1\mp m_1)}\, C^{jm}_{m_1\pm 1, m_2} \\ + \sqrt{(j_2\pm m_2+1)(j_2\mp m_2)}\, C^{jm}_{m_1, m_2\pm 1}$$

18.7 1+1 合成

$j_1 = 1$ および $j_2 = 1$ の場合に，全ての合成状態を直積状態の線形結合で表せ．

18.8 電子の LS 合成

電子の軌道角運動量 l とスピン角運動量を合成せよ．

第19章 磁場中の荷電粒子
——ベクトルポテンシャルがどう絡んでくるか見極めよう

- Section ❶ シュレディンガー方程式の書換え
- Section ❷ 力学的運動量の交換関係
- Section ❸ 具体問題とランダウ準位

キーポイント
力学的運動量の交換関係を使いこなせ！

ハミルトニアンは，結果的に第 6 章や第 13 章で扱った調和振動子と同じ形に帰着できます．ここでは，磁場中の荷電粒子について考える際，1 つの磁場を与えるベクトルポテンシャルはただ 1 つに定まらないことに注意しましょう（これらのベクトルポテンシャルは，互いに**ゲージ変換**で変換されます）．そのため，ベクトルポテンシャルをうまく都合のよいものを選んで計算することが重要です．

❶ シュレディンガー方程式の書換え

本章のテーマは静磁場[♠1] B 中の荷電粒子についてシュレディンガー方程式を書き下し，これを解くことにあります．そのために，まずは磁場中のハミルトニアンを用意する必要があります．ベクトルポテンシャル A を，

$$B = \nabla \times A$$

をみたすように取ります．これまでとの最大の違いは，運動量が次のように書けることです[♠2]．c, e はそれぞれ光速，電荷を表します．

$$\widehat{\Pi} = -i\hbar\nabla - \frac{e}{c}A$$

$\widehat{\Pi}$ を**力学的運動量**と呼びます．ここではこの事実を認めて先に進むことにします[♠3]．ハミルトニアンは力学的運動量を用いて次のように書けます．

$$\widehat{H} = \frac{1}{2m}\widehat{\Pi}^2$$

[♠1] 静磁場とは，時間的に変化しない外部磁場のことです．

[♠2] 磁場が物理量である以上，ベクトルポテンシャルも量子化する必要がありますが，ここでは難しい（必要ない）ので行いません．

[♠3] 磁場中の粒子の運動量がこのように書けるのは，解析力学の手続きによるものです．演習問題 19.1 で，この手続きについて解説します．

❷ 力学的運動量の交換関係

調和振動子束縛問題に帰着させましょう．その準備として，力学的運動量演算子の交換関係と，生成・消滅演算子に対応する演算子をどう構成するかについて見ていきます．

基本問題 19.1

力学的運動量演算子 $\widehat{\Pi}_i$ について，次の交換関係が成り立つことを示せ．
$$[\widehat{\Pi}_i, \widehat{\Pi}_j] = \frac{i\hbar e}{c}\varepsilon_{ijk}B_k$$

方針 $\widehat{\Pi}_i = \widehat{p}_i - \frac{e}{c}A_i$ であり，$\widehat{p}_i$ は正準交換関係 $[\widehat{x}_i, \widehat{p}_j] = i\hbar\delta_{ij}$, $[\widehat{p}_i, \widehat{p}_j] = 0$ をみたす正準運動量です．また，$\widehat{\boldsymbol{a}} \times \widehat{\boldsymbol{b}} = \widehat{\boldsymbol{c}}$ ならば $\widehat{a}_i\widehat{b}_j - \widehat{a}_j\widehat{b}_i = \varepsilon_{ijk}\widehat{c}_k$ が成り立つことを用います．

【答案】
$$[\widehat{\Pi}_i, \widehat{\Pi}_j] = \left[\widehat{p}_i - \frac{e}{c}A_i, \widehat{p}_j - \frac{e}{c}A_j\right] = [\widehat{p}_i, \widehat{p}_j] - \frac{e}{c}[\widehat{p}_i, A_j] - \frac{e}{c}[A_i, \widehat{p}_j] + \left(\frac{e}{c}\right)^2[A_i, A_j]$$
$$= -\frac{e}{c}[\widehat{p}_i, A_j] - \frac{e}{c}[A_i, \widehat{p}_j]$$

であり，ここで
$$[\widehat{p}_i, A_j]f = \left\{-i\hbar\left(\frac{\partial A_j}{\partial x_i}\right)f + (-i\hbar)A_j\frac{\partial f}{\partial x_i}\right\} - A_j\left(-i\hbar\frac{\partial f}{\partial x_i}\right) = -i\hbar\left(\frac{\partial A_j}{\partial x_i}\right)f$$

$$\therefore \quad [\widehat{p}_i, A_j] = -i\hbar\left(\frac{\partial A_j}{\partial x_i}\right)$$

が成り立つから，結局下記の結果が得られる．
$$[\widehat{\Pi}_i, \widehat{\Pi}_j] = -\frac{e}{c}(-i\hbar)\left(\frac{\partial A_j}{\partial x_i} - \frac{\partial A_i}{\partial x_j}\right) = \frac{i\hbar e}{c}\varepsilon_{ijk}B_k \qquad \blacksquare$$

次の基本問題で，力学的運動量を用いて生成・消滅演算子と同等の演算子を作ります．

基本問題 19.2

演算子 $\widehat{b} = \sqrt{\frac{c}{2eB_z\hbar}}(-i\widehat{\Pi}_x + \widehat{\Pi}_y)$ に対して，交換関係 $[\widehat{b}, \widehat{b}^\dagger] = 1$ を示せ．

方針 $\widehat{\Pi}_i$ がエルミート演算子であることに注意してください．前問の結果を用います．

【答案】 次のように計算できる．
$$[\widehat{b}, \widehat{b}^\dagger] = \frac{c}{2eB_z\hbar}[-i\widehat{\Pi}_x + \widehat{\Pi}_y, i\widehat{\Pi}_x + \widehat{\Pi}_y]$$
$$= \frac{c}{2eB_z\hbar}(-i[\widehat{\Pi}_x, \widehat{\Pi}_y] + i[\widehat{\Pi}_y, \widehat{\Pi}_x]) = \frac{c}{2eB_z\hbar}\left(\frac{e\hbar}{c}B_z + \frac{e\hbar}{c}B_z\right) = 1$$

これより，$[\widehat{b}, \widehat{b}^\dagger] = 1$ が得られる． $\blacksquare$

❸ 具体問題とランダウ準位

これで準備は整いました．ここからは，具体的な物理設定のもとで考えていくことにしましょう．まず，磁場は

$$\boldsymbol{B} = (0, 0, B)$$

のように定ベクトルで与えられるとします．

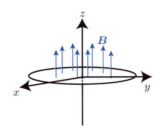

また，これに応じてベクトルポテンシャルを

$$\boldsymbol{A} = (0, Bx, 0)$$

と取ります．設定した磁場に対しベクトルポテンシャルは一意に決まるわけではありませんが，次の2つの意味で，このベクトルポテンシャルを選んで良いといえます．

(1) 計算が簡単．
(2) 他のベクトルポテンシャルを選ぶ際は，このベクトルポテンシャルで計算してから**ゲージ変換**を行えば良い．

これらの設定のもと，具体問題を考えてみましょう．

基本問題 19.3

$\boldsymbol{B} = (0, 0, B)$ の一様磁場中における電荷 e, 質量 m の粒子の運動について調べよう. ベクトルポテンシャルは $\boldsymbol{A} = (0, Bx, 0)$ と取る.

(1) このベクトルポテンシャルから, 所与の磁場が復元されることを示せ.
(2) ハミルトニアンは次のように与えられることがわかる.
$$\widehat{H} = \frac{1}{2m}\left\{\widehat{p}_x^2 + \left(\widehat{p}_y - \frac{eB}{c}\widehat{x}\right)^2\right\} + \frac{1}{2m}\widehat{p}_z^2$$
y, z 方向の運動量が保存量であることを示せ.
(3) (2) より, 波動関数を $\psi(x,y,z) = \phi(x)\exp\left(\frac{ip_y y}{\hbar} + \frac{ip_z z}{\hbar}\right)$ とおくことができる. 以下では z 成分を切り離し, 次のハミルトニアンを対角化する.
$$\widehat{H} = \frac{1}{2m}\left\{\widehat{p}_x^2 + \left(p_y - \frac{eB}{c}\widehat{x}\right)^2\right\}$$
$\omega = \frac{eB}{mc}$ とおき,
$$\widehat{b} = \sqrt{\frac{m\omega}{2\hbar}}\left\{\left(\widehat{x} - \frac{cp_y}{eB}\right) + \frac{i}{m\omega}\widehat{p}_x\right\}$$
を用いてハミルトニアンを表せ.
(4) $\widehat{H}$ が調和振動子のハミルトニアンに帰着されることを示せ.
(5) p_y が定数であることに気をつけて, $\widehat{H}$ を対角化せよ.
(6) $\phi(x)$ の基底固有関数 $\phi_0(x)$ を求め, 第 n 励起固有関数 $\phi_n(x)$ を $\phi_0(x)$ と $\widehat{b}^\dagger$ で表せ.
(7) 系が一辺 L の正方形であるとき, 基底状態の縮退度を求めよ.

方針 調和振動子問題で用いた生成消滅演算子の性質を用います. 後は指示通りの一本道.

【答案】 (1) ベクトルポテンシャルと磁場の関係より, 次のように示せます.
$$\nabla \times \boldsymbol{A} = \begin{vmatrix} \boldsymbol{e}_x & \boldsymbol{e}_y & \boldsymbol{e}_z \\ \frac{\partial}{\partial x} & \frac{\partial}{\partial y} & \frac{\partial}{\partial z} \\ 0 & Bx & 0 \end{vmatrix} = B\boldsymbol{e}_z = (0, 0, B)$$

(2) ハミルトニアンは次のようになる.
$$\widehat{H} = \frac{1}{2m}\left\{\widehat{p}_x^2 + \left(\widehat{p}_y - \frac{eB}{c}\widehat{x}\right)^2\right\} + \frac{1}{2m}p_z^2$$

ここで $[\widehat{p}_y, \widehat{H}]$ と $[\widehat{p}_z, \widehat{H}]$ が 0 になることを確かめれば, p_y, p_z が保存量 (定数) であることが確かめられるが, ハミルトニアンの中に, $\widehat{y}, \widehat{z}$ が含まれていないので, 確かにこれらの交換関係はともに 0 となる. 以降定数 p_y を用いて議論する.

(3)
$$\widehat{b} = \sqrt{\frac{m\omega}{2\hbar}} \left\{ \left(\widehat{x} - \frac{cp_y}{eB}\right) + \frac{i}{m\omega}\widehat{p}_x \right\}$$

とおくと，座標と運動量のエルミート性より

$$\widehat{b}^\dagger = \sqrt{\frac{m\omega}{2\hbar}} \left\{ \left(\widehat{x} - \frac{cp_y}{eB}\right) - \frac{i}{m\omega}\widehat{p}_x \right\}$$

が成り立つ．これにより，

$$[\widehat{b}, \widehat{b}^\dagger] = \frac{m\omega}{2\hbar} \left[\left(\widehat{x} - \frac{cp_y}{eB}\right) + \frac{i}{m\omega}\widehat{p}_x, \left(\widehat{x} - \frac{cp_y}{eB}\right) - \frac{i}{m\omega}\widehat{p}_x \right]$$
$$= \frac{m\omega}{2\hbar} \left(\left[\widehat{x}, -\frac{i}{m\omega}\widehat{p}_x\right] + \left[\frac{i}{m\omega}\widehat{p}_x, \widehat{x}\right] \right) = \frac{m\omega}{2\hbar} \frac{-2i(i\hbar)}{m\omega} = 1$$

が得られ，生成消滅演算子の交換関係 $[\widehat{a}, \widehat{a}^\dagger] = 1$ と同等の性質が確かめられる．これより，ハミルトニアンが $\widehat{H} = \hbar\omega \left(\widehat{b}^\dagger \widehat{b} + \frac{1}{2}\right)$ のように書けることがわかれば，このハミルトニアンは調和振動子と同様に対角化できることがいえる．そこで，$\widehat{b}^\dagger \widehat{b}$ を計算すると，

$$\widehat{b}^\dagger \widehat{b} = \sqrt{\frac{m\omega}{2\hbar}} \left\{ \left(\widehat{x} - \frac{cp_y}{eB}\right) - \frac{i}{m\omega}\widehat{p}_x \right\} \sqrt{\frac{m\omega}{2\hbar}} \left\{ \left(\widehat{x} - \frac{cp_y}{eB}\right) + \frac{i}{m\omega}\widehat{p}_x \right\}$$
$$= \frac{m\omega}{2\hbar} \left\{ \left(\widehat{x} - \frac{cp_y}{eB}\right)^2 + \frac{\widehat{p}_x^2}{m^2\omega^2} - \frac{i}{m\omega}\widehat{p}_x\widehat{x} + \frac{i}{m\omega}\widehat{x}\widehat{p}_x \right\}$$
$$= \frac{m\omega}{2\hbar} \left\{ \left(\widehat{x} - \frac{cp_y}{eB}\right)^2 + \frac{\widehat{p}_x^2}{m^2\omega^2} + \frac{i}{m\omega}[\widehat{x}, \widehat{p}_x] \right\}$$
$$= \frac{m\omega}{2\hbar} \left\{ \left(\widehat{x} - \frac{cp_y}{eB}\right)^2 + \frac{\widehat{p}_x^2}{m^2\omega^2} + \frac{-\hbar}{m\omega} \right\}$$

と書け，$\hbar\omega \left(\widehat{b}^\dagger \widehat{b} + \frac{1}{2}\right) = \frac{1}{2}m\omega^2\left(\widehat{x} - \frac{cp_y}{eB}\right)^2 + \frac{\widehat{p}_x^2}{2m}$ が成り立つから，ハミルトニアンは $\widehat{H} = \hbar\omega \left(\widehat{b}^\dagger \widehat{b} + \frac{1}{2}\right)$ のように書ける．

(4) (3) より $\widehat{H} = \hbar\omega \left(\widehat{b}^\dagger \widehat{b} + \frac{1}{2}\right)$ と書け，$[\widehat{b}, \widehat{b}^\dagger] = 1$ が成り立つことから，確かにハミルトニアンは調和振動子と同様に対角化できる．

(5) 数演算子を $\widehat{n} = \widehat{b}^\dagger \widehat{b}$ とおくと，ハミルトニアンは $\widehat{H} = \hbar\omega \left(\widehat{n} + \frac{1}{2}\right)$ と書ける．数演算子の固有方程式を $\widehat{n}|n\rangle = n|n\rangle$ と取ると，固有値 n は $n = 0, 1, 2, \cdots$ を取ること，および

$$|n\rangle = \frac{(b^\dagger)^n}{\sqrt{n!}} |0\rangle$$

が成り立つことがわかる♠．これより，ハミルトニアンの固有値は $\widehat{H} = \hbar\omega \left(n + \frac{1}{2}\right)$ ($n = 0, 1, 2, \cdots$) として求められる．

♠第 13 章基本問題 13.3，および演習問題 13.1 を参照．

(6) 消滅演算子の性質から，基底固有関数は $\widehat{b}\phi_0(x) = 0$ をみたす．ここで，

$$\widehat{b} = \sqrt{\frac{m\omega}{2\hbar}} \left\{ \left(\widehat{x} - \frac{cp_y}{\mathrm{e}B}\right) + \frac{i}{m\omega}\widehat{p}_x \right\}$$

より，この式は微分方程式として

$$\left\{ \left(\widehat{x} - \frac{cp_y}{\mathrm{e}B}\right) + \frac{\hbar}{m\omega}\frac{d}{dx} \right\} \phi_0(x) = 0$$

と表され，これを変数分離すると，

$$\frac{d\phi_0}{\phi_0} = -\frac{m\omega}{\hbar}\left(x - \frac{cp_y}{\mathrm{e}B}\right)dx$$

のように書け，両辺を積分すると♠

$$\phi_0(x) = \exp\left\{-\frac{m\omega}{2\hbar}\left(x - \frac{cp_y}{\mathrm{e}B}\right)^2\right\}$$

が得られる．規格化すると，

$$\phi_0(x) = \left(\frac{m\omega}{\pi\hbar}\right)^{\frac{1}{4}} \exp\left\{-\frac{m\omega}{2\hbar}\left(x - \frac{cp_y}{\mathrm{e}B}\right)^2\right\}$$

となる．これで基底固有関数が得られた．また，第 n 励起固有関数は

$$\phi_n(x) = \frac{(\widehat{b}^\dagger)^n}{\sqrt{n!}}\phi_0(x)$$

で与えられる．

(7) (6) で得られた固有関数を見るとわかるように，$\phi_0(x)$ は，座標 $x = \frac{cp_y}{\mathrm{e}B}$ を中心とした調和振動子の固有関数である．この中心が系の中にあるので，

$$0 < \frac{cp_y}{\mathrm{e}B} < L$$

が成り立つ必要がある．また，y 軸正方向で見ると，系の長さが L で与えられており，y 成分の波動関数が平面波 $\phi_y(y) = \exp\left(\frac{ip_y y}{\hbar}\right)$ で与えられているので，周期境界条件 $\phi_y(0) = \phi_y(L)$ を課してやれば良い．このとき，$p_y = \frac{2\pi\hbar m}{L}$ (m は整数) が成り立ち，また，$0 < \frac{cp_y}{\mathrm{e}B} < L$ と合わせて

$$0 < m < \frac{\mathrm{e}BL^2}{2\pi\hbar c}$$

が成り立つことがわかる．これより，縮退度は

$$\frac{\mathrm{e}BL^2}{2\pi\hbar c}$$

で与えられることがわかる．■

■ポイント■ このように，ハミルトニアンを $\widehat{H} = \hbar\omega\left(\widehat{b}^\dagger\widehat{b} + \frac{1}{2}\right)$ ($\widehat{b}^\dagger, \widehat{b}$ は生成・消滅演算子) のように取れれば，調和振動子と同じエネルギー準位 $E_n = \hbar\omega\left(n + \frac{1}{2}\right)$ ($n = 0, 1, 2, \cdots$) が現れます．ベクトルポテンシャルを適当に取って現れたエネルギー準位を**ランダウ準位**といいます．

♠ $X = x - \frac{cp_y}{\mathrm{e}B}$ とおくと $\frac{d\phi_0}{\phi_0} = -\frac{m\omega}{\hbar}X$ となり，両辺を積分して $\phi_0 = \exp\left(-\frac{m\omega}{2\hbar}X^2\right)$ となることを用いました．

第 19 章 磁場中の荷電粒子

演習問題

A

19.1 磁場中の粒子の古典力学と力学的運動量（解析力学の復習）

古典力学において，磁場中の荷電粒子のラグランジアンは次のように与えられる．
$$L = \frac{1}{2}m\dot{\boldsymbol{r}}^2 + \frac{e}{c}\boldsymbol{A}(\boldsymbol{r},t)\cdot\dot{\boldsymbol{r}} - e\phi(\boldsymbol{r})$$

(1) オイラー–ラグランジュの方程式から，ニュートンの運動方程式を書き下せ．ただし，電場 $\boldsymbol{E}$ と磁場 $\boldsymbol{B}$ はそれぞれ次で与えられる．
$$\boldsymbol{E}(\boldsymbol{r},t) = -\nabla\phi(\boldsymbol{r}) - \frac{1}{c}\frac{\partial}{\partial t}\boldsymbol{A}(\boldsymbol{r},t), \quad \boldsymbol{B}(\boldsymbol{r},t) = \nabla\times\boldsymbol{A}(\boldsymbol{r},t)$$

(2) 座標 $\boldsymbol{r}$ の正準共役運動量 $\boldsymbol{p} = \frac{\partial L}{\partial \dot{\boldsymbol{r}}}$ を用いて磁場中の力学的運動量 $\boldsymbol{\Pi} = m\dot{\boldsymbol{r}}$ を表せ．

(3) ルジャンドル変換 $H = \boldsymbol{p}\cdot\dot{\boldsymbol{r}} - L$ によって系のハミルトニアン H を求めよ．

19.2 磁場中の粒子の確率密度流

磁場中の粒子について，$\rho(\boldsymbol{r},t) = \psi^*(\boldsymbol{r},t)\psi(\boldsymbol{r},t)$ とおいたとき，連続方程式 $\frac{\partial \rho(\boldsymbol{r},t)}{\partial t} + \nabla\cdot\boldsymbol{j}(\boldsymbol{r},t) = 0$ をみたすような確率密度流 $\boldsymbol{j}(\boldsymbol{r},t)$ を求めよ．

19.3 ゲージ変換

ベクトルポテンシャル $\boldsymbol{A} = (0, Bx, 0)$ に対して，$\chi = -Bxy$ としてゲージ変換を行い，$\boldsymbol{A} + \nabla\chi$ を計算せよ．

B

19.4 波動関数のゲージ変換

静磁場中の荷電粒子について考えよう．

(1) 静磁場 $\boldsymbol{B}$ はゲージ変換 $\boldsymbol{A} \mapsto \boldsymbol{A} + \nabla\chi$ に対して不変であることを示せ．

(2) 交換関係 $\left[\hat{\boldsymbol{\Pi}}, e^{\frac{ie}{c\hbar}\chi(\boldsymbol{r})}\right] = \frac{e}{c}\nabla\chi(\boldsymbol{r})e^{\frac{ie}{c\hbar}\chi(\boldsymbol{r})}$ を証明せよ．

(3) 静磁場中において定常状態のシュレディンガー方程式 $\frac{1}{2m}\left(\hat{\boldsymbol{p}} - \frac{e}{c}\boldsymbol{A}\right)^2\psi(\boldsymbol{r}) = E\psi(\boldsymbol{r})$ について考える．次の関数 $\psi'(\boldsymbol{r}) = e^{\frac{ie}{c\hbar}\chi(\boldsymbol{r})}\psi(\boldsymbol{r})$ がゲージ変換 $\boldsymbol{A} \mapsto \boldsymbol{A}' = \boldsymbol{A} + \nabla\chi$ に対するシュレディンガー方程式をみたすことを示せ．

19.5 重要　アハロノフ-ボーム効果

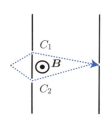

図のように一点から放射された電子波が，磁場のある領域の周囲を通って後方のスリットで一点に集められる様子を考察しよう．系は上下対称に取り，電子波は磁場のある領域には入り込まない．すなわち，$\nabla\times\boldsymbol{A} = 0$ の領域を通ることに

なる．このときベクトルポテンシャルはスカラー関数 $\chi(\boldsymbol{r})$ によって $\boldsymbol{A} = \nabla\chi(\boldsymbol{r})$ と書けるはずである．図の経路 C_1, C_2 は点源からそれぞれ異なるスリットを通って後方スリットへ届く経路を表しており，2つの経路を結ぶとループを作ることに注意せよ．

(1) 電子波 $\psi(\boldsymbol{r},t)$ が，経路 C_1 を通って後方スリットに到達した波 $\psi_1'(\boldsymbol{r},t)$ が次のように与えられることを示せ．ただし演習問題 19.4 の結果は用いて良い．

$$\psi_1'(\boldsymbol{r},t) = \exp\left(\frac{ie}{c\hbar}\int_{C_1} \boldsymbol{A}\cdot d\boldsymbol{s}\right)\psi(\boldsymbol{r},t)$$

(2) (1) と同様に，経路 C_2 を通って後方スリットに到達した波を $\psi_2'(\boldsymbol{r},t)$ で表す．2つの波を重ね合わせて取った振幅 $|\psi_1' + \psi_2'|$ を計算し，ψ と領域内の磁束 Φ で表せ．
［ヒント：必要ならば次のストークスの定理♠を用いる．$\oint \boldsymbol{A}\cdot d\boldsymbol{s} = \iint_S (\nabla\times\boldsymbol{A})\cdot d\boldsymbol{S}$］

19.6 磁場中の粒子のエーレンフェストの定理

磁場中の質量 m，電荷 e の粒子を考えよう．
(1) 力学的運動量 $\widehat{\boldsymbol{\Pi}}$ と座標 $\widehat{\boldsymbol{r}}$ について，$m\frac{d}{dt}\langle\widehat{\boldsymbol{r}}\rangle = \langle\widehat{\boldsymbol{\Pi}}\rangle$ が成り立つことを示せ．
(2) 力学的運動量の期待値 $\langle\widehat{\boldsymbol{\Pi}}\rangle$ の時間発展を求めよ．

19.7 ゼーマン効果

電場 ϕ，磁場 $\boldsymbol{B}$ 中の電子についてスピンと磁場の相互作用を考慮したハミルトニアンは $\widehat{H} = \frac{1}{2m}\left(-i\hbar\nabla - \frac{e}{c}\boldsymbol{A}\right)^2 + e\phi(\boldsymbol{r}) - g\mu_B \widehat{\boldsymbol{s}}\cdot\boldsymbol{B}$ (μ_B はボーア磁子) と書ける．スピンは軌道運動と分離できるため，波動関数を $\psi_\sigma(\boldsymbol{r},t)$ と書く．このときクロネッカーのデルタを用いてハミルトニアンを 2×2 行列表示で $\widehat{H}_{\alpha\beta} = \frac{1}{2m}\left(-i\hbar\nabla - \frac{e}{c}\boldsymbol{A}\right)^2\delta_{\alpha\beta} + e\phi\delta_{\alpha\beta} - g\mu_B(\widehat{\boldsymbol{s}}\cdot\boldsymbol{B})_{\alpha\beta}$ と書け，このときのシュレディンガー方程式は次のように書ける．

$$i\hbar\frac{\partial}{\partial t}\psi_\sigma(\boldsymbol{r},t) = \widehat{H}_{\sigma\tau}\psi_\tau(\boldsymbol{r},t)$$

(1) 電子について，パウリ行列を用いて次のように書けることを示せ．

$$(\widehat{\boldsymbol{s}}\cdot\boldsymbol{B})_{\alpha\beta} = \frac{\hbar}{2}\begin{pmatrix} B_z & B_x - iB_y \\ B_x + iB_y & -B_z \end{pmatrix}$$

(2) 電子のアップスピン状態の波動関数を $\psi_+(\boldsymbol{r},t)$ とし，ダウンスピン状態の波動関数を $\psi_-(\boldsymbol{r},t)$ とする．シュレディンガー方程式から，これら $\psi_+(\boldsymbol{r},t), \psi_-(\boldsymbol{r},t)$ のみたす連立微分方程式を求めよ．

(3) $g = 2$, $\boldsymbol{A} = \frac{1}{2}\boldsymbol{B}\times\boldsymbol{r}$ と取る．$\mu_B = \frac{e\hbar}{2mc}$ として，次のように書けることを示せ．

♠ストークスの定理については例えば鈴木久男監修・引原俊哉著「演習しよう 物理数学」(数理工学社，2016年) を参照．

$$\widehat{H} = \frac{1}{2m}\widehat{\boldsymbol{p}}^2 + \mathrm{e}\phi(\boldsymbol{r}) - \mu_{\mathrm{B}}(\widehat{\boldsymbol{j}} + 2\widehat{\boldsymbol{s}})\cdot\boldsymbol{B} + \frac{\mathrm{e}^2}{8mc^2}(\boldsymbol{B}\times\boldsymbol{r})^2$$

この第三項を**ゼーマン効果**と呼ぶ．

19.8 四元ベクトルゲージ変換

(1) 四元ベクトルポテンシャル A_μ と，四元偏微分演算子 ∂_μ を次のように定める．
$$A_\mu \equiv (\phi, -A_1, -A_2, -A_3), \quad \partial_\mu \equiv \left(\frac{1}{c}\frac{\partial}{\partial t}, \frac{\partial}{\partial x}, \frac{\partial}{\partial y}, \frac{\partial}{\partial z}\right)$$
($i=1,2,3$ に対して) ゲージ変換 $\phi \mapsto \phi + \frac{1}{c}\frac{\partial}{\partial t}\lambda,\ -A_i \mapsto -A_i + \partial_i \lambda$ をまとめて ($\mu=0,1,2,3$ に対して) $A_\mu \mapsto A_\mu + \partial_\mu \lambda$ のように書けることを示せ．

(2) 共変微分演算子を $\widehat{D}_\mu \equiv \partial_\mu + \frac{ie}{\hbar c}A_\mu$ で定義すると，ゲージ変換は
$$\widehat{D}_\mu \mapsto e^{-\frac{ie}{\hbar c}\lambda}\widehat{D}_\mu e^{\frac{ie}{\hbar c}\lambda}$$
のように書けることを示せ．

(3) 自由粒子のシュレディンガー方程式は次のように書ける．
$$\left(i\hbar\partial_0 + \frac{\hbar^2}{2m}\partial_i^2\right)\psi(\boldsymbol{r},t) = 0$$
$\partial_\mu \mapsto \widehat{D}_\mu$ で置き換えた方程式が，ゲージ変換
$$A_\mu \mapsto A_\mu + \partial_\mu \lambda, \quad \psi \mapsto e^{-\frac{ie}{\hbar c}\lambda}\psi$$
に対して不変であることを示せ．

(4) 交換関係を $[\widehat{D}_\mu, \widehat{D}_\nu] = \frac{ie}{\hbar c}\widehat{F}_{\mu\nu}$ として，$\widehat{F}_{\mu\nu}$ を求めよ．$\widehat{F}_{0i}$ と $\widehat{F}_{ij}$ を電場 E_i と磁場 B_i で表せ．

—— C ——

19.9 基本問題 19.3 の円盤座標への焼き直し

基本問題 19.3 のように $\boldsymbol{B} = (0,0,B)$ の一様磁場中における電荷 e，質量 m の粒子の運動について調べよう．ベクトルポテンシャルは $\boldsymbol{A} = \frac{B}{2}(-y,x,0)$ と取る．

(1) このベクトルポテンシャルで所与の磁場が得られることを示せ．

(2) $[\widehat{l}_z, \widehat{H}] = 0$ を示せ．

(3) 独立変数として，x,y の代わりに z, z^* を用いる．ただし $z = \frac{1}{\sqrt{2}\,l_c}(x+iy)$，$l_c \equiv \sqrt{\frac{\hbar c}{eB}}$ とする．このとき，生成消滅演算子 $\widehat{a}^\dagger, \widehat{a}$ を z, z^* で表せ．

(4) 基底状態の波動関数 ψ_0 を，$\widehat{H}$ と $\widehat{l}_z$ の同時固有関数となるように，z, z^* の関数として求め，規格化せよ．

(5) 励起状態の波動関数を z, z^* の関数として求めよ．

(6) 基底状態 $n=0$ について，$r^2 = x^2 + y^2$ の期待値を求めよ．

(7) 系が半径 $R\ (\gg l_c)$ の円盤である場合について，基底状態の縮退度を計算せよ．

第20章 離散スペクトル摂動論
――解けない方程式のための処方箋．束縛問題総ざらい

> **Contents**
>
> Section ❶ 離散スペクトル摂動論の構成

> **キーポイント**
> 固有エネルギーを近似せよ！

摂動論とは，解けないシュレディンガー方程式の固有関数と固有エネルギーを近似的に求める手法のひとつです．といっても，デタラメな形のハミルトニアンには歯が立ちません．完全に解けているハミルトニアン $\widehat{H}_0$ に対して，小さな相互作用 $\lambda\widehat{H}'$ が加わった形のハミルトニアン

$$\widehat{H} = \widehat{H}_0 + \lambda\widehat{H}'$$

に対してのみ有効です．λ は**結合定数**と呼ばれる小さな定数です．本章では束縛問題を対象に考えます．

❶ 離散スペクトル摂動論の構成

具体的には，クーロンポテンシャルや調和振動子ポテンシャルなどに束縛された荷電粒子に，小さな電場や磁場を加えたケース♠が，摂動論の使いどころとなります．

摂動論の公式に放り込んで積分するだけで，固有関数と固有エネルギーの近似値が得られるのですが，いかんせん公式を導くまでの道のりが長く険しいので，とにかく摂動論を使ってみたい読者は頻出問題である基本問題 20.3 から取り組んでみても良いでしょう．

先に公式を見せておきましょう．我々はまずこの公式導出を目指すのです．

$$E_n = E_n^{(0)} + \lambda\langle\psi_n^{(0)}|\widehat{H}'|\psi_n^{(0)}\rangle + \lambda^2 \sum_{\substack{m=0 \\ (m\neq n)}}^{\infty} \frac{|\langle\psi_n^{(0)}|\widehat{H}'|\psi_m^{(0)}\rangle|^2}{E_n^{(0)} - E_m^{(0)}} + O(\lambda^3)$$

$$|\psi_n\rangle = |\psi_n^{(0)}\rangle + \lambda \sum_{\substack{m=0 \\ (m\neq n)}}^{\infty} \frac{\langle\psi_m^{(0)}|\widehat{H}'|\psi_n^{(0)}\rangle}{E_n^{(0)} - E_m^{(0)}} |\psi_m^{(0)}\rangle + O(\lambda^2)$$

まずは目標設定から始めましょう．ハミルトニアン $\widehat{H}_0$ は対角化が完了している（シュレディンガー方程式が解けている）ので固有関数 $|\psi_n^{(0)}\rangle$ と固有エネルギー $E_n^{(0)}$ がすでに

♠ さりげなく書いていますが，これらのケースでシュレディンガー方程式をきっちり解くのは（一部の例外を除いて）非常に難しいです．

わかっています．目指すのは $\widehat{H}$ の対角化であり，次の固有方程式を近似的に解いていきます．

$$\widehat{H}|\psi_n\rangle = E_n|\psi_n\rangle$$

さて，$|\psi_n\rangle, E_n$ を近似しましょう．$\lambda \to 0$ で $\widehat{H} \to \widehat{H}_0$ となることから，$\lambda = 0$ のまわりで級数展開するような形で，次のように書けると思って良いでしょう．

$$E_n = E_n^{(0)} + \lambda E_n^{(1)} + \lambda^2 E_n^{(2)} + O(\lambda^3)$$
$$|\psi_n\rangle = |\psi_n^{(0)}\rangle + \lambda|\psi_n^{(1)}\rangle + \lambda^2|\psi_n^{(2)}\rangle + O(\lambda^3)$$

このように書いたときの各項をどうやって求めるかが問題となります．元手になる武器は当然 $|\psi_n^{(0)}\rangle, E_n^{(0)}$ のみです．$|\psi_n^{(0)}\rangle$ は規格化されているものとします．

そこで，次のような戦略をとります．

> **戦略を3段階に分ける**
> (1) 標的を固有関数に絞って，まず次のようにおく．
> $$|\psi_n\rangle = \sum_{m=0}^{\infty} C_{nm}|\psi_n^{(0)}\rangle$$
> (2) C_{nm} のみたす式を，これまでの仮定だけを使って見つける．
> $$C_{nk}(E_k^{(0)} - E_n) + \lambda \sum_{m=0}^{\infty} C_{nm}\langle\psi_k^{(0)}|\widehat{H}'|\psi_n^{(0)}\rangle = 0$$
> (3) 固有関数を λ で展開したことを思い出し，
> $$C_{nm} = \delta_{nm} + \lambda C_{nm}^{(1)} + \lambda^2 C_{nm}^{(2)} + \cdots$$
> とおいて係数を比較し，C_{nm} の各項を求める．(2) の結果から，固有エネルギーの近似値を求める．

ここまでの流れを具体的に基本問題でやってみましょう．計算が長いので，二問分に分けてあります．その後で，具体例として頻出の"調和振動子＋電場"の問題を解いてみましょう．

20.1 離散スペクトル摂動論の構成

基本問題 20.1 【重要】

次の関係式を導出せよ.
$$C_{nk}(E_k^{(0)} - E_n) + \lambda \sum_{m=0}^{\infty} C_{nm}\langle\psi_k^{(0)}|\widehat{H}'|\psi_m^{(0)}\rangle = 0$$

方針 $\widehat{H}|\psi_n\rangle$ と $E_n|\psi_n\rangle$ をそれぞれ展開し，左から $\langle\psi_k^{(0)}|$ を掛けてやると証明できます．

【答案】 まずは

$$\widehat{H}_0|\psi_n^{(0)}\rangle = E_n^{(0)}|\psi_n^{(0)}\rangle$$

$$|\psi_n\rangle = \sum_{m=0}^{\infty} C_{nm}|\psi_m^{(0)}\rangle \quad \text{(完全系展開)}$$

$$\langle\psi_k^{(0)}|\psi_n^{(0)}\rangle = \delta_{kn} \quad \text{(規格直交性)}$$

をそれぞれ仮定する．

$\widehat{H}|\psi_n\rangle$ を展開すると次のようになる．

$$\begin{aligned}\widehat{H}|\psi_n\rangle &= (H_0 + \lambda\widehat{H}')\sum_{m=0}^{\infty}C_{nm}|\psi_m^{(0)}\rangle \\ &= \sum_{m=0}^{\infty}C_{nm}\widehat{H}_0|\psi_m^{(0)}\rangle + \lambda\sum_{m=0}^{\infty}C_{nm}\widehat{H}'|\psi_m^{(0)}\rangle \\ &= \sum_{m=0}^{\infty}C_{nm}E_m^{(0)}|\psi_m^{(0)}\rangle + \lambda\sum_{m=0}^{\infty}C_{nm}\widehat{H}'|\psi_m^{(0)}\rangle\end{aligned}$$

次に $E_n|\psi_n\rangle$ は

$$E_n|\psi_n\rangle = \sum_{m=0}^{\infty}C_{nm}E_n|\psi_m^{(0)}\rangle$$

と展開でき，

$$\widehat{H}|\psi_n\rangle = E_n|\psi_n\rangle$$

に注意して両辺に左から $\langle\psi_k^{(0)}|$ を掛けると，

$$\sum_{m=0}^{\infty}C_{nm}E_m^{(0)}\langle\psi_k^{(0)}|\psi_m^{(0)}\rangle + \lambda\sum_{m=0}^{\infty}C_{nm}\langle\psi_k^{(0)}|\widehat{H}'|\psi_m^{(0)}\rangle = \sum_{m=0}^{\infty}C_{nm}E_n\langle\psi_k^{(0)}|\psi_m^{(0)}\rangle$$

$$\implies C_{nk}E_k^{(0)} + \lambda\sum_{m=0}^{\infty}C_{nm}\langle\psi_k^{(0)}|\widehat{H}'|\psi_m^{(0)}\rangle = C_{nk}E_n$$

が得られ，これにより所望の式を得る．■

いよいよ次ページで摂動公式を導出します．

基本問題 20.2 【重要】

次の摂動公式を導出せよ．

$$E_n^{(1)} = \langle \psi_n^{(0)} | \widehat{H}' | \psi_n^{(0)} \rangle, \quad E_n^{(2)} = \sum_{\substack{m=0 \\ (m \neq n)}}^{\infty} \frac{|\langle \psi_n^{(0)} | \widehat{H}' | \psi_m^{(0)} \rangle|^2}{E_n^0 - E_m^0}$$

$$C_{nk}^{(1)} = \frac{\langle \psi_k^{(0)} | \widehat{H}' | \psi_n^{(0)} \rangle}{E_n^{(0)} - E_k^{(0)}} \quad (n \neq k), \quad C_{nn}^{(1)} = 0$$

方針 前問で示した関係式に $C_{nm} = \delta_{nm} + \lambda C_{nm}^{(1)} + \lambda^2 C_{nm}^{(2)}$, $E_n = E_n^{(0)} + \lambda E_n^{(1)} + \lambda^2 E_n^{(2)}$ を代入して，λ の一次と二次について比較してやれば終わりです．

【答案】 まずは関係式

$$C_{nk}(E_k^{(0)} - E_n) + \lambda \sum_{m=0}^{\infty} C_{nm} \langle \psi_k^{(0)} | \widehat{H}' | \psi_m^{(0)} \rangle = 0$$

に

$$C_{nm} = \delta_{nm} + \lambda C_{nm}^{(1)} + \lambda^2 C_{nm}^{(2)}, \quad E_n = E_n^{(0)} + \lambda E_n^{(1)} + \lambda^2 E_n^{(2)}$$

を代入する．すると

$$\delta_{nk}(E_k^{(0)} - E_n^{(0)}) + \lambda \left\{ C_{nk}^{(1)}(E_k^{(0)} - E_n^{(0)}) - \delta_{nk} E_n^{(1)} + \sum_{m=0}^{\infty} \delta_{nm} \langle \psi_k^{(0)} | \widehat{H}' | \psi_m^{(0)} \rangle \right\}$$
$$+ \lambda^2 \left\{ -\delta_{nk} E_n^{(2)} - C_{nk}^{(1)} E_n^{(1)} + C_{nk}^{(2)}(E_k^{(0)} - E_n^{(0)}) + \sum_{m=0}^{\infty} C_{nm}^{(1)} \langle \psi_k^{(0)} | \widehat{H}' | \psi_m^{(0)} \rangle \right\} + O(\lambda^3) = 0$$

となる．

手順 (1) λ の一次について比較すると，

$$C_{nk}^{(1)}(E_k^{(0)} - E_n^{(0)}) - \delta_{nk} E_n^{(1)} + \sum_{m=0}^{\infty} \delta_{nm} \langle \psi_k^{(0)} | \widehat{H}' | \psi_m^{(0)} \rangle = 0$$

となる．両辺で $k = n$ とおくと，$E_n^{(1)} = \langle \psi_n^{(0)} | \widehat{H}' | \psi_n^{(0)} \rangle$ を得る．さらに $n \neq k$ とおくと，

$$C_{nk}^{(1)} = \frac{\langle \psi_k^{(0)} | \widehat{H}' | \psi_n^{(0)} \rangle}{E_n^{(0)} - E_k^{(0)}}$$

を得る．$C_{nn}^{(1)}$ の値は任意なので，ここでは 0 としてしまう．

手順 (2) λ^2 について比較すると，

$$-\delta_{nk} E_n^{(2)} - C_{nk}^{(1)} E_n^{(1)} + C_{nk}^{(2)}(E_k^{(0)} - E_n^{(0)}) + \sum_{m=0}^{\infty} C_{nm}^{(1)} \langle \psi_k^{(0)} | \widehat{H}' | \psi_m^{(0)} \rangle = 0$$

となる．両辺で $k = n$ とおくと，

$$E_n^{(2)} = -C_{nn}^{(1)} E_n^{(1)} + \sum_{m=0}^{\infty} C_{nm}^{(1)} \langle \psi_n^{(0)} | \widehat{H}' | \psi_m^{(0)} \rangle = \sum_{\substack{m=0 \\ (m \neq n)}}^{\infty} \frac{|\langle \psi_n^{(0)} | \widehat{H}' | \psi_m^{(0)} \rangle|^2}{E_n^{(0)} - E_m^{(0)}}$$

となり，所望の式を得る．■

基本問題 20.3 【重要】

調和振動子ポテンシャル $V(x) = \frac{1}{2}m\omega^2 x^2$ に閉じ込められた荷電粒子に電場を掛けた。このとき相互作用 $e\mathcal{E}x$ が加わった。ここで $\mathcal{E}$ は電場の大きさを表す。
(1) 固有エネルギーの厳密解を求めよ。
(2) 固有エネルギーを二次の摂動によって求めよ。

方針 (1) は平方完成によって元の調和振動子束縛問題に帰着できます。

(2) では $\hat{x} = \sqrt{\frac{\hbar}{2m\omega}}(\hat{a} + \hat{a}^\dagger)$ に注意しましょう。あわせて、座標の行列表示について確認しておきましょう。$|n\rangle$ は調和振動子束縛問題の固有状態であり、$\hat{a}, \hat{a}^\dagger$ は消滅演算子と生成演算子とします。次の式が成り立つことに注意してください。

$$\langle n|\hat{x}|m\rangle = \sqrt{\frac{\hbar}{2m\omega}}\langle n|(\hat{a} + \hat{a}^\dagger)|m\rangle$$
$$= \sqrt{\frac{\hbar}{2m\omega}}(\langle n|\sqrt{m}|m-1\rangle + \langle n|\sqrt{m+1}|m+1\rangle)$$
$$= \sqrt{\frac{\hbar}{2m\omega}}(\sqrt{m}\,\delta_{n,m-1} + \sqrt{m+1}\,\delta_{n,m+1})$$

ただし生成消滅演算子の性質として、次が成り立つことを用いました。

$$\hat{a}|n\rangle = \sqrt{n}\,|n-1\rangle, \quad \hat{a}^\dagger|n\rangle = \sqrt{n+1}\,|n+1\rangle$$

【答案】 (1) ハミルトニアンを平方完成する。

$$\hat{H} = -\frac{\hbar^2}{2m}\frac{d^2}{dx^2} + \frac{1}{2}m\omega^2 x^2 + e\mathcal{E}x = -\frac{\hbar^2}{2m}\frac{d^2}{dx^2} + \frac{1}{2}m\omega^2\left(x + \frac{e\mathcal{E}}{m\omega^2}\right)^2 - \frac{e^2\mathcal{E}^2}{2m\omega^2}$$

ここで $X = x + \frac{e\mathcal{E}}{m\omega^2}$ とおくと、ハミルトニアンは $\hat{H} = -\frac{\hbar^2}{2m}\frac{d^2}{dX^2} + \frac{1}{2}m\omega^2 X^2 - \frac{e^2\mathcal{E}^2}{2m\omega^2}$ と書け、単にこれは中心がずれた調和振動子束縛問題である。エネルギー準位は $E_n = \hbar\omega\left(n + \frac{1}{2}\right) - \frac{e^2\mathcal{E}^2}{2m\omega^2}$ (ただし $n = 0, 1, 2, \cdots$) として求められる。

(2) $\hat{x} = \sqrt{\frac{\hbar}{2m\omega}}(\hat{a} + \hat{a}^\dagger)$ に気をつけて、$E_n^{(1)}, E_n^{(2)}$ をそれぞれ求めれば良い。生成消滅演算子の性質を用いると、非摂動固有状態を $|\psi_n^{(0)}\rangle \to |n\rangle$ と書くことにして

$$\langle \psi_n^{(0)}|\hat{H}'|\psi_m^{(0)}\rangle = e\mathcal{E}\langle n|\hat{x}|m\rangle = e\mathcal{E}\sqrt{\frac{\hbar}{2m\omega}}(\sqrt{m}\,\delta_{n,m-1} + \sqrt{m+1}\,\delta_{n,m+1})$$

となることがわかり、これを用いると、

$$E_n^{(1)} = \langle \psi_n^{(0)}|\hat{H}'|\psi_n^{(0)}\rangle = e\mathcal{E}\sqrt{\frac{\hbar}{2m\omega}}(\sqrt{n}\,\delta_{n,n-1} + \sqrt{n+1}\,\delta_{n,n+1}) = 0$$

$$E_n^{(2)} = \sum_{\substack{m=0 \\ (m \neq n)}}^{\infty} \frac{|\langle \psi_n^{(0)}|\hat{H}'|\psi_m^{(0)}\rangle|^2}{E_n^{(0)} - E_m^{(0)}} = e^2\mathcal{E}^2\left(\frac{\hbar}{2m\omega}\right)\left(-\frac{n+1}{\hbar\omega} + \frac{n}{\hbar\omega}\right) = e^2\mathcal{E}^2\left(\frac{\hbar}{2m\omega}\right)\frac{-1}{\hbar\omega}$$

となる。これより、近似固有値 $E_n = E_n^{(0)} + E_n^{(1)} + E_n^{(2)} = \hbar\omega\left(n + \frac{1}{2}\right) - \frac{e^2\mathcal{E}^2}{2m\omega^2}$ を得る。この結果は (1) で求めた厳密解に一致している。 ■

演習問題
A

20.1 ラムシフト

クーロンポテンシャルに次の摂動ポテンシャルが加わった．
$$\frac{2\pi r_0^2}{3}\delta(\boldsymbol{r})$$
基底エネルギーの近似値を一次の摂動によって求めよ．ただし基底状態の固有関数は
$$\psi(\boldsymbol{r}) = \frac{2}{\sqrt{4\pi}\,a^{\frac{3}{2}}}e^{-\frac{r}{a}}$$
で与えられる．また摂動ポテンシャルの結合定数を e^2 とする．

20.2 非調和振動子ポテンシャル

次のポテンシャルに束縛された質量 m の粒子を考えよう．
$$V(x) = \frac{1}{2}m\omega^2 x^2 + \lambda x^4$$
右辺第二項を摂動とみなして，エネルギー準位の近似値を一次摂動で求めよ．

20.3 行列の摂動

有限準位のハミルトニアンについて，摂動公式を導いてみよう．今，無摂動系の対角化された 2 準位系のハミルトニアンを $\widehat{H}_0$ で表し，摂動ハミルトニアンを $\widehat{H}'$ と書くことにする．無摂動系の固有値，固有ベクトルをそれぞれ $E_1^{(0)}, E_2^{(0)}, \psi_1^{(0)}, \psi_2^{(0)}$ として，$\widehat{H}'_{ij} = \langle \psi_i^{(0)} | \widehat{H}' | \psi_j^{(0)} \rangle$ と書く．このとき，$\widehat{H} = \widehat{H}_0 + \widehat{H}'$ の行列表示として次が得られる．
$$\langle \psi_i^{(0)} | \widehat{H} | \psi_j^{(0)} \rangle = \begin{pmatrix} E_1^{(0)} + \widehat{H}'_{11} & \widehat{H}'_{12} \\ \widehat{H}'_{21} & E_2^{(0)} + \widehat{H}'_{22} \end{pmatrix}$$

(1) 上の行列の固有値を求めよ．
(2) $E_1^{(0)} \neq E_2^{(0)}$ として，(1) で求めた固有値を，$\widehat{H}'$ を小さいとして二次まで展開せよ．

B

20.4 シュタルク効果（水素 + 電場）（縮退なしに近似した場合）

水素原子モデルにおいて，電子はクーロンポテンシャルに束縛されている．この系に一様な電場を掛け，ハミルトニアンを $\widehat{H} = -\frac{\hbar^2}{2m}\Delta - \frac{e^2}{r} + e\mathcal{E}z$ のように変更した．このように，水素原子の基底エネルギーがずれることをシュタルク効果と呼ぶ．シュタルク効果に対して，二次摂動を用いて基底エネルギーを近似せよ．ただし近似的に $E_1^{(0)} - E_n^{(0)} \approx E_1^{(0)}$ が成り立つとせよ．

20.5 井戸型ポテンシャル＋電場

次の井戸型ポテンシャルに束縛された質量 m の粒子について考えよう．
$$V(x) = \begin{cases} \infty & (x < 0, L < x) \\ 0 & (0 \leq x \leq L) \end{cases}$$
さらに相互作用 $e\mathcal{E}x$ が加わった．基底エネルギーの近似値を二次摂動によって求めよ．

20.6 シュタルク効果（基底状態）と分極率

水素原子に z 軸方向の電場 E を掛けると摂動ポテンシャル $\widehat{H}' = e\mathcal{E}z$ が発生し，ハミルトニアンは $\widehat{H} = \widehat{H}_0 + \widehat{H}' = -\frac{\hbar^2}{2m}\Delta - \frac{e^2}{r} + e\mathcal{E}z$ となる．ここで $\widehat{F}_0 = \frac{E}{e}\left(\frac{r}{2} + a_0\right)z$ と定義する．

[ヒント：水素原子の基底状態 $|0\rangle$ に対して $[\widehat{H}_0, \widehat{F}_0]|0\rangle = \widehat{H}'|0\rangle$ が成り立つ．]

(1) 基底状態に対する分極率 $p = -ez$ の期待値が，一次摂動で $\langle p \rangle = 2\langle 0|e\widehat{z}\widehat{F}_0|0\rangle$ と書けることを示せ．
(2) 分極と電場の比例係数である分極率 $\alpha = \frac{\langle p \rangle}{E}$ は a_0^3 に比例する．水素の基底状態に対して α を求めよ．また，水素原子の基底状態とヘリウム原子の基底状態では，どちらの分極率が大きいと推測されるか．

20.7 水素＋磁場における磁性

基底状態の水素原子に，z 軸正方向を向く一様な磁束密度 B の外部磁場が加わった．電子の軌道運動に対するハミルトニアンは $\widehat{H} = \frac{1}{2m}\left(\widehat{\boldsymbol{p}} + \frac{e}{c}\boldsymbol{A}\right)^2 - \frac{e^2}{r}$ で与えられる．ここではガウス単位系を採用し，m は電子質量，$-e$ は電子電荷，c は光速，$\boldsymbol{A}$ はベクトルポテンシャルを表す．

(1) ベクトルポテンシャルを $\boldsymbol{A} = \frac{1}{2}\boldsymbol{B} \times \boldsymbol{r}$ と取れることを示せ．
(2) ハミルトニアンを $\widehat{H} = \widehat{H}_0 + \widehat{H}_1 + \widehat{H}_2$ のように，$\boldsymbol{A}$ の次数で展開する．$\widehat{H}_1$ が軌道角運動量演算子 $\widehat{\boldsymbol{j}} = \frac{\widehat{\boldsymbol{r}} \times \widehat{\boldsymbol{p}}}{\hbar}$ を用いて次のように書けることを示せ．
$$\widehat{H}_1 = \mu_B \widehat{j}_z B, \quad \mu_B = \frac{e\hbar}{2mc} \quad (\text{ボーア磁子})$$
(3) $\widehat{H}_1$ の一次摂動による基底状態のエネルギー変化を求めよ．
(4) $\widehat{H}_2$ の一次摂動による基底状態のエネルギー変化を求めよ（ランジュバン反磁性）．
(5) $\widehat{H}_1$ の二次摂動による基底状態のエネルギー変化を求めよ．ただし励起状態として $n = 2$ の状態のみを考慮せよ（ヴァンヴレック常磁性）．

20.8　縮退つき摂動① 角運動量

中心力ポテンシャルの固有状態で軌道角運動量 $l=1$ を持つ 3 つの状態 ψ_{1m} ($m=\pm 1, 0$) を考えよう．これらの状態のエネルギーは縮退しているので，そのエネルギーを E_0 とする．この系に摂動

$$\widehat{H}' = \alpha(\widehat{l}_x^2 - \widehat{l}_y^2) + \beta \widehat{l}_z$$

が加わったときのエネルギー固有値を求めよ．

20.9　縮退つき摂動② 自由粒子

一次元空間において，長さ L の大きな箱に閉じ込められた電子について考えよう．波動関数は周期的境界条件

$$\psi(x+L) = \psi(x)$$

をみたすとする．摂動ポテンシャル

$$V'(x) = g\cos qx \quad \left(g > 0, q = \frac{2\pi N}{L}, N \text{ は偶数}\right)$$

のもとで，波数 $\frac{q}{2}$ の電子に対して g の一次摂動でのエネルギー固有値を求めよ．

20.10　縮退つき摂動③ 第一励起状態のシュタルク効果

水素の第一励起状態について，電場を z 軸方向に掛けたときの補正エネルギーを一次摂動によって求めよ．

20.11　縮退つき摂動④ 三次元等方調和振動子

三次元等方調和振動子の第一励起状態について，系に摂動相互作用

$$\widehat{H}' = bxy \quad (b > 0)$$

が加わったとして，補正エネルギーを一次摂動によって求めよ．

20.12　ヘルマン-ファインマンの定理

実数 λ に対して滑らかに変動するハミルトニアン $\widehat{H}(\lambda)$ を考えよう．ハミルトニアンの固有値を $E(\lambda)$ とし，規格化された固有状態を $|\psi(\lambda)\rangle$ とする．

(1)
$$\frac{d}{d\lambda}E(\lambda) = \langle\psi(\lambda)|\frac{d}{d\lambda}\widehat{H}(\lambda)|\psi(\lambda)\rangle$$

が成り立つことを示せ．

(2) 一次元調和振動子で，$\lambda = \omega, \hbar, m$ のそれぞれに対して (1) の命題を書き下せ．

20.13 非相対論的補正

運動エネルギーは速度が光速 c に比べて十分遅ければ $\frac{p^2}{2m}$ と書けるが，速度が速いときには相対論的運動エネルギー

$$\sqrt{p^2c^2 + m^2c^4} - mc^2$$

を用いる．これについて，以下に答えよ．

(1) 運動量が小さいとき，運動エネルギーを運動量の四次まで求めよ．

(2) 非相対論的でポテンシャル $V(x)$ の中を運動する粒子が，基底状態（エネルギー固有値 E_0 の状態）であることがわかっているとき，非相対論的補正より，エネルギー固有値の一次摂動による補正値は

$$E^{(1)} = -\frac{1}{2mc^2}(E_0^2 - 2E_0\langle V\rangle + \langle V^2\rangle)$$

と書けることを示せ．

(3) 水素原子の基底状態に対してこの補正値を求めよ．

第21章 非定常状態の摂動論（時間つき摂動）
—— 結局 $\langle n|\widehat{H}'|m\rangle$ を計算することに尽きる

Section ❶ 問題設定とシナリオ

キーポイント
難しいので通常は一次摂動までで OK！

ここでは時刻 $t=0$ において $\widehat{H}_0$ に従っていた系が，時刻 $t=0$ から相互作用 $\lambda\widehat{H}'(t)$ を入れたハミルトニアン

$$\widehat{H} = \widehat{H}_0 + \lambda\widehat{H}'(t)$$

に従う場合について考えます．例えば，定常状態での水素原子モデルに対して，時刻 $t=0$ から電場を掛けていく場合がこのケースに相当します．目標となるのは，"時刻 $t=0$ で第 m 励起状態だった粒子が，時刻 t で第 n 励起状態に遷移する確率"を求めることです．

❶ 問題設定とシナリオ

まず，定常状態のシュレディンガー方程式

$$\widehat{H}_0|\psi_k^{(0)}\rangle = E_k^{(0)}|\psi_k^{(0)}\rangle$$

が完全に解けているとしましょう．これを元手に，非定常状態の波動関数を構成します．

まず，時刻 $t=0$ での状態ケット $|\Psi(0)\rangle$ は，定常状態の重ね合わせで次のように書けます．

$$|\Psi(0)\rangle = \sum_k a_k^{(0)}|\psi_k^{(0)}\rangle$$

これを用いて，非定常状態の状態ケット $|\Psi(t)\rangle$ は次のように書けるのでした（12.3節）．

$$|\Psi(t)\rangle = \exp\left(-\frac{it\widehat{H}}{\hbar}\right)|\Psi(0)\rangle$$

$$= \sum_k \exp\left\{-\frac{it(\widehat{H}_0 + \lambda\widehat{H}')}{\hbar}\right\}a_k^{(0)}|\psi_k^{(0)}\rangle$$

ひとまずはこの右辺を求めれば良いのですが，残念ながら一般的には計算できません．そこで，この右辺を無理矢理

$$\sum_k a_k(t)\exp\left(-\frac{it\widehat{H}_0}{\hbar}\right)|\psi_k^{(0)}\rangle$$

と書き換えてみることにしましょう．感覚的には $\exp(-it\lambda\widehat{H}')a_k^{(0)} \to a_k(t)$ としているものと考えて下さい．系に加わった弱い相互作用の影響を a_k に押しつけているわけです．

21.1 問題設定とシナリオ

$t=0$ で $a_k^{(0)} = a_k(0)$ が成り立つこと，および $a_k(t)$ の中に弱い相互作用の影響が入っていることから，次の式を仮定してみましょう．

$$a_k(t) = a_k^{(0)} + \lambda a_k^{(1)} + O(\lambda^2)$$

λ が小さいことから，たかだか λ の一次か二次まで求めれば，十分良い近似で $a_k(t)$ が得られたと見て良いでしょう．

ここまでを総合すれば，時刻 t における非定常状態は次のように（近似的に）書けることがわかります．

$$\begin{aligned}
|\Psi(t)\rangle &= \sum_k a_k(t) \exp\left(-\frac{it\widehat{H}_0}{\hbar}\right) |\psi_k^{(0)}\rangle \\
&= \sum_k a_k(t) \exp\left(-\frac{itE_k^{(0)}}{\hbar}\right) |\psi_k^{(0)}\rangle \\
&\approx \sum_k (a_k^{(0)} + \lambda a_k^{(1)}) \exp\left(-\frac{itE_k^{(0)}}{\hbar}\right) |\psi_k^{(0)}\rangle
\end{aligned}$$

これで一般的な形式が整ったので，改めて具体的な物理設定と目標を思い出しましょう．求めるべきは "時刻 $t=0$ で第 m 励起状態だった粒子が，時刻 t で第 n 励起状態に遷移する確率" でしたね．これはちょうど $|\langle\psi_n^{(0)}|\Psi(t)\rangle|^2$ を求めることに相当します．また，時刻 $t=0$ で第 m 励起状態であるということは，

$$|\Psi(0)\rangle = |\psi_m^{(0)}\rangle$$

であることを表し，これはちょうど $a_k^{(0)} = \delta_{km}$ が成り立つことに対応しますね．

さて，求めるべきは $|\langle\psi_n^{(0)}|\Psi(t)\rangle|^2$ であり，$a_k^{(0)} = \delta_{km}$ も既知ですから，未知定数 $a_k^{(1)}$ が定まればこの問題は（一次近似の範囲で）完全に解けたことになります．

結果から述べると，非定常状態のシュレディンガー方程式を用いることで，

$$\frac{d}{dt}a_k^{(1)} = \frac{1}{i\hbar} \exp\left\{-\frac{it(E_k^{(0)} - E_m^{(0)})}{\hbar}\right\} \langle\psi_k^{(0)}|\widehat{H}'|\psi_m^{(0)}\rangle$$

が成り立つことがわかり，これを用いて $a_k(t)$ が一次近似で

$$a_k(t) \approx a_k^{(0)} + \frac{\lambda}{i\hbar} \int_0^t \exp\left\{-\frac{it'(E_k^{(0)} - E_m^{(0)})}{\hbar}\right\} \langle\psi_k^{(0)}|\widehat{H}'|\psi_m^{(0)}\rangle dt'$$

が導かれます．$p_{nm}(t)$ を，時刻 $t=0$ で第 m 励起状態だった粒子が，時刻 t で第 n 励起状態に遷移する確率とすると，次が成立します．

$$p_{nm}(t) = |a_n(t)|^2 = \left|\frac{\lambda}{i\hbar} \int_0^t e^{-\frac{it'(E_m^{(0)} - E_n^{(0)})}{\hbar}} \langle\psi_n^{(0)}|\widehat{H}'(t')|\psi_m^{(0)}\rangle dt'\right|^2$$

ここまでの流れを，次の基本問題で振り返ってみましょう．

基本問題 21.1

一粒子ハミルトニアンの固有方程式
$$\widehat{H}_0|\psi_k^{(0)}\rangle = E_k^{(0)}|\psi_k^{(0)}\rangle$$
が解け，エネルギー固有値および固有ケットが既知であるとする．時刻 $t=0$ で系の状態がこれらの線形結合で
$$|\Psi(0)\rangle = \sum_k a_k^{(0)}|\psi_k^{(0)}\rangle$$
と表されているとする．

(1) 時刻 t における状態 $|\Psi(t)\rangle$ を求めよ．
(2) 時刻 t において，$|\Psi(t)\rangle$ の中に $|\psi_n^{(0)}\rangle$ を見いだす確率を求めよ．

時刻 $t=0$ で系に摂動 $\lambda\widehat{H}'(t)$ が加わったとする．$a_k(t)$ を
$$a_k(t) = a_k^{(0)} + \lambda a_k^{(1)}(t) + O(\lambda^2)$$
とおき
$$|\Psi(t)\rangle = \sum_k a_k(t)\exp\left(-\frac{it\widehat{H}_0}{\hbar}\right)|\psi_k^{(0)}\rangle$$
とする．初期条件を $a_k^{(0)} = \delta_{km}$，すなわち時刻 $t=0$ で系が第 m 励起状態にあったとして以下の問いに答えよ．

(3) $a_n(t)$ を λ の一次までの項で求めよ．
(4) (3) の結果を用いて，時刻 $t=0$ で第 m 励起状態にあった一粒子が時刻 t において第 n 励起状態に遷移する確率 $P_{nm}(t)$ を求めよ．ただし $n \neq m$ とする．

方針 (1), (2) は摂動とは無関係な復習問題です．(3) では，非定常状態のシュレディンガー方程式に $|\Psi(t)\rangle$ の式を代入して，$a_k^{(1)}(t)$ についての微分方程式を求めます．

【答案】 (1) 状態
$$|\Psi(0)\rangle = \sum_k a_k^{(0)}|\psi_k^{(0)}\rangle$$
の時間発展を考えれば良いので，
$$|\Psi(t)\rangle = \exp\left(-\frac{it\widehat{H}_0}{\hbar}\right)|\Psi(0)\rangle$$
$$= \sum_k a_k^{(0)}\exp\left(-\frac{it\widehat{H}_0}{\hbar}\right)|\psi_k^{(0)}\rangle$$
$$= \sum_k a_k^{(0)}\exp\left(-\frac{itE_k^{(0)}}{\hbar}\right)|\psi_k^{(0)}\rangle$$
が答え．

(2) 答えは $|\langle\psi_n^{(0)}|\Psi(t)\rangle|^2 = |a_n^{(0)}|^2$．

21.1 問題設定とシナリオ

(3) 非定常状態 $|\Psi(t)\rangle = \sum_k a_k(t)\exp\left(-\frac{it\widehat{H}_0}{\hbar}\right)|\psi_k^{(0)}\rangle$ はシュレディンガー方程式

$$i\hbar\frac{\partial}{\partial t}|\Psi(t)\rangle = (\widehat{H}_0 + \lambda\widehat{H}'(t))|\Psi(t)\rangle$$

をみたすので,これに代入すると

$$i\hbar\frac{\partial}{\partial t}|\Psi(t)\rangle = i\hbar\frac{\partial}{\partial t}\sum_k\{\delta_{km} + \lambda a_k^{(1)}(t) + O(\lambda^2)\}\exp\left(-\frac{itE_k^{(0)}}{\hbar}\right)|\psi_k^{(0)}\rangle$$

$$= \cancel{E_m^{(0)}\exp\left(-\frac{itE_m^{(0)}}{\hbar}\right)|\psi_m^{(0)}\rangle} + \cancel{\sum_k\exp\left(-\frac{itE_k^{(0)}}{\hbar}\right)E_k^{(0)}\lambda a_k^{(1)}|\psi_k^{(0)}\rangle}$$

$$+ i\hbar\sum_k\exp\left(-\frac{itE_k^{(0)}}{\hbar}\right)\lambda\frac{\partial a_k^{(1)}(t)}{\partial t}|\psi_k^{(0)}\rangle + O(\lambda^2)$$

$$(\widehat{H}_0 + \lambda\widehat{H}')|\Psi(t)\rangle = \cancel{E_m^{(0)}\exp\left(-\frac{itE_m^{(0)}}{\hbar}\right)|\psi_m^{(0)}\rangle} + \cancel{\sum_k\exp\left(-\frac{itE_k^{(0)}}{\hbar}\right)E_k^{(0)}\lambda a_k^{(1)}|\psi_k^{(0)}\rangle}$$

$$+ \exp\left(-\frac{itE_m^{(0)}}{\hbar}\right)\lambda\widehat{H}'|\psi_m^{(0)}\rangle + O(\lambda^2)$$

により,λ^2 のオーダーを無視すると

$$i\hbar\sum_k\exp\left(-\frac{itE_k^{(0)}}{\hbar}\right)\lambda\frac{\partial a_k^{(1)}(t)}{\partial t}|\psi_k^{(0)}\rangle = \exp\left(-\frac{itE_m^{(0)}}{\hbar}\right)\lambda\widehat{H}'|\psi_m^{(0)}\rangle$$

が成り立つ.両辺に左から $\langle\psi_n^{(0)}|$ を掛けてやることで $\langle\psi_n^{(0)}|\psi_m^{(0)}\rangle = \delta_{nm}$ に気をつけて

$$i\hbar\exp\left(-\frac{itE_n^{(0)}}{\hbar}\right)\frac{\partial a_n^{(1)}(t)}{\partial t} = \exp\left(-\frac{itE_m^{(0)}}{\hbar}\right)\langle\psi_n^{(0)}|\widehat{H}'|\psi_m^{(0)}\rangle$$

が得られ,これより常微分方程式

$$\frac{da_n^{(1)}(t)}{dt} = \frac{1}{i\hbar}\exp\left\{-\frac{it(E_m^{(0)} - E_n^{(0)})}{\hbar}\right\}\langle\psi_n^{(0)}|\widehat{H}'|\psi_m^{(0)}\rangle$$

が得られる.$a_n^{(1)}(0) = 0$ に気をつけて,両辺を積分すれば $a_n^{(1)}(t)$ が得られるので,結局

$$a_n(t) = \delta_{nm} + \frac{\lambda}{i\hbar}\int_0^t\exp\left\{-\frac{it'(E_m^{(0)} - E_n^{(0)})}{\hbar}\right\}\langle\psi_n^{(0)}|\widehat{H}'(t')|\psi_m^{(0)}\rangle dt' + O(\lambda^2)$$

が得られる.

(4) (2)のように,求めるべき確率は $P_{nm}(t) = |a_n(t)|^2$ であり,(3)において λ の二次以上の項を切り捨て,$n \neq m$ とすると,次のように $P_{nm}(t)$ の式が得られる.

$$P_{nm}(t) = |a_n(t)|^2 = \left|\frac{\lambda}{i\hbar}\int_0^t\exp\left\{-\frac{it'(E_m^{(0)} - E_n^{(0)})}{\hbar}\right\}\langle\psi_n^{(0)}|\widehat{H}'(t')|\psi_m^{(0)}\rangle dt'\right|^2 \quad\blacksquare$$

■ **ポイント** ■ これで**時間つき摂動の公式**(**遷移確率の公式**)が与えられました.次の基本問題で具体問題を扱います.時間摂動のエッセンスは,ほぼこの二問で押さえたと思って良いでしょう.さらなる応用としてフェルミの黄金律などの有名な話題もありますが,これらは演習問題 21.2, 21.3 でフォローします.

基本問題 21.2 　　　　　　　　　　　　　　　　　　　　　　　　　　　　**重要**

振動数 ω の一次元調和振動子ポテンシャルに束縛されていた質量 m の粒子に，次の摂動が加わった．
$$\widehat{H}'(t) = F\widehat{x}\exp(-\Omega t)\theta(t)$$
摂動の結合定数を λ とする．ここで $\theta(t)$ は**ヘヴィサイドステップ（階段関数）**であり，次の式で与えられる．
$$\theta(t) = \begin{cases} 0 & (t < 0) \\ 1 & (0 < t) \end{cases}$$
時刻 $t = 0$ で基底状態だった粒子が，やがて励起状態に遷移する確率を求めよ．

方針　前問で得られた公式
$$P_{nm}(t) = |a_n(t)|^2 = \left| \frac{\lambda}{i\hbar} \int_0^t \exp\left\{-\frac{it'(E_m^{(0)} - E_n^{(0)})}{\hbar}\right\} \langle \psi_n | \widehat{H}'(t') | \psi_m \rangle dt' \right|^2$$

を用います．問題の指示から $P = \sum_{n=1}^{\infty} P_{n0}(\infty)$ を求めれば良いことに気づけば一本道です．

生成消滅演算子を用いて

- 座標が $\widehat{x} = \sqrt{\dfrac{\hbar}{2m\omega}}(\widehat{a} + \widehat{a}^\dagger)$ と書けること
- $\widehat{a}|n\rangle = \sqrt{n}|n-1\rangle$, $\widehat{a}^\dagger|n\rangle = \sqrt{n+1}|n+1\rangle$ が成り立つこと

に注意して下さい．

【答案】
基底状態から第 n 励起状態に遷移する確率 $P_{n0}(\infty)$ は，次のようにして求められる．

$$P_{n0}(\infty) = \frac{\lambda^2}{\hbar^2} \left| \int_0^\infty \langle n | \exp\left\{\frac{it'(E_n - E_0)}{\hbar}\right\} F\widehat{x} \exp(-\Omega t) | 0 \rangle dt' \right|^2$$

$$= \frac{\lambda^2 F^2}{\hbar^2} \left| \int_0^\infty \left\langle n \left| \exp(in\omega t')\sqrt{\frac{\hbar}{2m\omega}}(\widehat{a} + \widehat{a}^\dagger)\exp(-\Omega t) \right| 0 \right\rangle dt' \right|^2$$

$$= \frac{\lambda^2 F^2}{\hbar^2} \frac{\hbar}{2m\omega} |\langle 0 | \widehat{a} + \widehat{a}^\dagger | n \rangle|^2 \left| \int_0^\infty \exp\{-(\Omega - in\omega)t'\} dt' \right|^2$$

求めるべきは $P = \sum_{n=1}^{\infty} P_{n0}(\infty)$ の値だが，そもそも

$$\langle 0 | \widehat{a} + \widehat{a}^\dagger | n \rangle = n\delta_{0n-1} + (n+1)\delta_{0n+1}$$

なので $n = 2, 3, \cdots$ のとき $P_{n0}(\infty) = 0$ であり，$P = P_{10}(\infty)$ が成り立つ．結局，答えは

$$P = \frac{\lambda^2 F^2}{2m\hbar\omega} \left| \int_0^\infty \exp\{-(\Omega + i\omega)t\} dt \right|^2$$

$$= \frac{\lambda^2 F^2}{2m\hbar\omega} \left| \frac{1}{\Omega - i\omega} \right|^2 = \frac{\lambda^2 F^2}{2m\hbar\omega} \frac{1}{\Omega^2 + \omega^2}$$

として求められる．■

演習問題

─── A ───

21.1 2準位系の問題

次の2準位系ハミルトニアンで記述される系について考えよう．

$$H = \begin{pmatrix} a & W\exp(-i\omega t) \\ W\exp(i\omega t) & b \end{pmatrix}$$

W が小さいとして，系が初期時刻に状態 $\begin{pmatrix} 1 \\ 0 \end{pmatrix}$ であったとし，時刻 t で状態 $\begin{pmatrix} 0 \\ 1 \end{pmatrix}$ にある確率を一次の時間つき摂動を用いて求めよ．

─── B ───

21.2 相互作用表示の一般論とフェルミの黄金律

ハミルトニアンが $\widehat{H}(t) = \widehat{H}_0 + \widehat{V}(t)$ で与えられている．相互作用表示のポテンシャルを $\widehat{V}_{\mathrm{I}}(t) = \exp(-\frac{t\widehat{H}_0}{i\hbar})\widehat{V}(t)\exp(\frac{t\widehat{H}_0}{i\hbar})$ とする．

(1) 相互作用表示での状態ベクトルの時間変化が

$$i\hbar \frac{d}{dt}|\psi(t)\rangle_{\mathrm{I}} = \widehat{V}_{\mathrm{I}}|\psi(t)\rangle_{\mathrm{I}}$$

で与えられることを示せ．

(2) (1) で与えられた方程式の解が次のようになることを示せ．ただし $t_f > t_i$ である．

$$|\psi(t_f)\rangle_{\mathrm{I}} = T\exp\left(\frac{1}{i\hbar}\int_{t_i}^{t_f} dt\, \widehat{V}_{\mathrm{I}}(t)\right)|\psi(t_i)\rangle_{\mathrm{I}}$$

また T は T 積を表し，時間を $t_0, t_1, \cdots, t_N$ のように十分大きい数で分割したとき，

$$T\exp\left(\frac{1}{i\hbar}\int_{t_0}^{t_N} dt\, \widehat{V}_{\mathrm{I}}(t)\right) = \exp\left(\frac{1}{i\hbar}\Delta t\, \widehat{V}_{\mathrm{I}}(t_N)\right) \cdots \exp\left(\frac{1}{i\hbar}\Delta t\, \widehat{V}_{\mathrm{I}}(t_0)\right)$$

$$\Delta t = \frac{t_N - t_0}{N}$$

のように時間の大きな物から順に掛けることを表す．

以下では，$\widehat{H}_0$ は離散準位と連続準位の両方を含み，$\widehat{V}(t)$ は時間によらず一定であるとする．$\widehat{H}_0$ を対角化する規格直交基底が $|\psi_n^{(0)}\rangle$ あるいは $|\psi_\nu^{(0)}\rangle$ （離散あるいは連続）で与えられているとし，$|\psi(t)\rangle_{\mathrm{I}}$ をこれで展開して

$$|\psi(t)\rangle_{\mathrm{I}} = \sum_n c_n(t)|\psi_n^{(0)}\rangle + \int d\nu\, c_\nu(t)|\psi_\nu^{(0)}\rangle$$

とする．また，$|\psi_n^{(0)}\rangle$ あるいは $|\psi_\nu^{(0)}\rangle$ に対応する $\widehat{H}_0$ の固有値を $E_n^{(0)}, E_\nu^{(0)}$ とする．

(3) $t=0$ で状態が離散準位 $|\psi(t)\rangle_{\rm I} = |\psi_m^{(0)}\rangle$ にあるとしたとき，時刻 t における連続準位の係数 $c_\nu(t)$ は，摂動の一次では

$$c_\nu(t) = \frac{1}{i\hbar}\int_0^t dt' \, \widehat{V}_{\nu m}(t')$$

で与えられることを示せ．ここに $\widehat{V}_{\nu m}(t) = \langle\psi_\nu^{(0)}|\widehat{V}_{\rm I}(t)|\psi_m^{(0)}\rangle$ である．

(4) 上記の $c_\nu(t)$ は次のように表せることを示せ．

$$c_\nu(t) = \frac{-1}{E_\nu^{(0)} - E_m^{(0)}}\left[\exp\left\{\frac{i}{\hbar}(E_\nu^{(0)} - E_m^{(0)})t\right\} - 1\right]\langle\psi_\nu^{(0)}|\widehat{V}|\psi_m^{(0)}\rangle$$

(5) フェルミの黄金律（離散状態 m から単位時間に連続状態 ν と $\nu+d\nu$ の間に遷移する確率）が次のように書けることを示せ．

$$dP_{m\to\nu} = \frac{2\pi}{\hbar}\delta(E_\nu^{(0)} - E_m^{(0)})|\langle\psi_\nu^{(0)}|\widehat{V}|\psi_m^{(0)}\rangle|^2 d\nu$$

────── C ──────

21.3 散乱問題とフェルミの黄金律

三次元空間で質量 m の粒子がクーロンポテンシャル $\frac{e^2}{r}$ で散乱される状況を考えよう．系のハミルトニアンは $\widehat{H} = \frac{\widehat{\boldsymbol{p}}^2}{2m} + \frac{e^2}{r}$ で与えられる．

(1) 波数ベクトル $\boldsymbol{k}$ の平面波 $|\boldsymbol{k}\rangle$ を $\langle\boldsymbol{r}|\boldsymbol{k}\rangle = \exp(i\boldsymbol{k}\cdot\boldsymbol{r})$ となるように規格化しておくと，

$$\langle\boldsymbol{k}|\boldsymbol{k}'\rangle = (2\pi)^3\delta(\boldsymbol{k}' - \boldsymbol{k}) \qquad ①$$

$$\int \frac{d^3\boldsymbol{k}}{(2\pi)^3}|\boldsymbol{k}\rangle\langle\boldsymbol{k}| = 1 \qquad ②$$

が成り立つことを示せ．

(2) $\langle\boldsymbol{k}'|\frac{e^2}{r}|\boldsymbol{k}\rangle = \frac{4\pi e^2}{|\boldsymbol{k}' - \boldsymbol{k}|^2}$ が成り立つことを示せ．

(3) 入射粒子の状態が平面波 $|\boldsymbol{k}_{\rm i}\rangle$ のとき，確率密度流が $\frac{\hbar|\boldsymbol{k}_{\rm i}|}{m}$ となることを示せ．

(4) 単位時間の遷移確率を確率密度流で割ったものが微分散乱断面積 $d\sigma$ であるとして，終状態の波数を $\boldsymbol{k}_{\rm f}$ としたとき，フェルミの黄金律を用いると

$$d\sigma_{\boldsymbol{k}_{\rm i}\to\boldsymbol{k}_{\rm f}} = \frac{2\pi m}{\hbar^2|\boldsymbol{k}_{\rm i}|}\delta(E_{\boldsymbol{k}_{\rm i}} - E_{\boldsymbol{k}_{\rm f}})\left|\left\langle\boldsymbol{k}_{\rm f}\left|\frac{e^2}{r}\right|\boldsymbol{k}_{\rm i}\right\rangle\right|^2 \frac{d^3\boldsymbol{k}_{\rm f}}{(2\pi)^3}$$

が成り立つ．これを用いて，散乱の角度分布に対する**ラザフォードの微分散乱断面積公式**

$$d\sigma = \frac{e^4}{16E^2\sin^4\frac{\theta}{2}}d\Omega_{\rm f}$$

を導け．

第22章 その他の近似法
——こちらも $\langle\psi|\widehat{H}|\psi\rangle$ が計算できればゴールが見える

Section ❶ 変 分 法

キーポイント
エネルギー汎関数を最小化せよ．

本章では，摂動論以外の近似法として主に変分法について紹介します（演習問題のみ，量子力学の立場から出発してボーア–ゾンマーフェルトの量子化条件を求めることのできる WKB 近似を取り扱います）．

❶ 変 分 法

変分法はシュレディンガー方程式を解かずに束縛状態の基底エネルギーを近似的に求める方法です．摂動よりも手軽で，かつ精度もそこそこ良いので非常にコストパフォーマンスの高い手法といえます．そのかわり，任意の励起エネルギーが近似できる摂動とは違い，変分法では基底エネルギーしか求めることができません♠．

方法は簡単です．与えられたハミルトニアンと任意のケットから**エネルギー汎関数**

$$E[\psi] = \frac{\langle\psi|\widehat{H}|\psi\rangle}{\langle\psi|\psi\rangle}$$

を構成し，$E[\psi]$ の最小値を求めるだけです．この値が基底エネルギーの近似値になっています．ψ の具体的な関数形はその時々によって異なりますが，大抵の場合，指数関数

$$\psi(x) = e^{-ax}$$

を用います．基底固有関数が必ずしもこのような関数形になるとは限りませんが，大体この関数を指定してやることで厳密値に近いエネルギーが得られます．このように，適当に選んだ ψ を**テスト関数**と呼びます．また，テスト関数に $\psi(x) = e^{-ax}$ を選んだ場合，テスト関数に含まれたパラメータ a を**変分パラメータ**と呼びます．ψ を色々動かす代わりに，変分パラメータ a を動かすことでエネルギー汎関数 $E[\psi(a)]$ を最小化するわけです．

♠ ただし，基底固有関数がわかっていれば，特別な工夫を施すことで励起状態の固有エネルギーを近似できます（基本問題 22.1）．

基本問題 22.1 　　　　　　　　　　　　　　　　　　　　　　　　　重要

ハミルトニアン $\hat{H}$ の厳密な最低固有値を E_0 とおく．また，任意のケット $|\psi\rangle$ に対して次のエネルギー汎関数

$$E[\psi] = \frac{\langle\psi|\hat{H}|\psi\rangle}{\langle\psi|\psi\rangle}$$

を定義する．このとき，

$$E[\psi] \geq E_0$$

が成り立つことを示せ．

方針　ハミルトニアンの厳密な固有状態 $\psi_1, \psi_2, \cdots$ の線形結合でテスト関数を構成することで命題が証明できます．$E_0, E_1, E_2, \cdots$ が増加列になっていることに注意して下さい．（順番に，基底エネルギー，第一励起エネルギー，第二励起エネルギー，$\cdots$）

【答案】　ハミルトニアンの固有方程式

$$\hat{H}|\psi_j\rangle = E_j|\psi_j\rangle$$

に対し，固有状態 $|\psi_j\rangle$ の線形結合によってテスト関数（テストケット）を次のように構成する．

$$|\psi\rangle = \sum_j a_j |\psi_j\rangle$$

このとき，エネルギー汎関数は

$$E[\psi] = \frac{\langle\psi|\hat{H}|\psi\rangle}{\langle\psi|\psi\rangle} = \frac{\sum_j |a_j|^2 E_j}{\sum_j |a_j|^2}$$

と書けることがわかる．$E_j \geq E_0$ なので，結局

$$\frac{\sum_j |a_j|^2 E_j}{\sum_j |a_j|^2} \geq \frac{\sum_j |a_j|^2 E_0}{\sum_j |a_j|^2} = E_0$$

となり，所望の式が得られた．■

ポイント　$E[\psi] \geq E_0$ により，いろいろな ψ を選んで $E[\psi]$ を計算し，その中で最小のものが E_0 の近似値となろう，という考え方です．ちなみに，本問のアイデアを参考に，第一励起エネルギーに関する不等式を作ることができます．例えば，基底状態 $|\psi_0\rangle$ を含まないテスト関数（テストケット）を次のように構成します．

$$|\psi_0\rangle = \sum_{j>0} a_j |\psi_j\rangle$$

$$E[\psi] = \frac{\sum_{j>0} |a_j|^2 E_j}{\sum_{j>0} |a_j|^2} \geq \frac{\sum_{j>0} |a_j|^2 E_1}{\sum_{j>0} |a_j|^2} = E_1$$

となり，所望の不等式を得ます．つまり，基底固有関数に直交する関数を上手く取ることができれば，第一励起エネルギーの近似値を求められるのです．

基本問題 22.2 【重要】

次の調和振動子ポテンシャルに束縛された質量 m の粒子について，基底エネルギーを変分法によって求めよ．

$$V(x) = \frac{1}{2}m\omega^2 x^2$$

ただし変分パラメータを a とし，テスト関数には次の関数を用いること．

$$\psi(x) = e^{-\frac{1}{2}ax^2}$$

方針 以下の公式をフルに使っていきましょう．まずはエネルギー汎関数を求め，次にその最小値を求めるだけです．

ガウス型の二階微分

$$\frac{d^2}{dx^2}e^{-bx^2} = -2be^{-bx^2} + 4b^2 x^2 e^{-bx^2} \qquad 公式(1)$$

ガウスの積分公式

$$\int_{-\infty}^{\infty} x^{2n} e^{-bx^2} dx = \left(-\frac{d}{db}\right)^n \int_{-\infty}^{\infty} e^{-bx^2} dx = \frac{\sqrt{\pi}}{\sqrt{b}^{2n+1}} \frac{(2n-1)!!}{2^n} \qquad 公式(2)$$

【答案】 まずはエネルギー汎関数 $E[\psi]$ を求める．はじめに $\langle\psi|\psi\rangle$ を計算すると

$$\langle\psi|\psi\rangle = \int_{-\infty}^{\infty} e^{-ax^2} dx = \sqrt{\frac{\pi}{a}}$$

となる．次に $\langle\psi|\widehat{H}|\psi\rangle$ を運動エネルギー積分 $\langle T\rangle$ とポテンシャルエネルギー積分 $\langle V\rangle$ に分けてやると，それぞれテスト関数の積分により

$$\langle T\rangle = -\frac{\hbar^2}{2m}\int_{-\infty}^{\infty} e^{-\frac{1}{2}ax^2} \frac{d^2}{dx^2} e^{-\frac{1}{2}ax^2} dx$$

$$= -\frac{\hbar^2}{2m}\int_{-\infty}^{\infty} e^{-\frac{1}{2}ax^2}(-ae^{-\frac{1}{2}ax^2} + a^2 x^2 e^{-\frac{1}{2}ax^2})dx \qquad (公式(1)を用いる.)$$

$$= -\frac{\hbar^2}{2m}\left\{(-a)\sqrt{\frac{\pi}{a}} + a^2 \frac{1}{2}\sqrt{\frac{\pi}{a^3}}\right\} = \frac{\hbar^2}{4m}\sqrt{a\pi} \qquad (公式(2)を用いる.)$$

$$\langle V\rangle = \frac{1}{2}m\omega^2 \int_{-\infty}^{\infty} e^{-ax^2} x^2 dx = \frac{1}{4}m\omega^2 \sqrt{\frac{\pi}{a^3}} \qquad (公式(2)を用いる.)$$

となる．これによりエネルギー汎関数は次のように得られる．

$$E[\psi] = \frac{\langle\psi|\widehat{H}|\psi\rangle}{\langle\psi|\psi\rangle} = \frac{\hbar^2}{4m}a + \frac{m\omega^2}{4a}$$

これより，相加平均 $\geq$ 相乗平均の式（相加相乗平均の不等式 $a+b \geq 2\sqrt{ab}$ $(a,b>0)$）より，次のように最小値を得る．

$$E = 2\sqrt{\frac{\hbar^2}{4m}\frac{m\omega^2}{4}} = \frac{\hbar\omega}{2}$$

右辺が基底エネルギーの見積もりであり，厳密解に一致している．■

基本問題 22.3 【重要】

クーロンポテンシャル $V(r) = -\frac{e^2}{r}$ に束縛された質量 m の粒子について，基底エネルギーを変分法によって求めよ．ただし変分パラメータを a とし，テスト関数には $\psi(r) = e^{-ar}$ を用いよ．

方針 前問と違って三次元積分を用いることに注意します．特に以下に見るように，積分に r^2 が余分につくことは非常に間違えやすいです．他のプロセスは前問と同様です．やはり水素の基底エネルギーも，結果的に厳密解と一致します．

ガンマ関数
$$\int_0^\infty e^{-bx} x^n \, dx = n! \left(\frac{1}{b}\right)^{n+1} \quad \text{公式 (3)}$$

球座標での運動エネルギー積分（$\psi\boldsymbol{r} = \psi(r)$ は実関数）
$$\langle T \rangle = -\frac{\hbar^2}{2m} \int d\Omega \int_0^\infty r^2 \psi(r) \Delta \psi(r) \, dr = -\frac{\hbar^2}{2m} 4\pi \int_0^\infty (r\psi) \frac{d^2}{dr^2}(r\psi) \, dr \quad \text{公式 (4)}$$

【答案】 まずはエネルギー汎関数を求める．はじめに $\langle \psi | \psi \rangle$ を求めると，

$$\langle \psi | \psi \rangle = \int d\Omega \int_0^\infty dr\, r^2 e^{-2ar} = 4\pi \int_0^\infty dr\, r^2 e^{-2ar} = 4\pi \left(\frac{1}{2a}\right)^3 \cdot 2 \quad \text{(公式 (3) を用いる.)}$$

となる．さらに $\langle \psi | \widehat{H} | \psi \rangle = \langle T \rangle + \langle V \rangle$（運動エネルギー積分とポテンシャルエネルギー積分）をそれぞれ求めると，

$$\langle T \rangle = -\frac{\hbar^2}{2m} 4\pi \int_0^\infty dr\, r e^{-ar} \frac{d^2}{dr^2}(re^{-ar}) \quad \text{(公式 (4) による.)}$$

$$= -\frac{\hbar^2}{2m} 4\pi \int_0^\infty dr\, re^{-ar}(-2ae^{-ar} + a^2 r e^{-ar})$$

$$= -\frac{\hbar^2}{2m} 4\pi \left\{(-2a)\left(\frac{1}{2a}\right)^2 + a^2 \left(\frac{1}{2a}\right)^3 \cdot 2!\right\} = \frac{\hbar^2}{8ma} 4\pi \quad \text{(公式 (3) を用いる.)}$$

$$\langle V \rangle = -e^2 \int_0^\infty dr\, r^2 \frac{1}{r} \int d\Omega\, e^{-2ar} = -e^2 4\pi \int_0^\infty dr\, r e^{-2ar} \quad \text{(公式 (3) を用いる.)}$$

$$= -4\pi e^2 \left(\frac{1}{2a}\right)^2 = -4\pi e^2 \frac{1}{4a^2}$$

となり，次を得る．

$$E[\psi] = \frac{\hbar^2}{2m} a^2 - e^2 a = \frac{\hbar^2}{2m}\left(a - \frac{me^2}{\hbar^2}\right)^2 - \frac{me^4}{2\hbar^2} \quad \blacksquare$$

ポイント $E[\psi]$ は $a = \frac{me^2}{\hbar^2}$ で最小値を取り，基底エネルギーは $-\frac{me^4}{2\hbar^2}$ と見積もれます．この値は厳密な結果（$-13.6\,\text{eV}$）に一致しています．また，このときの a の逆数がボーア半径に一致しています．

演習問題

A

22.1 非調和振動子

次の振動子ポテンシャルに束縛された質量 m の粒子について，基底エネルギーを変分法によって求めよ．

$$V(x) = \lambda x^4$$

ただし変分パラメータを a とし，テスト関数には次の関数を用いること．

$$\psi(x) = e^{-\frac{1}{2}ax^2}$$

22.2 湯川ポテンシャル

湯川ポテンシャル

$$V(r) = -Ze^2 \frac{e^{-\mu r}}{r}$$

に束縛された質量 m の粒子についてシュレディンガー方程式を厳密に解くことはできない．そこで基底エネルギーを変分法で求めてみよ．ただしテスト関数は $\psi(\boldsymbol{r}) = e^{-\frac{r}{a}}$ を用い，変分パラメータ a が小さく，$\mu a \ll 1$ が成り立つ領域で考えること．

22.3 アルカリ金属

アルカリ金属原子のポテンシャルは，水素原子に似ており

$$V(r) = -\frac{e^2}{r} - \frac{Ae^2}{r^2} \quad (\text{ただし } A > 0)$$

のように書ける．このポテンシャルに束縛された質量 m の電子について，基底エネルギーの近似値を変分法によって求めよ．ただしテスト関数は $\psi(\boldsymbol{r}) = e^{-ar}$ を用いること．

B

22.4 ビリアル定理の導出

基底固有関数 $\psi(x)$ について，$\psi(x) = \phi(\lambda x)$ とおき，ϕ についての平均を $\langle \cdots \rangle$ と書く．エネルギー汎関数 $\langle H \rangle$ を変分パラメータ λ について最小化し，$\lambda = 1$ とおくことで ϕ の平均が ψ の平均に一致することを利用して，基底状態に対する次のビリアル定理を証明せよ．

$$\langle T \rangle = \frac{1}{2}\langle xV'(x)\rangle$$

22.5 WKB近似法（準古典近似）

ポテンシャル $V(x)$ の中を一次元的に運動する質量 m の粒子について考える．

(1) 古典的な表記を採用し，$p(x) = \sqrt{2m(E-V(x))}$ とおく．$p(x)$ を用いて定常状態のシュレディンガー方程式を書き換え，次のようになることを示せ．

$$\frac{d^2}{dx^2}\psi(x) = -\frac{(p(x))^2}{\hbar^2}\psi(x)$$

(2) $p(x)$ が定数のとき (1) で求めた方程式の解は $e^{\pm\frac{ipx}{\hbar}}$ のように書ける．この事実を一般化し，$p(x)$ が定数でないとき，$\psi(x)$ が $\psi(x) \sim e^{\frac{if(x)}{\hbar}}$ と書けると仮定し，さらに $f(x)$ を $\hbar$ で展開して $f(x) = f_0(x) + \hbar f_1(x) + \hbar^2 f_2(x) + \cdots$ とおく．$f_0(x), f_1(x)$ についての微分方程式を求め，これらを解くことで次のように書けることを示せ．

$$\psi(x) \approx \frac{1}{\sqrt{p(x)}} \exp\left(\pm\frac{i}{\hbar}\int p(x')dx'\right)$$

22.6 WKB近似法の応用（束縛エネルギー準位の計算）

図のように，滑らかなポテンシャル $V(x)$ に束縛された質量 m の粒子について，シュレディンガー方程式を考える．

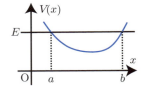

(1) $\rho(x) = \sqrt{2m(V(x)-E)}, p(x) = \sqrt{2m(E-V(x))}$ とおくと，$x<a$ の領域から $a<x<b$ の領域に接続する解は

$$\psi_a(x) = \frac{2A}{\sqrt{p(x)}}\cos\left(\frac{1}{\hbar}\int_a^x p(x')dx' - \frac{\pi}{4}\right) \quad (A\text{ は定数})$$

と書け，$b<x$ の領域から $a<x<b$ の領域に接続する解は

$$\psi_b(x) = \frac{2C}{\sqrt{p(x)}}\cos\left(\frac{1}{\hbar}\int_x^b p(x')dx' - \frac{\pi}{4}\right) \quad (C\text{ は定数})$$

のように書けることがわかっている．2つの波動関数が一致することから次のボーア–ゾンマーフェルトの量子化条件が導かれることを示せ．

$$\oint p(x)dx = 2\int_a^b p(x)dx = \left(n+\frac{1}{2}\right)h$$

(2) 調和振動子のポテンシャル $V(x) = \frac{1}{2}m\omega^2 x^2$ に束縛された質量 m の粒子のエネルギー固有値を WKB 近似で求めよ．

(3) 一次関数ポテンシャル $V(x) = a|x|$ $(a>0)$ に束縛された質量 m の粒子のエネルギー固有値を WKB 近似で求めよ．

第23章 三次元散乱問題
——微分散乱断面積を求めれば勝ち！

Contents

Section ❶ 散乱問題の概要と微分散乱断面積
Section ❷ 部分波展開と位相のずれの方法
Section ❸ ボルン近似

キーポイント
微分散乱断面積を求める方法は部分波展開とボルン近似の2通り．

電子や光子を，原子や原子核，素粒子にぶつけて散乱させる問題について考えましょう．ミクロな粒子の実験結果の多くは，散乱理論によって比較されることが多いのです．

❶ 散乱問題の概要と微分散乱断面積

散乱問題は一般的に三次元空間で考えます♠．ふつう，z軸負方向から入射した波がポテンシャルに散乱されるモデルを考え，遠方での波は次の漸近形を取ることが知られています（基本問題23.6，ただしエネルギーは保存している（弾性散乱）としスピンは考えないとします）．

$$\psi(\boldsymbol{r}) \approx e^{ikz} + \frac{e^{ikr}}{r} f(\theta, \varphi)$$

θ, φは散乱角であり，特にポテンシャルが球対称のときfはφに依存しません．fを**散乱振幅**と呼び，散乱振幅を用いて第10章で求めた反射率や透過率に対応する微分散乱断面積を求めていくのが三次元散乱問題のシナリオです．本節では定常状態を仮定し散乱振幅と**微分散乱断面積** $d\sigma$ の関係式

$$d\sigma = |f(\theta)|^2 d\Omega$$

を導いていきます．
また，これを全立体角で積分した値

$$\sigma_{\text{tot}} = \int_\Omega \left|\frac{d\sigma}{d\Omega}\right|^2 d\Omega = 2\pi \int |f(\theta)|^2 \, d\theta$$

を**散乱全断面積**と呼びます．本章でのキーワードは散乱振幅，微分散乱断面積，散乱全断面積です．これらをいかにして求めていくかがポイントになります．

♠ 低次元の方が理論的には簡単だが実験的に難しい．

基本問題 23.1 【重要】

球対称ポテンシャルに散乱される粒子について確率密度流の考えを使って考察しよう．微分散乱断面積を計算する公式を，次の各問に従って導け．

(1) 確率密度流 $j(r,t)$ は，確率密度 $\rho(r,t) = |\psi(r,t)|^2$ に対して連続方程式

$$\frac{\partial}{\partial t}\rho(\bm{r},t) + \mathrm{div}\, j(\bm{r},t) = 0$$

をみたす物理量として与えられる．一般的に，シュレディンガー方程式をみたす波 $\psi(r,t)$ に対して確率密度流が次のようになることを示せ．

$$\bm{j}(\bm{r},t) = \frac{\hbar}{2mi}(\psi^*\nabla\psi - \psi\nabla\psi^*)$$

(2) $\bm{e}_z = \bm{e}_r\cos\theta - \bm{e}_\theta\sin\theta$ を示せ．

(3) 散乱された粒子を記述する波の漸近形が，遠方において

$$\psi(\bm{r}) \approx \exp(ikz) + \frac{\exp(ikr)}{r}f(\theta)$$

と書けることを用いて，遠方での確率密度流が次のように書けることを示せ．

$$\bm{j}(\bm{r},t) \approx \frac{\hbar k}{m}\left[\bm{e}_z + \bm{e}_r|f(\theta)|^2\frac{1}{r^2} + (\bm{e}_z + \bm{e}_r)\,\mathrm{Re}\left[f(\theta)\frac{\exp\{ik(r-z)\}}{r}\right] + \cdots\right]$$

ただし必要なら次の関係を用いよ．

$$\nabla = \bm{e}_r\frac{\partial}{\partial r} + \bm{e}_\theta\frac{1}{r}\frac{\partial}{\partial \theta} + \bm{e}_\varphi\frac{1}{r\sin\theta}\frac{\partial}{\partial \varphi}$$

(4) (3) の結果において，第一項，第二項のそれぞれが入射波，反射波の確率密度流を与えていることに注意して，次の関係が成り立つことを示せ．

$$d\sigma = |f(\theta)|^2 d\Omega$$

方針 (1) は基本問題 2.1 で示したのでそちらを参照してください．(2), (3) は誘導の通りですが，確率密度流の式の第三項が干渉項に相当することに注意して下さい．(4) は入射フラックスと散乱フラックスの保存を用いて示します．

球対称ポテンシャルでの散乱を考えているので，散乱振幅が φ に依存しないことに注意してください．

【答案】 (1) 基本問題 3.1 で示した通り．

(2) 図のように，3 つの単位ベクトル $\bm{e}_z, \bm{e}_r, \bm{e}_\theta$ は同一平面上にある．これより，$\bm{e}_z$ は $\bm{e}_r, \bm{e}_\theta$ の線形結合で表せ，適当な定数を用いて

$$\bm{e}_z = A\bm{e}_r + B\bm{e}_\theta$$

と書ける．図のように，それぞれの単位ベクトルのなす角に注意して，

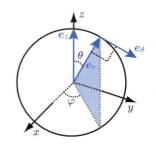

23.1 散乱問題の概要と微分散乱断面積

$$\bm{e}_z \cdot \bm{e}_r = \cos\theta, \quad \bm{e}_z \cdot \bm{e}_\theta = -\sin\theta$$

が成り立つことから $A = \cos\theta, B = -\sin\theta$ となり，所望の式を得る．

(3) 確率密度流の式

$$\bm{j}(\bm{r}) = \frac{1}{m}\operatorname{Re}\left(\psi^* \frac{\hbar}{i}\nabla\psi\right)$$

に波の式 $\psi = \exp(ikz) + \frac{1}{r}f(\theta)\exp(ikr)$ を代入する．まず，

$$\nabla\psi(\bm{r}) = ik\left\{\bm{e}_z\exp(ikz) + \bm{e}_r f(\theta)\frac{\exp(ikr)}{r} + O\left(\frac{1}{r^2}\right)\right\}$$

であり，これより

$$\begin{aligned}
\bm{j}(\bm{r}) &= \frac{1}{m}\operatorname{Re}\left[\left\{\exp(-ikz) + \frac{\exp(-ikr)}{r}f^*(\theta) + O\left(\frac{1}{r^2}\right)\right\}\right.\\
&\qquad\left.\times\hbar k\left\{\bm{e}_z\exp(ikz) + \bm{e}_r\frac{\exp(ikr)}{r}f(\theta) + O\left(\frac{1}{r^2}\right)\right\}\right]\\
&= \frac{\hbar k}{m}\operatorname{Re}\left[\bm{e}_z + \bm{e}_r\frac{|f(\theta)|^2}{r^2} + \bm{e}_z\frac{f^*(\theta)}{r}\exp\{ik(z-r)\} + \bm{e}_r\frac{f(\theta)}{r}\exp\{ik(r-z)\} + \cdots\right]\\
&= \frac{\hbar k}{m}\left[\bm{e}_z + \bm{e}_r\frac{|f(\theta)|^2}{r^2} + \frac{1}{r}(\bm{e}_z + \bm{e}_r)\operatorname{Re}\{f(\theta)\exp\{ik(r-z)\}\} + \cdots\right]
\end{aligned}$$

第一項は入射フラックス，第二項は散乱フラックスを表す．

(4) 単位時間に微小立体角 $d\Omega$ に散乱される粒子の数を dN とすると，散乱された粒子のフラックス j_{sc} を用いて

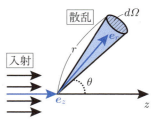

$$dN = j_{\text{sc}} r^2 d\Omega$$

と書ける（$r^2 d\Omega$ は図のコーンの表面積）．一方，dN は入射フラックス j_{in} に比例しているはずなので，

$$dN = j_{\text{in}} d\sigma$$

と書ける $d\sigma$ が存在し，これより微分散乱断面積 $d\sigma$ は，次のように表される．

$$d\sigma = \frac{j_{\text{sc}}}{j_{\text{in}}} r^2 d\Omega$$

(3) の結果より入射フラックス，散乱フラックスは

$$j_{\text{in}} = \frac{\hbar k}{m}$$
$$j_{\text{sc}} = \frac{\hbar k}{m}\frac{1}{r^2}|f(\theta)|^2$$

と表せるので，これより

$$d\sigma = |f(\theta)|^2 d\Omega$$

を得る．■

❷ 部分波展開と位相のずれの方法

● **部分波展開** ● 球対称ポテンシャルに散乱される波を考えましょう．遠方での波を角運動量の固有関数，すなわち**ルジャンドル多項式**であり，$P_l(\cos\theta)$ を用いて

$$\psi(r,\theta) = \exp(ikz) + k\sum_{l=0}^{\infty} i^{l+1}(2l+1)a_l h_l^{(1)}(kr)P_l(\cos\theta)$$

と展開してみましょう．$h_l^{(1)}(kr)$ は**第一種球ハンケル関数**であり，$r \to \infty$ で

$$h_l^{(1)}(kr) \approx \frac{(-i)^{l+1}}{kr}\exp(ikr)$$

のように振る舞います．また，a_l は**部分波振幅**と呼ばれる数列で，散乱ポテンシャルによって決まる数列です．このような展開式を**部分波展開**と呼びます．これらの展開式は仰々しいですが，これを用いて散乱振幅や散乱全断面積が系統的に求められます．

● **位相のずれ** ● ここで別の見方も示しておきましょう．位相のずれ δ_l を次のように定めます．

$$a_l = \frac{\sin\delta_l}{k}\exp(i\delta_l)$$

位相のずれは部分波振幅に比べて散乱ポテンシャルの物理的な影響がはっきり現れてきます．手始めに次の**レイリーの展開公式**を眺めてみましょう．

$$\exp(ikr\cos\theta) = \sum_{l=0}^{\infty} i^l(2l+1)j_l(kr)P_l(\cos\theta)$$

$z = r\cos\theta$ に注意すると，これは平面波 $\exp(ikz)$ を表していることがわかりますね．j_l は**球ベッセル関数**（p.219 参照）であり，遠方で

$$j_l(kr) \approx \frac{\sin\left(kr - \dfrac{l\pi}{2}\right)}{kr}$$

のように振る舞います．これより遠方の平面波は次のように書けることがわかりますね．

$$\exp(ikr\cos\theta) \approx \sum_{l=0}^{\infty} i^l(2l+1)\frac{\sin\left(kr - \dfrac{l\pi}{2}\right)}{kr}P_l(\cos\theta)$$

これに対し球対称ポテンシャルに散乱された波は，次のように表すことができます．

$$\psi(\boldsymbol{r}) \approx \sum_{l=0}^{\infty} i^l(2l+1)\exp(i\delta_l)P_l(\cos\theta)\frac{\sin\left(kr - \dfrac{l\pi}{2} + \delta_l\right)}{kr}$$

これは上の平面波 $\exp(ikr\cos\theta)$ を，δ_l を用いて修正しているように見えますね．

基本問題 23.2

部分波展開を用いて以下の問いに答えよ．

(1) 散乱振幅は $f(\theta) = \sum_{l=0}^{\infty}(2l+1)a_l P_l(\cos\theta)$ と表されることを示せ．

(2) 散乱全断面積は $\sigma_{\text{tot}} = 4\pi\sum_{l=0}^{\infty}(2l+1)|a_l|^2$ と表されることを示せ．

方針 第一種球ハンケル関数の漸近形と，次のルジャンドル多項式の規格直交性を用います．

$$\int_{-1}^{1} d(\cos\theta)\, P_l(\cos\theta) P_m(\cos\theta) = \frac{2}{2l+1}\delta_{lm}$$

【答案】 (1) まず第一種球ハンケル関数の漸近形

$$h_l^{(1)}(kr) \approx \frac{(-i)^{l+1}}{kr}e^{ikr}$$

を用いると，遠方での波は

$$\psi(r,\theta) \approx e^{ikz} + k\sum_{l=0}^{\infty} i^{l+1}(2l+1)a_l \frac{(-i)^{l+1}e^{ikr}}{kr}P_l(\cos\theta)$$

$$= e^{ikz} + \underbrace{\left\{\sum_{l=0}^{\infty}(2l+1)a_l P_l(\cos\theta)\right\}}_{f(\theta)}\frac{e^{ikr}}{r}$$

のように書け，所望の式を得る．

(2) 定義に従って散乱全断面積を計算すると

$$\sigma_{\text{tot}} = \int_{\Omega} d\Omega\, |f(\theta)|^2$$

$$= \int_0^{2\pi} d\varphi \int_{-1}^{1} d(\cos\theta) \sum_{l=0}^{\infty}(2l+1)a_l P_l(\cos\theta) \left\{\sum_{l'=0}^{\infty}(2l'+1)a_{l'} P_{l'}(\cos\theta)\right\}^*$$

$$= 2\pi \sum_{l=0}^{\infty}\sum_{l'=0}^{\infty}(2l+1)(2l'+1)a_l a_{l'}^* \int_{-1}^{1} d(\cos\theta) P_l(\cos\theta) P_{l'}(\cos\theta)$$

$$= 2\pi \sum_{l=0}^{\infty}\sum_{l'=0}^{\infty}(2l+1)\cancel{(2l'+1)}a_l a_{l'}^* \cdot \frac{2}{\cancel{2l'+1}}\delta_{ll'}$$

$$= 4\pi \sum_{l=0}^{\infty}(2l+1)|a_l|^2$$

となり，所望の式を得る．■

ポイント どちらにせよ，具体的に a_l が求められれば級数和を取ることで散乱振幅も散乱全断面積も求められることがわかりますね．

基本問題 23.3

(1) レイリーの展開公式を用いると波の式が次のように書けることを示せ.
$$\psi(r,\theta) = \sum_{l=0}^{\infty} i^l (2l+1)\{j_l(kr) + ika_l h_l^{(1)}(kr)\} P_l(\cos\theta)$$

(2) 剛体球ポテンシャル
$$V(r) = \begin{cases} \infty & (r \leq a) \\ 0 & (a < r) \end{cases}$$
による散乱について考える. 定常状態での波 $\psi(r,\theta)$ について成り立つ境界条件を考え, a_l を求めよ. また, それによって散乱全断面積を級数表示で求めよ.

方針 ルジャンドル多項式の直交性を用いて要らない項を消します. 境界条件 $\psi(a,\theta)=0$ に注意して下さい.

【答案】(1) レイリーの展開公式
$$e^{ikz} = \sum_{l=0}^{\infty} i^l (2l+1) j_l(kr) P_l(\cos\theta)$$
と散乱波の展開式
$$k \sum_{l=0}^{\infty} i^{l+1} (2l+1) a_l h_l^{(1)}(kr) P_l(\cos\theta)$$
を足し合わせると所望の式を得ます.

(2) 境界条件は
$$\psi(a,\theta) = 0$$
なので,
$$\psi(a,\theta) = \sum_{l=0}^{\infty} i^l (2l+1) \underline{\{j_l(ka) + ika_l h_l^{(1)}(ka)\}} P_l(\cos\theta)$$
$$= 0$$
が成り立ち, 下線部はルジャンドル多項式の直交性により 0 になる. よって
$$a_l = i \frac{j_l(ka)}{k h_l^{(1)}(ka)}$$
を得る. 散乱全断面積の式
$$\sigma_{\text{tot}} = 4\pi \sum_{l=0}^{\infty} (2l+1) |a_l|^2$$
を用いると
$$\sigma_{\text{tot}} = 4\pi \sum_{l=0}^{\infty} (2l+1) \left| \frac{j_l(ka)}{k h_l^{(1)}(ka)} \right|^2$$
を得る. ∎

基本問題 23.4 　　　　　　　　　　　　　　　　　　　　　　　【重要】

剛体球ポテンシャル $V(r) = \begin{cases} \infty & (r \leq a) \\ 0 & (a < r) \end{cases}$ に平面波 $\exp(ikz) = \sum_{l=0}^{\infty} R_l(kr) P_l(\cos\theta)$ が入射したモデルを低エネルギーにおいて考えよう．

(1) $R_0(kr)$ を求めよ．

(2) 入射波のエネルギーが小さい（$ka \ll 1$）とすれば $l = 1, 2, \cdots$ の影響は無視でき，$l = 0$ の項のみが残る s 波を考えれば良い．シュレディンガー方程式を解いて s 波の式を次の形で求めよ．
$$\psi(r,\theta) = \frac{\sin kr}{kr} + f(\theta)\frac{\exp(ikr)}{r}$$

(3) $ka \ll 1$ に注意して散乱全断面積を計算せよ．

方針 非常に重要な問題です．(1) ではルジャンドル多項式の規格直交性を用います．

【答案】(1) $\exp(ikz) = \sum_{l=0}^{\infty} R_l(kr) P_l(\cos\theta)$ の両辺にルジャンドル多項式を掛けて積分する．右辺にはルジャンドル多項式の直交性が適用できる．

（右辺）$= \int_{-1}^{1} \exp(ikr\cos\theta) P_0(\cos\theta) d(\cos\theta) = \int_{-1}^{1} \exp(ikr\cos\theta) d(\cos\theta) = \frac{2}{kr}\sin kr$

（左辺）$= \int_{-1}^{1} \sum_{l=0}^{\infty} R_l(kr) P_l(\cos\theta) P_0(\cos\theta) d(\cos\theta) = \sum_{l=0}^{\infty} R_l(kr) \frac{2}{2l+1}\delta_{l0} = 2R_0(kr)$

となり，$R_0(kr) = \frac{\sin kr}{kr}$ を得る．

(2) 球対称ポテンシャルなので，$l = 0$ のときを考えると，シュレディンガー方程式は $-\frac{\hbar^2}{2m}\frac{d^2}{dr^2}(rR) = E(rR)$ となり，$\chi(r) = rR(r)$，$k = \frac{\sqrt{2mE}}{\hbar}$ とおくと，境界条件 $\chi(a) = 0$ により，$\chi(r) = A\sin k(r-a)$ と書ける．これより，

$$R(r) = \frac{\chi(r)}{r} = \frac{A}{r}\sin k(r-a) = \frac{A}{r}\frac{\exp\{ik(r-a)\} - \exp\{-ik(r-a)\}}{2i}$$
$$= A\exp(ika)\frac{\exp(ikr) - \exp(-ikr)}{2ir} - A\exp(ikr)\frac{\exp(ika) - \exp(-ika)}{2ir}$$
$$= Ak\exp(ika)\left\{\frac{\sin kr}{kr} + \frac{\exp(-ika)\sin ka}{k}\frac{\exp(ikr)}{r}\right\}$$

となる．ここから係数を比較して $A = \frac{\exp(-ika)}{k}$ および $f = \frac{\exp(-ika)}{k}\sin ka$ を得る．

(3) 散乱全断面積は，f が散乱角 θ に依存しない定数であることに注意して
$$\sigma_{\text{tot}} = \int_\Omega |f|^2 d\Omega = 4\pi \frac{1}{k^2}|\sin ka|^2$$

と計算でき，$ka \ll 1$ で近似すると $\sigma_{\text{tot}} = 4\pi a^2$ を得る．■

ポイント 古典的には剛体球の全散乱断面積（球の断面積）は πa^2 となります．量子力学では，衝突する波が剛体球の表面全体に散乱されるとし全散乱断面積が球の表面積 $4\pi a^2$ となるわけです．

❸ ボルン近似

散乱ポテンシャルが弱い場合は，摂動展開によって波の式を表すことができます．シュレディンガー方程式の解の構造を調べると，

$$\psi(\bm{r}) \approx \exp(ikz) - \frac{1}{4\pi}\frac{2m}{\hbar^2}\iiint d^3r' \frac{\exp(ik|\bm{r}-\bm{r}'|)}{|\bm{r}-\bm{r}'|}V(\bm{r}')\exp(ikz')$$

となることがわかります（後述）．右辺第二項の積分を計算することで散乱振幅の表式を求めることができ，次の式が成り立つことがわかります．

$$f(\theta) = -\frac{2m}{\hbar^2}\int_0^\infty \frac{\sin Kr}{K}V(r) r\, dr, \quad K = 2k\sin\frac{\theta}{2}$$

本節ではグリーン関数を用いてシュレディンガー方程式の解を構成し，散乱振幅の表式を得て，実際にいくつかのポテンシャル関数に対して散乱断面積を計算していきましょう．

> **コラム** グリーン関数についての補足
>
> 三次元シュレディンガー方程式
>
> $$-\frac{\hbar^2}{2m}\nabla^2\psi(\bm{r}) + V(\bm{r})\psi(\bm{r}) = E\psi(\bm{r})$$
>
> について，
>
> $$V(\bm{r}) = \frac{\hbar^2}{2m}U(\bm{r}), \quad E = \frac{\hbar^2 k^2}{2m}$$
>
> とおくと
>
> $$(\nabla^2 + k^2)\psi(\bm{r}) = -U(\bm{r})\psi(\bm{r})$$
>
> （ヘルムホルツの微分方程式）と書き換えることができます．これに対応するグリーン関数の主要解 $G_0(\bm{r}-\bm{r}')$♠ は次の微分方程式をみたします．
>
> $$(\nabla^2 + k^2)G_0(\bm{r}-\bm{r}') = -\delta(\bm{r}-\bm{r}')$$
>
> 主要解と斉次解 $\varphi(\bm{r})$（ここで斉次解は斉次方程式 $(\nabla^2 + k^2)\varphi(\bm{r}) = 0$ の解）を用いて
>
> $$\psi(\bm{r}) = \varphi(\bm{r}) + \iiint G_0(\bm{r}-\bm{r}')U(\bm{r}')\psi(\bm{r}')d^3r'$$
>
> として，$\psi(\bm{r})$ を表すことができます．この式の両辺に左から $(\nabla^2 + k^2)$ を作用させると
>
> $$(\nabla^2 + k^2)\psi(\bm{r}) = (\nabla^2 + k^2)\varphi(\bm{r}) + \iiint d^3r'\, \psi(\bm{r}')U(\bm{r}')(\nabla^2 + k^2)G_0(\bm{r}-\bm{r}')$$
> $$= \iiint d^3r'\, \psi(\bm{r}')U(\bm{r}')\delta(\bm{r}-\bm{r}')$$
> $$= \psi(\bm{r})U(\bm{r})$$
>
> となることからも確かめられます．次の基本問題で $G_0(\bm{r}-\bm{r}')$ を求めます．

♠ グリーン関数は $G(\bm{r},\bm{r}')$ のように 2 変数（あるいは時間を入れると $G(\bm{r},t;\bm{r}',t')$ のような 4 変数）関数ですが，本質的に 2 点間の距離（時間差）に対する関数のため，$G(\bm{r}-\bm{r}')$ のように記すことがあります．

基本問題 23.5 【重要】

$$G_0(\boldsymbol{r}-\boldsymbol{r}') = +\frac{1}{4\pi|\boldsymbol{r}-\boldsymbol{r}'|}e^{ik|\boldsymbol{r}-\boldsymbol{r}'|}$$

とおくと，これはデルタソースのヘルムホルツの微分方程式

$$(\nabla^2 + k^2)G_0(\boldsymbol{r}-\boldsymbol{r}') = -\delta(\boldsymbol{r}-\boldsymbol{r}')$$

をみたすことを示せ．ただし次のデルタ関数の性質は用いて良い．

$$\nabla^2 \frac{1}{|\boldsymbol{r}-\boldsymbol{r}'|} = -4\pi\delta(\boldsymbol{r}-\boldsymbol{r}')$$

方針 直接フーリエ変換して微分方程式を解く（グリーン関数を求める）こともできますが，ここではグリーン関数の形を知っているものとして真偽を確かめてみましょう．

【答案】 $r = |\boldsymbol{r}|$ に対し，

$$(\nabla^2 + k^2)\frac{e^{ikr}}{r} = -4\pi\delta(\boldsymbol{r})$$

を示せば十分である（その後で，$\boldsymbol{r} \to \boldsymbol{r}-\boldsymbol{r}'$ とすれば良い）．

$$\begin{aligned}
(\nabla^2 + k^2)\frac{e^{ikr}}{r} &= (\nabla^2 + k^2)\left(\frac{e^{ikr}-1}{r} + \frac{1}{r}\right) \\
&= \nabla^2 \frac{e^{ikr}-1}{r} + \nabla^2 \frac{1}{r} + k^2 \frac{e^{ikr}}{r} \\
&= \nabla^2 \frac{e^{ikr}-1}{r} - 4\pi\delta(\boldsymbol{r}) + k^2 \frac{e^{ikr}}{r}
\end{aligned}$$

ここで動径方向だけの関数に対して

$$\nabla^2 = \frac{1}{r}\frac{d^2}{dr^2}r$$

であることから

$$\nabla^2 \frac{e^{ikr}-1}{r} = -k^2 \frac{e^{ikr}}{r}$$

が成り立つことを用いると，所望の式

$$(\nabla^2 + k^2)\frac{e^{ikr}}{r} = -4\pi\delta(\boldsymbol{r})$$

が示せる．これに対して $\boldsymbol{r} \to \boldsymbol{r}-\boldsymbol{r}'$ とし，両辺を 4π で割ると

$$(\nabla^2 + k^2)\frac{e^{ik|\boldsymbol{r}-\boldsymbol{r}'|}}{4\pi|\boldsymbol{r}-\boldsymbol{r}'|} = -\delta(\boldsymbol{r}-\boldsymbol{r}')$$

が成り立ち，主要解

$$G_0(\boldsymbol{r}-\boldsymbol{r}') = \frac{1}{4\pi|\boldsymbol{r}-\boldsymbol{r}'|}e^{ik|\boldsymbol{r}-\boldsymbol{r}'|}$$

がヘルムホルツの微分方程式 $(\nabla^2 + k^2)G_0(\boldsymbol{r}-\boldsymbol{r}') = -\delta(\boldsymbol{r}-\boldsymbol{r}')$ をみたすことが示せた．∎

基本問題 23.6 　　　　　　　　　　　　　　　　　　　　　　　重要

グリーン関数の主要解を

$$G_0(\boldsymbol{r}-\boldsymbol{r}') = -\frac{1}{4\pi|\boldsymbol{r}-\boldsymbol{r}'|}\exp(ik|\boldsymbol{r}-\boldsymbol{r}'|)$$

とおくと，シュレディンガー方程式の解 $\psi(\boldsymbol{r})$ は次のように書ける．斉次解 $\varphi(\boldsymbol{r})$（ここで斉次解は斉次方程式 $(\nabla^2+k^2)\varphi(\boldsymbol{r})=0$ の解）を用いて

$$\psi(\boldsymbol{r}) = \varphi(\boldsymbol{r}) + \frac{2m}{\hbar^2}\iiint G_0(\boldsymbol{r}-\boldsymbol{r}')V(\boldsymbol{r}')\psi(\boldsymbol{r}')d^3r' \qquad ①$$

のように記述できる．いま，$V(\boldsymbol{r})\to\varepsilon V(\boldsymbol{r})$ とし，ε の二次以上を無視できるとして $\psi(\boldsymbol{r})$ を求める式を与えよ．また，$\varphi(\boldsymbol{r})=\exp(ikz)$ とし，r が十分大きいときとして角成分の積分を実行し，最後に $\varepsilon V\to V$ と戻して散乱振幅を求める次の**ボルンの公式**を示せ．ただしポテンシャル $V(\boldsymbol{r})$ は球対称とする．

$$f(\theta) = -\frac{2m}{\hbar^2}\int_0^\infty \frac{\sin Kr}{K}V(r)r\,dr, \quad K = 2k\sin\frac{\theta}{2}$$

方針 　$\boldsymbol{r}$ が大きいとき，近似式 $|\boldsymbol{r}-\boldsymbol{r}'|\approx r-\frac{\boldsymbol{r}\cdot\boldsymbol{r}'}{r}$ が成り立つことに注意．

【答案】 $V(\boldsymbol{r})\to\varepsilon V(\boldsymbol{r})$ とすると，ψ は次のように書ける．

$$\psi(\boldsymbol{r}) = \varphi(\boldsymbol{r}) + \underbrace{\frac{2m}{\hbar^2}\varepsilon\iiint G_0(\boldsymbol{r}-\boldsymbol{r}')V(\boldsymbol{r}')\psi(\boldsymbol{r}')d^3r'}_{\varepsilon\psi_1(\boldsymbol{r})\text{ とおく}}$$

これを①右辺の ψ に代入すると，

$$\psi(\boldsymbol{r}) = \varphi(\boldsymbol{r}) + \frac{2m}{\hbar^2}\varepsilon\iiint G_0(\boldsymbol{r}-\boldsymbol{r}')V(\boldsymbol{r}')\underbrace{\psi(\boldsymbol{r}')}_{\varphi+\varepsilon\psi_1}d^3r'$$

$$= \varphi(\boldsymbol{r}) + \frac{2m}{\hbar^2}\varepsilon\iiint G_0(\boldsymbol{r}-\boldsymbol{r}')V(\boldsymbol{r}')\varphi(\boldsymbol{r}')d^3r' + O(\varepsilon^2)$$

$$\approx \varphi(\boldsymbol{r}) + \frac{2m}{\hbar^2}\varepsilon\iiint G_0(\boldsymbol{r}-\boldsymbol{r}')V(\boldsymbol{r}')\varphi(\boldsymbol{r}')d^3r'$$

$$\xrightarrow{\varepsilon V\to V} \varphi(\boldsymbol{r}) + \frac{2m}{\hbar^2}\iiint G_0(\boldsymbol{r}-\boldsymbol{r}')V(\boldsymbol{r}')\varphi(\boldsymbol{r}')d^3r'$$

と書くことができ，$\psi(\boldsymbol{r})$ の表式を得る．

次に r が r' に比べて十分大きなときに，

$$|\boldsymbol{r}-\boldsymbol{r}'|^2 = r^2 + r'^2 - 2\boldsymbol{r}\cdot\boldsymbol{r}' \approx r^2\left(1 - \frac{2\boldsymbol{r}\cdot\boldsymbol{r}'}{r^2}\right)$$

$$\implies |\boldsymbol{r}-\boldsymbol{r}'| = (|\boldsymbol{r}-\boldsymbol{r}'|^2)^{\frac{1}{2}}$$

$$\approx r\left(1 - \frac{2\boldsymbol{r}\cdot\boldsymbol{r}'}{r^2}\right)^{\frac{1}{2}} \approx r - \frac{\boldsymbol{r}\cdot\boldsymbol{r}'}{r}$$

23.3 ボルン近似

と書けることを利用する．入射波の進行方向の単位ベクトルを $\boldsymbol{e}_z$ とし，散乱方向の単位ベクトルを $\boldsymbol{e}_r$ とする．このとき，

$$\boldsymbol{r} = r\boldsymbol{e}_r, \quad \boldsymbol{k} = k\boldsymbol{e}_r$$

のように書くことができ，これにより

$$k|\boldsymbol{r}-\boldsymbol{r}'| \approx k\left(r - \frac{\boldsymbol{r}\cdot\boldsymbol{r}'}{r}\right) = kr - \boldsymbol{k}\cdot\boldsymbol{r}'$$

と書くことができる．また，十分遠方で

$$\frac{1}{|\boldsymbol{r}-\boldsymbol{r}'|} \approx \frac{1}{r}$$

のように書けることを用いると，

$$G_0(\boldsymbol{r}-\boldsymbol{r}') \approx -\frac{1}{4\pi r}\exp(ikr)\cdot\exp(-i\boldsymbol{k}\cdot\boldsymbol{r}')$$

と近似できる．この主要解を用い，斉次解を $\varphi(\boldsymbol{r}) = \exp(ikz)$ として $\psi(\boldsymbol{r})$ を求めると

$$\psi(\boldsymbol{r}) \approx \varphi(\boldsymbol{r}) + \frac{2m}{\hbar^2}\iiint G_0(\boldsymbol{r}-\boldsymbol{r}')V(\boldsymbol{r}')\varphi(\boldsymbol{r}')d^3r'$$

$$= \exp(ikz) + \frac{\exp(ikr)}{r}\underbrace{\left\{-\frac{1}{4\pi}\frac{2m}{\hbar^2}\iiint d^3r'\,V(\boldsymbol{r}')\exp(ikz' - i\boldsymbol{k}\cdot\boldsymbol{r}')\right\}}_{\text{散乱振幅}}$$

となり，これで散乱振幅の表式が得られた．以下ではこの積分を考える．$\boldsymbol{k}' = \boldsymbol{e}_z k$ とおくと，$\boldsymbol{k}, \boldsymbol{k}'$ は図のような二等辺三角形をなす．

$$\boldsymbol{K} = \boldsymbol{k}' - \boldsymbol{k}$$

とおくと $K \equiv |\boldsymbol{K}| = 2k\sin\frac{\theta}{2}$ が成り立つことに注意して，

$$f(\theta) = -\frac{1}{4\pi}\frac{2m}{\hbar^2}\iiint d^3r'\,V(\boldsymbol{r}')\exp\{i(\boldsymbol{k}'\cdot\boldsymbol{r}' - \boldsymbol{k}\cdot\boldsymbol{r}')\}$$

$$= -\frac{1}{4\pi}\frac{2m}{\hbar^2}\iiint d^3r'\,V(\boldsymbol{r}')\exp(i\boldsymbol{K}\cdot\boldsymbol{r}') \quad (\boldsymbol{K}\cdot\boldsymbol{r}' = Kr'\cos\theta' \text{ とおく})$$

$$= -\frac{1}{4\pi}\frac{2m}{\hbar^2}\int_0^\infty dr'\,r'^2\int_{-1}^1 d(\cos\theta')\int_0^{2\pi}d\varphi\,V(r')\exp(iKr'\cos\theta')$$

$$= -\frac{m}{\hbar^2}\int_0^\infty dr'\,r'^2\,V(r')\int_{-1}^1 d(\cos\theta')\,\exp(iKr'\cos\theta')$$

$$= -\frac{2m}{\hbar^2}\int_0^\infty dr'\,r'^2\,V(r')\frac{\sin Kr'}{Kr'}$$

$$= -\frac{2m}{\hbar^2}\int_0^\infty dr'\,r'\,V(r')\frac{\sin Kr'}{K}$$

と書け，所望の式（ボルンの公式）が得られた．■

基本問題 23.7 【重要】

A, μ を正の実数とする．湯川ポテンシャル $V(r) = A\frac{\exp(-\mu r)}{r}$ に散乱されるモデルを考えよう．
(1) ボルンの公式を用いて散乱振幅を求めよ．
(2) 微分散乱断面積を求めよ．
(3) $\mu \to 0$ として次のクーロンポテンシャルの微分散乱断面積を求めよ．
$$V(r) = \frac{\mathrm{e}^2}{r}$$
また，散乱全断面積を計算し，これが発散してしまうことを示せ．

方針 クーロンポテンシャルの微分散乱断面積を求めるために，まずは湯川ポテンシャルに対して計算し，最後に $\mu \to 0$ としてやれば求める値を得ます．これはクーロンポテンシャルが長距離力であり，積分が簡単に収束しないことからきています．

【答案】 (1) ボルンの公式を用いると，
$$f(\theta) = -\frac{2m}{\hbar^2}\int_0^\infty \frac{\sin Kr}{K}V(r)r\,dr = -\frac{2mA}{\hbar^2 K}\int_0^\infty \exp(-\mu r)\sin Kr\,dr$$
$$= -\frac{2mA}{\hbar^2 K}\mathrm{Im}\left\{\int_0^\infty \exp(-\mu r + iKr)\,dr\right\} = -\frac{2mA}{\hbar^2 K}\mathrm{Im}\left(\frac{1}{\mu - iK}\right)$$
$$= -\frac{2mA}{\hbar^2}\frac{1}{\mu^2 + K^2} = -\frac{2mA}{\hbar^2}\frac{1}{\mu^2 + 4k^2\sin^2\frac{\theta}{2}}$$

として散乱振幅が計算できる．
(2) (1) で求めた散乱振幅より微分散乱断面積を求めると，次のように求められる．
$$\frac{d\sigma}{d\Omega} = |f(\theta)|^2 = \frac{4m^2 A^2}{\hbar^4}\frac{1}{(\mu^2 + 4k^2\sin^2\frac{\theta}{2})^2}$$

(3) (2) の結果に対して $\mu \to 0, A = \mathrm{e}^2$ とすることで，
$$\frac{d\sigma}{d\Omega} = \frac{m^2 \mathrm{e}^4}{4\hbar^4 k^4 \sin^4\frac{\theta}{2}}$$

を得る．これを積分すると，
$$\sigma_{\mathrm{tot}} = \frac{m^2 \mathrm{e}^4}{4\hbar^4 k^4}\int_\Omega \frac{1}{\sin^4\frac{\theta}{2}}d\Omega \quad (d\Omega = d(\cos\theta)d\varphi)$$
$$= 2\pi \frac{m^2 \mathrm{e}^4}{4\hbar^4 k^4}\int_{-1}^1 \frac{1}{\left(\frac{1-\cos\theta}{2}\right)^2}d(\cos\theta)$$
$$= \frac{2\pi m^2 \mathrm{e}^4}{\hbar^4 k^4}\int_{-1}^1 \frac{1}{(1-x)^2}dx = \frac{2\pi m^2 \mathrm{e}^4}{\hbar^4 k^4}\left[\frac{1}{1-x}\right]_{-1}^1 = \infty$$

となり，積分は発散してしまう．■

演習問題
A

23.1 二体問題の分解

m, m' の 2 粒子間の距離を r とし，両者には r のみに依存するポテンシャルによる相互作用が働いているとする．この系のハミルトニアンは次のように書けるはずである．

$$\widehat{H} = \frac{\widehat{p}^2}{2m} + \frac{\widehat{p}'^{\,2}}{2m'} + V(r)$$

この系について考察し，二体問題が一体問題に帰着できることを示そう．

(1) 上のハミルトニアンに対し，**重心座標**と**相対座標**を

$$\boldsymbol{R} = \frac{m\boldsymbol{r}_1 + m'\boldsymbol{r}_2}{m+m'}, \quad \boldsymbol{r} = \boldsymbol{r}_1 - \boldsymbol{r}_2$$

で定め，全質量と換算質量を

$$M = m + m', \quad \mu = \frac{mm'}{m+m'}$$

とするとハミルトニアンが次のように書けることを示せ．

$$\widehat{H} = -\frac{\hbar^2}{2M}\nabla_R^2 - \frac{\hbar^2}{2\mu}\nabla_r^2 + V(r)$$

(2) 波動関数を $\phi(\boldsymbol{R})\psi(\boldsymbol{r})$ とおいて変数分離し，$\phi(\boldsymbol{R})$ を求めよ．

23.2 レイリーの展開公式

次の式が成り立つことを示せ（証明は r が大きいときで十分である）．

$$\exp(ikr\cos\theta) = \sum_{l=0}^{\infty} i^l (2l+1) j_l(kr) P_l(\cos\theta)$$

ただし j_l, P_l はそれぞれ球ベッセル関数（p.219 の表），ルジャンドル多項式である．

23.3 光学定理（位相のずれ）

位相のずれ δ_l を部分波振幅を用いて次のように定める．

$$a_l = \frac{\sin\delta_l}{k} e^{i\delta_l}$$

このとき，散乱振幅と散乱全断面積の式

$$f(\theta) = \sum_{l=0}^{\infty} (2l+1) a_l P_l(\cos\theta)$$

$$\sigma_{\text{tot}} = 4\pi \sum_{l=0}^{\infty} (2l+1)|a_l|^2$$

を用いて次の光学定理を示せ．

$$\text{Im}\{f(0)\} = \frac{k}{4\pi}\sigma_{\text{tot}}$$

― B ―

23.4 ボルン近似

ボルン近似を用いて，ポテンシャル
$$V(\boldsymbol{r}) = V_0 \exp\left(-\frac{r^2}{4a^2}\right)$$
に対して一次の精度で全散乱断面積を計算せよ．

23.5 グリーン関数

波数 k の粒子の散乱について考えるとき，グリーン関数の主要解が
$$G_0(\boldsymbol{r}-\boldsymbol{r}') = -\frac{1}{4\pi|\boldsymbol{r}-\boldsymbol{r}'|}\exp(ik|\boldsymbol{r}-\boldsymbol{r}'|)$$
となることを，フーリエ変換の手法を用いて示せ．

23.6 光学定理の証明

球対称ポテンシャルに散乱される粒子について考えよう．
(1) 複素数 z について，$\mathrm{Re}(iz)$ と $\mathrm{Im}(z)$ の関係を示せ．
(2) 散乱モデルの**フラックス**（**確率密度流**）は，r が十分大きいときに次のように書ける．
$$\boldsymbol{j}(\boldsymbol{r}) = \frac{\hbar k}{m}\left[\boldsymbol{e}_z + \boldsymbol{e}_r\frac{|f(\theta)|^2}{r^2} + \frac{1}{r}(\boldsymbol{e}_z+\boldsymbol{e}_r)\mathrm{Re}[f(\theta)\exp\{ik(r-z)\}] + \cdots\right]$$
ここでフラックスの保存
$$\int d\Omega\, \boldsymbol{j}\cdot\boldsymbol{e}_r = 0$$
を仮定して光学定理が成り立つことを示せ．

― C ―

23.7 三次元自由粒子

自由粒子の動径方向の波動関数 $R(r)$ は次の微分方程式（$l=0,1,2,\cdots$）で与えられる．
$$-\frac{\hbar^2}{2m}\frac{1}{r}\frac{d^2}{dr^2}(rR) + \frac{\hbar^2 l(l+1)}{2mr^2}R = ER$$
(1) 波数 $k=\frac{\sqrt{2mE}}{\hbar}$ を用いて無次元の長さ $\rho=kr$ を導入する．$R(r)=\frac{F(\rho)}{\rho^{\frac{1}{2}}}$ とおいて $F(\rho)$ が次の方程式に従うことを示せ．
$$\frac{d^2F}{d\rho^2} + \frac{1}{\rho}\frac{dF}{d\rho} + \left(1-\frac{\nu^2}{\rho^2}\right)F = 0, \quad \nu \equiv l+\frac{1}{2}$$
(2) (1)で得られた式はベッセルの微分方程式と呼ばれる．この解 F は $\rho \gg 1$ では $e^{\pm i\rho}$，また $\rho \ll 1$ では $\rho^{\pm \nu}$ と振る舞うことを示せ．

(3) $\rho = 0$ はベッセルの微分方程式の確定特異点であり，
$$F(\rho) = \sum_{k=0}^{\infty} c_k \rho^{k+\lambda} \quad (c_0 \neq 0)$$
とおいて，c_k に対する漸化式を書き下せ．また λ の値を求めよ．

(4) 漸化式を解いて c_k を c_0 で表し，次に c_0 を適当に取ることで，(1) で得られたベッセルの微分方程式の解が，次のベッセル関数になることを示せ．
$$J_{\pm\nu}(\rho) = \sum_{m=0}^{\infty} \frac{(-1)^m}{m!\,\Gamma(\pm\nu + m + 1)} \left(\frac{\rho}{2}\right)^{2m\pm\nu}$$
ここで Γ はガンマ関数であり，
$$\Gamma(z+1) = z\Gamma(z), \quad \Gamma\left(\frac{1}{2}\right) = \sqrt{\pi}$$
を満足する．

(5) 次の球ベッセル関数 $j_l(\rho)$ と球ノイマン関数 $n_l(\rho)$
$$j_l(\rho) = \left(\frac{\pi}{2\rho}\right)^{\frac{1}{2}} J_{l+\frac{1}{2}}(\rho), \quad n_l(\rho) = (-1)^{l+1}\left(\frac{\pi}{2\rho}\right)^{\frac{1}{2}} J_{-l-\frac{1}{2}}(\rho)$$
について，$j_l(\rho)$ が方程式
$$-\frac{\hbar^2}{2m}\frac{1}{r}\frac{d^2}{dr^2}(rR) + \frac{\hbar^2 l(l+1)}{2mr^2}R = ER$$
の解になっていることがわかるが，$n_l(kr)$ は不適である．なぜだろうか．

ベッセル関数に関する諸関数の性質

	関数形（l は非負の整数）	原点での性質
球ベッセル関数	$j_l(x) = (-1)^l x^l \left(\frac{1}{x}\frac{d}{dx}\right)^l \frac{\sin x}{x}$	正則
球ノイマン関数	$n_l(x) = (-1)^l x^l \left(\frac{1}{x}\frac{d}{dx}\right)^l \frac{\cos x}{x}$	非正則
第1種の球ハンケル関数	$h_l^{(1)}(x) = (-1)^l x^l \left(\frac{1}{x}\frac{d}{dx}\right)^l \frac{e^{ix}}{ix}$	非正則
第2種の球ハンケル関数	$h_l^{(2)}(x) = (-1)^l x^l \left(\frac{1}{x}\frac{d}{dx}\right)^l \frac{e^{-ix}}{-ix}$	非正則

第24章 総合問題

これまでの章立てで取り上げられなかった問題や，これまでの内容をフルに活用する応用問題，総合問題を取り上げます．実際の大学院入試問題も取り上げました．

---------- 演習問題 ----------

24.1 井戸型ポテンシャル

一次元空間で $0 < x < a$ の領域に完全に閉じ込められた質量 m の粒子について考えよう．

(1) この系の固有関数とエネルギー固有値を求めよ．

(2) 初期状態の波動関数が $A\sin^3\frac{\pi x}{a}$（A は規格化定数）であったとする．時刻 t における波動関数を求め，励起状態にある確率を求めよ．

(3) 突然壁が $x = \pm a$ から $x = \pm 2a$ に広がったとする．ポテンシャル変化後の基底状態の中にポテンシャル変化前の基底状態が存在している確率を求めよ．

(4) (1) に対し，系に $V'(x) = \lambda \sin\frac{\pi x}{a}$ の摂動が加わった．このときの基底エネルギーの近似値を一次摂動を用いて求めよ． (北大院・改)

24.2 クーロン束縛の演算子法による対角化

三次元球対称クーロンポテンシャルに束縛された質量 μ の電子について考えよう．

$$\widehat{A}_n = \widehat{p}_r + i\left(a_n + \frac{b_n}{r}\right), \quad \widehat{A}_n^\dagger = \widehat{p}_r - i\left(a_n + \frac{b_n}{r}\right)$$

なる演算子を導入し，ここで $c = \mu e^2$, $a_1 = -\frac{c}{(l+1)\hbar}$, $b_1 = (l+1)\hbar$ とおく．

(1) 次を示せ．ただし $\alpha^{(1)} = -\frac{c^2}{(l+1)^2\hbar^2}$ とする．

$$\widehat{A}_1^\dagger \widehat{A}_1 + \alpha^{(1)} = \widehat{p}_r^2 + \frac{l(l+1)\hbar^2}{r^2} - \frac{2c}{r}$$

(2) $a_n = -\frac{c}{(l+n)\hbar}$, $b_n = (l+n)\hbar$, $\alpha^{(n)} = -\frac{c^2}{(l+n)^2\hbar^2}$ として次を示せ．

$$\widehat{A}_{n+1}^\dagger \widehat{A}_{n+1} + \alpha^{(n+1)} = \widehat{A}_n \widehat{A}_n^\dagger + \alpha^{(n)}$$

(3) $\widehat{H}^{(n)} \equiv \widehat{A}_n^\dagger \widehat{A}_n + \alpha^{(n)}$ とおくと，$\widehat{H}^{(n)}\widehat{A}_n^\dagger = \widehat{A}_n^\dagger \widehat{H}^{(n+1)}$ が成り立つことを示せ．

(4) ここで $|n\rangle = \widehat{A}_1^\dagger \widehat{A}_2^\dagger \cdots \widehat{A}_{n-1}^\dagger |n-1\rangle$ とおき，$\widehat{A}_n|n-1\rangle = 0$ と仮定する．このとき次が成り立つことを示せ．

$$\widehat{H}^{(1)}|n\rangle = \alpha^{(n)}|n\rangle$$

(5) (4) の結果から，$|n\rangle$ がシュレディンガー方程式の固有状態であることがわかる．これによりエネルギー固有値が $\frac{1}{2\mu}\alpha^{(n)}$ で表されることを示せ． (北大院)

24.3 一次元ポテンシャルの散乱問題

$x = -\infty$ から x 軸上を正方向に入射してきた質量 m の粒子が次のポテンシャルに散乱されるモデルを考えよう．ϕ は正の定数とする．

$$V(x) = \begin{cases} 0 & (x < 0) \\ \phi & (0 < x) \end{cases}$$

(1) 波動関数 $\psi(x,t)$ について，$\rho(x,t) = |\psi(x,t)|^2$, $j(x,t) = \frac{\hbar}{m} \text{Im}(\psi^* \frac{\partial \psi}{\partial x})$ とおく．このとき，次の連続の式（連続方程式）が成り立つことを示せ．

$$\frac{\partial \rho}{\partial t} + \frac{\partial j}{\partial x} = 0$$

(2) 平面波を重ね合わせた波動関数 $\psi(x) = e^{ikx} + Ae^{-ikx}$ の確率密度流を求めよ．

(3) $x < 0$ の領域 I における波動関数は，入射波 $\psi_{\text{in}} = e^{ikx}$，反射波 $\psi_{\text{r}} = Ae^{-ikx}$ から成るとし，$0 < x$ の領域 II における波動関数は，透過波 $Ce^{ik'x}$ で与えられるとする．このとき，透過率 T を入射波の確率密度流 j_{in} と，透過波の確率密度流 J_{t} を用いて $T = \frac{J_{\text{t}}}{j_{\text{in}}}$ で定める．
$E = 4\,[\text{eV}]$ のとき，T を ϕ の関数として表せ．

$V(x)$ に加えて，領域 II において磁場 $\boldsymbol{B}$ が存在し，電子にスピンと磁場の相互作用 $H_{\text{int}} = -\mu \boldsymbol{s} \cdot \boldsymbol{B}$ が働く場合を考える．磁場は z 方向を向いており，z 方向の単位ベクトルを用いて $\boldsymbol{B} = B\boldsymbol{e}_z$ と表される．μ および B は正の定数とする．

(4) アップスピン電子 ($s_z = +\frac{1}{2}$) の透過率 $T_\uparrow$ とダウンスピン電子 ($s_z = -\frac{1}{2}$) の透過率 $T_\downarrow$ を ϕ, E, μ, B の関数として表せ． (東北大院・改)

24.4 コヒーレント状態

一次元調和振動子の消滅演算子は $\hat{a} = \sqrt{\frac{m\omega}{2\hbar}}\hat{x} + \frac{i}{\sqrt{2m\hbar\omega}}\hat{p}$ で与えられる．

(1) $\hat{a}$ に対してエルミート共役な演算子 $\hat{a}^\dagger$ に対して $[\hat{a}, \hat{a}^\dagger]$ を計算せよ．
(2) この系のハミルトニアン $\hat{H}$ を $\hat{a}, \hat{a}^\dagger$ を用いて表せ．
(3) $\hat{a}|n\rangle = \sqrt{n}\,|n-1\rangle$, $\hat{a}^\dagger|n\rangle = \sqrt{n+1}\,|n+1\rangle$ を示せ．
(4) 基底状態を $n = 0$，第一励起状態を $n = 1$ で指定するとき，系のエネルギー固有値 E_n を求めよ．
(5) エネルギー固有値 E_n を与える固有状態を $|n\rangle$ とする．時刻 $t = 0$ において，波動関数が

$$|\psi(0)\rangle = \sum_{n=0}^{\infty} \frac{e^{-\frac{|\lambda|^2}{2}}}{\sqrt{n!}} \lambda^n |n\rangle$$

で与えられているとする．λ は複素数である．このとき，時刻 t の波動関数 $|\psi(t)\rangle$ を求めよ．
(6) $\hat{x}$ の期待値 $\langle \psi(t)|\hat{x}|\psi(t)\rangle$ を計算せよ． (東大院・改)

24.5 電子と回転する磁場（スピン共鳴法）

スピン $\frac{1}{2}$ の演算子 $\hat{\boldsymbol{S}} = (\hat{S}_x, \hat{S}_y, \hat{S}_z)$ はその z 成分の固有ケット，ブラを用いて以下のように表せる．

$$\hat{S}_x = \frac{\hbar}{2}(|\uparrow\rangle\langle\downarrow| + |\downarrow\rangle\langle\uparrow|), \quad \hat{S}_y = \frac{i\hbar}{2}(-|\uparrow\rangle\langle\downarrow| + |\downarrow\rangle\langle\uparrow|), \quad \hat{S}_z = \frac{\hbar}{2}(|\uparrow\rangle\langle\uparrow| - |\downarrow\rangle\langle\downarrow|)$$

(1) 以下で定義する $|\uparrow\rangle_x, |\downarrow\rangle_x$ が $\hat{S}_x$ の固有ケットであることを示せ．

$$|\uparrow\rangle_x = \frac{1}{\sqrt{2}}(|\uparrow\rangle + |\downarrow\rangle), \quad |\downarrow\rangle_x = \frac{1}{\sqrt{2}}(|\uparrow\rangle - |\downarrow\rangle)$$

系の波動関数 $|\phi(t)\rangle$ の時間発展は次のシュレディンガー方程式で与えられる．

$$i\hbar \frac{d}{dt}|\phi(t)\rangle = \hat{H}|\phi(t)\rangle \qquad \text{①}$$

これより，$\hat{H}$ が時間を含まない場合，$|\phi(t)\rangle = e^{-\frac{i\hat{H}t}{\hbar}}|\phi(0)\rangle$ と書ける．z 軸方向を向いた一様な磁場 $\boldsymbol{B} = (0, 0, B_0)$ の中に置かれた電子スピンの運動を考える．ここで B_0 は時間によらない定数である．電子スピンの異常磁気能率を無視すると，ハミルトニアンは $H_0 = \omega_0 \hat{S}_z$ で与えられる．ただし，$\omega_0 = \frac{eB_0}{m_e c}$（$e$ は電気素量，m_e は電子質量，c は光速）である．

(2) 時刻 $t = 0$ でスピンが x 方向を向いていた状態 $|\phi(0)\rangle = |\uparrow\rangle_x$ を考える．この状態の時刻 t での波動関数 $|\phi(t)\rangle$ を $|\uparrow\rangle$ と $|\downarrow\rangle$ の線形結合で表せ．

(3) $\hat{S}_z$ の期待値 $\langle\phi(t)|\hat{S}_z|\phi(t)\rangle$ と $\hat{S}_x$ の期待値 $\langle\phi(t)|\hat{S}_x|\phi(t)\rangle$ を求めよ．

さらに系に回転磁場を掛け，$\boldsymbol{B} = (B_1 \cos\omega t, B_1 \sin\omega t, B_0)$ なる磁場中に電子を置く．ハミルトニアン $\hat{H}$ には，以下のように時間に依存する成分 $\hat{H}'$ が加わる．

$$\hat{H} = \hat{H}_0 + \hat{H}', \quad \hat{H}_0 = \omega_0 \hat{S}_z, \quad \hat{H}' = \Omega(\hat{S}_x \cos\omega t + \hat{S}_y \sin\omega t), \quad \Omega = \frac{eB_1}{m_e c}$$

このハミルトニアンで時間発展する状態 $|\phi(t)\rangle$ を考える．

(4) 時刻 t の波動関数 $|\phi(t)\rangle$ は $|\uparrow\rangle$ と $|\downarrow\rangle$ の線形結合で書ける．展開係数の時間依存性のうち H_0 による時間依存性を分離し，

$$|\phi(t)\rangle = c_+(t) e^{-\frac{i\hat{H}_0 t}{\hbar}} |\uparrow\rangle + c_-(t) e^{-\frac{i\hat{H}_0 t}{\hbar}} |\downarrow\rangle$$

と展開する．c_+, c_- は展開係数である．①を用いると次のようになることを示せ．

$$i\frac{dc_+}{dt} e^{-\frac{i\omega_0 t}{2}} |\uparrow\rangle + i\frac{dc_-}{dt} e^{\frac{i\omega_0 t}{2}} |\downarrow\rangle = \frac{\Omega}{2}(c_- e^{-i\omega t} e^{\frac{i\omega_0 t}{2}} |\uparrow\rangle + c_+ e^{i\omega t} e^{-\frac{i\omega_0 t}{2}} |\downarrow\rangle)$$

(5) c_+, c_- が満たす（ケットを含まない）連立微分方程式を求めよ．

(6) $|\phi(0)\rangle = |\downarrow\rangle$ のとき，$|\phi(t)\rangle$ を $|\uparrow\rangle$ と $|\downarrow\rangle$ の線形結合で表せ．

(7) $\hat{S}_z$ の期待値 $\langle\phi(t)|\hat{S}_z|\phi(t)\rangle$ を求めよ． （大阪大院・改）

演習問題解答

第 1 章

1.1 (1) 入射した光のエネルギーは $h\nu$ で，散乱された電子のエネルギーは非相対論的に考えて $\frac{p^2}{2m}$ であり，散乱された光のエネルギーは $h\nu'$ であるからエネルギー保存則は $h\nu = h\nu' + \frac{p^2}{2m}$ となる．次に運動量保存則について見てみよう．入射光の運動量の大きさは $\frac{h\nu}{c}$ なので，運動量保存則はそれぞれの方向で

$$\frac{h\nu}{c} = \frac{h\nu'}{c}\cos\theta + p\cos\phi$$
$$0 = \frac{h\nu'}{c}\sin\theta - p\sin\phi$$

と書ける．

(2) 運動量保存則から角度 ϕ を消去して次式を得る．$\nu^2 + \nu'^2 - 2\nu\nu'\cos\theta = \frac{p^2c^2}{h^2}$ ここで左辺は $(\nu-\nu')^2 + 2\nu\nu'(1-\cos\theta)$ と書け，仮定 $(\nu-\nu')^2 \ll 2\nu\nu'(1-\cos\theta)$（この仮定は，結局光子のエネルギー差が非常に小さいということ）を用いれば第一項は省略でき

$$2\nu\nu'(1-\cos\theta) = \frac{p^2c^2}{h^2}$$

と書くことができる．エネルギー保存則を用いて電子の運動量を消去すると

$$\frac{h\nu\nu'}{mc^2}(1-\cos\theta) = \nu - \nu'$$

を得ることができ，相対論的な考察の結果と同様

$$\frac{h}{mc}(1-\cos\theta) = \left(\frac{1}{\nu'} - \frac{1}{\nu}\right)c = \lambda' - \lambda$$

が成り立つ．

1.2 粒子のエネルギーは $E = \frac{p^2}{2m}$ となるから，運動量は $p = \sqrt{2mE}$ と書ける．ボーアーゾンマーフェルトの量子化条件から次図の経路 C に対して一周積分を行うと

$$\oint_C p\,dq = \sqrt{2mE} \times 2 \times L = nh = 2\pi n\hbar$$

となり，$E = \frac{1}{2m}\left(\frac{\hbar\pi}{L}n\right)^2$ を得る．

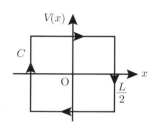

1.3 (1) $\frac{d\omega}{dk} = \frac{p}{m} = \frac{\hbar k}{m}$ とおくと，両辺積分して $\omega(k) = \omega(0) + \frac{\hbar k^2}{2m}$ と書ける．

(2) $\omega(0) = 0$ とすると，$\omega = \frac{p^2}{2m\hbar}$ を得る．

(3) (2) より $\hbar\omega = \frac{p^2}{2m}$ を得る．これで物質波のエネルギーが書き下せた．

1.4 (1) 位相速度は $\frac{\omega}{k} = \frac{p}{m}$ と書け，これより $\omega = \frac{\hbar k^2}{m}$ となる．

(2) (1) の結果から，エネルギーは $\frac{1}{2}\hbar\omega$ となる．これは前問の演習問題 1.3 と矛盾してしまう．位相速度を物質波の速度とすることはできない．

1.5 (1) ラグランジアンは二次元極座標表示で $L = \frac{1}{2}mv^2 + \frac{e^2}{r} = \frac{1}{2}m(\dot{r}^2 + r^2\dot{\theta}^2) + \frac{e^2}{r}$ と書くことができ，座標 r, θ に対して共役運動量はそれぞれ

$$p_r = \frac{\partial L}{\partial \dot{r}} = m\dot{r}$$
$$p_\theta = \frac{\partial L}{\partial \dot{\theta}} = mr^2\dot{\theta}$$

となる．座標 θ についてのオイラー–ラグランジュ方程式は $\frac{d}{dt}\frac{\partial L}{\partial \dot{\theta}} = \frac{\partial L}{\partial \theta}$ であり，ここから $\dot{p}_\theta = 0$，すなわち p_θ が定数であることがわかる．ボーア–ゾンマーフェルト量子化条件から

$$\oint p_\theta\,d\theta = \int_0^{2\pi} p_\theta\,d\theta = 2\pi p_\theta = n_\theta h$$
$$(n_\theta = 0, 1, 2, \cdots)$$

と書くことができ，

$$p_\theta = \frac{n_\theta h}{2\pi}$$

と書ける.

(2) ラグランジアンをルジャンドル変換してハミルトニアンを
$$H = p_\theta \dot\theta + p_r \dot r - L = \frac{1}{2m}\left(p_r^2 + \frac{p_\theta^2}{r^2}\right) - \frac{e^2}{r}$$
と書くことができる. これより $H = E$ として p_r を求めると
$$p_r(E, p_\theta, r) = \pm\sqrt{2mE + \frac{2me^2}{r} - \frac{p_\theta^2}{r^2}}$$

となる. 次に回帰点を求めよう. 回帰点上では $p_r = 0$ となっているので, 二次方程式 $2mE + \frac{2me^2}{r} - \frac{p_\theta^2}{r^2} = 0$ を解いて $a = \frac{1}{2}\left(-\frac{e^2}{E} - \sqrt{\frac{e^4}{E^2} + \frac{2p_\theta^2}{mE}}\right)$, $b = \frac{1}{2}\left(-\frac{e^2}{E} + \sqrt{\frac{e^4}{E^2} + \frac{2p_\theta^2}{mE}}\right)$ を得る. これより $p_r = \pm\sqrt{-2mE}\frac{\sqrt{(r-a)(b-r)}}{r}$ と書き換えることができる.

(3) ボーア–ゾンマーフェルト量子化条件の積分を実行する. 積分公式を用いると,
$$\oint p_r\, dr = 2\int_a^b p_r\, dr$$
$$= 2\sqrt{-2mE}\int_a^b \frac{\sqrt{(r-a)(b-r)}}{r}\, dr$$
$$= 2\sqrt{-2mE}\,\pi\left(\frac{a+b}{2} - \sqrt{ab}\right)$$
$$= 2\pi\left(-e^2\sqrt{\frac{m}{-2E}} - |p_\theta|\right) = n_r h$$

と書け, $E = -\frac{2\pi^2 e^4 m}{h^2}\frac{1}{(n_r + n_\theta)^2} = -\frac{me^4}{2\hbar^2}\frac{1}{(n_r + n_\theta)^2}$ となる.

1.6 (1) 与式 $\frac{1}{h}\frac{dE}{dn} = \nu_{\mathrm{cl.}}(E)$ を変数分離して積分すると
$$\int^E \frac{dE}{\nu_{\mathrm{cl.}}(E)} = \int h\, dn = nh + \mathrm{const.}$$
を得る.

(2) 正準方程式を用いると $\frac{\partial p}{\partial E} = \frac{1}{\frac{\partial H}{\partial p}} = \frac{1}{\dot q}$ となり速度の逆数となる.

(3)
$$\frac{\partial J}{\partial E} = \oint \frac{\partial p}{\partial E}\frac{dq}{dt}dt = \oint \frac{1}{\dot q}\dot q\, dt$$

$$= \oint dt = T_{\mathrm{cl.}} = \frac{1}{\nu_{\mathrm{cl.}}}$$
となり, 振動数の逆数を得る.

(4) 仮定より
$$\int_{E_{\min}}^{E}\frac{dE}{\nu_{\mathrm{cl.}}(E)} = nh$$
が成り立ち, (3) の結果を両辺積分すれば
$$J = \oint_{H=E} p\, dq = \int_{E_{\min}}^{E}\frac{dE}{\nu_{\mathrm{cl.}}(E)}$$
を得る. これで主張が示せた.

1.7 (1)
$$\theta_{k+\delta k}(x,t) = (k+\delta k)x - \omega(k+\delta k)t$$
$$= kx + \delta k x - \omega(k)t - \frac{d\omega}{dk}\delta k t$$
$$= kx - \omega(k)t + \underbrace{\left(x - \frac{d\omega}{dk}t\right)\delta k}_{\Delta \text{ とおく}}$$
$$= \theta_k + \Delta$$
となり,
$$\phi_{k+\delta k} = \cos(\theta_{k+\delta k}) = \cos(\theta_k + \Delta)$$
$$\phi_{k-\delta k} = \cos(\theta_{k-\delta k}) = \cos(\theta_k - \Delta)$$
$$\therefore\ \phi = \phi_{k+\delta k} + \phi_{k-\delta k} = 2\cos\theta_k \cos\Delta$$
と書ける. これより $\delta\theta(x,t) = \left(x - \frac{d\omega}{dk}t\right)\delta k$ とわかる.

(2) $\frac{d}{dx}\phi^2 = 2\phi\phi' = 0$ より $\phi = 0$ または $\phi' = 0$ である. $\phi = 0$ と見ると,
$$\theta_k = kx - \omega(k)t = \left(n + \frac{1}{2}\right)\pi$$
$$\longrightarrow\ v = \frac{dx}{dt} = \frac{\omega}{k}$$
または
$$\delta\theta = \delta k x - \frac{d\omega}{dk}\delta k t = \left(n + \frac{1}{2}\right)\pi$$
$$\longrightarrow\ v = \frac{d\omega}{dk}$$
となり位相速度で動くピークと群速度で動くピークが同時に存在し得てしまう.

$\phi' = 0$ について考えても同じ結果となる.

(3) (1) と同様に考えて $\Delta = \left(x - \frac{d\omega}{dk}t\right)\delta k$ とおくと,

$\psi_{k+\delta k} = \exp\{i(\theta_{k+\delta k})\} = \exp\{i(\theta_k + \Delta)\}$
$\psi_{k-\delta k} = \exp\{i(\theta_{k-\delta k})\} = \exp\{i(\theta_k - \Delta)\}$
$\psi = \psi_{k+\delta k} + \psi_{k-\delta k} = 2\exp(i\theta_k)\cos\Delta$

となり,ここで $\Delta = \delta\theta$ である.これで題意が示せた.

(4) 絶対二乗振幅を調べると

$\dfrac{d}{dx}|\psi|^2 = \dfrac{d}{dx} 4\cos^2\delta\theta = -8\delta k \cos\delta\theta \sin\delta\theta = 0$

において $\delta\theta = n\pi$ または $\delta\theta = \left(n+\frac{1}{2}\right)\pi$ を得るが,どちらにせよ $v = \frac{dx}{dt} = \frac{d\omega}{dk}$ となって群速度のみのピークが現れる.

第 2 章

2.1 (1) $[\widehat{x},\widehat{p}] = i\hbar$ より $[\widehat{x},\widehat{p}^2] = \widehat{p}[\widehat{x},\widehat{p}] + [\widehat{x},\widehat{p}]\widehat{p} = 2i\hbar\widehat{p}$ が成り立つことがわかる.これより,

$$\left[\widehat{x}, \dfrac{\widehat{p}^2}{2m}\right] = \dfrac{i\hbar\widehat{p}}{m}$$

が成り立つ.

(2) $[\widehat{p},\widehat{p}] = 0$ より $[\widehat{p},\widehat{p}^2] = 0$ が成り立つから,与式は $\left[\widehat{p}, \dfrac{\widehat{p}^2}{2m} + V(x)\right] = [\widehat{p}, V(x)]$ となる.ここで右辺について,任意の関数 $\phi(x)$ を用いて次のように計算できる.

$[\widehat{p}, V(x)]\phi(x) = \widehat{p}(V\phi) - V(\widehat{p}\phi)$
$= -i\hbar\dfrac{d}{dx}(V\phi) + Vi\hbar\dfrac{d}{dx}\phi = \left(-i\hbar\dfrac{dV}{dx}\right)\phi$

これより $\left[\widehat{p}, \dfrac{\widehat{p}^2}{2m} + V(x)\right] = -i\hbar V'(x)$ となる.

2.2 交換子を展開すると

$[\widehat{A},[\widehat{B},\widehat{C}]] = [\widehat{A}, \widehat{B}\widehat{C} - \widehat{C}\widehat{B}]$
$= \widehat{A}\widehat{B}\widehat{C} - \widehat{A}\widehat{C}\widehat{B} - (\widehat{B}\widehat{C}\widehat{A} - \widehat{C}\widehat{B}\widehat{A})$

となり,他の 2 つの項も同様に展開すれば簡単に示せる.

2.3 (1) 数学的帰納法を使う.$n = 1$ のときに正しく,$n = k$ のときに $[\widehat{a},(\widehat{a}^\dagger)^k] = k(\widehat{a}^\dagger)^{k-1}$ を仮定すると

$[\widehat{a},(\widehat{a}^\dagger)^{k+1}] = [\widehat{a},(\widehat{a}^\dagger)^k \widehat{a}^\dagger]$
$= (\widehat{a}^\dagger)^k[\widehat{a},\widehat{a}^\dagger] + [\widehat{a},(\widehat{a}^\dagger)^k]\widehat{a}^\dagger = (k+1)(\widehat{a}^\dagger)^k$

となり $n = k+1$ のときも正しい.よって,所望の式が成り立つことが示せた.

(2) 仮定より $f(x) = \sum\limits_{n=0}^{\infty} c_n x^n$ のようにテイラー展開できるから,

$[\widehat{a}, f(\widehat{a}^\dagger)] = \sum\limits_{n=0}^{\infty} c_n [\widehat{a},(\widehat{a}^\dagger)^n] = \sum\limits_{n=1}^{\infty} c_n n(\widehat{a}^\dagger)^{n-1}$
$= \sum\limits_{n=0}^{\infty} c_{n+1}(n+1)(a^\dagger)^n = f'(\widehat{a}^\dagger)$

となり,所望の式を得る.

(3) (2) と同様にマクローリン展開を用いる.(1) と同様に $[\widehat{a}, \widehat{b}^n] = n[\widehat{a},\widehat{b}]\widehat{b}^{n-1}$ が成り立つことから次が得られる.

$[\widehat{a}, f(\widehat{b})] = [\widehat{a},\widehat{b}]\sum\limits_{n=0}^{\infty} c_{n+1}(n+1)(\widehat{b})^n$
$= [\widehat{a},\widehat{b}] f'(\widehat{b})$

2.4 アインシュタインの縮約と,$[\widehat{l}_i,\widehat{l}_j] = i\hbar\varepsilon_{ijk}\widehat{l}_k$ が成り立つことを用いると

$[\widehat{l}_i\widehat{l}_i,\widehat{l}_j] = \widehat{l}_i[\widehat{l}_i,\widehat{l}_j] + [\widehat{l}_i,\widehat{l}_j]\widehat{l}_i$
$= i\hbar\varepsilon_{ijk}\widehat{l}_i\widehat{l}_k + i\hbar\varepsilon_{ijk}\widehat{l}_k\widehat{l}_i$

と計算できる.右辺第二項で $\varepsilon_{ijk} = -\varepsilon_{kji}$ を用いると

$\varepsilon_{ijk}\widehat{l}_k\widehat{l}_i = -\varepsilon_{kji}\widehat{l}_k\widehat{l}_i$
$= -\varepsilon_{\bigcirc j\square}\widehat{l}_\bigcirc \widehat{l}_\square = -\varepsilon_{ijk}\widehat{l}_i\widehat{l}_k$

と書け,結局 $[\widehat{l}_i\widehat{l}_i,\widehat{l}_j] = 0$ が成り立つことがいえる.

2.5 いくつかの交換関係を用いる.

$[\widehat{l}_i,\widehat{x}_j] = i\hbar\varepsilon_{ijk}\widehat{x}_k$
$[\widehat{l}_i,\widehat{p}_j] = i\hbar\varepsilon_{ijk}\widehat{p}_k$
$[\widehat{l}_i,\widehat{l}_j] = i\hbar\varepsilon_{ijk}\widehat{l}_k$

は既知であるとして,計算する.

(1) まず $[\widehat{l}_i, \widehat{l}_n\widehat{p}_m]$ を計算する.これは

$[\widehat{l}_i,\widehat{l}_n\widehat{p}_m] = \widehat{l}_n[\widehat{l}_i,\widehat{p}_m] + [\widehat{l}_i,\widehat{l}_n]\widehat{p}_m$
$= i\hbar\varepsilon_{imk}\widehat{l}_n\widehat{p}_k + i\hbar\varepsilon_{ink}\widehat{l}_k\widehat{p}_m$

である.同様に

$[\widehat{l}_i,\widehat{p}_m\widehat{l}_n] = \widehat{p}_m[\widehat{l}_i,\widehat{l}_n] + [\widehat{l}_i,\widehat{p}_m]\widehat{l}_n$

$$= i\hbar\varepsilon_{ink}\widehat{p}_m\widehat{l}_k + i\hbar\varepsilon_{imk}\widehat{p}_k\widehat{l}_n$$

も成り立つ．これにより $[\widehat{l}_i,\widehat{K}_j]$ を計算すると

$[\widehat{l}_i,\widehat{K}_j]$
$$= \frac{1}{r}[\widehat{l}_i,\widehat{x}_j] + \frac{1}{2mA}[\widehat{l}_i,\varepsilon_{lmj}\widehat{l}_l\widehat{p}_m - \varepsilon_{lmj}\widehat{p}_l\widehat{l}_m]$$
$$= \frac{i\hbar}{r}\varepsilon_{ijk}\widehat{x}_k + \frac{i\hbar}{2mA}\varepsilon_{lmj}$$
$$\times \left\{(\varepsilon_{imk}\widehat{l}_l\widehat{p}_k + \varepsilon_{ilk}\widehat{l}_k\widehat{p}_m)\right.$$
$$\left. -(\varepsilon_{imk}\widehat{p}_l\widehat{l}_k + \varepsilon_{ilk}\widehat{p}_k\widehat{l}_m)\right\}$$
$$= \frac{i\hbar}{r}\varepsilon_{ijk}\widehat{x}_k + \frac{i\hbar}{2mA}$$
$$\times \left\{(\widehat{l}_i\widehat{p}_j - (\cancel{\widehat{l}_k\widehat{p}_k} - \cancel{\widehat{l}_m\widehat{p}_m})\delta_{ij} - \widehat{l}_j\widehat{p}_i)\right.$$
$$\left. -(\widehat{p}_i\widehat{l}_j - (\cancel{\widehat{p}_m\widehat{l}_m} - \cancel{\widehat{p}_k\widehat{l}_k})\delta_{ij} - \widehat{p}_j\widehat{l}_i)\right\}$$
$$= \frac{i\hbar}{r}\varepsilon_{ijk}\widehat{x}_k + \frac{i\hbar}{2mA}$$
$$\times \left\{(\widehat{l}_i\widehat{p}_j - \widehat{l}_j\widehat{p}_i) - (\widehat{p}_i\widehat{l}_j - \widehat{p}_j\widehat{l}_i)\right\}$$

を得る．ただし第三式から第四式において公式 $\varepsilon_{ijk}\varepsilon_{lmk} = \delta_{il}\delta_{jm} - \delta_{im}\delta_{jl}$ を用いた．

(2) 一般に $[\widehat{A}_i,\widehat{A}_j] = 0$ なら $\varepsilon_{ijk}\widehat{A}_i\widehat{A}_j = 0$ が成り立つことに注意．この性質は

$$2\varepsilon_{ijk}\widehat{A}_i\widehat{A}_j = \varepsilon_{ijk}\widehat{A}_i\widehat{A}_j + \varepsilon_{\bigcirc\square k}\widehat{A}_\bigcirc\widehat{A}_\square$$
$$= \varepsilon_{ijk}\widehat{A}_i\widehat{A}_j - \varepsilon_{\square\bigcirc k}\widehat{A}_\bigcirc\widehat{A}_\square$$
$$= \varepsilon_{ijk}\widehat{A}_i\widehat{A}_j - \varepsilon_{ijk}\widehat{A}_i\widehat{A}_j$$
$$= \varepsilon_{ijk}[\widehat{A}_i,\widehat{A}_j]$$

により示せる．

この結果を用いてまず，$[\widehat{l}_k,\widehat{p}_j\widehat{p}_j] = i\hbar\varepsilon_{kjm}\widehat{p}_j\widehat{p}_m + i\hbar\varepsilon_{kjm}\widehat{p}_m\widehat{p}_j = 2i\hbar\varepsilon_{kjm}\widehat{p}_j\widehat{p}_m = 0$ が成り立ち，同様にはじめに示した関係を用いて

$$[\widehat{l}_k,U(r)] = [\varepsilon_{kij}\widehat{x}_i\widehat{p}_j,U(r)]$$
$$= \varepsilon_{kij}[\widehat{x}_i\widehat{p}_j,U(r)]$$
$$= \varepsilon_{kij}\widehat{x}_i[\widehat{p}_j,U(r)]$$
$$\quad + \underbrace{\varepsilon_{kij}[\widehat{x}_i,U(r)]\widehat{p}_j}_{=0} \quad \cdots \text{①}$$
$$= \varepsilon_{kij}\widehat{x}_i(-i\hbar)\frac{\partial U(r)}{\partial x_j} \quad \cdots \text{②}$$

$$= -i\hbar\varepsilon_{kij}\widehat{x}_i\frac{\partial r}{\partial x_j}\frac{dU}{dr}$$
$$= -i\hbar\varepsilon_{kij}\widehat{x}_i\frac{\partial\sqrt{x_m x_m}}{\partial x_j}\frac{dU}{dr}$$
$$= -i\hbar\varepsilon_{kij}\widehat{x}_i\cdot\frac{\widehat{x}_j}{r}\frac{dU}{dr}$$
$$= -i\hbar\frac{1}{r}\varepsilon_{kij}\widehat{x}_i\widehat{x}_j\frac{dU}{dr} = 0$$

となる．

ポイント ①では $[\widehat{A}\widehat{B},\widehat{C}] = \widehat{A}[\widehat{B},\widehat{C}] + [\widehat{A},\widehat{C}]\widehat{B}$ を用いた．②では $[\widehat{p}_j,U] = -i\hbar\frac{\partial U}{\partial x_j}$ を用いた（演習問題 2.1(2) を参照せよ）．

第 3 章

3.1 (1) シュレディンガー方程式は，
$$i\hbar\frac{\partial}{\partial t}\psi(x,t) = -\frac{\hbar^2}{2m}\frac{\partial^2}{\partial x^2}\psi(x,t) + V(x)\psi(x,t)$$

(2) $\rho(x,t) = \psi^*(x,t)\psi(x,t)$ として
$$i\hbar\frac{d}{dt}\int_{-\infty}^{\infty}\rho(x,t)\,dx$$

を計算して 0 となることを示そう．シュレディンガー方程式が使いやすいように $i\hbar$ を余分につけた．シュレディンガー方程式の複素共役を取ると

$$-i\hbar\frac{\partial}{\partial t}\psi^*(x,t)$$
$$= -\frac{\hbar^2}{2m}\frac{\partial^2}{\partial x^2}\psi^*(x,t) + V(x)\psi^*(x,t)$$

となるので，

$$i\hbar\frac{d}{dt}\int_{-\infty}^{\infty}\psi^*\psi\,dx = \int_{-\infty}^{\infty}i\hbar\frac{\partial}{\partial t}(\psi^*\psi)\,dx$$
$$= \int_{-\infty}^{\infty}\left\{\left(i\hbar\frac{\partial}{\partial t}\psi^*\right)\psi + \psi^*\left(i\hbar\frac{\partial}{\partial t}\psi\right)\right\}dx$$
$$= \int_{-\infty}^{\infty}\left\{\left(\frac{\hbar^2}{2m}\frac{\partial^2}{\partial x^2}\psi^* - V\psi^*\right)\psi\right.$$
$$\left. +\psi^*\left(-\frac{\hbar^2}{2m}\frac{\partial^2}{\partial x^2}\psi + V\psi\right)\right\}dx$$
$$= \frac{\hbar^2}{2m}\int_{-\infty}^{\infty}\left\{\left(\frac{\partial^2}{\partial x^2}\psi^*\right)\psi - \psi^*\left(\frac{\partial^2}{\partial x^2}\psi\right)\right\}dx$$

となる．これは

$$i\hbar \frac{d}{dt}\int_{-\infty}^{\infty} \psi^*\psi\, dx$$
$$= \frac{\hbar^2}{2m}\int_{-\infty}^{\infty} \frac{\partial}{\partial x}\left\{\left(\frac{\partial}{\partial x}\psi^*\right)\psi - \psi^*\left(\frac{\partial}{\partial x}\psi\right)\right\}dx$$
$$= \frac{\hbar^2}{2m}\left\{\left(\frac{\partial}{\partial x}\psi^*\right)\psi - \psi^*\left(\frac{\partial}{\partial x}\psi\right)\right\}\Big|_{-\infty}^{\infty}$$

となり，遠方での波動関数を 0 とすると
$$i\hbar\frac{d}{dt}\int_{-\infty}^{\infty} \rho(x,t)\, dx = 0$$

となることが示された．

3.2 (1) $\frac{d}{dt}\langle\bm{r}\rangle$ を時間微分し，シュレディンガー方程式とその複素共役を使って変形すると次のようになる．
$$\frac{d}{dt}\langle\bm{r}\rangle = \frac{d}{dt}\int \psi^*(\bm{r})\bm{r}\psi(\bm{r})d^3r$$
$$= \int \frac{\partial\psi^*}{\partial t}\bm{r}\psi\, d^3r + \int \psi^*\bm{r}\frac{\partial\psi}{\partial t}d^3r$$
$$= \frac{i\hbar}{2m}\int \left(\psi^*\bm{r}\nabla^2\psi - (\nabla^2\psi^*)\bm{r}\psi\right)d^3r \quad ①$$

ここで両辺の x 成分のみについて考える．①の右辺の x 成分は
$$\frac{d}{dt}\langle x\rangle$$
$$= \frac{i\hbar}{2m}\int \left(\psi^*x(\nabla^2\psi) - (\nabla^2\psi^*)x\psi\right)d^3r$$
$$= \frac{i\hbar}{2m}\int \Big(\nabla\cdot(\psi^*x\nabla\psi) - \nabla(\psi^*x)\cdot\nabla\psi$$
$$\qquad - \nabla\cdot(\psi x\nabla\psi^*) + \nabla(\psi x)\cdot\nabla\psi^*\Big)d^3r$$
$$\quad ②$$

と変形できる．積の微分 $\nabla(x\psi) = \bm{e}_x\psi + x\nabla\psi$ ($\bm{e}_x$ は x 方向の単位ベクトル) に気をつけて変形すると，②は
$$\frac{i\hbar}{2m}\int \left(\psi^*x\nabla\psi - \psi x\nabla\psi^*\right)\cdot d\bm{S}$$
$$- \bm{e}_x\frac{i\hbar}{2m}\int \left(\psi^*\nabla\psi - \psi\nabla\psi^*\right)d^3r$$

と変形できる．第一項は積分領域を空間全体に取ると問題文 ($\psi(\bm{r})d\bm{S}$ は無限遠で 0 になる) より 0 となる．第二項は $\nabla(\psi^*\psi) = \psi\nabla\psi^* + \psi^*\nabla\psi$ を使って変形すると
$$\frac{d}{dt}\langle x\rangle = \frac{\bm{e}_x}{m}(-i\hbar)\int \psi^*\nabla\psi\, d^3r$$
$$+ \frac{i\hbar\bm{e}_x}{m}\int \nabla(\psi^*\psi)d^3r \quad ③$$

となり，③の右辺第二項はガウスの積分定理より（ここでも問題文から）
$$\int \nabla(\psi^*\psi)d^3r = \int \psi^*\psi\, d\bm{S} = 0$$

となる．これより $m\frac{d}{dt}\langle x\rangle = \langle p_x\rangle$ が得られ，y, z 成分でも同様であり，所望の結果を得る．

(2) 続いて $\frac{d}{dt}\langle p_x\rangle$ を計算する．(1) と同様にシュレディンガー方程式とその複素共役を用いると
$$\frac{d}{dt}\langle p_x\rangle = -i\hbar\frac{d}{dt}\int \psi^*\frac{\partial\psi}{\partial x}d^3r$$
$$= -\frac{\hbar^2}{2m}\int \nabla\psi^*\frac{\partial\psi}{\partial x}d^3r + \int V\psi^*\frac{\partial\psi}{\partial x}d^3r$$
$$+ \int \psi^*\frac{\partial\nabla\psi}{\partial x}d^3r - \int \psi^*\frac{\partial}{\partial x}(V\psi)d^3r$$
$$\quad ④$$

と計算できる．④の右辺第一項および第三項は $\phi = \frac{\partial\psi}{\partial x}$ とおくと グリーンの定理から
$$-\frac{\hbar^2}{2m}\int \left(\nabla\psi^*\phi - \psi^*\nabla\phi\right)\cdot d\bm{S}$$

と変形でき，この積分は (1) と同様に 0 となる．残った第二項と第四項について，積の微分を用いて整理すると
$$\frac{d}{dt}\langle p_x\rangle = -\int \psi^*(\nabla V)\psi\, d^3r$$

となって，(1) の両辺を時間で微分した式と合わせて所望の式を得る．

第 4 章

4.1 長さ a の井戸に閉じ込められた電子（電子の質量 m）の基底エネルギーは
$$E = \frac{\hbar^2\pi^2}{2ma^2}$$

で与えられる．$a = 1\,[\text{Å}] = 0.1\,[\text{nm}]$ であり，$m \simeq 0.51\,[\text{MeV}\cdot c^{-2}]$ であることを用いる．また，数値計算でよく用いられる値 $\hbar c = 197\,[\text{eV}\cdot\text{nm}]$ を用いると次のように見積もれる．
$$E = \frac{\hbar^2\pi^2}{2ma^2}$$
$$= \frac{\hbar^2\pi^2}{2\times 0.51\,[\text{MeV}\cdot c^{-2}]\times (0.1\,[\text{nm}])^2}$$

$$= \frac{(\hbar c)^2 \, 3.14^2}{2 \times 0.51 \times 0.01 \, [\text{MeV} \cdot (\text{nm})^2]}$$

$$= \frac{197^2 \, [\text{eV} \cdot \text{nm}]^2 \cdot 3.14^2}{2 \times 0.51 \times 0.01 \, [\text{MeV} \cdot (\text{nm})^2]}$$

$$= \frac{197^2 \times 3.14^2}{2 \times 0.51 \times 0.01 \times 10^6} \, [\text{eV}]$$

$$\fallingdotseq 37.51 \, [\text{eV}]$$

4.2 シュレディンガー方程式は

$$-\frac{\hbar^2}{2m}\nabla^2 \psi(x,y,z) = E\psi(x,y,z)$$

であり，$\psi(x,y,z) = X(x)Y(y)Z(z)$ とおき，両辺を XYZ で割ると

$$-\frac{\hbar^2}{2m}\left(\frac{1}{X}\frac{\partial^2}{\partial x^2}X + \frac{1}{Y}\frac{\partial^2}{\partial y^2}Y + \frac{1}{Z}\frac{\partial^2}{\partial z^2}Z\right) = E$$

と書ける．左辺は常に定数なので変数分離が実行でき

$$\begin{cases} -\dfrac{\hbar^2}{2m}\dfrac{d^2}{dx^2}X(x) = E_x X(x) \\ -\dfrac{\hbar^2}{2m}\dfrac{d^2}{dy^2}Y(y) = E_y Y(y) \\ -\dfrac{\hbar^2}{2m}\dfrac{d^2}{dz^2}Z(z) = E_z Z(z) \\ E = E_x + E_y + E_z \end{cases}$$

ここで $X(x)$ に注目して

$$k_x = \sqrt{\frac{2mE_x}{\hbar^2}}$$

とおくと，$X(x) = A\sin k_x x + B\cos k_x x$ と書ける．境界条件より $X(0) = X(L) = 0$ であり $X(0) = 0$ より $B = 0$，$X(L) = 0$ より $k_x L = n_x \pi$（ただし $n_x = 1, 2, 3, \cdots$）となり，

$$X(x) = A\sin\frac{n_x \pi x}{L} \quad (n_x = 1, 2, 3, \cdots)$$

が得られる．これを規格化すると

$$\int_0^L |X(x)|^2 \, dx = |A|^2 \int_0^L \sin^2\frac{n_x \pi x}{L} \, dx$$
$$= \frac{|A|^2 L}{2} = 1$$

となり，規格化定数を正に取ると

$$X(x) = \sqrt{\frac{2}{L}}\sin\frac{n_x \pi x}{L} \quad (n_x = 1, 2, 3, \cdots)$$

となる．同様にして，

$$Y(y) = \sqrt{\frac{2}{L}}\sin\frac{n_y \pi y}{L}$$

$$Z(z) = \sqrt{\frac{2}{L}}\sin\frac{n_z \pi z}{L}$$

と書ける．よって固有関数は

$$\psi(x,y,z)$$
$$= \left(\sqrt{\frac{2}{L}}\right)^3$$
$$\times \sin\frac{n_x \pi x}{L} \sin\frac{n_y \pi y}{L} \sin\frac{n_z \pi z}{L}$$

となる．また，エネルギー固有値は

$$E = E_x + E_y + E_z = \frac{\hbar^2 \pi^2}{2mL^2}(n_x^2 + n_y^2 + n_z^2)$$
$$(n_x, n_y, n_z = 1, 2, 3, \cdots)$$

として求められる．第一励起状態の縮退については，$(2,1,1),(1,2,1),(1,1,2)$ の 3 重に縮退している．

4.3 一次元束縛状態に縮退が存在しないことを用いる．シュレディンガー方程式は

$$-\frac{\hbar^2}{2m}\frac{d^2}{dx^2}\psi(x) + V(x)\psi(x) = E\psi(x)$$

と書け，実関数 $\phi(x), \varphi(x)$ を用いて $\psi(x) = \phi(x) + i\varphi(x)$ と書き換えることができる．
これより，

$$\underbrace{\left(-\frac{\hbar^2}{2m}\frac{d^2}{dx^2}\phi(x) + V(x)\phi(x) - E\phi(x)\right)}_{\text{実部}}$$

$$+ i\underbrace{\left(-\frac{\hbar^2}{2m}\frac{d^2}{dx^2}\varphi(x) + V(x)\varphi(x) - E\varphi(x)\right)}_{\text{虚部}}$$

$$= 0$$

が成り立ち，この両辺の実部と虚部を比較すると

$$-\frac{\hbar^2}{2m}\frac{d^2}{dx^2}\phi(x) + V(x)\phi(x) = E\phi(x)$$

$$-\frac{\hbar^2}{2m}\frac{d^2}{dx^2}\varphi(x) + V(x)\varphi(x) = E\varphi(x)$$

が同時に成り立つことがわかる．一次元束縛問題に縮退がないことから，適当な定数 c を用いて $\varphi(x) = c\phi(x)$ と書け，これより $\psi(x) = (1 + ic)\phi(x)$ と書くことができ，規格化し直して規格化定数を正の実数に取ると，$\psi(x)$ は確か

に実関数に取れる.

4.4 (1) $E \geq E_{\min}$ なる実数 $E_{\min}$ が存在することを示せば良い.

$$E = \int_{-\infty}^{\infty} \psi^*(x) \widehat{H} \psi(x) dx$$
$$= \int_{-\infty}^{\infty} \psi^*(x) \left(\frac{\widehat{p}^2}{2m} + V(x) \right) \psi(x) dx$$
$$= \int_{-\infty}^{\infty} \psi^*(x) \frac{1}{2m} \left(-i\hbar \frac{d}{dx} \right)^2 \psi(x) dx$$
$$+ \int_{-\infty}^{\infty} \psi^*(x) V(x) \psi(x) dx$$

第一項で部分積分
$$\stackrel{}{=} -\frac{\hbar^2}{2m} \underbrace{\left[\psi^* \frac{d\psi}{dx} \right]_{-\infty}^{\infty}}_{\text{束縛状態なのでこの値は 0}}$$

$$+ \frac{\hbar^2}{2m} \underbrace{\int_{-\infty}^{\infty} \frac{d\psi^*}{dx} \frac{d\psi}{dx} dx}_{|\frac{d\psi}{dx}|^2 \text{の積分なのでこの値は 0 以上}}$$

$$+ \int_{-\infty}^{\infty} \psi^*(x) V(x) \psi(x) dx$$
$$\geq \int_{-\infty}^{\infty} \psi^*(x) V(x) \psi(x) dx$$

となり,
$$E_{\min} = \int_{-\infty}^{\infty} \psi^*(x) V(x) \psi(x) dx$$

と取ることができ, 確かに主張は成り立つ.

(2) シュレディンガー方程式
$$\widehat{H} \psi_E(x) = E \psi_E(x) \quad \text{①}$$

を考え, E が連続的に分布するならエネルギー $E + \delta E$ に対しても①が成り立つはずである. $\widehat{H} \psi_{E+\delta E} = (E+\delta E)\psi_{E+\delta E}$ と書き $\psi_{E+\delta E} = \psi_E + \delta \psi_E$ とおいて $\delta \psi_E \delta E$ のオーダーを省略すると $\widehat{H} \delta \psi_E = (\delta E) \psi_E + E \delta \psi_E$ と書け, 左辺から $\int dx \, \psi_E^*$ を掛けて

$$\int \psi_E^* \widehat{H} \delta \psi_E \, dx = \delta E \int \psi_E^* \psi_E \, dx + E \int \psi_E^* \delta \psi_E \, dx$$

となり, 左辺は $E \int \psi_E^* \delta \psi_E \, dx$ になるから, $\delta E = 0$ となり E の近傍にスペクトルはない.

4.5 以下では固有関数 $\psi_1(x)$ を $\psi(x)$ と略記する.

(1) $\psi(x) = \sqrt{\frac{2}{a}} \sin \frac{\pi x}{a}$ なので

$$\langle x \rangle = \int_0^a \psi^*(x) x \psi(x) dx$$
$$= \frac{2}{a} \int_0^a x \sin^2 \frac{\pi x}{a} dx$$
$$= \frac{1}{a} \int_0^a x \left(1 - \cos \frac{2\pi x}{a} \right) dx$$

第二項で部分積分
$$\stackrel{}{=} \frac{1}{a} \frac{1}{2} a^2 - \frac{1}{a} \frac{a}{2\pi} \left[x \sin \frac{2\pi x}{a} \right]_0^a$$
$$+ \frac{1}{2\pi} \int_0^a \sin \frac{2\pi x}{a} dx = \frac{a}{2}$$

となり, 期待値 $\langle x \rangle = \frac{a}{2}$ を得る.

(2) (1) と同様に
$$\langle x^2 \rangle = \frac{2}{a} \int_0^a x^2 \sin^2 \frac{\pi x}{a} dx$$
$$= \frac{1}{a} \int_0^a x^2 \left(1 - \cos \frac{2\pi x}{a} \right) dx$$
$$= \frac{a^2}{3} - \frac{a^2}{2\pi^2} \quad \text{①}$$

と計算できる. ただし, 第二式の第二項で積分

$$\int_0^a x^2 \cos \frac{2\pi x}{a} dx$$
$$= \frac{a}{2\pi} \left[x^2 \sin \frac{2\pi x}{a} \right]_0^a - \frac{a}{2\pi} 2 \int_0^a x \sin \frac{2\pi x}{a} dx$$
$$= \frac{a}{2\pi} 2 \left[x \frac{a}{2\pi} \cos \frac{2\pi x}{a} \right]_0^a - \frac{a^2}{2\pi^2} \int_0^a \cos \frac{2\pi x}{a} dx$$
$$= \frac{a^3}{2\pi^2}$$

を用いた.

(1), ①の結果より次のようになる.

$$(\Delta x)^2 = \langle x^2 \rangle - \langle x \rangle^2 = \frac{a^2}{3} - \frac{a^2}{2\pi^2} - \frac{a^2}{4}$$
$$= \frac{a^2}{12} - \frac{a^2}{2\pi^2}$$

(3) 次のように計算できる.

$$\langle p \rangle = \int_0^a \psi^*(x) \widehat{p} \psi(x) dx$$
$$= \int_0^a \sqrt{\frac{2}{a}} \sin \frac{\pi x}{a} \left(-i\hbar \frac{d}{dx} \right) \sqrt{\frac{2}{a}} \sin \frac{\pi x}{a} dx$$
$$= 0$$

(4) 次のように計算できる.

$$\langle p^2 \rangle = \frac{2}{a} \int_0^a \sin \frac{\pi x}{a} \left(-\hbar^2 \frac{d^2}{dx^2} \right) \sin \frac{\pi x}{a} dx$$

$$= + \left(\frac{\pi\hbar}{a}\right)^2 \frac{2}{a} \int_0^a \sin^2 \frac{\pi x}{a} dx$$
$$= \left(\frac{\pi\hbar}{a}\right)^2$$

(3), (4) の結果より次のようになる.
$$(\Delta p)^2 = \langle p^2 \rangle - \langle p \rangle^2 = \left(\frac{\pi\hbar}{a}\right)^2$$

(5) (2), (4) の結果より, 次のようになる.
$$(\Delta x)(\Delta p) = \sqrt{\left(\frac{a^2}{12} - \frac{a^2}{2\pi^2}\right)\left(\frac{\pi\hbar}{a}\right)^2}$$
$$= \sqrt{\frac{\pi^2}{12} - \frac{1}{2}}\,\hbar$$

ポイント (1) の結果は長さ a の領域に閉じ込められた電子が, ちょうど真ん中の座標にいたがることを示しており, (2) の結果はこの真ん中の位置の左右を動き回る様子を考えると直観的にも納得できそうです. 不確定性関係については第16章で述べますが, (5) の結果について電卓を叩いてみると $\sqrt{\frac{\pi}{12} + \frac{1}{2}} \fallingdotseq 0.567\cdots$ となり, 確かに不確定性関係 $(\Delta x)(\Delta p) \fallingdotseq 0.567\cdots \times \hbar \geq \frac{\hbar}{2}$ を満足していることが確かめられます.

4.6 次図のように遠方で x 軸上を這うようなポテンシャルに対して考えれば良い.

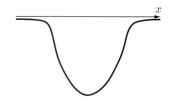

シュレディンガー方程式は
$$-\frac{\hbar^2}{2m}\frac{d^2}{dx^2}\psi(x) + V(x)\psi(x) = E\psi(x)$$
であるが, 遠方 $x \to \infty$ では $V(x) \to 0$ となるので,
$$-\frac{\hbar^2}{2m}\frac{d^2}{dx^2}\psi(x) = E\psi(x)$$
の解について議論すれば十分. まず $E > 0$ のときは
$$\psi(x) = \exp\left(\pm i \sqrt{\frac{2mE}{\hbar^2}} x\right)$$

となり, 遠方で振動することがわかる (次図).

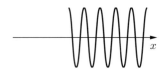

次に $E < 0$ のときは
$$\psi(x) = \exp\left(\pm \sqrt{\frac{-2mE}{\hbar^2}} x\right)$$
となるが, ± の内 + の場合, $x \to \infty$ のとき発散するので不適であり, 正しくは次のようになる.
$$\psi(x) = \exp\left(-\sqrt{\frac{-2mE}{\hbar^2}} x\right)$$
この解は次図のように減衰する曲線となる.

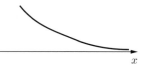

4.7 与えられた波動関数をシュレディンガー方程式に代入すると恒等式
$$\lambda^2 \frac{\hbar^2}{2m}\left(-1 + \frac{2}{\cosh^2 \lambda x}\right) + V(x) = E$$
を得る. 無限遠で $V = 0$ となることを仮定すると $E = -\frac{\lambda^2 \hbar^2}{2m}$ となり, これを上式に代入して
$$V(x) = -\frac{\lambda^2 \hbar^2}{m \cosh^2 \lambda x}.$$

4.8 (1) シュレディンガー方程式
$$-\frac{\hbar^2}{2m}\frac{d^2}{dx^2}\psi(x) - V_0 \delta(x)\psi(x) = E\psi(x)$$
を積分する. ここで
$$\int_{-\varepsilon}^{\varepsilon} \psi(x)\,dx \approx 2\varepsilon\psi(0) \approx 0$$
であることに気をつけると (もう少し詳しく述べると, 次のように評価できることを用います.
$$\left|\int_{-\varepsilon}^{\varepsilon} \psi(x)\,dx\right| \leq \int_{-\varepsilon}^{\varepsilon} |\psi(x)|\,dx$$
$$\leq \sup_{-\varepsilon \leq x \leq \varepsilon} |\psi| \int_{-\varepsilon}^{\varepsilon} dx$$
$$= 2\varepsilon \sup_{-\varepsilon \leq x \leq \varepsilon} |\psi| \to 0),$$

上式両辺を $-\varepsilon \to \varepsilon$ の区間で積分することで次の式を得る.

$$-\frac{\hbar^2}{2m}\left[\frac{d\psi}{dx}\right]_{-\varepsilon}^{\varepsilon} - V_0\psi(0) = 0$$

(2) $E < 0$ に気をつけて $k = \sqrt{\frac{-2mE}{\hbar^2}}$ とおく. $x \neq 0$ でのシュレディンガー方程式

$$-\frac{\hbar^2}{2m}\frac{d^2}{dx^2}\psi(x) = E\psi(x)$$

の解は $\psi(x) = Ae^{-kx} + Be^{kx}$ となる. 束縛問題を考えているので $x \to \pm\infty$ で $\psi \to 0$ とならなければならないから, 固有関数は次のように書ける.

$$\psi(x) = \begin{cases} A\exp(-kx) & (0 < x) \\ B\exp(kx) & (x < 0) \end{cases}$$

$x=0$ での $\psi(x)$ の連続性から, $A=B$ であることがわかり $\psi(x)=\psi(0)\exp(-k|x|)$, $\psi(0)=A$ と書くことができる. これを (1) の結果に代入し

$$\left[\frac{d\psi}{dx}\right]_{-\varepsilon}^{\varepsilon} = -Ak\exp(-k\varepsilon) - (Ak\exp(-k\varepsilon))$$

$$= -2Ake^{-k\varepsilon} \xrightarrow{\varepsilon \to 0} -2Ak$$

であることを用いると $2Ak = \frac{2mV_0}{\hbar^2}A$ となることがわかり, $k = \frac{mV_0}{\hbar^2}$ を得る. これより, 束縛エネルギーは

$$E = -\frac{\hbar^2 k^2}{2m} = -\frac{mV_0^2}{2\hbar^2}$$

となる. また, 固有関数を規格化すると

$$\int_{-\infty}^{\infty} |A|^2 \exp(-2k|x|)\,dx$$
$$= 2|A|^2 \int_0^{\infty} \exp(-2kx)\,dx = \frac{|A|^2}{k} = 1$$

となり, 規格化定数は $|A| = \sqrt{k}$ となり次を得る.

$$\psi(x) = \sqrt{\frac{mV_0}{\hbar^2}} \exp\left(-\frac{mV_0}{\hbar^2}|x|\right)$$

4.9 (1) 原点の近傍でシュレディンガー方程式

$$-\frac{\hbar^2}{2m}\frac{d^2}{dx^2}\psi(x) + V_0\delta(x)\psi(x) = E\psi(x)$$

を積分すると

$$-\frac{\hbar^2}{2m}\left[\frac{d\psi}{dx}\right]_{-\varepsilon}^{\varepsilon} + V_0\psi(0) = E\int_{-\varepsilon}^{\varepsilon} \psi(x)\,dx$$

となる(前問 (1) 同様). ここで $\varepsilon \to 0$ とすることで右辺は 0 となり, 所望の式を得る.

(2) $x > 0$ ではデルタ関数の性質 $\delta(x) = 0$ に気をつけると, シュレディンガー方程式は

$$-\frac{\hbar^2}{2m}\frac{d^2}{dx^2}\psi(x) = E\psi(x)$$

となる. 束縛状態に気をつけて $k = \sqrt{\frac{-2mE}{\hbar^2}}$ とおくと, 一般解は $\psi(x) = A\sin kx + B\cos kx$ と書ける. 境界条件 $\psi(a) = 0$ より

$$A\sin ka + B\cos ka = 0 \qquad ①$$

が成り立つ. 偶パリティを採用しているので $\psi(x) = \psi(-x)$ であり, $\psi'(x) = -\psi'(-x)$ が成り立つ. これより $\psi'(-0) = -\psi'(0)$ がいえ, (1) の結果に代入すると $\frac{\hbar^2}{2m}2\psi'(0) = V_0\psi(0)$ となり, $\frac{\hbar^2}{m}kA = V_0 B$ が成り立つ. これに ① を代入して A, B を消去すると次が成り立つ.

$$\frac{k\hbar^2}{mV_0} = -\tan ka$$

4.10 $\phi(x) = \psi(x-a)$ とおき, $\phi(x)$ について調べる. $x > 0$ においてシュレディンガー方程式は

$$-\frac{\hbar^2}{2m}\frac{d^2}{dx^2}\phi(x) - V_0(x)\delta(x)\phi(x) = E\phi(x)$$

と書ける. これは演習問題 4.8 と全く同じ問題設定である. この(規格化していない)波動関数は $\phi(x) = \psi(a)\exp(-k|x|)$ と書ける. ここで $k = -\sqrt{\frac{-2mE}{\hbar^2}}$ である. また, 微分係数の接続条件は

$$-\frac{\hbar^2}{2m}\left[\frac{d\phi}{dx}\right]_{-0}^{+0} - V_0\phi(0) = 0$$

が成り立つ. これは

$$\left[\frac{d\psi}{dx}\right]_{a-\varepsilon}^{a+\varepsilon} = -\frac{2mV_0}{\hbar^2}\psi(a)$$

と書き換えられる. また, $\psi(x)$ は規格化定数 A を用いて次のように書ける.

$$\psi(x) = \phi(x-a) + \phi(x+a)$$
$$= A\psi(a)\exp(-k|x-a|)$$

$$+ A\psi(-a)\exp(-k|x+a|)$$

ここで $x = a$ での $\psi(x)$ の式と $\psi'(x)$ の接続条件より

$$(1-A)\psi(a) - A\exp(-2ka)\psi(-a) = 0$$

$$\left(-kA + \frac{2mV_0}{\hbar^2}\right)\psi(a) = 0$$

が成り立つ。これを整理すると次のように書ける。

$$\begin{pmatrix} 1-A & -A\exp(-2ka) \\ -kA + \frac{2mV_0}{\hbar^2} & 0 \end{pmatrix}\begin{pmatrix} \psi(a) \\ \psi(-a) \end{pmatrix} = \begin{pmatrix} 0 \\ 0 \end{pmatrix}$$

この式が非自明な解を持つために<注参照>

$$\det\begin{pmatrix} 1-A & -A\exp(-2ka) \\ -kA + \frac{2mV_0}{\hbar^2} & 0 \end{pmatrix} = 0$$

が成り立てば良い。これより $A = \frac{2mV_0}{\hbar^2 k}$ を得る。
次に奇パリティ条件 $\psi(a) = -\psi(-a)$ を

$$(1-A)\psi(a) - A\exp(-2ka)\psi(-a) = 0$$

に適用し,

$$A = \frac{1}{1-\exp(-2ka)}$$

を得る。これより

$$k = \frac{2mV_0}{\hbar^2}\{1 - \exp(-2ka)\}$$

として,束縛エネルギーを求める式が得られた。ここで $k = \sqrt{\frac{-2mE}{\hbar^2}}$ である。

注 行列 A,ベクトル u に対して $Au = 0$ が成り立つとき, A が逆行列を持つ $\iff \det A \neq 0$ ならば $u = 0$(つまり自明な解を持つ)が成り立ち,逆行列を持たない $\iff \det A = 0$ ならば非自明な解を持つことになります。

4.11 (1) 井戸型ポテンシャル

$$V(x) = \begin{cases} \infty & (x < 0, x > a) \\ 0 & (0 < x < a) \end{cases}$$

として,シュレディンガー方程式を解くと

$$E_n = \frac{\pi^2\hbar^2}{2ma^2}n^2 \quad (n = 1, 2, \cdots)$$

が得られる。

(2) 次図のようになる。

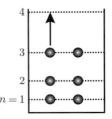

(3) 6 個のうち,一番エネルギーの高い準位 ($n = 3$) からその 1 つ上の準位 ($n = 4$) への遷移を考える(上図矢印)。励起エネルギーは次のようになる。

$$\Delta E = E_4 - E_3 = \frac{h^2}{8ma^2}(4^2 - 3^2)$$
$$= \frac{(6.626 \times 10^{-34})^2 \times 7}{8 \times 9.1 \times 10^{-31} \times (0.6 \times 10^{-9})^2}$$
$$\fallingdotseq 1.17 \times 10^{-18}\,[\text{J}]$$

次に,遷移波長は次のようになる。

$$\lambda = \frac{hc}{\Delta E} = \frac{6.626 \times 10^{-34} \times 2.999 \times 10^8}{1.17 \times 10^{-18}}$$
$$\fallingdotseq 1.70 \times 10^{-7}\,[\text{m}] = 170\,[\text{nm}]$$

これで求めるものが得られた。

ポイント 現実の系は三次元ですので一次元井戸型ポテンシャルは量子力学の基本を学ぶための仮想的な題材です。しかし,上の例のように近似的にエネルギーを見積もるときに利用できる場合もあります。

第 5 章

5.1 (1) シュレディンガー方程式は

$$-\frac{\hbar^2}{2m}\nabla^2\psi(x,y,z) = E\psi(x,y,z)$$

であり, $\psi = X(x)Y(y)Z(z)$ とおき,両辺 XYZ で割ると

$$-\frac{\hbar^2}{2m}\left(\frac{1}{X}\frac{\partial^2 X}{\partial x^2} + \frac{1}{Y}\frac{\partial^2 Y}{\partial y^2} + \frac{1}{Z}\frac{\partial^2 Z}{\partial z^2}\right)$$
$$= E = E_x + E_y + E_z$$

と書ける．x 成分の方程式は $-\frac{\hbar^2}{2m}\frac{d^2X(x)}{dx^2} = E_xX(x)$ となり $k_x = \frac{\sqrt{2mE_x}}{\hbar}$ とおくと解は $X(x) = \exp(\pm ik_xx)$ となる．この 2 つの特解のうち一方を取り出し $X(x) = \exp(ik_xx)$ とする．これを規格化すると

$$\int_0^L |X(x)|^2 dx = L|A|^2 = 1$$

となり規格化定数が $A = \sqrt{\frac{1}{L}}$ とわかる．これより規格化された固有関数は $X(x) = \frac{1}{\sqrt{L}}\exp(ik_xx)$ となる．ここで周期境界条件より $k_xL = 2n_x\pi$（n_x は整数）となり，エネルギー準位は $E_x = \frac{\hbar^2k_x^2}{2m} = \frac{4\pi^2\hbar^2n_x^2}{2mL^2}$ となり，同様に $E_y = \frac{4\pi^2\hbar^2n_y^2}{2mL^2}$, $E_z = \frac{4\pi^2\hbar^2n_z^2}{2mL^2}$ （n_y, n_z は整数）を得る．これにより固有エネルギー $E = E_x + E_y + E_z = \frac{\hbar^2}{2mL^2}(n_x^2 + n_y^2 + n_z^2)$ （n_x, n_y, n_z は整数）を得る．固有関数は

$$\psi(x,y,z) = \left(\sqrt{\frac{1}{L}}\right)^3 \exp(ik_xx + ik_yy + ik_zz)$$

のようになる．

(2) 基底状態は $(n_x, n_y, n_z) = (0,0,0)$ のときで，第一励起状態は $(n_x, n_y, n_z) = (1,0,0), (0,1,0), (0,0,1)$ のとき（および全ての整数が負の整数のときにも）に起こる．つまり縮退度は $3 \times 2 = 6$ である．また，第二励起状態は $(n_x, n_y, n_z) = (1,1,0), (1,0,1), (0,1,1)$ のとき（およびそれぞれの整数が負の整数のとき）に起こる．つまり縮退度は $3 \times 4 = 12$ である．

5.2 (1) 演習問題 5.1 と同様に，

$$\psi(x,y,z) = \left(\sqrt{\frac{1}{L}}\right)^3 \exp(ik_xx + ik_yy + ik_zz)$$

として固有関数が求められる．波数 k_x は周期境界条件 $k_xL = 2n_x\pi$（n_x は整数）をみたす．k_y, k_z も同様．エネルギー固有値は $E = \frac{\hbar^2}{2m}\left(\frac{2\pi}{L}\right)^2(n_x^2 + n_y^2 + n_z^2)$ となる．

(2) フェルミエネルギーは波数によって決まり，$\varepsilon_F = \frac{\hbar^2k_F^2}{2m}$ である．

(3) 波数空間の体積要素 $\left(\frac{2\pi}{L}\right)^3$ あたりに 1 つの波数ベクトルが存在する<注参照>ので，フェルミ球の体積 $\frac{4\pi k_F^3}{3}$ の内にある軌道状態の数（状態数）は，

$$N = 2 \times \frac{\frac{4\pi k_F^3}{3}}{\left(\frac{2\pi}{L}\right)^3} = \frac{V}{3\pi^2}k_F^3$$

となる．2× は電子のスピン自由度が 2 であることによる．これによりフェルミ波数を求めると $k_F = \left(\frac{3\pi^2 N}{V}\right)^{\frac{1}{3}}$ となる．

注 一次元で考えてみるとわかりやすい．次図のように k_x 軸を描き，その上に $\frac{2\pi}{L}$ の倍数にあたる点をプロットしていく．軸上の一点ともう一点の間の距離は $\frac{2\pi}{L}$ である．一点の持つ長さは $\frac{2\pi}{L}$ である．これを三次元化するので単純に 3 乗すれば良い．

(4) (2) のフェルミエネルギーの式に (3) の結果を代入して次の結果を得る．

$$\varepsilon_F = \frac{\hbar^2}{2m}\left(\frac{3\pi^2 N}{V}\right)^{\frac{2}{3}}$$

(5) 系の圧力 p は $p = -\frac{\partial \varepsilon_F}{\partial V} = \frac{2\varepsilon_F}{3V}$ となる．

(6) $N = \frac{V}{3\pi^2}\left(\frac{2m\varepsilon_F}{\hbar^2}\right)^{\frac{3}{2}}$ により，

$$\frac{dN}{d\varepsilon_F} = \frac{V}{2\pi^2}\left(\frac{2m}{\hbar^2}\right)^{\frac{3}{2}}\sqrt{\varepsilon_F}$$

5.3 (1) 指数関数のテイラー展開を行う．はじめは $x = 0$ のまわりで展開していたものを途中で $a = 0$ のまわりの展開に切り換える．

$$\widehat{U}\psi(x) = \sum_{n=0}^{\infty}\frac{1}{n!}a^n\frac{d^n\psi(x)}{dx^n}$$
$$= \sum_{n=0}^{\infty}\frac{1}{n!}a^n\frac{d^n\psi(x+a)}{da^n}\bigg|_{a=0} = \psi(x+a)$$

(2) ポテンシャルが周期的であることに気をつけて $\widehat{U}(V(x)\psi(x)) = V(x+a)\psi(x+a) = V(x)\psi(x+a) = V(x)\widehat{U}\psi(x)$ より主張は正しい．

(3) $\widehat{U}$ と $V(x)$ が可換であることは示したから，$\widehat{U}$ と $\widehat{p}^2$ が可換であることを示せば十分．$\widehat{p}$ と $e^{ia\widehat{p}}$ は可換なので

$$\widehat{U}\widehat{p}^2 = e^{ia\widehat{p}}\widehat{p}^2 = \widehat{p}^2 e^{ia\widehat{p}} = \widehat{p}^2\widehat{U}$$

が成り立ち，$\widehat{U}$ と $\widehat{p}^2$ が可換であることが示せた．

(4)
$$\widehat{U}^\dagger = \{e^{(ia\widehat{p})}\}^\dagger = e^{-ia\widehat{p}} = \widehat{U}^{-1}$$

により $\widehat{U}$ はユニタリ演算子である。ここでエルミート演算子 $\widehat{A}$ の固有値は実数 a に取れるから、$\widehat{U} = e^{i\widehat{A}}$ の固有値は e^{ia} に取れる<注参照>。これより $e^{ia\widehat{p}}$ の固有値は、実数 θ を用いて $e^{i\theta}$ と書ける。

注　固有方程式
$$\widehat{A}|a\rangle = a|a\rangle$$
を適当な累乗を考え、
$$\sum_{n=0}^{\infty} \frac{(i\widehat{A})^n}{n!}|a\rangle = \sum_{n=0}^{\infty} \frac{(ia)^n}{n!}|a\rangle$$
$$\implies e^{i\widehat{A}}|a\rangle = e^{ia}|a\rangle$$
が成り立つことからも確かめられる。

(5)　$\widehat{U}$ と $\widehat{H}$ は交換するので、同時固有状態（同時固有関数）を取る。(4) の結果より固有関数 $\psi(x)$ に対して $\widehat{U}\psi(x) = e^{i\theta}\psi(x)$ と書け、(1) より $\widehat{U}\psi(x) = \psi(x+a)$ なので $\psi(x+a) = e^{i\theta}\psi(x)$ が成り立つ。

5.4 (1)　$x=0$ での ψ の連続性により
$$A + B = C + D \qquad ①$$
$$iKA - iKB = QC - QD \qquad ②$$
が成り立ち、次に $x=a$ での連続性により
$$Ae^{iKa} + Be^{-iKa} = e^{ik(a+B)}(Ce^{-Qb} + De^{Qb}) \qquad ③$$
$$iKAe^{iKa} - iKBe^{-iKa}$$
$$= e^{ik(a+b)}(QCe^{-Qb} - QDe^{Qb}) \qquad ④$$

が成り立つ。この①〜④が非自明な解を持つためには
$$\begin{vmatrix} 1 & 1 & -1 & -1 \\ iK & -iK & -Q & Q \\ e^{iKa} & e^{-iKa} & -e^{ik(a+b)-Qb} & -e^{ik(a+b)+Qb} \\ iKe^{iKa} & -iKe^{-iKa} & -Qe^{ik(a+b)-Qb} & Qe^{ik(a+b)+Qb} \end{vmatrix}$$
$$= 0 \qquad ⑤$$
が成り立てば良い。ここで
$$\alpha = e^{iKa}, \quad \beta = e^{ik(a+b)}, \quad \gamma = e^{Qb}$$
とおくと、⑤の左辺は

$$\begin{vmatrix} 1 & 1 & -1 & -1 & (1) \\ iK & -iK & -Q & Q & (2) \\ \alpha & \frac{1}{\alpha} & -\frac{\beta}{\gamma} & -\beta\gamma & (3) \\ iK\alpha & -\frac{iK}{\alpha} & -\frac{\beta Q}{\gamma} & \beta\gamma Q & (4) \end{vmatrix} \quad ⑥$$

とすると2行目は $(2) + (-iK) \times (1)$、3行目は $(3) + (-\alpha) \times (1)$、4行目は $(4) + (-\alpha) \times (2)$ と計算でき、⑥は

$$\begin{vmatrix} \cancel{1} & \cancel{1} & \cancel{-1} & \cancel{-1} \\ \cancel{0} & -2iK & iK-Q & iK+Q \\ \cancel{0} & \frac{1}{\alpha}-\alpha & -\frac{\beta}{\gamma}+\alpha & -\beta\gamma+\alpha \\ \cancel{0} & iK(-\alpha-\frac{1}{\alpha}) & Q(\alpha-\frac{\beta}{\gamma}) & Q(-\alpha+\beta\gamma) \end{vmatrix}$$

（ここで $M = \alpha - \frac{\beta}{\gamma}, N = -(-\alpha+\beta\gamma)$ とおく）

$$= \begin{vmatrix} -2iK & iK-Q & iK+Q & (1)' \\ \frac{1}{\alpha}-\alpha & -\frac{\beta}{\gamma}+\alpha & -\beta\gamma+\alpha & (2)' \\ iK(\alpha-\frac{1}{\alpha}) & Q(\alpha-\frac{\beta}{\gamma}) & Q(-\alpha+\beta\gamma) & (3)' \end{vmatrix}$$

3行目を $(3)' + iK \times (2)'$ と計算すると

$$= \begin{vmatrix} -2iK & iK-Q & iK+Q \\ \cancel{\frac{1}{\alpha}-\alpha} & \cancel{M} & \cancel{N} \\ \cancel{0} & (Q+iK)M & (Q-iK)(-N) \end{vmatrix}$$

$$= -2iK \begin{vmatrix} M & N \\ (Q+iK)M & (Q+iK)(-N) \end{vmatrix}$$

$$- \left(\frac{1}{\alpha} - \alpha\right) \begin{vmatrix} iK-Q & iK+Q \\ (iK+Q)M & (iK-Q)N \end{vmatrix}$$

$$= 4iKQMN$$
$$- \left(\frac{1}{\alpha} - \alpha\right)\{(iK-Q)^2 N - (iK+Q)^2 M\}$$

となり、これが 0 になれば良いことから

$$\cos k(a+b)$$
$$= \frac{Q^2 - K^2}{2KQ} \sin Ka \sinh Qb + \cos Ka \cosh Qb$$

となる。また、$-1 \leq \cos k(a+b) \leq 1$ より

$$-1 \leq \cos Ka \cosh Qb - \frac{K^2 - Q^2}{2KQ} \sin Ka \sinh Qb$$
$$\leq 1 \qquad ⑨$$

が得られる。

(2)　$P = \frac{Q^2}{2}ab$ を一定に保ったまま $b \to 0$ とすると、

$$\cos Ka\cosh Qb - \frac{K^2-Q^2}{2KQ}\sin Ka \sinh Qb$$
$$\xrightarrow{b\to 0} \cos Ka + P\frac{\sin Ka}{Ka}$$

となる．これより

$$\cos Ka + P\frac{\sin Ka}{Ka} = \cos ka$$

が得られる．

(3) $\theta = Ka$ と取ると，$\cos\theta + P\frac{\sin\theta}{\theta}$ は図のようになる．ここで $-1 \le \cos\theta + P\frac{\sin\theta}{\theta} \le 1$ が成り立つときのエネルギーは

$$\varepsilon = \frac{\hbar^2}{2ma^2}\theta^2$$

であり，図のようなバンドが得られる．

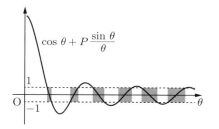

第 6 章

ポイント エルミート多項式など特殊関数には様々な手法が知られています．自分で導出できなかったからといってめげる必要はありません．第 6 章ではよく知られたテクニックを吸収しましょう．

6.1 (1)
$$I = \int_{-\infty}^{\infty} e^{-ax^2}\,dx \quad (a>0)$$

とおくと

$$I^2 = \int_{-\infty}^{\infty}e^{-ax^2}dx\int_{-\infty}^{\infty}e^{-ay^2}\,dy$$
$$= \int dx dy\, e^{-a(x^2+y^2)}$$

と書け，この重積分を球座標表示で書き直す．$x = r\cos\theta, y = r\sin\theta$ と二次元極座標に移ると dr と $r\,d\theta$ が直交する線素となるので，面積要素は $dxdy = (dr)\times(r\,d\theta) = r\,drd\theta$ が成り立つ．これより I^2 は次のように計算できる．

$$I^2 = \int dxdy\, e^{-a(x^2+y^2)}$$
$$= \int_0^\infty dr\, re^{-ar^2}\int_0^{2\pi}d\theta$$
$$= 2\pi\int_0^\infty dr\,\frac{-1}{2a}\left(e^{-ar^2}\right)'$$
$$= \frac{\pi}{a}\left[-e^{-ar^2}\right]_0^\infty = \frac{\pi}{a}$$

ここで $e^{-ar^2} > 0$ なので $I > 0$ であるから，結局 $I = \sqrt{\frac{\pi}{a}}$ が得られた．

(2)
$$I_n = \int_{-\infty}^{\infty}x^{2n}e^{-ax^2}\,dx$$

とおくと，部分積分により

$$I_{n+1} = \frac{-1}{2a}\left[x^{2n+1}e^{-ax^2}\right]_{-\infty}^{\infty}$$
$$\quad - \int_{-\infty}^{\infty}(2n+1)x^{2n}$$
$$\quad\quad \times\left(\frac{-1}{2a}e^{-ax^2}\right)dx$$
$$= \frac{2n+1}{2a}I_n$$

となって積分漸化式が得られる．$I_0 = I$ であることから

$$I_n = \frac{2n-1}{2a}\frac{2n-3}{2a}\cdots\frac{1}{2a}I$$
$$= \frac{\sqrt{\pi}}{(\sqrt{a})^{2n+1}}\frac{(2n-1)!!}{2^n}$$

が得られる．または，$I_n = \left(-\frac{d}{da}\right)^n I_0$ となることから求めても良い．

6.2 (1) 結合定数（振動の弾性定数，バネ定数）k を求める．これは慣性質量 μ と振動数 ω を用いて $k = \mu\omega^2$ で決まる．ここではまず慣性質量と振動数を求めよう．慣性質量は

$$\mu = \frac{m_H \times m_{Cl}}{m_H + m_{Cl}} = \frac{1\times 35}{1+35}\div(6.02\times 10^{23})\,[\mathrm{g}]$$
$$= 1.61\times 10^{-27}\,[\mathrm{kg}]$$

と計算でき，振動数は
$$\omega = 2\pi\nu = 2\pi \cdot \frac{c}{\lambda} = 2\pi \times \frac{2.998 \times 10^8}{3.47 \times 10^{-6}}$$
$$= 5.43 \times 10^{14} \, [\text{s}^{-1}]$$

となるので，結合定数は $k = \mu\omega^2 = 474$ $[\text{N} \cdot \text{m}^{-1}]$ となる．（$[\text{N} \cdot \text{m}^{-1}] = [\text{kg} \cdot \text{s}^{-1}]$ に注意）

(2) DCl と HCl について，換算質量の比を取って

$$\frac{\omega_{\text{DCl}}}{\omega_{\text{HCl}}} = \sqrt{\frac{\frac{k}{\mu_{\text{DCl}}}}{\frac{k}{\mu_{\text{HCl}}}}} = \sqrt{\frac{\frac{1 \times 35}{1+35}}{\frac{2 \times 35}{2+35}}} = 0.717$$

となるから，

$$\lambda_{\text{DCl}} = \frac{\lambda_{\text{HCl}}}{0.717} = \frac{3.47 \, [\mu\text{m}]}{0.717} = 4.84 \, [\mu\text{m}]$$

を得る．

6.3 $a = \frac{m\omega}{\hbar}$ とおくと，

(1)
$$\langle x \rangle = \left(\frac{a}{\pi}\right)^{\frac{1}{2}} \underbrace{\int_{-\infty}^{\infty} x e^{-ax^2} dx}_{\text{奇関数の積分}} = 0$$

(2)
$$\langle x^2 \rangle = \left(\frac{a}{\pi}\right)^{\frac{1}{2}} \int_{-\infty}^{\infty} x^2 e^{-ax^2} dx$$
$$\stackrel{\text{演習問題}}{=} \left(\frac{a}{\pi}\right)^{\frac{1}{2}} \frac{1}{2}\sqrt{\frac{\pi}{a^3}}$$
$$= \frac{1}{2a} = \frac{\hbar}{2m\omega}$$

より $(\Delta x)^2 = \langle x^2 \rangle - \langle x \rangle^2 = \frac{\hbar}{2m\omega}$ を得る．

(3)
$$-i\hbar \frac{d}{dx} e^{-\frac{ax^2}{2}} = i\hbar a x e^{-\frac{ax^2}{2}}$$

より，

$$\langle p \rangle = i\hbar a \left(\frac{a}{\pi}\right)^{\frac{1}{2}} \underbrace{\int_{-\infty}^{\infty} x e^{-ax^2} dx}_{\text{奇関数の積分}} = 0$$

(4)
$$\left(-i\hbar \frac{d}{dx}\right)^2 e^{-\frac{ax^2}{2}} = a\hbar^2(1-ax^2)e^{-\frac{ax^2}{2}}$$

より

$$\langle p^2 \rangle = \left(\frac{a}{\pi}\right)^{\frac{1}{2}}$$
$$\times a\hbar^2 \int_{-\infty}^{\infty} (1-ax^2)e^{-ax^2} dx$$
$$= \left(\frac{a}{\pi}\right)^{\frac{1}{2}} \times a\hbar^2 \int_{-\infty}^{\infty} e^{-ax^2} dx,$$
$$- a^2\hbar^2 \int_{-\infty}^{\infty} x^2 e^{-ax^2} dx$$
$$= \left(\frac{a}{\pi}\right)^{\frac{1}{2}} \times a\hbar^2 \sqrt{\frac{\pi}{a}} - \left(\frac{a}{\pi}\right)^{\frac{1}{2}} \times a^2\hbar^2 \times \frac{1}{2}\sqrt{\frac{\pi}{a^3}}$$
$$= \frac{a\hbar^2}{2} = \frac{m\omega\hbar}{2}$$

が得られる．これより $(\Delta p)^2 = \langle p^2 \rangle - \langle p \rangle^2 = \frac{m\omega\hbar}{2}$ が得られる．

(5) (2), (4) より，

$$\Delta x \Delta p = \sqrt{\frac{\hbar}{2m\omega} \cdot \frac{m\omega\hbar}{2}} = \frac{\hbar}{2}$$

を得る．

6.4 母関数展開を用いると，

$$e^{-t^2+2\xi t} e^{-s^2+2\xi s}$$
$$= \sum_{n=0}^{\infty} \sum_{m=0}^{\infty} \frac{H_n(\xi)H_m(\xi)}{n!\, m!} t^n s^m$$

と書け，両辺に $e^{-\xi^2}$ を掛けて ξ について積分すると左辺，右辺の積分はそれぞれ

$$\int_{-\infty}^{\infty} e^{-\xi^2} e^{-t^2+2\xi t} e^{-s^2+2\xi s} d\xi$$
$$= \int_{-\infty}^{\infty} e^{-(\xi-t-s)^2+2ts} d\xi = \sqrt{\pi}\, e^{2ts}$$
$$= \sqrt{\pi} \sum_{n=0}^{\infty} \frac{(2ts)^n}{n!},$$

$$\int_{-\infty}^{\infty} \sum_{n=0}^{\infty} \sum_{m=0}^{\infty} \frac{e^{-\xi^2} H_n(\xi) H_m(\xi)}{n!\, m!} t^n s^m d\xi$$
$$= \sum_{n=0}^{\infty} \sum_{m=0}^{\infty} \frac{t^n s^m}{n!\, m!} \int_{-\infty}^{\infty} e^{-\xi^2} H_n(\xi) H_m(\xi)\, d\xi$$

となる．これより

$$\sqrt{\pi} \sum_{n=0}^{\infty} \frac{(2ts)^n}{n!}$$
$$= \sum_{n=0}^{\infty} \sum_{m=0}^{\infty} \frac{t^n s^m}{n!\, m!} \int_{-\infty}^{\infty} e^{-\xi^2} H_n(\xi) H_m(\xi)\, d\xi$$

が成り立ち，和の中に注目して $m \neq n$ の項に対しては
$$\int_{-\infty}^{\infty} e^{-\xi^2} H_n(\xi) H_m(\xi)\, d\xi = 0$$
が成り立つことがいえ，$m = n$ の項に対しては
$$\int_{-\infty}^{\infty} e^{-\xi^2} H_n(\xi) H_n(\xi)\, d\xi = \delta_{nm} n! \sqrt{\pi}\, 2^n$$
が成り立つ．

6.5 (1) $f(t, \xi) = \exp\{-(t-\xi)^2\}$ とおく．このとき $f(t, \xi) = f(\xi, t)$ が成り立つことに注意．はじめに
$$\left.\frac{\partial^n}{\partial t^n} f(t, \xi)\right|_{t=0} = (-1)^n \frac{\partial^n}{\partial \xi^n} f(0, \xi)$$
が成り立つことを示す．

まずは
$$\frac{\partial^n}{\partial t^n} f(t, \xi) = (-1)^n \frac{\partial^n}{\partial \xi^n} f(t, \xi)$$
が成り立つことに注意して <注参照>，最後に両辺で $t = 0$ と取ることで
$$\left.\frac{\partial^n}{\partial t^n} f(t, \xi)\right|_{t=0} = (-1)^n \frac{\partial^n}{\partial \xi^n} f(0, \xi)$$
が成り立つことがわかる．

次に $f(t, \xi)$ を $t = 0$ のまわりでマクローリン展開すると
$$\begin{aligned}
f(t, \xi) &= \sum_{n=0}^{\infty} \frac{\partial^n f(t)}{n!\, \partial t^n}\bigg|_{t=0} t^n \\
&= \sum_{n=0}^{\infty} \frac{(-1)^n}{n!} t^n \frac{\partial^n}{\partial \xi^n} f(0, \xi) \\
&= \sum_{n=0}^{\infty} \frac{(-1)^n}{n!} t^n \frac{d^n}{d\xi^n} \exp(-\xi^2)
\end{aligned}$$
が成り立つ．

最後に，
$$\begin{aligned}
&\exp(-t^2 + 2\xi t) \\
&= \exp\{-(t-\xi)^2 + \xi^2\} \\
&= \exp(\xi^2) f(t, \xi) \\
&= \sum_{n=0}^{\infty} \frac{t^n}{n!} \left\{(-1)^n \exp(\xi^2) \frac{d^n}{d\xi^n} \exp(-\xi^2)\right\} \\
&= \sum_{n=0}^{\infty} \frac{t^n}{n!} H_n(\xi)
\end{aligned}$$

となって所望の式が示せた．

注 $g(X) = \exp(-X^2)$ とおくと
$$\frac{d^n}{dX^n} g(X) = (-1)^n \frac{d^n}{d(-X)^n} g(X)$$
が成り立つことと一緒です．

(2) 母関数展開
$$\exp(-t^2 + 2\xi t) = \sum_{n=0}^{\infty} \frac{H_n(\xi)}{n!} t^n$$
の両辺を t で微分すると
$$(-2t + 2\xi) \exp(-t^2 + 2\xi t) = \sum_{n=0}^{\infty} \frac{H_{n+1}(\xi)}{n!} t^n$$
であり，左辺は
$$\sum_{n=1}^{\infty} \left\{-2\frac{H_{n-1}(\xi)}{(n-1)!} t^n + 2\xi \cdot \frac{1}{n!} H_n(\xi) t^n\right\} + 2\xi H_0(\xi)$$
と書け，右辺は
$$\sum_{n=1}^{\infty} \frac{H_{n+1}(\xi)}{n!} t^n + H_1(\xi)$$
と書ける．

これらをまとめて
$$\begin{aligned}
&\sum_{n=1}^{\infty} \left\{-2\frac{H_{n-1}(\xi)}{(n-1)!} t^n + 2\xi \cdot \frac{1}{n!} H_n(\xi) t^n\right\} \\
&\quad + 2\xi H_0(\xi) = \sum_{n=1}^{\infty} \frac{H_{n+1}(\xi)}{n!} t^n + H_1(\xi) \\
\Longleftrightarrow & \sum_{n=1}^{\infty} \left\{-2\frac{H_{n-1}(\xi)}{(n-1)!} + 2\xi \cdot \frac{1}{n!} H_n(\xi) \right. \\
&\quad \left. - \frac{H_{n+1}(\xi)}{n!}\right\} t^n \\
&\quad + 2\xi H_0(\xi) - H_1(\xi) = 0
\end{aligned}$$
とし，t^n の係数に注目すると所望の式
$$H_{n+1}(\xi) - 2\xi H_n(\xi) + 2n H_{n-1}(\xi) = 0$$
を得る．一方，母関数展開を両辺 ξ で微分すると
$$2t \exp(-t^2 + 2\xi t) = \sum_{n=0}^{\infty} \frac{dH_n(\xi)}{d\xi} \frac{t^n}{n!}$$
と書け，左辺は
$$2t \sum_{n=0}^{\infty} \frac{t^n}{n!} H_n(\xi) = \sum_{n=1}^{\infty} \frac{t^n}{(n-1)!} 2H_{n-1}(\xi)$$

となり，右辺は次のように書ける．
$$\sum_{n=0}^{\infty} \frac{dH_n(\xi)}{d\xi}\frac{t^n}{n!} = \sum_{n=1}^{\infty} \frac{dH_n(\xi)}{d\xi}\frac{t^n}{n!} + \frac{dH_0(\xi)}{d\xi}$$

両辺をまとめて
$$\sum_{n=1}^{\infty}\left(\frac{dH_n(\xi)}{nd\xi} - 2H_{n-1}(\xi)\right)\frac{t^n}{(n-1)!}$$
$$+ \frac{dH_0(\xi)}{d\xi} = 0$$

とし，t^n の係数に注目すると所望の式
$$\frac{dH_n(\xi)}{d\xi} = 2nH_{n-1}(\xi)$$
が得られる．

(3) $\quad \dfrac{dH_n(\xi)}{d\xi} = 2nH_{n-1}(\xi)$

を $H_{n+1}(\xi) - 2\xi H_n(\xi) + 2nH_{n-1}(\xi) = 0$ の第三項に代入し，両辺を ξ で微分すると
$$\frac{dH_{n+1}(\xi)}{d\xi} - 2H_n(\xi)$$
$$- 2\xi\frac{dH_n(\xi)}{d\xi} + \frac{d^2H_n(\xi)}{d\xi^2} = 0$$

となり，第一項を書き換えて
$$2nH_n(\xi) - 2\xi\frac{dH_n(\xi)}{d\xi} + \frac{d^2H_n(\xi)}{d\xi^2} = 0$$

を得ることができ，これはエルミート微分方程式である．

ポイント (1) の別解について．エルミート多項式を複素関数に拡張し，グルサの公式
$$\frac{d^n f(z)}{dz^n}\bigg|_{z=\alpha} = \frac{n!}{2\pi i}\oint_C dz \frac{f(z)}{(z-\alpha)^{n+1}}$$
$$(C \text{ は } \alpha \text{ のまわりを一周})$$

を用いる方法もある．グルサの公式とロドリグの公式から，
$$H_n(z)$$
$$= (-1)^n \exp(z^2)\frac{n!}{2\pi i}\oint_C dz' \frac{\exp(-z'^2)}{(z'-z)^{n+1}}$$

と書くことができる．このことを利用すれば，
$$\sum_{n=0}^{\infty} \frac{H_n(z)}{n!}t^n$$

$$= \sum_{n=0}^{\infty} \frac{(-1)^n \exp(z^2)}{n!}t^n$$
$$\times \frac{n!}{2\pi i}\oint_C dz' \frac{\exp(-z'^2)}{(z'-z)^{n+1}}$$
$$= \sum_{n=0}^{\infty} \frac{\exp(z^2)}{2\pi i}\oint_C dz' \frac{\exp(-z'^2)}{(z'-z)}\left(\frac{-t}{z'-z}\right)^n$$
$$= \frac{\exp(z^2)}{2\pi i}\oint_C dz' \frac{\exp(-z'^2)}{(z'-z)} \cdot \sum_{n=0}^{\infty}\left(\frac{-t}{z'-z}\right)^n$$
$$= \frac{\exp(z^2)}{2\pi i}\oint_C dz' \frac{\exp(-z'^2)}{(z'-z)}\frac{z'-z}{z'-z+t}$$

と書け（途中で $|t| < |z'-z|$ とした），最後に留数定理を使えば母関数展開を得られる．

6.6 $y = \xi^2$ とおく．すると任意の関数 $f(x)$ の微分は
$$\frac{d}{d\xi}f = \frac{dy}{d\xi}\frac{df}{dy} = 2\xi\frac{df}{dy}$$
$$\frac{d^2}{d\xi^2}f = 2\frac{df}{dy} + 4\xi^2\frac{d^2 f}{dy^2} = 2\frac{df}{dy} + 4y\frac{d^2 f}{dy^2}$$

と書けるから，所与の微分方程式は
$$-2\frac{du}{dy} - 4y\frac{d^2 u}{dy^2} + yu = \lambda u$$

となり，y が大きいときは，近似的に左辺第二項と第三項のみが残るので $\frac{d^2 u}{dy^2} = \frac{1}{4}u$ となり，この解は $u = e^{\pm\frac{y}{2}} = e^{\pm\frac{\xi^2}{2}}$ となる．また，$e^{+\frac{\xi^2}{2}}$ は発散してしまうので，束縛状態の解として採用できない．

6.7 基本問題 6.3 より，
$$f(\xi) = \sum_{k=0}^{\infty} c_k \xi^k$$

とおくと，係数の漸化式は次のようになる．
$$c_{k+2} = \frac{2(k-n)}{(k+2)(k+1)}c_k \quad (k = 0, 1, 2, \cdots)$$

また，基本問題 6.3 より「$c_0 = 0$ かつ $c_1 \neq 0$」または「$c_0 \neq 0$ かつ $c_1 = 0$」である．よって $k = n - 2l \quad (l = 0, 1, 2, \cdots, [\frac{n}{2}])$ とおくことができ，
$$f(\xi) = \sum_{l=0}^{[n/2]} c_{n-2l}\xi^{n-2l}$$

と書ける．ここで，

$$c_{n-2(l-1)} = \frac{2(-2l)}{(n-2l+2)(n-2l+1)} c_{n-2l}$$

$$c_{n-2l} = -\frac{(n-2l+2)(n-2l+1)}{4l} c_{n-2(l-1)}$$

$$= \left(-\frac{1}{4}\right)^l$$

$$\times \frac{n(n-1)\cdots(n-2l+2)(n-2l+1)}{l!} c_n$$

$$= \frac{(-1)^l n!}{(n-2l)! \, l!} c_n 2^{-2l}$$

であり，規格化のために $c_n = 2^n$ と取ると，$c_{n-2l} = \frac{(-1)^l n!}{(n-2l)! \, l!} 2^{n-2l}$ となり，結局

$$f(\xi) = \sum_{l=0}^{[n/2]} c_{n-2l} \xi^{n-2l}$$
$$= \sum_{l=0}^{[n/2]} \frac{(-1)^l n!}{(n-2l)! \, l!} (2\xi)^{n-2l}$$

を得る．
(**別解**) 演習問題 6.4 の母関数展開を用いる方法もある．テイラー展開により

$$\exp(-t^2 + 2\xi t) = \sum_{l=0}^{\infty} \frac{(2\xi t)^l}{l!} \sum_{k=0}^{\infty} \frac{(-t^2)^k}{k!}$$
$$= \sum_{l=0}^{\infty} \sum_{k=0}^{\infty} \frac{(-1)^k (2\xi)^l t^{2k+l}}{l! \, k!}$$

と書いて，$l + 2k = n$ のもとで l の和から n の和に書き換える．

$$(\text{上式右辺}) = \sum_{n=0}^{\infty} \sum_{k=0}^{[n/2]} \frac{(-1)^k (2\xi)^{n-2k}}{(n-2k)! \, k!} t^n$$
$$= \sum_{n=0}^{\infty} \frac{t^n}{n!} \left\{ \sum_{k=0}^{[n/2]} \frac{(-1)^k n!}{(n-2k)! \, k!} (2\xi)^{n-2k} \right\}$$

母関数展開

$$\exp(-t^2 + 2\xi t) = \sum_{n=0}^{\infty} \frac{H_n(\xi)}{n!} t^n$$

と比較し

$$H_n(\xi) = \sum_{k=0}^{[n/2]} \frac{(-1)^k n!}{(n-2k)! \, k!} (2\xi)^{n-2k}$$

6.8 まず，$x \geq 0$ での解は $\psi(\xi) = H_n(\xi) e^{-\frac{\xi^2}{2}}$ で与えられる（調和振動子ポテンシャル束縛問題の結果）．一方 $x < 0$ での解は $\psi(\xi) = 0$ で，$x = 0$ すなわち $\xi = 0$ での固有関数の連続性により $\psi(0) = 0$ が成り立たなければならない．ここで $H_{2n}(0) \neq 0$，$H_{2n+1}(0) = 0$ であることに注意すれば，結局 $\psi_n(\xi) = H_{2n+1}(\xi) e^{-\frac{\xi^2}{2}}$ ($n = 0, 1, 2, \cdots$) が解となる．調和振動子束縛問題の結果から，固有エネルギーは $E_n = \hbar\omega \left(2n + \frac{3}{2}\right)$ ($n = 0, 1, 2, \cdots$) となる．

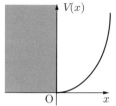

6.9 シュレディンガー方程式は $-\frac{\hbar^2}{2m} \left(\frac{\partial^2}{\partial x^2} + \frac{\partial^2}{\partial y^2} + \frac{\partial^2}{\partial z^2}\right) \psi(x, y, z) + \frac{1}{2} m\omega^2 (x^2 + y^2 + z^2) \psi(x, y, z) = E\psi(x, y, z)$ となる．ここで $\psi(x, y, z) = X(x) Y(y) Z(z)$ とおいて両辺 XYZ で割ると，

$$\left(-\frac{1}{X} \frac{\hbar^2}{2m} \frac{\partial X}{\partial x^2} + \frac{1}{2} m\omega x^2\right)$$
$$+ \left(-\frac{1}{Y} \frac{\hbar^2}{2m} \frac{\partial Y}{\partial y^2} + \frac{1}{2} m\omega y^2\right)$$
$$+ \left(-\frac{1}{Z} \frac{\hbar^2}{2m} \frac{\partial Z}{\partial z^2} + \frac{1}{2} m\omega z^2\right) = E$$

と書ける．$E = E_X + E_Y + E_Z$ とおいて変数分離すると，例えば x 成分については

$$-\frac{1}{X} \frac{\hbar^2}{2m} \frac{\partial X}{\partial x^2} + \frac{1}{2} m\omega x^2 = E_X$$
$$\Longrightarrow -\frac{\hbar^2}{2m} \frac{\partial X}{\partial x^2} + \frac{1}{2} m\omega x^2 X = E_X X$$

と書け，これはちょうど一次元の調和振動子束縛問題である．固有関数とエネルギー固有値は

$$X_n(x) = H_n(\alpha x) e^{-\frac{\alpha x^2}{2}}$$

$$E_{X_n} = \hbar\omega \left(n + \frac{1}{2}\right) \quad (n = 0, 1, 2, \cdots)$$

（規格化定数は無視した）のように書ける．同様にして，他成分の固有関数 $Y_m(y)$, $Z_l(z)$ ($m, l = 0, 1, 2, \cdots$) およびエネルギー固有値 E_{Y_m}, E_{Z_l} も構成でき，結局（規格化定数を無視すれば），

$$\psi(x,y,z)$$
$$= H_n(ax)H_m(ay)H_l(az)$$
$$\times \exp\left\{-\frac{a^2(x^2+y^2+z^2)}{2}\right\}$$
$$E = \hbar\omega\left(n+m+l+\frac{3}{2}\right)$$
$$(n,m,l=0,1,2,\cdots)$$

のように書ける．基底状態は $(n,m,l)=(0,0,0)$ のときのみで，第一励起状態は $n+m+l=1$，すなわち $(1,0,0)$, $(0,1,0)$, $(0,0,1)$ のときに起こる．第二励起状態は $(1,1,0)$, $(1,0,1)$, $(0,1,1)$, $(2,0,0)$, $(0,2,0)$, $(0,0,2)$ のときに起こる．また，それぞれ縮退度は順に $1, 3, 6, \cdots$ であり，第 N 励起状態の縮退度 $D(N)$ は，

$$D(N) = {}_{N+2}\mathrm{C}_2 = \frac{(N+1)(N+2)}{2}$$

で与えられることがわかる．<注参照>．

注 りんごが N 個あり，これを 3 人で分ける分け方は，仕切り 2 枚とりんご N 個を一緒にして並べ替えるパターン数（場合の数）に等しく，これはちょうど $N+2$ 個の中から 2 個を選ぶ組合せに等しいです．

6.10 $\psi_n(x) = N_n H_n(\alpha x)e^{-\frac{\alpha^2 x^2}{2}}$ を思い出し（N_n は規格化定数），エルミート多項式の漸化式 $H_{n+1}(\alpha x) = 2\alpha x H_n(\alpha x) - 2n H_{n-1}(\alpha x)$ を用いる（演習問題 6.5）．

$$x\psi_n(x) = N_n x H_n(\alpha x)e^{-\frac{\alpha^2 x^2}{2}}$$
$$= N_n\left(\frac{H_{n+1}(\alpha x) + 2n H_{n-1}(\alpha x)}{2\alpha}\right)e^{-\frac{\alpha^2 x^2}{2}}$$

であり，固有関数が実関数であることとエルミート多項式の規格直交性に気をつけて

$$\int_{-\infty}^{\infty}\psi_n(x) x \psi_m(x)\,dx$$
$$= N_n N_m$$
$$\times \int_{-\infty}^{\infty}H_n(\alpha x)\frac{H_{m+1}(\alpha x) + 2m H_{m-1}(\alpha x)}{2\alpha}$$
$$\times e^{-\alpha^2 x^2}\,dx$$

$$= \frac{N_m}{N_{m+1}}$$
$$\times \int_{-\infty}^{\infty}\left(\frac{N_n N_{m+1} H_n(\alpha x) H_{m+1}(\alpha x)}{2\alpha}\right)$$
$$\times e^{-\alpha^2 x^2}\,dx$$
$$+ 2m\frac{N_m}{N_{m-1}}$$
$$\times \int_{-\infty}^{\infty}\left(\frac{N_n N_{m-1} H_n(\alpha x) H_{m-1}(\alpha x)}{2\alpha}\right)$$
$$\times e^{-\alpha^2 x^2}\,dx$$
$$= \frac{1}{2\alpha}\left(\frac{N_m}{N_{m+1}}\delta_{n,m+1} + 2m\frac{N_m}{N_{m-1}}\delta_{n,m-1}\right)$$

と計算できる．規格化定数は $N_n = \left(\frac{\alpha}{\sqrt{\pi}\,2^n n!}\right)^{\frac{1}{2}}$ で与えられるので，$\frac{N_m}{N_{m+1}} = \sqrt{2(m+1)}$，$\frac{N_m}{N_{m-1}} = \frac{1}{\sqrt{2m}}$ が成り立つから，結局 $\langle x \rangle_{nm} = \frac{1}{2\alpha}\left(\sqrt{2(m+1)}\,\delta_{n,m+1} + \sqrt{2m}\,\delta_{n,m-1}\right)$ が得られる．

6.11 (1) 相対座標 $x = x_1 - x_2$ と重心座標 $X = \frac{m_1 x_1 + m_2 x_2}{m_1 + m_2}$ および総質量 $M = m_1 + m_2$ と換算質量 $\mu = \frac{m_1 m_2}{m_1 + m_2}$ を設定し，シュレディンガー方程式を書き換える．合成関数の微分により

$$\frac{\partial}{\partial x_1} = \frac{\partial X}{\partial x_1}\frac{\partial}{\partial X} + \frac{\partial x}{\partial x_1}\frac{\partial}{\partial x} = \frac{m_1}{M}\frac{\partial}{\partial X} + \frac{\partial}{\partial x}$$
$$\frac{\partial}{\partial x_2} = \frac{\partial X}{\partial x_2}\frac{\partial}{\partial X} + \frac{\partial x}{\partial x_2}\frac{\partial}{\partial x} = \frac{m_2}{M}\frac{\partial}{\partial X} - \frac{\partial}{\partial x}$$

となり，これより二階微分は

$$\frac{\partial^2}{\partial x_1^2} = \frac{m_1^2}{M^2}\frac{\partial^2}{\partial X^2} + \frac{2m_1}{M}\frac{\partial^2}{\partial X \partial x} + \frac{\partial^2}{\partial x^2}$$
$$\frac{\partial^2}{\partial x_2^2} = \frac{m_2^2}{M^2}\frac{\partial^2}{\partial X^2} - \frac{2m_2}{M}\frac{\partial^2}{\partial X \partial x} + \frac{\partial^2}{\partial x^2}$$

となる．これを用いるとハミルトニアンは次のように書き換えられる．

$$\widehat{H} = -\frac{\hbar^2}{2m_1}\frac{\partial^2}{\partial x_1^2} - \frac{\hbar^2}{2m_2}\frac{\partial^2}{\partial x_2^2} + V(x_1 - x_2)$$
$$= -\frac{\hbar^2}{2M}\frac{\partial^2}{\partial X^2} - \frac{\hbar^2}{2\mu}\frac{\partial^2}{\partial x^2} + V(x)$$

これより $\psi(x_1, x_2) = \Psi(X)\phi(x)$ とおいて変数分離すると，シュレディンガー方程式は

$$-\frac{\hbar^2}{2\mu}\frac{\partial^2}{\partial x^2}\phi(x) + \frac{1}{2}kx^2\phi(x) = (E-E')\phi(x)$$

$$-\frac{\hbar^2}{2M}\frac{\partial^2}{\partial X^2}\Psi(X) = E'\Psi(X)$$

(ただし系のエネルギー固有値を E とし,E' は定数)と書き換えられる.

(2) 調和振動子の性質から,相対座標の成分について,エネルギー準位は

$$E_n - E' = \hbar\omega\left(n+\frac{1}{2}\right) \quad (n=0,1,2,\cdots)$$

のように書ける.粒子の重心座標は自由粒子のシュレディンガー方程式に従い,エネルギー E'(定数)を持ったまま自由運動している.これにより,系のエネルギー準位は

$$E_n = E' + \hbar\omega\left(n+\frac{1}{2}\right) \quad (n=0,1,2,\cdots)$$

で決まる.ただし $\omega = \sqrt{\frac{k}{\mu}}$ とおいた.

6.12 (1) 演習問題 6.7 で求めたエルミート多項式に一致することを確かめる.二項展開より

$$H_n(\xi)$$
$$= \frac{2^n}{\sqrt{\pi}}\int_{-\infty}^{\infty}dt\,\exp(-t^2)\sum_{k=0}^{n}\binom{n}{k}\xi^{n-k}(it)^k$$
$$= \frac{2^n}{\sqrt{\pi}}\sum_{k=0}^{n}\binom{n}{k}\xi^{n-k}i^k\int_{-\infty}^{\infty}dt\,e^{-t^2}t^k$$

のように計算でき,演習問題 6.1(2) の積分公式を用いてガウス積分を行う(k が奇数の項は奇関数の積分となり 0 となることに注意).これより

$$H_n(\xi)$$
$$= 2^n\sum_{k=0}^{[n/2]}\frac{n!}{(n-2k)!(2k)!}\xi^{n-2k}i^{2k}\frac{(2k-1)!!}{2^k}$$
$$= 2^n\sum_{k=0}^{[n/2]}\xi^{n-2k}\frac{(-1)^k}{2^k}\frac{n!}{(n-2k)!}\frac{(2k-1)!!}{(2k)!}$$
$$= 2^n\sum_{k=0}^{[n/2]}\xi^{n-2k}\frac{(-1)^k}{2^k}\frac{n!}{(n-2k)!}\frac{\cancel{(2k-1)!!}}{2^k k!\cancel{(2k-1)!!}}$$
$$= \sum_{k=0}^{[n/2]}(2\xi)^{n-2k}(-1)^k\frac{n!}{(n-2k)!k!}$$

となり,演習問題 6.7 で求めた多項式表示に一致する.

(2) 規格化定数を含めて

$$\psi_n(x) = \frac{\sqrt{\alpha}}{\sqrt{\sqrt{\pi}\,2^n n!}}\exp\left(-\frac{\alpha^2 x^2}{2}\right)H_n(\alpha x)$$

(α は定数)と書け,$\xi = \alpha x, \eta = \alpha x'$ とおくと

$$\sum_{n=0}^{\infty}\psi_n^*(x)\psi_n(x')$$
$$= \sum_{n=0}^{\infty}\frac{\alpha}{\sqrt{\pi}\,n!\,2^n}\exp\left(-\frac{\xi^2}{2}\right)$$
$$\quad\times \exp\left(-\frac{\eta^2}{2}\right)H_n(\xi)H_n(\eta)$$
$$= \sum_{n=0}^{\infty}\frac{\alpha}{\sqrt{\pi}\,n!\,2^n}\exp\left(-\frac{\xi^2}{2}\right)\exp\left(-\frac{\eta^2}{2}\right)\frac{4^n}{\pi}$$
$$\quad\times \int_{-\infty}^{\infty}du\,\exp(-u^2)(\xi+iu)^n$$
$$\quad\times \int_{-\infty}^{\infty}dv\,\exp(-v^2)(\eta+iv)^n$$
$$= \frac{\alpha}{\pi\sqrt{\pi}}\exp\left(-\frac{\xi^2+\eta^2}{2}\right)$$
$$\quad\times \int_{-\infty}^{\infty}du\int_{-\infty}^{\infty}dv\,\exp(-u^2-v^2)$$
$$\quad\times \sum_{n=0}^{\infty}\frac{(-2)^n}{n!}(u-i\xi)^n(v-i\eta)^n$$

となり,

$$\sum_{n=0}^{\infty}\frac{(-2)^n}{n!}(u-i\xi)^n(v-i\eta)^n$$
$$= \exp\{-2(u-i\xi)(v-i\eta)\}$$

に注意して

(与式)
$$= \frac{\alpha}{\pi\sqrt{\pi}}\exp\left(-\frac{\xi^2+\eta^2}{2}\right)$$
$$\quad\times \int_{-\infty}^{\infty}du\int_{-\infty}^{\infty}dv$$
$$\quad\times \exp\{-u^2-v^2-2(u-i\xi)(v-i\eta)\}$$
$$= \frac{\alpha}{\pi\sqrt{\pi}}\exp\left(-\frac{\xi^2+\eta^2}{2}\right)$$
$$\quad\times \sqrt{\pi}\exp(-\xi^2+2\xi\eta)\int_{-\infty}^{\infty}\exp\{2iu(\xi-\eta)\}du$$
$$= \frac{\alpha}{\pi\sqrt{\pi}}\exp\left(-\frac{\xi^2+\eta^2}{2}\right)\pi^{\frac{3}{2}}$$
$$\quad\times 2\exp(-\xi^2+2\xi\eta)\times\delta(2\eta-2\xi)$$
$$= \alpha\exp\left(\frac{-3\xi^2-\eta^2+4\xi\eta}{2}\right)\delta(\eta-\xi) = \delta(x-x')$$

となる．最後にデルタ関数の積分式
$$\int_{-\infty}^{\infty} \exp(iux)\,du = 2\pi\delta(x) \quad \text{と} \quad \delta(ax) = \frac{1}{|a|}\delta(x)$$
を用いた．

第 7 章

7.1 エルミート共役の定義式
$$\int_{-\infty}^{\infty} \psi^* \widehat{A}^\dagger \phi\,dx \equiv \int_{-\infty}^{\infty} (\widehat{A}\psi)^* \phi\,dx$$
を思い出し，
$$\int \psi^* (\widehat{A}\widehat{B})^\dagger \phi\,dx = \int (\widehat{A}\widehat{B}\psi)^* \phi\,dx$$
$$= \int (\widehat{B}\psi)^* \widehat{A}^\dagger \phi\,dx = \int \psi^* \widehat{B}^\dagger \widehat{A}^\dagger \phi\,dx$$
より OK．また，
$$\int \psi^* (\widehat{A}^\dagger)^\dagger \phi\,dx = \int (\widehat{A}^\dagger \psi)^* \phi\,dx$$
$$= \left[\int (\widehat{A}^\dagger \psi) \phi^*\,dx\right]^*$$
$$\int \psi^* \widehat{A}\phi\,dx = \left[\int (\widehat{A}\phi)^* \psi\,dx\right]^*$$
$$= \left[\int \phi^* \widehat{A}^\dagger \psi\,dx\right]^*$$
を踏まえれば $\widehat{A} = (\widehat{A}^\dagger)^\dagger$ を得る．

7.2 フーリエ変換式
$$\widetilde{f}(p) = \frac{1}{\sqrt{2\pi\hbar}}\int_{-\infty}^{\infty} f(x) e^{-\frac{ipx}{\hbar}}\,dx$$
$$f(x) = \frac{1}{\sqrt{2\pi\hbar}}\int_{-\infty}^{\infty} \widetilde{f}(p) e^{\frac{ipx}{\hbar}}\,dp$$
を用いて，$f(x)$ をフーリエ変換して $F(k)$ を求め，これを逆変換する操作により
$$f(x) = \frac{1}{2\pi\hbar}\int_{-\infty}^{\infty} dp$$
$$\times \left(\int_{-\infty}^{\infty} dy\, f(y) e^{-\frac{ipy}{\hbar}}\right) e^{\frac{ipx}{\hbar}}$$
$$= \int_{-\infty}^{\infty} dy\, f(y) \left(\int_{-\infty}^{\infty} dp\, \frac{e^{\frac{ip(x-y)}{\hbar}}}{2\pi\hbar}\right)$$
と書くことができ，デルタ関数の定義式 $f(x) = \int_{-\infty}^{\infty} f(y)\delta(x-y)\,dy$ に照らし合わせて，$\delta(X) =$
$\int_{-\infty}^{\infty} \frac{e^{\frac{ipX}{\hbar}}}{2\pi\hbar}\,dp$ を得る（p.157 のコラム参照）．

7.3 まず展開係数 c_n を明らかにする．$\int \psi_n^*(x)\psi(x)\,dx$ を計算すると，
$$\int \psi_n^*(x)\psi(x)\,dx = \int \psi_n^*(x) \sum_m \psi_m(x) c_m\,dx$$
$$= \sum_m c_m \int \psi_n^*(x) \psi_m(x)\,dx = \sum_m c_m \delta_{nm} = c_n$$
となる．そこで再び $\psi(x)$ の展開式を思い出し，
$$\psi(x) = \sum_n c_n \psi_n(x) = \sum_n \int \psi_n^*(x')\psi(x')\,dx'\,\psi_n(x)$$
$$= \int \psi(x') \left(\sum_n \psi_n^*(x')\psi_n(x)\right) dx$$
となることから，デルタ関数の定義式と比較して
$$\delta(x-x') = \sum_n \psi_n^*(x')\psi_n(x)$$
が得られる．最後に x と x' を取り換えれば所望の式が得られる．

7.4 $\widehat{p}\phi_p(x) = -i\hbar\frac{d}{dx}\left(\frac{1}{\sqrt{2\pi\hbar}}e^{\frac{ipx}{\hbar}}\right) = \frac{p}{\sqrt{2\pi\hbar}}e^{\frac{ipx}{\hbar}} = p\phi_p(x)$ より主張は正しい．固有値は p である．

7.5 (1) ベータ関数の積分公式を使い，規格化条件から次のように規格化定数を得る．
$$\int_0^a A^2 x^2 (a-x)^2\,dx = A^2 a^5 \int_0^1 x^2 (1-x)^2\,dx$$
$$= \frac{A^2 a^5}{30} = 1 \quad \therefore \quad A = \sqrt{\frac{30}{a^5}}$$

(2) 基本問題 4.1 より
$$\psi_n(x) = \sqrt{\frac{2}{a}} \sin\left(\frac{n\pi x}{a}\right)$$
$$E_n = \frac{\hbar^2 \pi^2}{2ma^2} n^2 \quad (n=1,2,\cdots)$$
となることはわかっている．$\psi(x,0) = \sum_n A_n \psi_n(x)$ とおくと，部分積分により
$$A_n = \int_0^a \sqrt{\frac{2}{a}} \sin\left(\frac{n\pi x}{a}\right) Ax(a-x)\,dx$$
$$= \sqrt{\frac{2}{a}} \left[\frac{-a}{n\pi}\cos\left(\frac{n\pi x}{a}\right) Ax(a-x)\right]_0^a$$
$$- \sqrt{\frac{2}{a}} \int_0^a \frac{-a}{n\pi}\cos\left(\frac{n\pi x}{a}\right) A(a-2x)\,dx$$

$$= \sqrt{\frac{2}{a}} \frac{aA}{n\pi}$$
$$\times \left\{ \left[\sin\left(\frac{n\pi x}{a}\right) \right]_0^a (a-2x) \right.$$
$$\left. - \sqrt{\frac{2}{a}} \int_0^a \frac{a}{n\pi} \sin\left(\frac{n\pi x}{a}\right)(-2)dx \right\}$$
$$= -2\sqrt{\frac{2}{a}} A \left(\frac{a}{n\pi}\right)^3 \left[\cos\left(\frac{n\pi x}{a}\right)\right]_0^a$$
$$= \sqrt{\frac{8}{a}} A \left(\frac{a}{n\pi}\right)^3 \{1-(-1)^n\}$$
$$= \frac{4\sqrt{15}}{(n\pi)^3}\{1-(-1)^n\}$$

より

$$\psi(x,0)$$
$$= \sum_{n=1}^{\infty} \frac{4}{(n\pi)^3} \sqrt{\frac{30}{a}} \{1-(-1)^n\} \sin\left(\frac{n\pi x}{a}\right)$$

第 n 励起状態は確率 $|A_n|^2$ で現れるから，第一励起状態の発現確率は $|A_2|^2 = 0$ となる．

(3)
$$\psi(x,t) = \sum_{n=1}^{\infty} \exp\left(-\frac{itE_n}{\hbar}\right) A_n \psi_n(x)$$
$$= \sum_{n=1}^{\infty} \exp\left(-\frac{it\hbar \pi^2 n^2}{2ma^2}\right) \frac{4}{(n\pi)^3}$$
$$\times \sqrt{\frac{30}{a}} \{1-(-1)^n\} \sin\left(\frac{n\pi x}{a}\right)$$

として波動関数を得る．

7.6 エルミート演算子の性質 $\hat{p} = p$, $\hat{x} = i\hbar \frac{d}{dp}$ と取ると，任意の関数 $f(p)$ に対し，積の微分に気をつけて

$$[\hat{x},\hat{p}]f(p) = \left[i\hbar\frac{d}{dp}, p\right] f(p)$$
$$= i\hbar\frac{d}{dp}(pf) - pi\hbar \frac{df}{dp} = i\hbar f$$

と書けるので，確かに正準交換関係 $[\hat{x}, \hat{p}] = i\hbar$ を満足している．

7.7 (1) 演習問題 7.6 のように運動量変数で考える．シュレディンガー方程式は演算子表示で

$$\left(\frac{\hat{p}^2}{2m} + b\hat{x}\right)\tilde{\psi}(p) = E\tilde{\psi}(p)$$

で与えられ，運動量変数では $\frac{p^2}{2m}\tilde{\psi} + i\hbar b \frac{d\tilde{\psi}}{dp} = E\tilde{\psi}$ と書け，変数分離により形式的に

$$\frac{d\tilde{\psi}}{\tilde{\psi}} = \frac{1}{i\hbar b}\left(E - \frac{p^2}{2m}\right)dp$$

となり，これを積分して

$$\tilde{\psi}_E(p) = A \exp\left\{-\frac{i}{\hbar b}\left(Ep - \frac{p^3}{6m}\right)\right\}$$

が得られる．ただし A は規格化定数である．

(2) $\tilde{\psi}_E(p)$ をフーリエ変換して
$$\psi(x) = \frac{1}{\sqrt{2\pi\hbar}} \int_{-\infty}^{\infty} e^{\frac{ipx}{\hbar}} \tilde{\psi}_E(p) dp$$
$$= \frac{A}{\sqrt{2\pi\hbar}}$$
$$\times \int_{-\infty}^{\infty} \exp\left\{ip\left(\frac{x}{\hbar} - \frac{E}{\hbar b}\right) + \frac{ip^3}{6\hbar bm}\right\} dp$$

と書ける．

(3) 固有エネルギー E に対応する $\psi_E(x)$ の完全性
$$\int_{-\infty}^{\infty} \psi_E^*(x) \psi_{E'}(x) dx = \delta(E-E')$$

がいえるので，これに合わせて規格化する．

$$\int_{-\infty}^{\infty} \psi_E^*(x) \psi_{E'}(x) dx$$
$$= \frac{|A|^2}{2\pi\hbar} \int_{-\infty}^{\infty} dx \int_{-\infty}^{\infty} dp \int_{-\infty}^{\infty} dp'$$
$$\times \exp\left\{-ip\left(\frac{x}{\hbar} - \frac{E}{\hbar b}\right) - \frac{ip^3}{6\hbar bm}\right.$$
$$\left. + ip'\left(\frac{x}{\hbar} - \frac{E'}{\hbar b}\right) + \frac{ip'^3}{\hbar bm}\right\}$$
$$= |A|^2 \int_{-\infty}^{\infty} dp \int_{-\infty}^{\infty} dp' \delta(p-p')$$
$$\times \exp\left(\frac{ipE}{\hbar b} - \frac{ip'E'}{\hbar b} - \frac{ip^3}{6\hbar bm} + \frac{ip'^3}{6\hbar bm}\right)$$
$$= |A|^2 \int_{-\infty}^{\infty} dp \exp\left\{\frac{ip(-E+E')}{\hbar b}\right\}$$
$$= |A|^2 2\pi\hbar b\delta(E-E')$$

より，規格化定数を正に取ると $A = \frac{1}{\sqrt{2\pi\hbar b}}$ となることがわかる．

これにより $\psi(x)$ は次のように与えられる（これ以上の積分は実行できない）．

$$\psi(x) = \frac{1}{2\pi\hbar\sqrt{b}}$$
$$\times \int_{-\infty}^{\infty} \exp\left\{ip\left(\frac{x}{\hbar} - \frac{E}{\hbar b}\right) + \frac{ip^3}{6\hbar bm}\right\} dp$$

注 この形で表される関数を**エアリー関数**と呼びます。本問で取り上げたシュレディンガー方程式は次の微分方程式と同じ構造をしています。
$$\frac{d^2}{dx^2}\psi(x) - x\frac{d}{dx}\psi(x) = 0$$
これを**エアリーの微分方程式**と呼びます。この方程式は厳密に解けませんが、鞍点法により近似解を求めることができます。

7.8 (1) 与式右辺の積分を実行すると、
$$\int dx' G(x,t;x',0)\psi(x',0)$$
$$= \int dx' \sum_n \psi_n(x)\psi_n^*(x') \exp\left(-\frac{iE_n t}{\hbar}\right)\psi(x',0)$$
$$= \sum_n \psi_n(x) \exp\left(-\frac{iE_n t}{\hbar}\right)$$
$$\times \left(\int dx' \, \psi_n^*(x')\psi(x',0)\right)$$
$$= \sum_n \psi_n(x) \exp\left(-\frac{iE_n t}{\hbar}\right) c_n = \psi(x,t)$$
となり、所望の式を得る。

(2) これも左辺の積分を計算すれば良い。
$$\int dy \, G(x,t;y,\tau) G^*(x',t;y,\tau)$$
$$= \int dy \sum_n \sum_m \psi_n(x)\psi_n^*(y)$$
$$\times \exp\left\{-\frac{iE_n(t-\tau)}{\hbar}\right\}\psi_m^*(x')\psi_m(y)$$
$$\times \exp\left\{\frac{iE_m(t-\tau)}{\hbar}\right\}$$
$$= \sum_n\sum_m \psi_n(x)\psi_m^*(x') \underbrace{\int dy\, \psi_n^*(y)\psi_m(y)}_{=\delta_{nm}}$$
$$\times \exp\left\{-\frac{iE_n(t-\tau)}{\hbar}\right\}\exp\left\{\frac{iE_m(t-\tau)}{\hbar}\right\}$$
$$= \sum_n \psi_n(x)\psi_n^*(x') = \delta(x-x')$$
これで所望の式が得られた。

7.9 (1) 固有関数は $\psi_n(x) = N_n \exp\left(-\frac{\alpha^2 x^2}{2}\right)$
$\times H_n(\alpha x)$ であり、$E_n = \hbar\omega\left(n+\frac{1}{2}\right)$ である。
ここで規格化定数は $N_n = \left(\frac{\alpha}{\sqrt{\pi}\, 2^n \, n!}\right)^{\frac{1}{2}}$ で、$\alpha = \sqrt{\frac{m\omega}{\hbar}}$ である。

(2)
$$\frac{\widehat{p}^2}{2m} + \frac{1}{2}m\omega^2 x^2 - eFx$$
$$= \frac{\widehat{p}^2}{2m} + \frac{1}{2}m\omega^2\left(x - \frac{eF}{m\omega^2}\right)^2 - \frac{e^2 F^2}{2m\omega^2}$$
と書いて $x_0 = \frac{eF}{m\omega^2}$ とおく。このハミルトニアンの固有関数は $\psi_n(x-x_0)$ である。時刻 t の波動関数は $\Psi(x,t) = \exp\left(-\frac{it\widehat{H}}{\hbar}\right)\psi_0(x)$ と書ける。求めるべきは
$$c_n = \int_{-\infty}^{\infty} \psi^*_n(x-x_0)\Psi(x,t)dx$$
$$= \exp\left[-\frac{it}{\hbar}\left\{\hbar\omega\left(n+\frac{1}{2}\right) - \frac{e^2 F^2}{2m\omega^2}\right\}\right]$$
$$\times \int_{-\infty}^{\infty} \psi^*_n(x-x_0)\psi_0(x)dx$$
の絶対二乗値である。右辺の積分値は
$$\int_{-\infty}^{\infty} \psi_n^*(x-x_0)\psi_0(x)dx$$
$$= N_n N_0 \int_{-\infty}^{\infty} \exp\left\{-\frac{\alpha^2}{2}(x-x_0)^2\right\}$$
$$\times H_n(\alpha(x-x_0))$$
$$\times \exp\left(-\frac{\alpha^2}{2}x^2\right)\underbrace{H_0(\alpha x)}_{=1}dx$$
$$= N_n N_0 \int_{-\infty}^{\infty} \exp\left(-\frac{\alpha^2}{2}x^2\right) H_n(\alpha x)$$
$$\times \exp\left\{-\frac{\alpha^2}{2}(x+x_0)^2\right\}dx$$
ここで $\xi = \alpha x, \eta = -\frac{\alpha x_0}{2}$ とおき、エルミート多項式の母関数展開を用いると
$$\int_{-\infty}^{\infty} \exp\left(-\frac{\alpha^2}{2}x^2\right) H_n(\alpha x)$$
$$\times \exp\left\{-\frac{\alpha^2}{2}(x+x_0)^2\right\}dx$$
$$= \frac{\exp(-\eta^2)}{\alpha}$$
$$\times \int_{-\infty}^{\infty} \exp(-\xi^2) H_n(\xi)\{\exp(-\eta^2+2\xi\eta)\}d\xi$$
$$= \frac{\exp(-\eta^2)}{\alpha}$$
$$\times \int_{-\infty}^{\infty} \exp(-\xi^2) H_n(\xi)\left\{\sum_{k=0}^{\infty}\frac{\eta^k}{k!}H_k(\xi)\right\}d\xi$$
$$= \frac{\exp(-\eta^2)}{\alpha}\sum_{k=0}^{\infty}\frac{\eta^k}{k!}\int_{-\infty}^{\infty}\exp(-\xi^2)H_n(\xi)H_k(\xi)d\xi$$

$$= \frac{\exp(-\eta^2)}{\alpha} \sum_{k=0}^{\infty} \frac{\eta^k}{k!} n! \sqrt{\pi} 2^n \delta_{nk}$$

$$= \frac{\exp(-\eta^2)}{\alpha} \eta^n \sqrt{\pi} 2^n$$

となるから，$\int_{-\infty}^{\infty} \psi_n^*(x-x_0)\psi_0(x)dx = \frac{N_n N_0 \exp(-\eta^2)}{\alpha} \eta^n \sqrt{\pi} 2^n$ となり，結局 $|c_n|^2 = \frac{\exp(-2\eta^2)}{n!} 2^n \eta^{2n}$ として答えを得る．

第 8 章

8.1 固有値を $m\hbar$ とおき，固有関数を $f(\varphi)$ とおくと，固有方程式は $-i\hbar \frac{d}{d\varphi} f(\varphi) = m\hbar f(\varphi)$ となり，これを解くと $f(\varphi) = f(0)e^{im\varphi}$ を得る．周期境界条件のもとでは $f(0) = f(2\pi)$ が成り立つので m は整数であることがわかる．これは角運動量の z 成分に相当する．

8.2 (1) この場合，ハミルトニアンが角運動量成分を持ち，運動量やポテンシャルを持たないことに気をつければ，ハミルトニアンの固有値は $E_l = \frac{\hbar^2}{2I} l(l+1)$ であり，これが固有エネルギーである．ここで，l は非負整数である．またこの場合，ハミルトニアンの固有関数は $\widehat{l^2}$ の固有関数と一致するから（ハミルトニアンが全角運動量演算子の定数倍であるため），固有関数は球面調和関数 $Y_{lm}(\theta,\varphi)$ であり，$m = -l, -l+1, \cdots, l-1, l$ である．これより，l が 1 つ定まるとそのエネルギー状態は $2l+1$ 重縮退していることになる．

(2) 慣性モーメント I は核間距離 r を用いて $I = \mu r^2$ と表される．ここで μ は換算質量であり

$$\mu = \frac{m_C m_O}{m_C + m_O}$$
$$= \frac{12 \times 16}{12 + 16} \times 10^{-3} \div (6.02 \times 10^{23})$$
$$= 1.139 \times 10^{-26} \text{ [kg]}$$

となる．これより

$$I = 1.139 \times 10^{-26} \times (0.11 \times 10^{-9})^2$$
$$= 1.378 \times 10^{-46} \text{ [kg·m]}$$

となる．一方，回転定数は $B = \frac{\hbar^2}{2I} = 4.034 \times 10^{-23}$ [J] となる．

(3) $l = 1$ のエネルギーは $E_1 = 2B$ で，同様に $E_2 = 6B$ である．差分のエネルギーは $\Delta E = 4B = 1.614 \times 10^{-22}$ [J] であり，

$$\lambda = \frac{c}{f} = \frac{h \cdot c}{h \cdot \frac{\omega}{2\pi}} = \frac{hc}{\Delta E} = 1.231 \times 10^{-3} \text{ [m]}$$

として波長が得られる．

8.3 (1) まず母関数展開について，

$$\frac{1}{\sqrt{1-2zt+t^2}} = \sum_{l=0}^{\infty} P_l(z)t^l \quad \text{①}$$

①の両辺を t で微分すると

$$-\frac{1}{2}(-2z+2t)(1-2zt+t^2)^{-\frac{3}{2}} = \sum_{l=0}^{\infty} P_l(z)lt^{l-1}$$

となり，両辺に $(1-2zt+t^2)$ を掛けると

$$(z-t)(1-2zt+t^2)^{-\frac{1}{2}}$$
$$= (1-2zt+t^2)\sum_{l=0}^{\infty} P_l(z)lt^{l-1} \quad \text{②}$$

となる．左辺は

$$(z-t)\sum_{l=0}^{\infty} P_l(z)t^l$$

$$= \sum_{l=0}^{\infty} zP_l(z)t^l - \sum_{l=0}^{\infty} P_l(z)t^{l+1}$$

$$= zP_0 + zP_1 t - P_0 t + \sum_{l=0}^{\infty} (zP_{l+2} - P_{l+1})t^{l+2}$$

となり，右辺は

$$\sum_{l=0}^{\infty} \{(l+1)P_{l+1}(z)t^l - 2z(l+1)P_{l+1}(z)t^{l+1}$$
$$+ P_{l+1}(z)(l+1)t^{l+2}\}$$

$$= P_1 + 2P_2 t - 2zP_1 t$$
$$+ \sum_{l=0}^{\infty} \{P_{l+3}(z)(l+3) - 2zP_{l+2}(z)(l+2)$$
$$+ P_{l+1}(z)(l+1)\}t^{l+2}$$

となる．t の次数に応じて両辺比較すると

$$(l+1)P_{l+1}(z) - (2l+1)zP_l(z) + lP_{l-1}(z) = 0$$

が得られる．

(2) 母関数展開①を z で微分して

$$t(1-2zt+t^2)^{-\frac{3}{2}} = \sum_{l=0}^{\infty} \frac{dP_l(z)}{dz} t^l$$

を得る．両辺に $(1-2zt+t^2)$ を掛けて再び左辺を母関数展開すると，左辺は

$$t(1-2zt+t^2)^{-\frac{1}{2}} = P_0(z)t + \sum_{l=0}^{\infty} P_{l+1}(z)t^{l+2}$$

となり，右辺は

$$\frac{dP_0}{dz} + \frac{dP_1}{dz}t - 2z\frac{dP_0}{dz}t$$
$$+ \sum_{l=0}^{\infty}\left\{\frac{dP_{l+2}(z)}{dz} - 2z\frac{dP_{l+1}(z)}{dz} + \frac{dP_l(z)}{dz}\right\}t^{l+2}$$

となる．t の次数に応じて両辺比較すると

$$\frac{dP_{l+1}(z)}{dz} - 2z\frac{dP_l(z)}{dz} + \frac{dP_{l-1}(z)}{dz} = P_l(z)$$

が得られる．

8.4 (1)

$$(l+1)P_{l+1}(z) - (2l+1)zP_l(z) + lP_{l-1}(z) = 0 \quad \text{①}$$

$$\frac{dP_{l+1}(z)}{dz} - 2z\frac{dP_l(z)}{dz} + \frac{dP_{l-1}(z)}{dz} = P_l(z) \quad \text{②}$$

について①を微分して 2 倍すると

$$2(l+1)\frac{dP_{l+1}}{dz} - 2(2l+1)P_l$$
$$= 2(2l+1)z\frac{dP_l}{dz} - 2l\frac{dP_{l-1}}{dz} \quad \text{③}$$

となる．一方，②の両辺に $(2l+1)$ を掛けると

$$(2l+1)\frac{dP_{l+1}}{dz} + (2l+1)\frac{dP_{l-1}}{dz}$$
$$= 2(2l+1)z\frac{dP_l}{dz} + (2l+1)P_l \quad \text{④}$$

となり，③から④を差し引くと

$$\frac{dP_{l+1}}{dz} - \frac{dP_{l-1}}{dz} = (2l+1)P_l \quad \text{⑤}$$

が得られる．⑤を②と照らし合わせて考える．まず②と⑤を足し合わせ

$$\frac{dP_{l+1}}{dz} = (l+1)P_l + z\frac{dP_l}{dz} \quad \text{⑥}$$

が得られ，添字をずらして

$$\frac{dP_l}{dz} = lP_{l-1} + z\frac{dP_{l-1}}{dz} \quad \text{⑦}$$

とする．次に②と⑤から $\frac{dP_{l+1}}{dz}$ を消去して，両辺に z を掛けると

$$z\frac{dP_{l-1}}{dz} = z^2\frac{dP_l}{dz} - lzP_l \quad \text{⑧}$$

を得る．⑦と⑧から所望の式

$$(1-z^2)\frac{dP_l}{dz} = l(-zP_l + P_{l-1}) \quad \text{⑨}$$

が得られる．

(2) ①を用いて⑨の右辺を変形すれば

$$l(-zP_l + P_{l-1}) = (l+1)(zP_l - P_{l+1})$$

⑨を z で微分すると

$$(1-z^2)\frac{d^2P_l}{dz^2} - 2z\frac{dP_l}{dz}$$
$$= -zl\frac{dP_l}{dz} - lP_l + l\frac{dP_{l-1}}{dz} \quad \text{⑩}$$

が得られる．ここで⑧の両辺に $\frac{l}{z}$ を掛けて⑩に代入すると次の所望の式が得られた．

$$(1-z^2)\frac{d^2P_l}{dz^2} - 2z\frac{dP_l}{dz} + l(l+1)P_l = 0$$

8.5 (1) $P_l(z) = \sum_{m=0}^{\infty} c_m z^m$ とおいて

$$(1-z^2)\frac{d^2P_l}{dz^2} - 2z\frac{dP_l}{dz} + l(l+1)P_l = 0$$

に代入すると，

$$\sum_{m=0}^{\infty}[(m+2)(m+1)c_{m+2}$$
$$+ \{-m(m-1) - 2m + l(l+1)\}c_m]z^m = 0$$

となり，次の漸化式が得られる．

$$c_{m+2} = \frac{m(m+1) - l(l+1)}{(m+1)(m+2)}c_m$$
$$= -\frac{(m+l+1)(l-m)}{(m+1)(m+2)}c_m$$

(2) m を十分大きくすると

$$\frac{c_{m+2}}{c_m} = \frac{(m-l)(m+l+1)}{(m+1)(m+2)} \to 1$$

となるので，無限級数が有限項で切れず，$z=1$ で発散が起きてしまう．

$$P_l(z) = \sum_{m=0}^{\infty} c_m z^m$$
$$= \sum_{m=0}^{\infty} c_{2m} z^{2m} + \sum_{m=0}^{\infty} c_{2m+1} z^{2m+1}$$

と書け，上の和が有限項で切れるためには "$c_1 = 0$ かつ $l = \cdots, -3, -1, 0, 2, \cdots$" のときと "$c_0 = 0$ かつ $l = \cdots, -4, -2, 1, 3, \cdots$" の

ときのどちらかであれば良い．これよりルジャンドルの微分方程式が有意な解を持つには l が整数でなければならない．
(3) $c_1 = 0$ かつ l が偶数のとき, l 次の多項式として
$$P_l(z) = c_0 \sum_{m=0}^{l/2} \frac{(-l)^m (2l-2m)!}{2^l m! (l-m)! (l-2m)!} z^{l-2m}$$
となり, $c_0 = 0$ かつ l が奇数のとき, l 次の多項式として
$$P_l(z) = c_1 \sum_{m=0}^{(l-1)/2} \frac{(-l)^m (2l-2m)!}{2^l m! (l-m)! (l-2m)!} z^{l-2m}$$
となる．これでルジャンドル多項式が表せた．

8.6 (1) まずは負の二項係数を求める．
$$\binom{-\frac{1}{2}}{n} = \frac{\left(-\frac{1}{2}\right)\left(-\frac{1}{2}-1\right)\cdots\left(-\frac{1}{2}-n+1\right)}{n!}$$
$$= \frac{(-1)^n (2n-1)!!}{2^n (n!)} = \frac{(-1)^n (2n)!}{2^{2n} (n!)^2}$$
ここで $(2n-1)!! = \frac{(2n)!}{2^n (n!)}$ に注意．これを用いて, ルジャンドル多項式の母関数展開
$$\frac{1}{\sqrt{1-2zt+t^2}} = \sum_{l=0}^{\infty} P_l(z) t^l$$
の左辺のマクローリン展開を考える．ここで $y = t^2 - 2zt$ とおくと
$$\frac{1}{\sqrt{1-2zt+t^2}} = (1-y)^{-\frac{1}{2}}$$
$$= \sum_{p=0}^{\infty} \binom{-\frac{1}{2}}{p} y^p (-1)^p = \sum_{p=0}^{\infty} \frac{(2p)!}{2^{2p} (p!)^2} y^p$$
$$= \sum_{p=0}^{\infty} \frac{(2p)!}{2^{2p} (p!)^2} t^p \sum_{r=0}^{p} \binom{p}{r} t^r (-2z)^{p-r}$$
(二項展開)
$$= \sum_{p=0}^{\infty} \sum_{r=0}^{p} \frac{p!}{r!(p-r)!} (2z)^{p-r} \frac{(2p)!}{2^{2p}(p!)^2} (-t)^{p+r}$$
ここで $n = p + r$ とおき, $\frac{n}{2}$ を超えない最大の整数を $\left[\frac{n}{2}\right]$ で表す．和を書き換えると
$$\sum_{n=0}^{\infty} \left\{ \sum_{r=0}^{[n/2]} \frac{(-1)^r (2n-2r)!}{2^n (r!)(n-r)!(n-2r)!} z^{n-2r} \right\} t^n$$
となり, これを母関数展開の右辺と比較すれば
$$P_n(z) = \sum_{r=0}^{[n/2]} \frac{(-1)^r (2n-2r)!}{2^n (r!)(n-r)!(n-2r)!} z^{n-2r}$$

となることがわかる．
(2) (1) の結果を次のように書き換える．
$$P_n(z) = \sum_{r=0}^{[n/2]} \frac{(-1)^r (2n-2r)!}{2^n (r!)(n-r)!(n-2r)!} z^{n-2r}$$
$$= \frac{1}{2^n (n!)} \left(\frac{d}{dz}\right)^n \underbrace{\sum_{r=0}^{n} \frac{(-1)^r n!}{r!(n-r)!} z^{2n-2r}}_{= (z^2-1)^n}$$
$$= \frac{1}{2^n (n!)} \left(\frac{d}{dz}\right)^n (z^2-1)^n$$
これでロドリグの公式が証明できた．
(**別解**) 母関数からロドリグの公式を直接求めてみよう．まず, 次の留数公式を見る．複素平面上の経路 C を定数 a のまわりを回り, $-a$ を内部に含まない閉じた線として
$$\oint_C \frac{dx}{\pi i} \frac{1}{x^2 - a^2}$$
$$= \oint_C \frac{dx}{2\pi i} \frac{1}{a} \left(\frac{1}{x-a} - \frac{1}{x+a}\right) = \frac{1}{a}$$
となる．これより $a = \sqrt{1 - 2zt + t^2}$ とすると
$$\frac{1}{\sqrt{1-2zt+t^2}} = \oint_C \frac{dx}{\pi i} \frac{1}{x^2 - 1 + 2zt - t^2}$$
となる．a は t が小さいと $a \sim 1 - zt$ となり, 積分はこの点を回ることから, $x = 1 - ty$ と x から y へ積分変数を変換すると y は z の近傍を回る積分となる．この変数変換を代入すると
$$\frac{1}{\sqrt{1-2zt+t^2}}$$
$$= \oint_C \frac{dy}{2\pi i} \frac{1}{y - z - \frac{t}{2}(y^2-1)}$$
$$= \oint_C \frac{dy}{2\pi i} \frac{1}{y-z} \frac{1}{1 - \frac{t}{2}\frac{y^2-1}{(y-z)}}$$
となる．これを t について展開すると
$$\frac{1}{\sqrt{1-2zt+t^2}}$$
$$= \sum_{n=0}^{\infty} \left(\frac{t}{2}\right)^n \oint_C \frac{dy}{2\pi i} \frac{(y^2-1)^n}{(y-z)^{n+1}}$$
$$= \sum_{n=0}^{\infty} \left(\frac{t}{2}\right)^n \frac{1}{n!} \frac{d^n}{dz^n} \oint_C \frac{dy}{2\pi i} \frac{(y^2-1)^n}{y-z}$$
と書ける．最後の留数積分は簡単でこれより

$$\frac{1}{\sqrt{1-2zt+t^2}} = \sum_{n=0}^{\infty}\left(\frac{t}{2}\right)^n \frac{1}{n!}\frac{d^n}{dz^n}(z^2-1)^n$$

となり,

$$\frac{1}{\sqrt{1-2zt+t^2}} = \sum_{n=0}^{\infty} P_l(z) t^l$$

と見比べてロドリグの公式が得られた.

8.7 (1) ロドリグの公式から

$$\int_{-1}^{1} dz P_l(z) P_m(z)$$
$$= \frac{1}{2^{l+m} l! \, m!} \int_{-1}^{1} dz \frac{d^l (z^2-1)^l}{dz^l} \frac{d^m (z^2-1)^m}{dz^m}$$

となり,ここで $f(z) = z^2 - 1$ とおき,部分積分を繰り返す.

$$\int_{-1}^{1} dz \frac{d^l f^l}{dz^l} \frac{d^m f^m}{dz^m}$$
$$= \underbrace{\left[\frac{d^{l-1} f^l}{dz^{l-1}} \frac{d^m f^m}{dz^m}\right]_{-1}^{1}}_{=0} - \int_{-1}^{1} dz \frac{d^{l-1} f^l}{dz^{l-1}} \frac{d^{m+1} f^m}{dz^{m+1}}$$
$$= -\underbrace{\left[\frac{d^{l-2} f^l}{dz^{l-2}} \frac{d^{m+1} f^m}{dz^{m+1}}\right]_{-1}^{1}}_{=0} + \int_{-1}^{1} dz \frac{d^{l-2} f^l}{dz^{l-2}} \frac{d^{m+2} f^m}{dz^{m+2}}$$
$$= \cdots = (-1)^{m+1} \int_{-1}^{1} dz \frac{d^{l-(m+1)} f^l}{dz^{l-(m+1)}} \frac{d^{2m+1} f^m}{dz^{2m+1}}$$

となり,$l > m$ であり,f^m の最高次数は $2m$ なので,$\frac{d^{2m+1} f^m}{dz^{2m+1}} = 0$ となる.これにより

$$\int_{-1}^{1} dz P_l(z) P_m(z) = 0$$

が示せる.これは $l < m$ でも同様で,$l \neq m$ のとき常に成り立つ.

(2) 母関数展開を用いる.母関数展開を 2 乗して $z = -1 \to 1$ で積分すると

$$\sum_{l=0}^{\infty} \sum_{m=0}^{\infty} \left(\int_{-1}^{1} P_l(z) P_m(z) dz\right) t^{l+m}$$
$$= \int_{-1}^{1} \frac{1}{1-2zt+t^2} dz \qquad ①$$

となる.右辺は $y = 1 - 2zt + t^2$ とおいて積分を書き換えると

$$\int_{-1}^{1} \frac{1}{1-2zt+t^2} dz = \frac{1}{2t} \int_{(1-t)^2}^{(1+t)^2} \frac{dy}{y}$$
$$= \frac{1}{t} \log\left(\frac{1+t}{1-t}\right) = \sum_{n=0}^{\infty} \frac{2t^{2n}}{2n+1} \qquad ②$$

ここで対数のマクローリン展開

$$\log(1+t) = \sum_{n=1}^{\infty} \frac{(-1)^n t^n}{n}$$

を用いた.①の左辺は $l \neq m$ のとき (1) の結果 $\int_{-1}^{1} dz P_l(z) P_m(z) = 0$ が成り立つので

$$\sum_{l=0}^{\infty} \sum_{m=0}^{\infty} \left(\int_{-1}^{1} P_l(z) P_m(z) dz\right) t^{l+m}$$
$$= \sum_{l=0}^{\infty} \left(\int_{-1}^{1} P_l(z) P_l(z) dz\right) t^{2l} \qquad ③$$

となる.②と③の結果を t の次数について比較すると次の所望の結果が得られる.

$$\int_{-1}^{1} dz \, P_l(z) P_l(z) = \frac{2}{2l+1}$$

8.8 ルジャンドル微分方程式を m 回微分する.その準備として,まず

$$\frac{d^m}{dz^m}\left\{(1-z^2)\frac{d^2 P_l}{dz^2}\right\}$$
$$= (1-z^2)\frac{d^{m+2}}{dz^{m+2}} P_l - 2mz\frac{d^{m+1}}{dz^{m+1}} P_l$$
$$\quad - (m-1)m\frac{d^m}{dz^m} P_l \qquad ①$$

が成り立つ (自明でない読者は m について帰納法で確かめてみること).次に

$$\frac{d^m}{dz^m}\left(-2z\frac{dP_l}{dz}\right) = -2m\frac{d^m P_l}{dz^m} - 2z\frac{d^{m+1} P_l}{dz^{m+1}} \qquad ②$$

となる.これより,ルジャンドルの微分方程式を m 回微分したものは次のようになる.

$$(1-z^2)\frac{d^{m+2} P_l}{dz^{m+2}} - 2(m+1)z\frac{d^{m+1} P_l}{dz^{m+1}}$$
$$+ \{l(l+1) - m(m+1)\}\frac{d^m P_l}{dz^m} = 0 \qquad ③$$

$$\frac{d^m P_l}{dz^m} = (1-z^2)^\rho \xi(z)$$

とおくと

$$\frac{d^{m+1} P_l}{dz^{m+1}} = -2\rho z(1-z^2)^{\rho-1}\xi(z) + (1-z^2)^\rho \xi'(z),$$

$\dfrac{d^{m+2}P_l}{dz^{m+2}}$
$=\{-2\rho(1-z^2)^{\rho-1}+4\rho(\rho-1)z^2(1-z^2)^{\rho-2}\}\xi(z)$
$\quad -4\rho z(1-z^2)^{\rho-1}\xi'(z)+(1-z^2)^{\rho}\xi''(z)$

となるから、③は次のように書き換えられる。

$(1-z^2)^{\rho+1}\xi''(z)-\{4\rho z+2(m+1)z\}(1-z^2)^{\rho}\xi'$
$+[-2\rho(1-z^2)^{\rho}+4\rho(\rho-1)z^2(1-z^2)^{\rho-1}$
$\quad +4(m+1)\rho z^2(1-z^2)^{\rho-1}$
$\quad +\{l(l+1)-m(m+1)\}(1-z^2)^{\rho}]\xi(z)=0$

これを $(1-z^2)^{\rho}$ で割り、$\rho=-\dfrac{m}{2}$ とおいて整理すると

$(1-z^2)\xi''-2z\xi'+\left\{l(l+1)-\dfrac{m^2}{1-z^2}\right\}\xi=0$ ④

となり、

$$\xi=(1-z^2)^{\frac{m}{2}}\dfrac{d^m P_l}{dz^m}\equiv P_l^m(z)$$

となるので、従って④をみたすことから、ルジャンドルの陪微分方程式

$(1-z^2)\dfrac{d^2 P_l^m}{dz^2}-2z\dfrac{dP_l^m}{dz}$
$\quad +\left\{l(l+1)-\dfrac{m^2}{1-z^2}\right\}P_l^m=0$

を満足することがわかる。

8.9 (1) $P_l^m(z)=(1-z^2)^{\frac{m}{2}}\dfrac{d^m P_l}{dz^m}$ とロドリグの公式により

$\displaystyle\int_{-1}^{1}dz\, P_k^m(z)P_l^m(z)$
$\displaystyle=\int_{-1}^{1}\left\{(1-z^2)^m\dfrac{1}{2^{k+l}k!\,l!}\dfrac{d^{m+k}}{dz^{m+k}}(z^2-1)^k\right.$
$\displaystyle\quad\left.\times\dfrac{d^{m+l}}{dz^{m+l}}(z^2-1)^l\right\}dz$

となる。右辺を演習問題 8.7(1) 同様に部分積分を繰り返すと

$\dfrac{(-1)^l}{2^{k+l}k!\,l!}\displaystyle\int_{-1}^{1}(z^2-1)^l$
$\displaystyle\quad\times\left\{\dfrac{d^{m+l}}{dz^{m+l}}\left[(z^2-1)^m\dfrac{d^{m+k}}{dz^{m+k}}(z^2-1)^k\right]\right\}dz$
$\qquad\qquad\underbrace{}_{A}$

となる。A の部分を次のように展開する。

$\displaystyle A=\sum_{i=0}^{m+l}\dfrac{(m+l)!}{i!\,(m+l-i)!}$
$\quad\times\underbrace{\dfrac{d^{m+l-i}}{dz^{m+l-i}}(z^2-1)^k}_{B}\underbrace{\dfrac{d^{m+k+i}}{dz^{m+k+i}}(z^2-1)^m}_{C}$

B の部分は $(z^2-1)^m$ は最高次が $2m$ なので、$2m$ 階以降の微分は消滅する。C も同様なので、上式右辺が 0 とならないためには $m+l-i\leq 2m$, $m+k+i\leq 2k$ が同時に成り立つ必要がある。これより $l-m\leq i\leq k-m$ であり、$l\leq k$ でなければならないが、l,k の対称性により $k\leq l$ も成り立ち、結局 $k=l$ でなければならない。そこで $i=l-m$ のみの項だけが残ることに注意して A を計算すると、

$\displaystyle\int_{-1}^{1}dz\,|P_l^m(z)|^2$
$=\dfrac{(-1)^l}{(2^l l!)^2}\dfrac{(l+m)!}{(l-m)!\,(2m)!}$
$\displaystyle\quad\times\int_{-1}^{1}\underbrace{\left\{\dfrac{d^{2m}(z^2-1)^m}{dz^{2m}}\right\}}_{=(2m)!}\underbrace{\left\{\dfrac{d^{2l}(z^2-1)^l}{dz^{2l}}\right\}}_{=(2l)!}$
$\quad\times(z^2-1)^l\,dz$
$=\dfrac{(-1)^l}{(2^l l!)^2}\dfrac{(l+m)!}{(l-m)!\,(2m)!}(2m)!\,(2l)!$
$\displaystyle\quad\times\int_{-1}^{1}(z^2-1)^l\,dz$

となり、右辺に残った積分を計算すると

$\displaystyle\int_{-1}^{1}(z^2-1)^l\,dz=(-1)^l\int_{0}^{\pi}\sin^{2l+1}\theta\,d\theta$
$\qquad\qquad\qquad=(-1)^l\dfrac{2(2^l\,l!)^2}{(2l+1)!}$

となる。これより

$\displaystyle\int_{-1}^{1}dz\,|P_l^m(z)|^2=\dfrac{2}{2l+1}\dfrac{(l+m)!}{(l-m)!}$

が成り立ち、直交関係

$$\int_{-1}^{1} dz\, P_k^m(z) P_l^m(z) = \frac{2}{2l+1}\frac{(l+m)!}{(l-m)!}\delta_{kl}$$

が確かめられる．

(2) (1) の結果から，規格化条件

$$\int_0^{2\pi} d\varphi \int_{-1}^{1} d(\cos\theta) Y_{lm}^*(\theta,\varphi) Y_{km}(\theta,\varphi)$$

$$= \int_0^{2\pi} d\varphi \int_{-1}^{1} d(\cos\theta) N_{lm}^* N_{km}$$

$$\times P_l^{|m|}(\cos\theta) P_k^{|m|}(\cos\theta)$$

$$= 2\pi N_{lm}^* N_{km} \int_{-1}^{1} P_l^{|m|}(\cos\theta) P_k^{|m|}$$

$$(\cos\theta) d(\cos\theta)$$

$$= N_{lm}^* N_{km} \frac{4\pi}{2l+1}\frac{(l+|m|)!}{(l-|m|)!} = 1$$

によって規格化定数が求められる．位相成分 $(-1)^{\frac{|m|+m}{2}}$ は適当につけたもので，これは（この時点では）あってもなくても良い．

第 9 章

9.1 基底状態のエネルギーは換算質量を μ として，$E = -\frac{\mu e^4}{2\hbar^2}$ である．換算質量は電子質量を m，ミューオンの質量を $m_\mu \approx 200m$ として，

$$\mu = \frac{1}{\frac{1}{m}+\frac{1}{100m}} = \frac{m}{1+\frac{1}{100}} \approx m\left(1-\frac{1}{100}\right)$$

となる．これより

$$E = -\frac{me^2}{2\hbar^2}\left(1-\frac{1}{100}\right)$$

$$= -13.6\left(1-\frac{1}{100}\right)\,[\mathrm{eV}]$$

$$= -(13.6-0.136)\,[\mathrm{eV}] = -13.5\,[\mathrm{eV}]$$

を得る．水素原子の場合より $\frac{1}{100}$ だけ小さいことがわかる．

9.2 まずはボーア半径 a を用いていくつかの式を書き直す．固有エネルギーは $E_n = -\frac{\mu e^4}{2\hbar^2}\frac{1}{n^2}$ から $E_n = -\frac{e^2}{2an^2}$ へ書き換えることができ，また無次元化されたそれぞれの固有状態における動径成分は

$$\rho_n = \sqrt{\frac{-8\mu E_n}{\hbar^2}}\,r = \frac{2}{na}r$$

以下では $\rho \equiv \rho_1 = \frac{2r}{a}$ とおく．基本問題 9.5 の結果より固有関数の動径成分はラゲール多項式を用いて

$$R_{nl}(r) = \rho_n^l e^{-\frac{\rho_n}{2}} L_{nl}(\rho_n)$$

のように書ける．本問は $n = 1, 2$ のそれぞれで R_{nl} を特定すれば十分である．$n = n_l + l + 1$ であり，$0 \leq l < n$ に注意．n_l はラゲール多項式の次数である．

(i) $n = 1$ のとき

強制的に $n_l = l = 0$ と決まる．これより規格化定数 A を用いて $R_{10} = A e^{-\frac{\rho}{2}}$ と書ける．規格化条件

$$\int_0^\infty |R_{10}|^2 r^2\,dr = A^2 \int_0^\infty e^{-\rho}\left(\frac{a}{2}\rho\right)^2\left(\frac{a}{2}\right) d\rho$$

$$= \frac{A^2}{4}a^3 = 1$$

より $A = \frac{2}{a^{\frac{3}{2}}}$ を得る．

これにより $R_{10} = \frac{2}{a^{\frac{3}{2}}}e^{-\frac{\rho}{2}}$ と決まる．

(ii) $n = 2\,(\lambda = 2)$ で $l = 0, n_l = 1$ のとき

ラゲール多項式は ρ_2 の一次までなので $L_{20}(\rho) = a_0 + a_1\rho_2$ のように書け，基本問題 9.5(1) で求めた漸化式から

$$\frac{a_{0+1}}{a_0} = \frac{(0+0+1-2)}{(0+1)(0+2\cdot 0+2)} = -\frac{1}{2}$$

が得られる．これより

$$R_{20}(r) = A e^{-\frac{\rho}{4}}\left(1-\frac{1}{2}\rho_2\right) = A e^{-\frac{\rho}{4}}\left(1-\frac{1}{4}\rho\right)$$

と書ける．これを規格化し，

$$\int_0^\infty dr\,|R_{20}|^2 r^2$$

$$= A^2 \left(\frac{a}{2}\right)^3 \int_0^\infty d\rho\left(1-\frac{\rho}{2}+\frac{\rho^2}{16}\right)\rho^2 e^{-\frac{\rho}{2}}$$

$$= 2a^3 A^2 = 1$$

を得る．これより規格化定数が決まり，

$$R_{20} = \frac{1}{\sqrt{2}\,a^{\frac{3}{2}}}\left(1-\frac{1}{4}\rho\right)e^{-\frac{\rho}{4}}$$

を得る．

(iii) $n = 2$ で $l = 1, n_l = 0$ のとき

$R_{21} = \rho e^{-\frac{\rho}{4}} L_{21}(\rho)$ であり，ラゲール多項式

は ρ_2 の 0 次までなので定数となり, 規格化定数を A とすると $R_{21} = A\rho e^{-\frac{\rho}{4}}$ と書ける. 規格化すると

$$\int_0^\infty |R_{21}|^2 r^2 \, dr = A^2 \left(\frac{a}{2}\right)^3 \int_0^\infty \rho^4 e^{-\frac{\rho}{2}} d\rho$$
$$= 96 a^3 A^2 = 1$$

となり規格化定数が決まる. これで

$$R_{21} = \frac{1}{4\sqrt{6}\, a^{\frac{3}{2}}} \rho e^{-\frac{\rho}{4}}$$

を得る. これらはそれぞれ次図のように振る舞う.

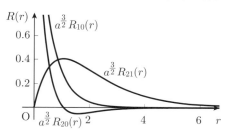

9.3

$$R_{10}(r) = \frac{2}{a^{\frac{3}{2}}} e^{-\frac{r}{a}}$$

と書けるのでこれを用いる. 動径座標の期待値は

$$\langle r \rangle = \int_0^\infty dr \, r^2 R_{10}^*(r) r R_{10}(r)$$
$$= \frac{4}{a^3} \int_0^\infty e^{-\frac{2r}{a}} r^3 \, dr = \frac{3}{2} a$$

と求められる. また動径座標の逆数の期待値は

$$\left\langle \frac{1}{r} \right\rangle = \int_0^\infty dr \, r^2 R_{10}^*(r) \frac{1}{r} R_{10}(r)$$
$$= \frac{4}{a^3} \int_0^\infty dr \, r e^{-\frac{2r}{a}} = \frac{1}{a}$$

と計算できる.

9.4 水素原子モデルの基底状態のエネルギーを書き換える. $e^2 \to \frac{e^2}{4\pi\varepsilon_0}$ として MKSA 単位系に書き換え, ボーア半径と基底エネルギーを

$$a = 4\pi\varepsilon_0 \frac{\hbar^2}{me^2}, \quad E = -\frac{m}{2\hbar^2}\left(\frac{e^2}{4\pi\varepsilon_0}\right)^2$$

と書き換える. 問題の仮定より, ハミルトニアンの質量と誘電率を修正して

$$a \to \frac{\varepsilon}{\varepsilon_0} \frac{m}{m^*} a = 50\,[\text{Å}]$$

$$E \to \left(\frac{\varepsilon}{\varepsilon_0}\right)^2 \frac{m}{m^*} E = -13.6\,[\text{meV}]$$

となる.

9.5 シュレディンガー方程式の動径成分は

$$-\frac{\hbar^2}{2m} \frac{d^2}{dr^2}(rR) - V\delta(r-a)(rR) = ErR(r)$$

となり, $u(r) = rR(r)$ とおき, $r \neq a$ において $u''(r) = k^2 u(r)$ と書き換えられる. ここで $k = \frac{\sqrt{-2mE}}{\hbar}$ とおいた. このとき, シュレディンガー方程式 (動径成分) の一般解は適当な係数 A, B を用いて

$$u(r) = Ae^{-k(r-a)} + Be^{k(r-a)}$$

となる. $r > a$ において, 束縛の境界条件 $\lim_{r \to \infty} u(r) = 0$ に従って $B = 0$ である. また, $r < a$ において, 一般解は適当な係数 C, D を用いて $u(r) = Ce^{-k(r-a)} + De^{k(r-a)}$ となる. この結果をまとめると,

$$u(r) = \begin{cases} Ae^{-k(r-a)} & (a < r) \\ Ce^{-k(r-a)} + De^{k(r-a)} & (r < a) \end{cases} \quad ①$$

となり, $r = a$ での接続条件により

$$A = C + D \quad ②$$

が成り立つ. 一方で $r = a$ 近傍でシュレディンガー方程式を積分すると, 小さな $\varepsilon > 0$ に対し

$$-\frac{\hbar^2}{2m}\left[\frac{du}{dr}\right]_{a-\varepsilon}^{a+\varepsilon} - Vu(a) \approx 0 \quad ③$$

が成り立つことがわかる. ③に①を代入して

$$-\frac{\hbar^2}{2m}\{-kA - (-kC + Dk)\} - VA = 0$$

これに②を代入して

$$k = \frac{mV}{\hbar^2}\left(\frac{A}{D}\right) \quad ④$$

が得られる. ところで, $R(r) = \frac{u(r)}{r}$ であり, $r = 0$ で有限でなければならないので, $r < a$ において $u(r) = 2Ce^{ka}\sinh kr$ の形を取らなければならない (そうでなければ原点で発散してしまう). つまり $Ce^{ka} = -De^{-ka}$ が成り立ち, これと②から

$$A = -De^{-2ka} + D = D(1 - e^{-2ka})$$

が得られ、④と合わせて

$$k = \frac{mV}{\hbar^2}(1 - e^{-2ka})$$

が得られる．これがエネルギーを与える式になる．

9.6 波動関数 $\psi(\boldsymbol{r})$ を $\psi(\boldsymbol{r}) = R_l(r)Y_{lm}(\theta, \varphi)$ とおいて変数分離すると三次元極座標でのシュレディンガー方程式は

$$\begin{cases} -\dfrac{\hbar^2}{2m}\dfrac{1}{r}\dfrac{d^2}{dr^2}(rR_l) + \left\{\dfrac{\hbar^2 l(l+1)}{2mr^2} + V(r)\right\}R_l \\ = E_l R_l \quad\quad\quad ① \\ \hat{l}^2 Y_{lm}(\theta,\varphi) = l(l+1)\hbar^2 Y_{lm}(\theta,\varphi) \quad ② \end{cases}$$

と書ける．②の方程式が解けているとして（8.2節），①の方程式について考える．基底状態なので $l = 0$ である．$\chi(r) = rR_0(r)$ とおくと，本問では球殻に挟まれた空間ではポテンシャルが0なので

$$-\frac{\hbar^2}{2m}\chi(r) = E_0 \chi(r)$$

と書ける．$E_0 > 0$ であることに注意して $\lambda = \dfrac{\sqrt{2mE_0}}{\hbar}$ とおくと，適当な定数 A, B, C を用いて $\chi(r) = A\sin\lambda r + B\cos\lambda r = C\sin\lambda(r-a)$ のように書ける．境界条件 $\chi(a) = \chi(b) = 0$ に注意すると

$$\lambda(b-a) = n\pi \quad (n = 1, 2, 3, \cdots)$$

が成り立つ<注参照>．基底状態を考えているので $n = 1$ となる．規格化条件から

$$1 = \int_0^\infty |R_0(r)|^2 r^2\, dr = \int_a^b |\chi(r)|^2\, dr$$
$$= C^2 \frac{b-a}{2}$$

となり規格化定数が決まって

$$R_0(r) = \frac{\chi(r)}{r} = \sqrt{\frac{2}{b-a}}\frac{\sin\left(\frac{r-a}{b-a}\pi\right)}{r}$$

が得られる．基底エネルギーは $E_0 = \dfrac{1}{2m}\left(\dfrac{\hbar\pi}{b-a}\right)^2$ である．

規格化された固有関数は

$$\psi(\boldsymbol{r}) = R_0(r)Y_{00}$$

$$= \sqrt{\frac{1}{2\pi(b-a)}}\frac{\sin\left(\frac{r-a}{b-a}\pi\right)}{r}$$

となる．

注 $n = 0$ を許すと波動関数が常に0になり矛盾．また n として負の整数を許すと状態のダブルカウントになって矛盾．

9.7 (1) 波動関数を $\psi(\boldsymbol{r}) = R_l(r)Y_{lm}(\theta, \varphi)$ とおいて変数分離すると，

$$\begin{cases} -\dfrac{\hbar^2}{2m}\dfrac{1}{r}\dfrac{\partial^2}{\partial r^2}(rR_l) + \left\{\dfrac{\hbar^2 l(l+1)}{2mr^2} + \dfrac{1}{2}m\omega^2 r^2\right\}R_l \\ = ER_l \quad\quad\quad ① \\ \hat{l}^2 Y_{lm}(\theta,\varphi) = l(l+1)\hbar^2 Y_{lm}(\theta,\varphi) \quad ② \end{cases}$$

が成り立つ．①が求めるべき方程式である．

(2) $\rho = \sqrt{\dfrac{m\omega}{\hbar}}\, r$ とおくと $\dfrac{d}{dr} = \dfrac{d\rho}{dr}\dfrac{d}{d\rho} = \sqrt{\dfrac{m\omega}{\hbar}}\dfrac{d}{d\rho}$ であり，①は

$$-\frac{\hbar^2}{2m}\frac{m\omega}{\hbar}\frac{d^2 y_l}{d\rho^2}$$
$$+ \left\{\frac{\hbar^2}{2m}\frac{m\omega}{\hbar}\frac{l(l+1)}{\rho^2} + \frac{1}{2}m\omega^2 \cdot \frac{\hbar}{m\omega}\rho^2\right\}y_l$$
$$= Ey_l$$

となる．最後に無次元化したエネルギー $\varepsilon = \dfrac{2E}{\hbar\omega}$ を用いて書き換えれば所望の式を得る．

(3) $\rho \to 0$ では $\dfrac{1}{\rho} \gg (\varepsilon - \rho^2)$ より (2) で得られた方程式は

$$\frac{d^2 y_l}{d\rho^2} - \frac{l(l+1)}{\rho^2} y_l = 0$$

と近似できる．この形はオイラーの微分方程式の形なので<注1参照>，$y_l = \rho^s$ の形をしている．これを代入すれば $s(s-1) - l(l+1) = 0$ となり $s = l+1, -l$ となる．

$\rho \to \infty$ のとき，$\rho^2 \gg \varepsilon - \rho^{-2}$ より，(2) で得られた方程式は

$$\frac{d^2 y_l}{d\rho^2} - \rho^2 y_l = 0 \quad\quad ③$$

と近似できる．この解は近似的に

$$y_l \approx e^{\pm\frac{\rho^2}{2}}$$

のように振る舞う<注2参照>．

注1

$$\frac{d^2 x}{dt^2} + \frac{1}{t}\frac{dx}{dt} + \frac{x}{t^2} = 0$$

などのように微分方程式の全ての項が $\frac{x}{t^2}$ の次数のとき，オイラー型の微分方程式と呼んで分類します．この解は $x = t^l$ のようにおくとうまくいきます．

注 2 $u = \rho^2$ とおくと，③は $\frac{d^2 y_l}{du} = \frac{1}{4} y_l$ のようになり，この解は
$$e^{\pm \frac{u}{2}} = e^{\pm \frac{\rho^2}{2}}$$
の形をしています．

(4) $\rho \to 0$ で有限となる解 ρ^{l+1} と $\rho \to \infty$ で有限となる解 $e^{-\frac{\rho^2}{2}}$ を用いて解を構成する．

$$\frac{dy_l}{d\rho}$$
$$= -\rho e^{-\frac{\rho^2}{2}} \rho^{l+1} f(\rho) + (l+1) e^{-\frac{\rho^2}{2}} \rho^l f(\rho)$$
$$+ e^{-\frac{\rho^2}{2}} \rho^{l+1} \frac{df}{d\rho}$$

および

$$\frac{d^2 y_l}{d\rho^2} = e^{-\frac{\rho^2}{2}} \rho^{l+1} \frac{d^2 f}{d\rho^2}$$
$$+ \left\{-2\rho + \frac{2(l+1)}{\rho}\right\} e^{-\frac{\rho^2}{2}} \rho^{l+1} \frac{df}{d\rho}$$
$$+ \left\{\rho^2 - (l+2) - (l+1) + \frac{l(l+1)}{\rho^2}\right\}$$
$$\times e^{-\frac{\rho^2}{2}} \rho^{l+1} f$$

と書けるので，この結果を代入して所望の式を得る．

(5) $f_l(r) = \sum_{k=0}^{\infty} c_k \rho^{k+\lambda}$ $(c_0 \neq 0)$ とおいて (4) で得られた方程式に代入すると

$c_0 \lambda (\lambda + 2l + 1) \rho^{\lambda - 2}$
$+ c_1 (\lambda + 1)(\lambda + 2l + 2) \rho^{\lambda - 1}$
$+ \sum_{k=0}^{\infty} \{c_{k+2}(k+\lambda+2)(k+\lambda+2l+3)$
$+ c_k(-2k - 2\lambda + \varepsilon - 2l - 3)\} \rho^{k+\lambda} = 0$

と整理できるので，各項を比較すると漸化式

$$c_{k+2} = \frac{2k + 2\lambda - \varepsilon + 2l + 3}{(k+\lambda+2)(k+\lambda+2l+3)} c_k$$

を得る．また，c_0, c_1 の係数については
$$c_0 \lambda (\lambda + 2l + 1) = 0$$
$$c_1 (\lambda + 1)(\lambda + 2l + 2) = 0$$

が成り立つことがわかる．$c_0 \lambda (\lambda + 2l + 1) = 0$ $(c_0 \neq 0)$ より $\lambda = 0, -2l-1$ が得られる．

(6) $c_1(\lambda+1)(\lambda+2l+2) = 0$ により，(5) の結果 $\lambda = 0, -2l-1$ に矛盾しないためには $c_1 = 0$ が成り立ち，(5) で得られた漸化式により $c_{2m+1} = 0$ $(m = 0, 1, 2, \cdots)$ であることがわかる．残った項は $k = $ (偶数) の項であり，$k = 2n_r$ と書ける 0 以上の整数 n_r があって $c_{k+2} = 0$ が成り立てば展開式が無限級数ではなく有限の多項式になることがわかる．$\lambda = 0, -2l-1$ かつ問題文より $\lambda \geq -l$ なので $\lambda = 0$ とわかり，(5) で得られた漸化式について $c_{k+2} = 0$ が成り立つためには $2k + 2l - \varepsilon + 3 = 0$ となれば良く，このとき $\varepsilon = 4n_r + 2l + 3$ である．エネルギーの無次元化を元に戻して $\varepsilon = \frac{2E}{\hbar\omega}$ から E を求めると
$$E = \frac{1}{2}\hbar\omega\varepsilon = \frac{1}{2}\hbar\omega(4n_r + 2l + 3)$$
が得られる．

(7) $n \equiv 2n_r + l$ とおくとこれは整数であり，$E = \hbar\omega\left(n + \frac{3}{2}\right)$ と書けることがわかる．

このとき $n_r = \frac{1}{2}(n-l) \geq 0$ より，
$$l = \begin{cases} 0, 2, 4, \cdots, n & (n \text{ 偶数}) \\ 1, 3, 5, \cdots, n & (n \text{ 奇数}) \end{cases}$$
の角運動量を取る．

(8) 磁気量子数 m の取り方が $m = 0, \pm 1, \pm 2, \cdots, \pm l$ だけあるので，各 l に対して縮退度は $2l + 1$ だけあり，各エネルギー固有値に対して縮退度は
$$\begin{cases} \sum_{l'=0}^{[n/2]} (4l' + 1) & (n \text{ 偶数}) \\ \sum_{l'=0}^{[n/2]} (4l' + 3) & (n \text{ 奇数}) \end{cases}$$
だけある．ここで $\left[\frac{n}{2}\right]$ は n が偶数のとき $\frac{n}{2}$ であり，奇数のとき $\frac{n-1}{2}$ である．

これを偶奇に分けて計算すると，どちらにせよ $\frac{(n+1)(n+2)}{2}$ となることがわかる．

第 10 章

10.1 (1) ポテンシャルは次図のようになる．

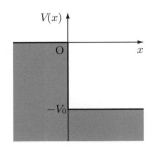

(2) $x<0$ において，入射波数は k，エネルギーは E なので $E=\frac{\hbar^2 k^2}{2m}$ が成り立つ．一方で $0<x$ において，透過波数は k' に対し $E+V_0=\frac{\hbar^2 k'^2}{2m}$ が成り立つ<注参照>．これより，波数はそれぞれ $k=\frac{\sqrt{2mE}}{\hbar}$, $k'=\frac{\sqrt{2m(E+V_0)}}{\hbar}$ となる．

注 シュレディンガー方程式が $-\frac{\hbar^2}{2m}\frac{d^2\psi}{dx^2}-V_0\psi=E\psi$ と書けることに注意．

(3) $x=0$ での $\psi(x)$ の連続性と $\psi'(x)$ の連続性を用いる．これらはそれぞれ $1+r=t, ik-ikr=ik't$ と書け，反射率は $R=|r|^2$ で与えられるので，連立方程式を解いて

$$R=\left|\frac{k-k'}{k+k'}\right|^2$$

と書ける．

(4) (2), (3) より次を得る．

$$R=\left|\frac{\sqrt{4}-\sqrt{64}}{\sqrt{4}+\sqrt{64}}\right|^2=0.36$$

10.2 (1) エネルギーと波数の関係より $E=\frac{\hbar^2 k^2}{2m}$ である．これより $k=\frac{\sqrt{2mE}}{\hbar}$ である．

(2) シュレディンガー方程式の両辺を $-\varepsilon\to\varepsilon$ の区間で積分すると

$$-\frac{\hbar^2}{2m}\left[\frac{d\psi}{dx}\right]_{-\varepsilon}^{\varepsilon}+S\psi(0)=\int_{-\varepsilon}^{\varepsilon}\psi(x)E\,dx$$

を得る．ε が十分小さいときは，右辺の積分が

$$\int_{-\varepsilon}^{\varepsilon}\psi(x)E\,dx\approx 2\varepsilon E\psi(0)\approx 0$$

のように評価できるので，所望の式が得られる．

(3) (2) の結果より $ikt-ik(1-r)=\frac{2mS}{\hbar^2}t$ が成り立ち，一方で波の連続性により $1+r=t$ が成り立つ．これを用いて r を消去し，t を求める

と

$$t=\frac{i\frac{\hbar^2 k}{m}}{i\frac{\hbar^2 k}{m}-S}$$

となる．透過率は結局

$$T=|t|^2=\frac{\left(\frac{\hbar^2 k}{m}\right)^2}{S^2+\left(\frac{\hbar^2 k}{m}\right)^2}$$

となる．また，反射率は $R=|r|^2=1-T$ により

$$R=\frac{S^2}{S^2+\left(\frac{\hbar^2 k}{m}\right)^2}$$

となる．

10.3 (1) それぞれ次のようになる．

$1+r=A+B$ ①

$ik-ikr=\rho A-\rho B$ ②

$Ae^{\rho a}+Be^{-\rho a}=te^{ika}$ ③

$\rho Ae^{\rho a}-\rho Be^{-\rho a}=ikte^{ika}$ ④

(2) ③と④から A,B を t を用いて表すと，

$$A=\frac{\rho+ik}{2\rho}te^{ika-\rho a}$$ ⑤

$$B=\frac{\rho-ik}{2\rho}te^{ika+\rho a}$$ ⑥

となる．一方で①と②から 1 を消去すると

$$r=\frac{ik-\rho}{2ik}A+\frac{ik'+\rho}{2ik}B$$

となり，⑤，⑥を代入して次を得る．

$$r=\frac{\rho^2+k^2}{2ik\rho}e^{ika}(\sinh\rho a)t$$

(3)

$$\psi(x)=\begin{cases}e^{ikx}+re^{-ikx} & (x<0)\\ te^{ikx} & (a<x)\end{cases}$$

のそれぞれについて確率密度流を計算するとそれぞれ $1-|r|^2, |t|^2$ となる．この連続性（どの領域でも一定値であること）から確率密度流の連続性 $1-|r|^2=|t|^2$ が成り立つ．

(4) (2), (3) の結果から r を消去すると，透過率 $|t|^2$ は

$$T = |t|^2 = \frac{(2k\rho)^2}{(2k\rho)^2 + (\rho^2 + k^2)^2 \sinh^2 \rho a}$$

となる．一方で反射率 $|r|^2$ は

$$R = |r|^2 = \frac{(\rho^2 + k^2)^2 \sinh^2 \rho a}{(2k\rho)^2 + (\rho^2 + k^2)^2 \sinh^2 \rho a}$$

となる．

(5) 波数 k, k' はエネルギーとポテンシャルの高さ V_0 を用いて

$$k = \frac{\sqrt{2mE}}{\hbar}, \quad \rho = \frac{\sqrt{2m(V_0 - E)}}{\hbar}$$

と書ける．ここで仮定より a が十分小さいとき，

$$(\rho a)^2 = \frac{2mV_0 a^2}{\hbar^2} - \frac{2mEa^2}{\hbar^2} \approx \frac{2mU}{\hbar^2} a$$

$$\sinh^2 \rho a \approx (\rho a)^2 \approx \frac{2mU}{\hbar^2} a$$

と近似できるので，透過率は

$$T = |t|^2$$
$$= \frac{(2\rho k)^2}{(2\rho k)^2 + (\rho^2 + k^2)^2 \sinh^2 \rho a} \frac{a^2}{a^2}$$
$$\approx \frac{4k^2 \left(\frac{2mU}{\hbar^2}\right)}{4k^2 \left(\frac{2mU}{\hbar^2}\right) + (\rho^2 + k^2)^2 \left(\frac{2mU}{\hbar^2}\right) a^2}$$
$$\approx \frac{4k^2}{4k^2 + \left(\frac{2mU}{\hbar^2}\right)^2}$$

と求められる．これを用いて反射率は

$$R = |r|^2 = \frac{\left(\frac{2mU}{\hbar^2}\right)^2}{4k^2 + \left(\frac{2mU}{\hbar^2}\right)^2}$$

と求められる．

10.4 基本問題 10.2 の波動関数を

$$\psi(x) = \begin{cases} e^{ikx} + re^{-ikx} & (x < 0) \\ te^{-\rho x} & (0 < x) \end{cases}$$

と表すと $r = \frac{ik+\rho}{ik-\rho}$ となる．これより

$$e^{2i\phi} = \frac{\rho^2 - k^2}{k^2 + \rho^2} + \frac{2\rho k}{k^2 + \rho^2} i$$

と書け，実部と虚部を比較すると

$$\cos 2\phi = \frac{\rho^2 - k^2}{k^2 + \rho^2}, \quad \sin 2\phi = \frac{2\rho k}{k^2 + \rho^2}$$

となり，

$$\tan 2\phi = \frac{2\rho k}{\rho^2 - k^2} = -\frac{2\left(\frac{\rho}{k}\right)}{1 - \left(\frac{\rho}{k}\right)^2}$$

と書ける．倍角公式 $\tan 2\theta = \frac{2\tan\theta}{1-\tan^2\theta}$ を用いて $\tan\phi = -\frac{\rho}{k}$ すなわち $\phi = -\text{Arctan}\frac{\rho}{k}$ が得られる．

10.5 (1) 確率密度流一定より $1 - |r|^2 = |t|^2$ が成り立つ．

(2) $x \to +\infty$ において $\psi(x) \to t\exp(ik_0 x)$, $\psi'(x) \to ik_0 t\exp(ik_0 x)$, $k(x) \to k_0$ なので $\tau(x) \to t\exp(ik_0 x)$ となり，透過波に一致する．また，絶対二乗値を取ることで透過率を表すことがわかる．

(3) 与えられた $\tau(x)$ の近似式について，積分区間に注意して次のように書き換える．

$$\tau(x)$$
$$= \sqrt{\frac{k_0}{k(x)}} \exp(ik_0 x)$$
$$\times \exp\left(i\int_{x_0}^{a} dx' \, k(x') + i\int_{a}^{b} dx' \, k(x')\right.$$
$$\left. + i\int_{b}^{x} dx' \, k(x')\right)$$
$$= \sqrt{\frac{k_0}{k(x)}} \exp(ik_0 x)$$
$$\times \exp\left(i\int_{x_0}^{a} dx' \, k(x')\right.$$
$$- \int_{a}^{b} dx' \sqrt{\frac{2m(V(x)-E)}{\hbar^2}}$$
$$\left. + i\int_{b}^{x} dx' \, k(x')\right)$$

ここで $x \to +\infty$ のとき

$$|\tau(x)|^2 \to \exp\left(-2\int_{a}^{b} dx' \sqrt{\frac{2m(V(x)-E)}{\hbar^2}}\right)$$

として，透過率の近似式を得る．

(4)
$$\exp\left(-2\int_{a}^{b} dx' \sqrt{\frac{2 \times 4m(V(x)-E)}{\hbar^2}}\right)$$
$$= \left\{\exp\left(-2\int_{a}^{b} dx' \sqrt{\frac{2m(V(x)-E)}{\hbar^2}}\right)\right\}^2$$

より答えは 10^{-6} となる．

10.6 (1) $\psi_\mathrm{I}(-a) = \psi_\mathrm{II}(-a)$ およびシュレディンガー方程式の両辺を $-a-0 \to -a+0$ で積分すると

$$-\frac{\hbar^2}{2m}\left\{\frac{d\psi_\mathrm{II}}{dx}(-a) - \frac{d\psi_\mathrm{I}}{dx}(-a)\right\} = -\frac{\hbar^2 v}{2m}\psi_\mathrm{I}(-a)$$

が成り立つ.

(2) $x = -a, a$ での $\psi(x)$ の接続条件は

$$e^{-ika} + Ae^{ika} = Be^{-ika} + Ce^{ika} \quad \text{①}$$

$$Be^{ika} + Ce^{-ika} = De^{ika} \quad \text{②}$$

となる.また $\psi'(x)$ の接続条件は

$$ik\{(B - Ce^{2ika}) - (1 - Ae^{2ika})\}$$
$$= v(1 + Ae^{2ika}) \quad \text{③}$$

$$ik(B - Ce^{-2ika}) = (ik - v)D \quad \text{④}$$

$\sigma = \frac{v}{ik}$ とおくと,②と④から $B = (1-\frac{\sigma}{2})D, C = \frac{\sigma}{2}e^{2ika}D$ が成り立つことがわかり,これを①,③に代入すると連立方程式

$$\begin{cases} A - \left\{\left(1 - \frac{\sigma}{2}\right)e^{-2ika} + \frac{\sigma}{2}e^{2ika}\right\}D \\ \quad = -e^{-2ika} \\ (1-\sigma)A + \left\{\left(1 - \frac{\sigma}{2}\right)e^{-2ika} - \frac{\sigma}{2}e^{2ika}\right\}D \\ \quad = (1+\sigma)e^{-2ika} \end{cases}$$

が得られ,これを解いて

$$A = \frac{\sigma(2-\sigma)e^{-4ika} + \sigma(2+\sigma)}{(2-\sigma)^2 e^{-2ika} - \sigma^2 e^{2ika}}$$

$$D = \frac{4e^{-4ika}}{(2-\sigma)^2 e^{-2ika} - \sigma^2 e^{2ika}}$$

を得る.反射率と透過率はそれぞれ $|A|^2, |D|^2$ で与えられるので,透過率は

$$T = |D|^2$$
$$= \frac{16}{\left(4 - \frac{v^2}{k^2} + \frac{v^2}{k^2}\cos 4ka\right)^2 + \left(4\frac{v}{k} + \frac{v^2}{k^2}\sin 4ka\right)^2}$$

となる.反射率は

$$R = |A|^2 = 1 - T = 1 - |D|^2$$

から求められる.

(3) $v = 0, -2k\cot 2ka$ のとき透過率が 1 となる.

10.7 (1) 波動関数を微分すると次のようになる.

$$\frac{d\psi_k(x)}{dx}$$
$$= \frac{A}{ik+a}\{(ik - a\tanh ax)ik - a^2 \operatorname{sech}^2 ax\}e^{ikx}$$

$$\frac{d^2\psi_k(x)}{dx^2}$$
$$= \frac{A}{ik+a}\big[ik\{(ik - a\tanh xa)ik - a^2\operatorname{sech}^2 ax\}$$
$$\quad - a^2 ik \operatorname{sech}^2 ax + 2a^3 \operatorname{sech}^2 ax \tanh ax\big]e^{ikx}$$

となるから,

$$-\frac{\hbar^2}{2m}\frac{d^2\psi_k(x)}{dx^2} + V(x)\psi_k(x) = \frac{\hbar^2 k^2}{2m}\psi_k(x)$$

となることが示せる.

(2) ポテンシャルの高さは $-\frac{\hbar^2 a^2}{2m}$ である.入射粒子のエネルギーが正なので,左から入射してきた波は当然全て透過すると見込まれる.波動関数の式において $x \to -\infty$ のとき $\psi_k(x) \to e^{ikx}$ となり入射波が得られ,$x \to +\infty$ のとき $\psi_k(x) \to \frac{ik-a}{ik+a}e^{ikx}$ となる.透過率は

$$\left|\frac{ik-a}{ik+a}\right|^2 = 1$$

となり,やはり全ての波が透過することが確かめられた.

10.8 (1) 確率密度流は

$$j = \frac{\hbar}{m}\operatorname{Im}\left(\psi^*(x)\frac{d\psi(x)}{dx}\right)$$

で与えられる.これを用いると,フラックス(確率密度流)はそれぞれの領域 $x < -\frac{a}{2}, -\frac{a}{2} < x < \frac{a}{2}, \frac{a}{2} < x$ において

$x < -\frac{a}{2}$ のとき

$$j(x) = \frac{\hbar}{m}\operatorname{Im}[\{\exp(-ikx) + r^*\exp(ikx)\}ik$$
$$\qquad \times \{\exp(ikx) - r\exp(-ikx)\}]$$
$$= \frac{\hbar k}{m}(1 - |r|^2)$$

$-\frac{a}{2} < x < \frac{a}{2}$ のとき

$$j(x)$$
$$= \frac{\hbar}{m} \text{Im}[\{A^* \exp(-ipx) + B^* \exp(ipx)\} ip$$
$$\times \{A \exp(ipx) - B \exp(-ipx)\}]$$
$$= \frac{\hbar p}{m}(|A|^2 - |B|^2)$$

$\frac{a}{2} < x$ のとき
$$j(x) = \frac{\hbar}{m} \text{Im}\{(t^* \exp(-ikx))ik(t \exp(ikx))\}$$
$$= \frac{\hbar k}{m}|t|^2$$

となる．フラックスはどの領域でも一定なので，左領域と右領域のフラックスを比較して $1-|r|^2 = |t|^2$ が成り立つ．

(2) 波が障害物を越えるとき，透過波や反射波では大きさと共に，位相のずれとしてその効果が現れる．つまり，ポテンシャルを通過するとき波の位相が入射する波とずれるのである．

(3) シュレディンガー方程式を右領域で書くと $-\frac{\hbar^2}{2m}\frac{d^2\psi}{dx^2} = E\psi \left(= \frac{\hbar^2 k^2}{2m}\psi\right)$ となり，左領域で書くと
$$-\frac{d^2\psi}{dx^2} = -\frac{2m}{\hbar^2}(E+V_0)\psi$$
$$\Longrightarrow p^2 = \frac{2m}{\hbar^2}E + \frac{2m}{\hbar^2}V_0 = k^2 + \frac{2m}{\hbar^2}V_0$$

となり，$p = \sqrt{k^2 + \frac{2mV_0}{\hbar^2}}$ を得る．

(4) $x = -\frac{a}{2}, \frac{a}{2}$ の接続条件を書き下すと次のようになる．
$$\exp\left(-\frac{ika}{2}\right) + r\exp\left(\frac{ika}{2}\right)$$
$$= A\exp\left(-\frac{ipa}{2}\right) + B\exp\left(\frac{ipa}{2}\right), \quad ①$$

$$t\exp\left(\frac{ika}{2}\right)$$
$$= A\exp\left(\frac{ipa}{2}\right) + B\exp\left(-\frac{ipa}{2}\right), \quad ②$$

$$ik\exp\left(-\frac{ika}{2}\right) - ikr\exp\left(\frac{ika}{2}\right)$$
$$= ipA\exp\left(-\frac{ipa}{2}\right) - ipB\exp\left(\frac{ipa}{2}\right), \quad ③$$

$$ikt\exp\left(\frac{ika}{2}\right)$$
$$= ipA\exp\left(\frac{ipa}{2}\right) - ipB\exp\left(-\frac{ipa}{2}\right) \quad ④$$

ここで②と④から，A, B を t を用いて表すと
$$A = \exp\left\{\frac{i(k-p)a}{2}\right\}\frac{p+k}{2p}t$$
$$B = \exp\left\{\frac{i(k+p)a}{2}\right\}\frac{p-k}{2p}t$$

となる．①と③を用いて r を消去すると，
$$t = \frac{\exp(-ika)}{\cos pa - i\frac{p^2+k^2}{2kp}\sin pa}$$

となる．ちなみに，
$$r = \frac{i\frac{p^2-k^2}{2kp}\sin pa \exp(-ika)}{\cos pa - i\frac{p^2+k^2}{2kp}\sin pa}$$

となる．

透過率は
$$T = |t|^2$$
$$= \left|\frac{\exp(-ika)}{\cos pa - i\frac{p^2+k^2}{2kp}\sin pa}\right|^2$$
$$= \frac{1}{\cos^2 pa + \left(\frac{p^2+k^2}{2kp}\right)^2\sin^2 pa} \quad ⑤$$

である．

(5) ⑤の値が 1 になるためには $(p^2-k^2)^2\sin^2 pa = 0$ が成り立てば良い．このとき $pa = n\pi$ $(n = 1, 2, 3, \cdots)$ が成り立つ．(3) の結果と合わせて次が得られる．
$$k = \frac{1}{a}\sqrt{(n\pi)^2 - \frac{2ma^2 V_0}{\hbar}} \quad (n = 1, 2, 3, \cdots)$$

10.9 (1) シュレディンガー方程式は次式の通りとなる．
$$\left(\frac{d^2}{dx^2} + k^2\right)G(x, x')$$
$$= \frac{2m}{\hbar^2}\delta(x-x')G(x, x')$$

(2) $x \neq x'$ でシュレディンガー方程式は
$$-\frac{\hbar^2}{2m}\frac{d^2}{dx^2}G(x, x') = \frac{\hbar^2 k^2}{2m}G(x, x')$$

となり，一般解 $G(x, x')$ は次のようになる．

$G(x, x')$
$= Ae^{ikx} + Be^{-ikx}$
$= (Ae^{ikx'})e^{ik(x-x')} + Be^{-ikx'}e^{-ik(x-x')}$
$= A'e^{ik(x-x')} + B'e^{-ik(x-x')}$

(3) $G(x,x') = Ce^{ik|x-x'|}$ とおくと，
$$\left[\frac{dG(x,x')}{dx}\right]_{x'-0}^{x'+0} = 2ikC = 1$$
から $C = \frac{1}{2ik}$ を得る．

(4) 略．

(5) (1)〜(3) の結果から
$\psi(x)$
$= e^{ikx} + \frac{1}{2ik}\int_{-\infty}^{\infty} dx' \, \psi(x')V(x')e^{ik|x-x'|}$

と書けることがわかる．

ポイント グリーン関数はポテンシャルに衝突した入射波に対し，局所的に反射と透過を平等に起こす役割を持っており，ポテンシャルと入射波の積を取って重ね合わせることで，トータルの反射波と透過波を与えることができます．次の演習問題で見るように，この性質はデルタポテンシャルの問題をより見通し良くする武器となり，またポテンシャルが弱い関数なら，近似法として摂動展開に持ち込むこともできます．摂動展開の手法は特に三次元散乱問題に有効であり，ボルン近似の章（第 23 章）で取り扱います．

10.10 (1) 演習問題 10.9(5) の結果に $V(x') = S\delta(x')$ を代入すると

$\psi(x) = e^{ikx} + \frac{mS}{ik\hbar^2}\psi(0)e^{ik|x|}$

$= \begin{cases} e^{ikx} + \frac{mS}{ik\hbar^2}\psi(0)e^{ikx} & (x < 0) \\ \left(1 + \frac{mS}{ik\hbar^2}\psi(0)\right)e^{ikx} & (x > 0) \end{cases}$

として波動関数を得る．

$\psi(x) = \begin{cases} e^{ikx} + re^{-ikx} & (x < 0) \\ te^{ikx} & (x > 0) \end{cases}$

とおいて比較すると $r = \frac{mS}{ik\hbar^2}\psi(0)$, $t = 1 + \frac{mS}{ik\hbar^2}\psi(0)$ となり，$\psi(0) = t$ と取れるので，透過率と反射率はそれぞれ演習問題 10.2 の結果に一致していることが確かめられる．

(2) 演習問題 10.9(1) より解は，積分方程式
$$\psi(x) = \psi_0(x) + \int U(x')G(x,x')\psi(x')dx'$$
をみたす．ここで，
$$U(x) = v\delta(x+a) + v\delta(x-a)$$
である．また，演習問題 10.9(3) より
$$G(x,x') = \frac{1}{2ik}e^{ik|x-x'|}$$
これを積分方程式に代入すると
$\psi(x) = e^{ikx}$
$+ \frac{v}{2ik}(\psi(-a)e^{ik|x+a|} + \psi(a)e^{ik|x-a|})$ ①

となる．$x = -a$ のとき
$\left(1 + \frac{iv}{2k}\right)\psi(-a) + \frac{iv}{2k}\psi(a)e^{2ika} = e^{-ika}$
$x = a$ のとき
$\left(1 + \frac{iv}{2k}\right)\psi(a) + \frac{iv}{2k}\psi(-a)e^{2ika} = e^{ika}$

これより，$\sigma = \frac{v}{ik}$ として
$$\psi(a) = \frac{e^{ika}}{\left(1 - \frac{1}{2}\sigma\right)^2 - \left(\frac{1}{2}\sigma\right)^2 e^{4ika}}$$
$$\psi(-a) = \frac{\left(1 - \frac{1}{2}\sigma\right)e^{-ika} + \frac{1}{2}\sigma e^{3ika}}{\left(1 - \frac{1}{2}\sigma\right)^2 - \left(\frac{1}{2}\sigma\right)^2 e^{4ika}}$$

これを①に代入すると，演習問題 10.6 の結果に一致する．

10.11 (1) 波動関数を次のように構成する．
$\psi(x) = \begin{cases} Ae^{ikx} + Be^{-ikx} & (x < 0) \\ Fe^{ikx} + Ge^{-ikx} & (x > 0) \end{cases}$

ここで波動関数の連続性より $A + B = F + G$ がいえ，導関数の接続条件
$$\left[\frac{d\psi}{dx}\right]_{0-}^{0+} = -\frac{2mS}{\hbar^2}\psi(0)$$
（シュレディンガー方程式の両辺を $-\varepsilon \to +\varepsilon$ で積分すれば得られる）より $\beta = \frac{mS}{\hbar^2 k}$ とおくと

$$ik(F - G - A + B) = -\frac{2mS}{\hbar^2}(A + B)$$
$$\iff F - G = (1 + 2i\beta)A - (1 - 2i\beta)B$$

が成り立つことがわかり，これより
$$B = \frac{1}{1 - i\beta}(i\beta A + G), \quad F = \frac{1}{1 - i\beta}(A + i\beta G)$$
となることがわかり，
$$S = \frac{1}{1 - i\beta}\begin{pmatrix} i\beta & 1 \\ 1 & i\beta \end{pmatrix}$$
が得られる．

(2) ポテンシャルの対称性から，左方向（$x = -\infty$）から入射する場合についていえれば十分である．なぜなら，右方向（$x = \infty$）から入射する場合の散乱行列成分 S_{22}, S_{12} は，左から入射する場合の散乱行列成分 S_{11}, S_{21} に等しいためである．また，$|S_{11}|^2, |S_{21}|^2$ はすでに演習問題 10.8 で議論した反射率と透過率に等しく，$p^2 = k^2 + \frac{2mV_0}{\hbar^2}$ に注意して
$$S_{21} = t = \frac{e^{-ika}}{\cos pa - i\frac{p^2+k^2}{2}kp\sin pa}$$
$$S_{11} = r = \frac{i\frac{p^2-k^2}{2kp}\sin pa \, e^{-ika}}{\cos pa - i\frac{p^2+k^2}{2kp}\sin pa}$$

となる．また，$S_{22} = S_{11}, S_{12} = S_{21}$ であることから
$$S = \frac{e^{-ika}}{\cos pa - i\frac{p^2+k^2}{2kp}\sin pa}$$
$$\times \begin{pmatrix} i\frac{p^2-k^2}{2pk}\sin pa & 1 \\ 1 & i\frac{p^2-k^2}{2pk}\sin pa \end{pmatrix}$$

となる．

10.12 (1) $B = S_{11}A + S_{12}G$ より
$$G = \frac{B - S_{11}A}{S_{12}} = M_{21}A + M_{22}B$$
となることから $M_{21} = -\frac{S_{11}}{S_{12}}, M_{22} = \frac{1}{S_{12}}$ を得る．また
$$F = S_{21}A + S_{22}G$$
$$= S_{21}A + \frac{S_{22}}{S_{12}}(B - S_{11}A)$$

より
$$F = M_{11}A + M_{12}B$$
$$= -\frac{(S_{11}S_{22} - S_{12}S_{21})}{S_{12}}A + \frac{S_{22}}{S_{12}}B$$
と比較して，$M_{11} = -\frac{\det S}{S_{12}}, M_{12} = \frac{S_{22}}{S_{12}}$ を得る．これより
$$M = \frac{1}{S_{12}}\begin{pmatrix} -\det S & S_{22} \\ -S_{11} & 1 \end{pmatrix}$$
を得る．一方で，$G = M_{21}A + M_{22}B$ より
$$B = \frac{G - M_{21}A}{M_{22}} = S_{11}A + S_{12}G$$
として両辺を比較し，$S_{11} = -\frac{M_{21}}{M_{22}}, S_{12} = \frac{1}{M_{22}}$ と書け，
$$F = M_{11}A + M_{12}B$$
$$= M_{11}A + \frac{M_{12}}{M_{22}}(G - M_{21}A)$$
および $F = S_{21}A + S_{22}G$ から次を得る．
$$S = \frac{1}{M_{22}}\begin{pmatrix} -M_{21} & 1 \\ \det M & M_{12} \end{pmatrix}$$

(2)
$$\begin{pmatrix} F \\ G \end{pmatrix} = M_2 \begin{pmatrix} C \\ D \end{pmatrix}, \quad \begin{pmatrix} C \\ D \end{pmatrix} = M_1 \begin{pmatrix} A \\ B \end{pmatrix}$$
とすると
$$\begin{pmatrix} F \\ G \end{pmatrix} = M_2 M_1 \begin{pmatrix} A \\ B \end{pmatrix}$$
となり，確かに $M = M_2 M_1$ が成り立つことが確かめられた．

(3) 波動関数を次のように書く．
$$\psi(x) = \begin{cases} Ae^{ikx} + Be^{-ikx} & (x < a) \\ Fe^{ikx} + Ge^{-ikx} & (a < x) \end{cases}$$
波動関数と導関数の接続条件を書き下すと
$$Ae^{ika} + Be^{-ika} = Fe^{ika} + Ge^{-ika}$$
$$ik(Fe^{ika} - Ge^{-ika}) - ik(Ae^{ika} - Be^{-ika})$$

$$= -\frac{2mS}{\hbar^2}(Ae^{ika} + Be^{-ika})$$

となり，演習問題 10.11(1) で $A \to Ae^{ika}, B \to Be^{-ika}, F \to Fe^{ika}, G \to Ge^{-ika}$ としたものに等しく，S 行列は次のように書け，そこから (1) を用いて M 行列を得る．

$$S = \frac{1}{1-i\beta}\begin{pmatrix} i\beta e^{2ika} & 1 \\ 1 & i\beta e^{-2ika} \end{pmatrix}$$

$$\implies M = \begin{pmatrix} 1+i\beta & i\beta e^{-2ika} \\ -i\beta e^{2ika} & 1-i\beta \end{pmatrix}$$

(4)

$$M_1 = \begin{pmatrix} 1+i\beta & i\beta e^{-2ika} \\ -i\beta e^{2ika} & 1-i\beta \end{pmatrix}$$

$$M_2 = \begin{pmatrix} 1+i\beta & i\beta e^{2ika} \\ -i\beta e^{-2ika} & 1-i\beta \end{pmatrix}$$

より $M = M_2 M_1$ を用いると，M の (1,1) 成分 M_{11} が

$$M_{11} = 1 + 2i\beta + \beta^2(e^{4ika} - 1)$$

と求まり，同様に

$$M_{12} = 2i\beta(\cos 2ka + \beta \sin 2ka)$$
$$M_{21} = -2i\beta(\cos 2ka - \beta \sin 2ka)$$
$$M_{22} = 1 - 2i\beta + \beta^2(e^{-4ika} - 1)$$

と求まる．

第 11 章

11.1 (1) $A = a_{ij}, B = b_{ij}$ と書く．$A^\dagger = a^*_{ji}$ であるから，

$$(AB)^\dagger = (a_{ik}b_{kj})^\dagger = (a_{jk}b_{ki})^* = (b_{ik}^T a_{kj}^T)^*$$
$$= B^\dagger A^\dagger$$

より OK（T は転置を表す）．
(2) も同様．

11.2 左辺と右辺を別々に計算すれば良い．第 2 章でも同じ計算をしているので (1) のみ示す．

$$(左辺) = ABC - CAB$$

$$(右辺) = ABC - \cancel{ACB} + \cancel{ACB} - CAB$$

より OK.

11.3 (1) 固有値を λ とおく．

$$\det\begin{pmatrix} 1-\lambda & i & 0 \\ -i & -\lambda & -i \\ 0 & i & 1-\lambda \end{pmatrix}$$
$$= (-\lambda)(1-\lambda)^2 - 2(1-\lambda)$$
$$= (1-\lambda)(\lambda-2)(\lambda+1) = 0$$

を解いて $\lambda = 1, -1, 2$ を得る．

(2) 固有ベクトルを (a, b, c)（の転置）とする．
$\lambda = 1$ のとき

$$\begin{pmatrix} 0 & i & 0 \\ -i & -1 & -i \\ 0 & i & 0 \end{pmatrix}\begin{pmatrix} a \\ b \\ c \end{pmatrix} = \begin{pmatrix} 0 \\ 0 \\ 0 \end{pmatrix}$$

を解いて規格化し，次を得る．

$$\begin{pmatrix} a \\ b \\ c \end{pmatrix} = \frac{1}{\sqrt{2}}\begin{pmatrix} 1 \\ 0 \\ -1 \end{pmatrix}$$

$\lambda = -1$ のとき

$$\begin{pmatrix} 2 & i & 0 \\ -i & 1 & -i \\ 0 & i & 2 \end{pmatrix}\begin{pmatrix} a \\ b \\ c \end{pmatrix} = \begin{pmatrix} 0 \\ 0 \\ 0 \end{pmatrix}$$

を解いて規格化し，次を得る．

$$\begin{pmatrix} a \\ b \\ c \end{pmatrix} = \frac{1}{\sqrt{6}}\begin{pmatrix} 1 \\ 2i \\ 1 \end{pmatrix}$$

$\lambda = 2$ のとき

$$\begin{pmatrix} -1 & i & 0 \\ -i & -2 & -i \\ 0 & i & -1 \end{pmatrix}\begin{pmatrix} a \\ b \\ c \end{pmatrix} = \begin{pmatrix} 0 \\ 0 \\ 0 \end{pmatrix}$$

を解いて規格化し，次を得る．

$$\begin{pmatrix} a \\ b \\ c \end{pmatrix} = \frac{1}{\sqrt{3}}\begin{pmatrix} 1 \\ -i \\ 1 \end{pmatrix}$$

(3) 固有ベクトルを並べ行列を作り次を得る．

$$\begin{pmatrix} \dfrac{1}{\sqrt{2}} & \dfrac{1}{\sqrt{6}} & \dfrac{1}{\sqrt{3}} \\ 0 & \dfrac{2i}{\sqrt{6}} & -\dfrac{i}{\sqrt{3}} \\ -\dfrac{1}{\sqrt{2}} & \dfrac{1}{\sqrt{6}} & \dfrac{1}{\sqrt{3}} \end{pmatrix}$$

第 12 章

12.1 仮定する式は

$\widehat{x}|x\rangle = x|x\rangle, \quad \langle x|x'\rangle = \delta(x-x'), \quad [\widehat{x},\widehat{p}] = i\hbar$

および完全性の性質

$$\int dx\,|x\rangle\langle x| = \widehat{1}$$

であり,これらとデルタ関数の性質だけから所望の式を導く.ここで

$\langle x|[\widehat{x},\widehat{p}]|x'\rangle = \langle x|\widehat{x}\widehat{p} - \widehat{p}\widehat{x}|x'\rangle = (x-x')\langle x|\widehat{p}|x'\rangle$

$\langle x|[\widehat{x},\widehat{p}]|x'\rangle = i\hbar\delta(x-x')$

が成り立つから,

$$(x-x')\langle x|\widehat{p}|x'\rangle = i\hbar\delta(x-x')$$

と書ける.さらに,デルタ関数の公式

$$(x-x')\frac{d}{dx}\delta(x-x') = -\delta(x-x')$$

を用いると $\langle x|\widehat{p}|x'\rangle = -i\hbar\frac{d}{dx}\delta(x-x')$ であり,左から

$$\int dx\,|x\rangle$$

を掛けると

$$\int dx\,|x\rangle\langle x|\widehat{p}|x'\rangle = \widehat{p}|x'\rangle$$

$$\int dx\,|x\rangle\left\{-i\hbar\frac{d}{dx}\delta(x-x')\right\} = i\hbar\frac{d}{dx'}|x'\rangle$$

を得る.$\widehat{p}$ のエルミート性から,上記のエルミート共役を取り,右から任意の量子状態 $|\psi\rangle$ を掛けてやると

$$\widehat{p}\langle x'|\psi\rangle = -i\hbar\frac{d}{dx'}\langle x'|\psi\rangle$$

$$\implies \widehat{p}\,\psi(x) = -i\hbar\frac{d}{dx}\psi(x)$$

となって運動量の演算子表示が得られた.

12.2 (1) $\langle p|\widehat{p}|x\rangle$ について考える.

$$\widehat{p}|p\rangle = p|p\rangle, \quad \widehat{p}|x\rangle = -i\hbar\frac{d}{dx}|x\rangle$$

であること(後者は演習問題 12.1 より)から,

$\langle p|\widehat{p}|x\rangle = p\langle p|x\rangle$ ①

$\langle p|\widehat{p}|x\rangle = \langle p|\left(-i\hbar\dfrac{d}{dx}\right)|x\rangle = -i\hbar\dfrac{d}{dx}\langle p|x\rangle$ ②

が成り立ち,常微分方程式 $\frac{d}{dx}\langle x|p\rangle = \frac{ip}{\hbar}\langle x|p\rangle$ が得られる(①のエルミート共役を取っていることに注意).この微分方程式により,

$$\langle x|p\rangle = Ce^{\frac{ipx}{\hbar}} \quad (C \text{ は定数})$$

が得られる.最後にデルタ関数を用いて規格化定数 C を決定する.

$$\int dx\,\langle p'|x\rangle\langle x|p\rangle = \langle p'|p\rangle = \delta(p'-p)$$

が成り立つことから,

$$|C|^2 \int e^{\frac{i(p'-p)x}{\hbar}}dx = \delta(p-p')$$

が成り立つことがいえ,デルタ関数の定義より規格化定数を正に取ると $C = \frac{1}{\sqrt{2\pi\hbar}}$ となることがいえ,所望の式が得られた.

(2) 完全性の性質を用いると

$$\int dx\,|x\rangle\langle x|p\rangle = |p\rangle$$

と書けることを思い出せば,

$$\int dx\,\frac{1}{\sqrt{2\pi\hbar}}e^{\frac{ipx}{\hbar}}|x\rangle = |p\rangle$$

が成り立つことがわかる.両辺の左から量子状態 $\langle n|$ を掛けて両辺のエルミート共役を取り,$\psi_n(x) = \langle x|n\rangle, \widetilde{\psi}_n(p) = \langle p|n\rangle$ であることに気をつけると

$$\int e^{-\frac{ipx}{\hbar}}\psi_n(x)\,dx\,\frac{1}{\sqrt{2\pi\hbar}} = \widetilde{\psi}_n(p)$$

となり,所望の式を得る.

12.3 積分公式

$$\int_{-\infty}^{\infty}\exp(iax^2)\,dx = \sqrt{\frac{i\pi}{a}}$$

を用いる.完全性

$$\int dp \, |p\rangle\langle p| = \hat{1}$$

の式を途中に挟んで

$$\langle x'|\exp\left\{-\frac{i(t-t')}{\hbar}\frac{\hat{p}^2}{2m}\right\}|x\rangle$$

$$= \langle x'|\exp\left\{-\frac{i(t-t')}{\hbar}\frac{\hat{p}^2}{2m}\right\}\int dp\,|p\rangle\langle p|x\rangle$$

$$= \int dp\,\langle x'|\exp\left\{-\frac{i(t-t')}{2m\hbar}p^2\right\}|p\rangle\langle p|x\rangle$$

$$= \int dp\,\exp\left\{-\frac{i(t-t')}{2m\hbar}p^2\right\}\langle x'|p\rangle\langle p|x\rangle$$

と書ける. ここで $\langle p|x\rangle = \frac{1}{\sqrt{2\pi\hbar}}\exp\left(-\frac{ipx}{\hbar}\right)$ であることを用いると,

$$G(x',t';x,t)$$

$$= \frac{1}{2\pi\hbar}\int_{-\infty}^{\infty} dp\,\exp\left\{-\frac{i(t-t')}{2m\hbar}p^2 - \frac{i(x-x')}{\hbar}p\right\}$$

$$= \frac{1}{2\pi\hbar}\int_{-\infty}^{\infty} dp$$
$$\times \exp\left[-\frac{i(t-t')}{2m\hbar}\left\{p + \frac{m(x-x')}{t-t'}\right\}^2 + \frac{mi}{2\hbar(t-t')}(x-x')^2\right]$$

$$= \frac{1}{2\pi\hbar}\sqrt{\frac{2m\hbar i\pi}{(t-t')}}\exp\left\{\frac{mi}{2\hbar(t-t')}(x-x')^2\right\}$$

$$= \sqrt{\frac{mi}{2\pi\hbar(t-t')}}\exp\left\{\frac{mi}{2\hbar(t-t')}(x-x')^2\right\}$$

と計算できる.

12.4 (1) まず

$$[\hat{H},\hat{x}] = \left[\frac{\hat{p}^2}{2m},\hat{x}\right] = \frac{1}{2m}\left(\hat{p}[\hat{p},\hat{x}] + [\hat{p},\hat{x}]\hat{p}\right)$$
$$= \frac{1}{2m}\hat{p}(-2i\hbar) = -\frac{i\hbar}{m}\hat{p}$$

であり, 次が得られる.

$$[[\hat{H},\hat{x}],\hat{x}] = \left[\frac{-i\hbar\hat{p}}{m},\hat{x}\right] = -\frac{\hbar^2}{m}$$

(2) (1) より, 両辺を $\langle n|$ と $|n\rangle$ で挟んで, $\langle n|[[\hat{H},\hat{x}],\hat{x}]|n\rangle = -\frac{\hbar^2}{m}$ が成り立つ. 左辺は, 完全性の性質 $\sum_{n'}|n'\rangle\langle n'| = 1$ を用いて

$$\langle n|[\hat{H},\hat{x}]\hat{x}|n\rangle$$

$$= \langle n|[\hat{H},\hat{x}]\hat{x}|n\rangle - \langle n|\hat{x}[\hat{H},\hat{x}]|n\rangle$$

$$= \sum_{n'}\Big(\langle n|[\hat{H},\hat{x}]|n'\rangle\langle n'|\hat{x}|n\rangle$$
$$\qquad - \langle n|\hat{x}|n'\rangle\langle n'|[\hat{H},\hat{x}]|n\rangle\Big)$$

$$= \sum_{n'}\{(E_n - E_{n'})\langle n|\hat{x}|n'\rangle\langle n'|\hat{x}|n\rangle$$
$$\qquad - (E_{n'} - E_n)\langle n|\hat{x}|n'\rangle\langle n'|\hat{x}|n\rangle\}$$

$$= 2\sum_{n'}(E_n - E_{n'})|\langle n|\hat{x}|n'\rangle|^2$$

と書けるので, 所望の式が得られる.

12.5 (1) 次の計算により, 確かめられる.

$$[\hat{x}\hat{p},\hat{H}] = \hat{x}[\hat{p},\hat{H}] + [\hat{x},\hat{H}]\hat{p}$$
$$= \hat{x}[\hat{p},V] + \frac{1}{2m}[\hat{x},\hat{p}^2]\hat{p}$$
$$= -i\hbar\hat{x}V' + \frac{1}{2m}2i\hbar\hat{p}^2$$

(2) 上式の左辺についてハミルトニアンの固有状態 $|\psi_n\rangle$ に対する平均を取ると,

$$\langle\psi_n|[\hat{x}\hat{p},\hat{H}]|\psi_n\rangle$$

$$= \langle\psi_n|\hat{x}\hat{p}\hat{H}|\psi_n\rangle - \langle\psi_n|\hat{H}\hat{x}\hat{p}|\psi_n\rangle$$

$$= \langle\psi_n|\hat{x}\hat{p}E_n|\psi_n\rangle - \langle\psi_n|E_n\hat{x}\hat{p}|\psi_n\rangle$$

$$= E_n\langle\psi_n|\hat{x}\hat{p}|\psi_n\rangle - E_n\langle\psi_n|\hat{x}\hat{p}|\psi_n\rangle$$

$$= 0$$

が成り立つので, (1) で示した式の両辺について $|\psi_n\rangle$ に対する平均を取ると次がいえる.

$$\left\langle\frac{\hat{p}^2}{2m}\right\rangle = \frac{1}{2}\langle xV'(x)\rangle$$

(3) 以下のように計算できる.
(a)

$$\left\langle\frac{\hat{p}^2}{2m}\right\rangle = \frac{1}{2}\langle xV(x)\rangle = \frac{1}{2}\langle x\cdot m\omega^2 x\rangle = \langle V\rangle$$

(b)

$$\left\langle\frac{\hat{p}^2}{2m}\right\rangle = \frac{1}{2}\left\langle \boldsymbol{r}\cdot\nabla\frac{-e^2}{r}\right\rangle = \frac{e^2}{2}\left\langle \boldsymbol{r}\cdot\frac{\boldsymbol{r}}{r^3}\right\rangle = -\frac{1}{2}\langle V\rangle$$

(c)

$$\left\langle\frac{\hat{p}^2}{2m}\right\rangle = -\frac{1}{2}V_0\langle x\delta'(x)\rangle = \frac{1}{2}V_0\langle\delta(x)\rangle = -\frac{1}{2}\langle V\rangle$$

第 13 章の解答

がそれぞれ成り立つ.

12.6 (1) 交換関係 $[x_i p_i, \widehat{H}]$ を計算する. アインシュタインの縮約に注意.

$$[\widehat{x}_i\widehat{p}_i, \widehat{H}] = \left[\widehat{x}_i\,\widehat{p}_i, \frac{1}{2m}\widehat{p}_j^2 + V\right]$$
$$= \widehat{x}_i[\widehat{p}_i, \widehat{H}] + [\widehat{x}_i, \widehat{H}]\widehat{p}_i$$
$$= \widehat{x}_i[\widehat{p}_i, V] + \frac{1}{2m}[\widehat{x}_i, \widehat{p}_j\widehat{p}_j]\widehat{p}_i$$
$$= -i\hbar\widehat{x}_i\frac{\partial V}{\partial x_i} + \frac{i\hbar}{m}\widehat{p}_j\widehat{p}_j$$

となる.

(2) 時間平均は次のようになる.

$$\overline{\frac{d}{dt}\langle \bm{r}\cdot\bm{p}\rangle} = \lim_{T\to\infty}\frac{1}{T}\int_0^T \frac{d}{dt}\langle\bm{r}\cdot\bm{p}\rangle dt$$
$$= \lim_{T\to\infty}\left[\frac{1}{T}\langle\bm{r}\cdot\bm{p}\rangle\right]_0^T$$

ここで周期的な運動に気をつけて $\langle \bm{r}\cdot\bm{p}\rangle$ が有限であることに注意すると, 右辺は 0 になる.

(3) シュレディンガー方程式を用いて

$$\overline{\frac{d}{dt}\langle \psi|\bm{r}\cdot\bm{p}|\psi\rangle}$$

を計算する.

$$\overline{\frac{d}{dt}\langle \psi|\bm{r}\cdot\bm{p}|\psi\rangle}$$
$$= -\frac{1}{i\hbar}\overline{\langle\psi|H\bm{r}\cdot\bm{p}|\psi\rangle} + \frac{1}{i\hbar}\overline{\langle\psi|\bm{r}\cdot\bm{p}H|\psi\rangle}$$
$$= \frac{1}{i\hbar}\overline{\langle\psi|[\bm{r}\cdot\bm{p}, H]|\psi\rangle}$$
$$= -\overline{\left\langle \widehat{x}_i\frac{\partial V}{\partial x_i}\right\rangle} + \overline{\left\langle \frac{1}{m}\widehat{p}_j\widehat{p}_j\right\rangle}$$

最後に (1) の結果を用いた. ここで, 左辺は (2) により長い時間で平均を取れば 0 になるので, 結局ビリアル定理

$$\overline{\left\langle \frac{1}{2m}\widehat{p}^2\right\rangle} = \frac{1}{2}\overline{\langle\bm{r}\cdot\nabla V(\bm{r})\rangle}$$

が成り立つことがわかる.

第 13 章

13.1 (1) 消滅演算子は

$$\widehat{a} = \sqrt{\frac{m\omega}{2\hbar}}\left(\widehat{x} + \frac{i\widehat{p}}{m\omega}\right)$$

であり, 基底状態の固有関数がみたす式は

$$\langle x|\widehat{a}|0\rangle = 0 \implies \left(x + \frac{\hbar}{m\omega}\frac{d}{dx}\right)\psi_0(x) = 0$$

と書ける. この微分方程式を変数分離して $\frac{1}{\psi_0}d\psi_0 = -\frac{m\omega}{\hbar}x\,dx$ とし, 両辺積分して

$$\psi_0(x) = C\exp\left(-\frac{m\omega x^2}{2\hbar}\right) \quad (C \text{ は定数})$$

を得る. 規格化条件より

$$\int_{-\infty}^{\infty}\psi_0^*(x)\psi_0(x)dx = C^2\int_{-\infty}^{\infty}\exp\left(-\frac{m\omega x^2}{\hbar}\right)dx$$
$$= C^2\sqrt{\frac{\hbar\pi}{m\omega}} = 1$$

となるから, $C = \left(\frac{m\omega}{\hbar\pi}\right)^{\frac{1}{4}}$ が得られ, 規格化された固有関数を次のように得る.

$$\psi_0(x) = \left(\frac{m\omega}{\hbar\pi}\right)^{\frac{1}{4}}\exp\left(-\frac{m\omega x^2}{2\hbar}\right)$$

(2) 生成演算子の性質 $\widehat{a}^\dagger|n\rangle = \sqrt{n+1}|n+1\rangle$ を用いて

$$\widehat{a}^\dagger|0\rangle = |1\rangle, \qquad \widehat{a}^\dagger|1\rangle = \sqrt{2}|2\rangle$$
$$\widehat{a}^\dagger|2\rangle = \sqrt{3}|3\rangle, \quad \cdots$$

と書けるから, 結局次を得る.

$$|n\rangle = \frac{(\widehat{a}^\dagger)^n}{\sqrt{n!}}|0\rangle$$

13.2 $\widehat{x} = \sqrt{\frac{\hbar}{2m\omega}}(\widehat{a}+\widehat{a}^\dagger)$ と書けることを利用して

$$\langle 0|\widehat{x}|0\rangle = \sqrt{\frac{\hbar}{2m\omega}}\langle 0|(\widehat{a}+\widehat{a}^\dagger)|0\rangle = 0$$
$$\langle 0|\widehat{x}^2|0\rangle = \frac{\hbar}{2m\omega}\langle 0|(\widehat{a}+\widehat{a}^\dagger)(\widehat{a}+\widehat{a}^\dagger)|0\rangle$$
$$= \frac{\hbar}{2m\omega}\langle 1|1\rangle = \frac{\hbar}{2m\omega}$$

と計算できる.

13.3 (1) $\widehat{H}|n\rangle = E_n|n\rangle$ より, $e^{-\frac{it\widehat{H}}{\hbar}}|n\rangle = e^{-\frac{itE_n}{\hbar}}|n\rangle$ が成り立つことを用いる.

調和振動子については, $E_n = \hbar\omega(n+\frac{1}{2})$ であることに注意して, 次のようになる.

$$|\Psi(t)\rangle = e^{-\frac{it\hat{H}}{\hbar}}|\Psi(0)\rangle$$
$$= e^{-\frac{it\hat{H}}{\hbar}}\left(\sqrt{\frac{1}{3}}|1\rangle + \sqrt{\frac{2}{3}}|2\rangle\right)$$
$$= \sqrt{\frac{1}{3}}e^{-\frac{it\hat{H}}{\hbar}}|1\rangle + \sqrt{\frac{2}{3}}e^{-\frac{it\hat{H}}{\hbar}}|2\rangle$$
$$= \sqrt{\frac{1}{3}}e^{-\frac{itE_1}{\hbar}}|1\rangle + \sqrt{\frac{2}{3}}e^{-\frac{itE_2}{\hbar}}|2\rangle$$
$$= \sqrt{\frac{1}{3}}e^{-\frac{3}{2}i\omega t}|1\rangle + \sqrt{\frac{2}{3}}e^{-\frac{5}{2}i\omega t}|2\rangle$$

(2) $\langle\Psi(t)|\hat{H}|\Psi(t)\rangle$ を求めれば良い。

$\langle\Psi(t)|\hat{H}|\Psi(t)\rangle$
$$= \left(\langle 1|\sqrt{\frac{1}{3}}e^{\frac{3}{2}i\omega t} + \langle 2|\sqrt{\frac{2}{3}}e^{\frac{5}{2}i\omega t}\right)$$
$$\times \hat{H}\left(\sqrt{\frac{1}{3}}e^{-\frac{3}{2}i\omega t}|1\rangle + \sqrt{\frac{2}{3}}e^{-\frac{5}{2}i\omega t}|2\rangle\right)$$
$$= \left(\langle 1|\sqrt{\frac{1}{3}}e^{\frac{3}{2}i\omega t} + \langle 2|\sqrt{\frac{2}{3}}e^{\frac{5}{2}i\omega t}\right)$$
$$\times \left(\sqrt{\frac{1}{3}}e^{-\frac{3}{2}i\omega t}\hat{H}|1\rangle + \sqrt{\frac{2}{3}}e^{-\frac{5}{2}i\omega t}\hat{H}|2\rangle\right)$$
$$= \left(\langle 1|\sqrt{\frac{1}{3}}e^{\frac{3}{2}i\omega t} + \langle 2|\sqrt{\frac{2}{3}}e^{\frac{5}{2}i\omega t}\right)$$
$$\times \left(\sqrt{\frac{1}{3}}e^{-\frac{3}{2}i\omega t}\frac{3\hbar\omega}{2}|1\rangle\right.$$
$$\left. + \sqrt{\frac{2}{3}}e^{-\frac{5}{2}i\omega t}\frac{5\hbar\omega}{2}|2\rangle\right)$$
$$= \frac{1}{3}\frac{3\hbar\omega}{2} + \frac{2}{3}\frac{5\hbar\omega}{2} = \frac{13\hbar\omega}{6}$$

ただし直交性 $\langle n|m\rangle = \delta_{nm}$ を用いた。エネルギーは時間に依存していないことがわかる。

(3)
$\langle\Psi(t)|\hat{x}|\Psi(t)\rangle$
$= X\langle\Psi(t)|(\hat{a} + \hat{a}^{\dagger})|\Psi(t)\rangle$
$= X\langle\Psi(t)|\hat{a}|\Psi(t)\rangle + X\langle\Psi(t)|\hat{a}^{\dagger}|\Psi(t)\rangle$
$= X\langle\Psi(t)|\hat{a}|\Psi(t)\rangle + X\langle\Psi(t)|\hat{a}|\Psi(t)\rangle^{*}$

となり,

$\langle\Psi(t)|\hat{a}|\Psi(t)\rangle$
$$= \left(\langle 1|\sqrt{\frac{1}{3}}e^{\frac{3}{2}i\omega t} + \langle 2|\sqrt{\frac{2}{3}}e^{\frac{5}{2}i\omega t}\right)$$
$$\times \hat{a}\left(\sqrt{\frac{1}{3}}e^{-\frac{3}{2}i\omega t}|1\rangle + \sqrt{\frac{2}{3}}e^{-\frac{5}{2}i\omega t}|2\rangle\right)$$
$$= \left(\langle 1|\sqrt{\frac{1}{3}}e^{\frac{3}{2}i\omega t} + \langle 2|\sqrt{\frac{2}{3}}e^{\frac{5}{2}i\omega t}\right)$$
$$\times \left(\sqrt{\frac{1}{3}}e^{-\frac{3}{2}i\omega t}|0\rangle + \frac{2}{\sqrt{3}}e^{-\frac{5}{2}i\omega t}|1\rangle\right)$$
$$= \frac{2}{3}e^{-i\omega t}$$

となり,これを用いれば次を得る。
$$\langle\Psi(t)|\hat{x}|\Psi(t)\rangle = X\left\{\frac{2}{3}e^{i\omega t} + \left(\frac{2}{3}e^{i\omega t}\right)^{*}\right\}$$
$$= \frac{4X}{3}\cos\omega t$$

13.4 $|\lambda\rangle = \sum_{n=0}^{\infty}c_n(\lambda)|n\rangle$ とおくと,
$$\hat{a}|\lambda\rangle = \sum_{n=0}^{\infty}c_n(\lambda)\hat{a}|n\rangle = \sum_{n=0}^{\infty}c_n(\lambda)\sqrt{n}|n-1\rangle$$
$$= \sum_{n=0}^{\infty}c_{n+1}(\lambda)\sqrt{n+1}|n\rangle$$

となり,
$$\lambda|\lambda\rangle = \sum_{n=0}^{\infty}c_n(\lambda)\lambda|n\rangle$$

が成り立つことと比較して
$$c_{n+1}(\lambda) = \frac{\lambda}{\sqrt{n+1}}c_n(\lambda)$$

と書ける<注参照>。これより $c_n(\lambda) = \frac{\lambda^n}{\sqrt{n!}}c_0$ が成り立つことがいえる。規格化条件を用いると,
$$\langle\lambda|\lambda\rangle = \sum_{n=0}^{\infty}\sum_{m=0}^{\infty}\frac{\lambda^n(\lambda^*)^m}{\sqrt{n!\,m!}}|c_0|^2\langle n|m\rangle$$
$$= \sum_{n=0}^{\infty}\frac{|\lambda|^{2n}}{n!}|c_0|^2 = e^{|\lambda|^2}|c_0|^2 = 1$$

と書け,定数 c_0 を正の実数に取ると, $c_0 = e^{-\frac{|\lambda|^2}{2}}$ と決まる。これよりコヒーレント状態が
$$|\lambda\rangle = \sum_{n=0}^{\infty}\frac{\lambda^n}{\sqrt{n!}}e^{-\frac{|\lambda|^2}{2}}|n\rangle$$

と書けることがわかる。最後に,

$$e^{-\frac{|\lambda|^2}{2}} e^{\lambda \hat{a}^\dagger} |0\rangle = e^{-\frac{|\lambda|^2}{2}} \sum_{n=0}^{\infty} \frac{\lambda^n}{n!} (\hat{a}^\dagger)^n |0\rangle$$

$$= e^{-\frac{|\lambda|^2}{2}} \sum_{n=0}^{\infty} \frac{\lambda^n}{\sqrt{n!}} |n\rangle$$

と書けることから,$|\lambda\rangle = e^{-\frac{|\lambda|^2}{2}} e^{\lambda \hat{a}^\dagger} |0\rangle$ と書けることが確かめられた.

注 より正確には,任意のブラ $\langle m|$ を左から掛けて直交性 $\langle m|n\rangle = \delta_{mn}$ を用い,$\langle m|\hat{a}|\lambda\rangle = \langle m|\lambda|\lambda\rangle$ の両辺を比較します.

13.5 コヒーレント状態の性質 $\hat{a}|\lambda\rangle = \lambda|\lambda\rangle$ から $\langle\lambda|\hat{a}|\lambda\rangle = \lambda, \langle\lambda|\hat{a}^\dagger|\lambda\rangle = \lambda^*$ がいえることに注意する.(2つ目の式は,コヒーレント状態の性質について,両辺のエルミート共役を取れば示せる).また,$\hat{x} = X(\hat{a} + \hat{a}^\dagger), \hat{p} = P(\hat{a} - \hat{a}^\dagger)$ のように置けるので

$$\langle\lambda|\hat{x}|\lambda\rangle = X\langle\lambda|\hat{a} + \hat{a}^*|\lambda\rangle = X(\lambda + \lambda^*)$$

および

$$\langle\lambda|x^2|\lambda\rangle$$
$$= X^2 \langle\lambda|\hat{a}^2 + (\hat{a}^\dagger)^2 + \hat{a}\hat{a}^\dagger + \hat{a}^\dagger\hat{a}|\lambda\rangle$$
$$= X^2 \langle\lambda|\hat{a}^2 + (\hat{a}^\dagger)^2 + [\hat{a}, \hat{a}^\dagger] + 2\hat{a}^\dagger\hat{a}|\lambda\rangle$$
$$= X^2 \{\lambda^2 + (\lambda^*)^2 + 2|\lambda|^2 + 1\}$$

のようになるので,座標の分散は

$$(\Delta x)^2 = \langle\lambda|x^2|\lambda\rangle - \langle\lambda|x|\lambda\rangle^2 = X^2$$

となる.同様に運動量の分散は P^2 となる.ここで $X = \sqrt{\frac{\hbar}{2m\omega}}, P = \sqrt{\frac{\hbar m\omega}{2}}$ であることを思い出し,$\Delta x \Delta p = XP = \frac{\hbar}{2}$ となることがわかる.これよりコヒーレント状態は不確定性を最小にする状態であることが確かめられた.

13.6 前問で求めたコヒーレント状態を用いる.極座標に取り直して積分するが,次の式が成り立つことに注意しておく.n, m は非負整数である.

$$\int_0^{2\pi} e^{i(n-m)\theta} d\theta = \begin{cases} 2\pi & (n=m) \\ 0 & (n \neq m) \end{cases}$$

$\lambda = x + yi$ とおくと,与式の左辺は

$$\int d\{\mathrm{Re}(\lambda)\} \int d\{\mathrm{Im}(\lambda)\} |\lambda\rangle\langle\lambda|$$
$$= \int_{-\infty}^{\infty} dx \int_{-\infty}^{\infty} dy$$

$$\times \sum_{n=0}^{\infty}\sum_{m=0}^{\infty} \frac{(x+yi)^n (x-yi)^m}{\sqrt{n!m!}} e^{-x^2-y^2} |n\rangle\langle m|$$

と書き換えられる.ここでさらに極座標 $x = r\cos\theta, y = r\sin\theta$ とおいて考えると,積分範囲と面素は $(r|0 \to \infty), (\theta|0 \to 2\pi), dxdy = r\,dr\,d\theta$ となるので,

$$\int_{-\infty}^{\infty} dx \int_{-\infty}^{\infty} dy$$
$$\times \sum_{n=0}^{\infty}\sum_{m=0}^{\infty} \frac{(x+yi)^n (x-yi)^m}{\sqrt{n!m!}} e^{-x^2-y^2} |n\rangle\langle m|$$
$$= \int_0^{2\pi} d\theta \int_0^{\infty} dr$$
$$\times r \sum_{n=0}^{\infty}\sum_{m=0}^{\infty} \frac{r^{n+m} e^{i(n-m)\theta}}{\sqrt{n!m!}} e^{-r^2} |n\rangle\langle m|$$
$$= \int_0^{\infty} dr\, r \sum_{n=0}^{\infty} \frac{2\pi r^{2n}}{n!} e^{-r^2} |n\rangle\langle n|$$
$$= \sum_{n=0}^{\infty} \frac{2\pi}{n!} |n\rangle\langle n| \int_0^{\infty} dr\, r^{2n+1} e^{-r^2}$$
$$= \pi \sum_{n=0}^{\infty} |n\rangle\langle n| = \pi$$

と書け,与式が証明できた.ただし,最後の式変形で次のガンマ関数の性質を用いた.

$$\int_0^{\infty} dr\, r^{2n+1} e^{-r^2} = \frac{1}{2} \int_0^{\infty} dt\, t^n e^{-t} = \frac{n!}{2}$$

13.7 次の手順で示す.

手順(1) 次を示す.
$$\exp(\lambda \hat{a}^\dagger)$$
$$= \exp\left(\lambda \sqrt{\frac{m\omega}{2\hbar}} \hat{x}\right)$$
$$\times \exp\left(-i\lambda \sqrt{\frac{1}{2\hbar m\omega}} \hat{p}\right) \exp\left(-\frac{1}{4}\lambda^2\right)$$

手順(2) 次を示す.
$$\langle x|\exp(\lambda \hat{a}^\dagger)$$
$$= \exp\left(-\frac{1}{4}\lambda^2\right)$$
$$\exp\left(\lambda \sqrt{\frac{m\omega}{2\hbar}} x\right) \left\langle x - \lambda\sqrt{\frac{\hbar}{2m\omega}}\right|$$

手順(3) 最後に所望の式を示す.
手順(1)
$$\hat{a}^\dagger = \sqrt{\frac{m\omega}{2\hbar}} \hat{x} - i\sqrt{\frac{1}{2\hbar m\omega}} \hat{p}$$

であることと，演習問題 17.3 の結果

$$\exp(\widehat{A})\exp(\widehat{B}) = \exp\left(\widehat{A}+\widehat{B}+\frac{1}{2}[\widehat{A},\widehat{B}]+\cdots\right)$$

を用いて（$[\widehat{A},\widehat{B}]$ が定数のとき，$\cdots$ 部は 0 になることに注意せよ）

$$\begin{aligned}
&\exp\left(\lambda\widehat{a}^\dagger\right)\\
&=\exp\left(\lambda\sqrt{\frac{m\omega}{2\hbar}}\widehat{x}-i\lambda\sqrt{\frac{1}{2\hbar m\omega}}\widehat{p}\right)\\
&=\exp\left(\lambda\sqrt{\frac{m\omega}{2\hbar}}\widehat{x}\right)\exp\left(-i\lambda\sqrt{\frac{1}{2\hbar m\omega}}\widehat{p}\right)\\
&\quad\times\exp\left(i\lambda^2\frac{1}{2!}\frac{1}{2\hbar}[\widehat{x},\widehat{p}]\right)\\
&=\exp\left(\lambda\sqrt{\frac{m\omega}{2\hbar}}\widehat{x}\right)\exp\left(-i\lambda\sqrt{\frac{1}{2\hbar m\omega}}\widehat{p}\right)\\
&\quad\times\exp\left(-\frac{1}{4}\lambda^2\right)
\end{aligned}$$

と計算すれば良い．

 手順 (2) 演習問題 17.4 のように，$\exp\left(\frac{ia\widehat{p}}{\hbar}\right)$ は座標を $-a$ だけ推進する演算子であり，$\exp\left(\frac{ia\widehat{p}}{\hbar}\right)|x\rangle=|x-a\rangle$ のように書けることを用いる．このエルミート共役を取れば $\langle x|\exp\left(\frac{-ia\widehat{p}}{\hbar}\right)=\langle x-a|$ と書けるので，

$$\begin{aligned}
&\langle x|\exp(\lambda\widehat{a}^\dagger)\\
&=\langle x|\exp\left(\lambda\sqrt{\frac{m\omega}{2\hbar}}\widehat{x}\right)\exp\left(-i\lambda\sqrt{\frac{1}{2\hbar m\omega}}\widehat{p}\right)\\
&\quad\times\exp\left(-\frac{1}{4}\lambda^2\right)\\
&=\exp\left(-\frac{1}{4}\lambda^2\right)\\
&\quad\times\langle x|\exp\left(\lambda\sqrt{\frac{m\omega}{2\hbar}}\widehat{x}\right)\exp\left(-i\lambda\sqrt{\frac{1}{2\hbar m\omega}}\widehat{p}\right)\\
&=\exp\left(-\frac{1}{4}\lambda^2\right)\exp\left(\lambda\sqrt{\frac{m\omega}{2\hbar}}x\right)\\
&\quad\times\langle x|\exp\left(-i\lambda\sqrt{\frac{1}{2\hbar m\omega}}\widehat{p}\right)\\
&=\exp\left(-\frac{1}{4}\lambda^2\right)\exp\left(\lambda\sqrt{\frac{m\omega}{2\hbar}}x\right)
\end{aligned}$$

$$\times\left\langle x-\lambda\sqrt{\frac{\hbar}{2m\omega}}\right|$$

と計算すれば良い．

 手順 (3) 演習問題 13.1(1) の結果

$$\langle x|0\rangle=\left(\frac{m\omega}{\pi\hbar}\right)^{\frac{1}{4}}\exp\left(-\frac{m\omega}{2\hbar}x^2\right)$$

を用いて，

$$\begin{aligned}
\langle x|\lambda\rangle &= \exp\left(-\frac{1}{2}|\lambda|^2\right)\langle x|\exp(\lambda\widehat{a}^\dagger)|0\rangle\\
&=\exp\left(-\frac{1}{2}|\lambda|^2\right)\exp\left(-\frac{1}{2}\lambda^2\right)\\
&\quad\times\exp\left(\lambda\sqrt{\frac{m\omega}{2\hbar}}x\right)\left\langle x-\lambda\sqrt{\frac{\hbar}{2m\omega}}\bigg|0\right\rangle\\
&=\left(\frac{m\omega}{\pi\hbar}\right)^{\frac{1}{4}}\times\exp\bigg\{-\frac{1}{2}|\lambda|^2-\frac{1}{4}\lambda^2+\lambda\sqrt{\frac{m\omega}{2\hbar}}x\\
&\qquad -\frac{m\omega}{2\hbar}\left(x-\lambda\sqrt{\frac{\hbar}{2m\omega}}\right)^2\bigg\}\\
&=\left(\frac{m\omega}{\pi\hbar}\right)^{\frac{1}{4}}\exp\left\{-\frac{1}{2}(|\lambda|^2-\lambda^2)\right\}\\
&\quad\times\exp\left\{-\frac{m\omega}{2\hbar}\left(x-2\lambda\sqrt{\frac{\hbar}{2m\omega}}\right)^2\right\}
\end{aligned}$$

と計算できるので，結果として所望の式を得る．

13.8 コヒーレント状態の完全系を用いて展開すると

$$\begin{aligned}
G(x',x;t)&=\langle x'|\exp\left(-\frac{it\widehat{H}}{\hbar}\right)|x\rangle\\
&=\frac{1}{\pi}\iint d(\mathrm{Re}(\lambda))d(\mathrm{Im}(\lambda))\\
&\quad\times\langle x'|\exp\left(-\frac{it\widehat{H}}{\hbar}\right)|\lambda\rangle\langle\lambda|x\rangle
\end{aligned}$$

と書ける．ここで

$$\begin{aligned}
&\exp\left(-\frac{it\widehat{H}}{\hbar}\right)|\lambda\rangle\\
&=\exp\left(-\frac{|\lambda|^2}{2}\right)\sum_{n=0}^\infty\frac{\lambda^n}{\sqrt{n!}}\exp\left(-\frac{it\widehat{H}}{\hbar}\right)|n\rangle\\
&=\exp\left(-\frac{|\lambda|^2}{2}\right)
\end{aligned}$$

$$\times \exp\left(-\frac{i\omega t}{2}\right) \sum_{n=0}^{\infty} \frac{\lambda^n}{\sqrt{n!}} \exp(-i\omega t n)|n\rangle$$

$$= \exp\left(-\frac{|\lambda|^2}{2}\right)$$

$$\times \exp\left(-\frac{i\omega t}{2}\right) \sum_{n=0}^{\infty} \frac{\{\lambda \exp(-i\omega t)\}^n}{\sqrt{n!}}|n\rangle$$

$$= \exp\left(-\frac{i\omega t}{2}\right) |\lambda \exp(-i\omega t)\rangle$$

と書けること,および前問の結果

$$\langle x|\lambda\rangle$$
$$= \left(\frac{m\omega}{\pi\hbar}\right)^{\frac{1}{4}}$$
$$\times \exp\left\{-\frac{1}{2}(|\lambda|^2+\lambda^2)+\sqrt{\frac{2m\omega}{\hbar}}x\lambda - \frac{m\omega}{2\hbar}x^2\right\}$$

を用いると,

$$G(x',x;t)$$
$$= \frac{1}{\pi} \iint d(\mathrm{Re}(\lambda))d(\mathrm{Im}(\lambda))$$
$$\times \langle x'|\exp\left(-\frac{it\widehat{H}}{\hbar}\right)|\lambda\rangle\langle\lambda|x\rangle$$
$$= \frac{1}{\pi} \exp\left(-\frac{i\omega t}{2}\right) \iint d(\mathrm{Re}(\lambda))d(\mathrm{Im}(\lambda))$$
$$\times \langle x'|\lambda \exp(-i\omega t)\rangle\langle\lambda|x\rangle$$
$$= \frac{1}{\pi} \exp\left(-\frac{i\omega t}{2}\right) \iint d(\mathrm{Re}(\lambda))d(\mathrm{Im}(\lambda))$$
$$\times \left(\frac{m\omega}{\pi\hbar}\right)^{\frac{1}{2}}$$
$$\times \exp\left[-|\lambda|^2 - \frac{1}{2}\{\lambda^2 \exp(-2i\omega t) + (\lambda^*)^2\}\right]$$
$$\times \exp\left\{\left(\frac{2m\omega}{\hbar}\right)(x'\lambda \exp(-i\omega t) + x\lambda^*)\right.$$
$$\left. - \frac{m\omega}{2\hbar}(x'^2 + x^2)\right\}$$

と式変形できる.最後に $\lambda = a + bi$ とおいて,ガウス積分を2回行うと次を得る.

$$G(x',x;t)$$
$$= \sqrt{\frac{-im\omega}{2\pi\hbar\sin\omega t}}$$
$$\times \exp\left\{\frac{im\omega}{2\hbar\sin\omega t}[(x'^2+x^2)\cos\omega t + 2x'x]\right\}$$

13.9 調和振動子を2つ並べると角運動量が作れるという問題.

(1) ほとんど自明.

(2) 与式左辺を φ で微分すると

$$\frac{d}{d\varphi} e^{i\varphi \widehat{J}_z} \widehat{J}_\pm e^{-i\varphi \widehat{J}_z}$$
$$= e^{i\varphi \widehat{J}_z} i[\widehat{J}_z, \widehat{J}_\pm] e^{-i\varphi \widehat{J}_z}$$
$$= \pm i e^{i\varphi \widehat{J}_z} \widehat{J}_\pm e^{-i\varphi \widehat{J}_z}$$

となり,

$$\widehat{f}(\varphi) = e^{i\varphi \widehat{J}_z} \widehat{J}_\pm e^{-i\varphi \widehat{J}_z}$$

とおくと,上式は次の微分方程式の形をしていることがわかる.

$$\frac{d}{d\varphi} \widehat{f}(\varphi) = \pm i \widehat{f}(\varphi)$$

これより,

$$\widehat{f}(\varphi) = \widehat{f}(0) e^{\pm i\varphi} = \widehat{J}_\pm e^{\pm i\varphi}$$

となって,所望の式を得る.

(3) これはユニタリ演算子 $e^{-i\varphi \widehat{J}_z}$ が任意の状態を z 軸まわりに角度 φ だけ回転させたものに推進する役割を果たす.

第 14 章

14.1
$$(\widehat{l}_i)^\dagger = (\varepsilon_{ijk}\widehat{x}_j\widehat{p}_k)^\dagger = \varepsilon_{ijk}\widehat{p}_k^\dagger\widehat{x}_j^\dagger = \varepsilon_{ijk}\widehat{p}_k\widehat{x}_j$$
$$= \varepsilon_{ijk}\underbrace{[\widehat{p}_k,\widehat{x}_j]}_{-i\hbar\delta_{kj}} + \varepsilon_{ijk}\widehat{x}_j\widehat{p}_k = \widehat{l}_i$$

となりエルミート.

14.2 基本問題 14.3(1) で示した式を思い出し,

$$\widehat{j}_-\widehat{j}_+ = (\widehat{j}_x - i\widehat{j}_y)(\widehat{j}_x + i\widehat{j}_y)$$
$$= \widehat{j}_x^2 + \widehat{j}_y^2 + i[\widehat{j}_x,\widehat{j}_y] = \widehat{j}^2 - \widehat{j}_z^2 - \widehat{j}_z$$

より,

$$\langle jm|\widehat{j}_-\widehat{j}_+|jm\rangle = \langle jm|\widehat{j}^2 - \widehat{j}_z^2 - \widehat{j}_z|jm\rangle$$
$$= j(j+1) - m(m+1)$$

を得る.一方で規格化定数 c_m を用いて $\widehat{j}_+|jm\rangle = c_m|jm+1\rangle$ とおくと,

$\langle jm|\hat{j}_-\hat{j}_+|jm\rangle = |c_m|^2$ と書けるので,
$$c_m = \sqrt{j(j+1) - m(m+1)}$$
$$= \sqrt{(j-m)(j+m+1)}$$
を得る．また，同様に $\hat{j}_+\hat{j}_- = \hat{j}^2 - \hat{j}_z^2 + \hat{j}_z$ より
$$\hat{j}_-|jm\rangle = \sqrt{j(j+1) - m(m-1)}\,|jm-1\rangle$$
$$= \sqrt{(j+m)(j-m+1)}\,|jm-1\rangle$$
が成り立つ．これより所望の式を得る．

14.3 演習問題 14.2 の結果を用いる．$j = j' = 1$ なので m は $1 \times 2 + 1 = 3$ つ，すなわち $m = -1, 0, 1$ を取りうる．

(1) 次のように計算できる．
$$J_\pm \equiv \langle jm|\hat{j}_\pm|j'm'\rangle$$
$$= \langle jm|\sqrt{(j' \mp m')(j' \pm m' + 1)}\,|j'm' \pm 1\rangle$$
$$= \sqrt{(1 \mp m')(2 \pm m')}\,\langle jm|j'm' \pm 1\rangle$$
$$= \sqrt{(1 \mp m')(2 \pm m')}\,\langle m|m' \pm 1\rangle$$

$$= \begin{cases} \begin{array}{c|ccc} m' \backslash m & -1 & 0 & 1 \\ \hline -1 & 0 & \sqrt{2} & 0 \\ 0 & 0 & 0 & \sqrt{2} \\ 1 & 0 & 0 & 0 \end{array} & (+) \\[1em] \begin{array}{c|ccc} m' \backslash m & -1 & 0 & 1 \\ \hline -1 & 0 & 0 & 0 \\ 0 & \sqrt{2} & 0 & 0 \\ 1 & 0 & \sqrt{2} & 0 \end{array} & (-) \end{cases}$$

これより次を得る．
$$J_+ = \begin{pmatrix} 0 & \sqrt{2} & 0 \\ 0 & 0 & \sqrt{2} \\ 0 & 0 & 0 \end{pmatrix}$$
$$J_- = \begin{pmatrix} 0 & 0 & 0 \\ \sqrt{2} & 0 & 0 \\ 0 & \sqrt{2} & 0 \end{pmatrix}$$

(2) (1) の結果を用いて
$$\langle jm|\hat{j}_x|j'm'\rangle = \frac{\langle J_+\rangle + \langle J_-\rangle}{2}$$

$$= \frac{1}{\sqrt{2}}\begin{pmatrix} 0 & 1 & 0 \\ 1 & 0 & 1 \\ 0 & 1 & 0 \end{pmatrix}$$

$$\langle jm|\hat{j}_y|j'm'\rangle = \frac{\langle J_+\rangle - \langle J_-\rangle}{2i}$$

$$= \frac{1}{\sqrt{2}}\begin{pmatrix} 0 & -i & 0 \\ i & 0 & -i \\ 0 & i & 0 \end{pmatrix}$$

となる．また，次を得る．
$$\langle jm|\hat{j}_z|j'm'\rangle = m'\langle m|m'\rangle$$
$$= \begin{pmatrix} 1 & 0 & 0 \\ 0 & 0 & 0 \\ 0 & 0 & -1 \end{pmatrix}$$

14.4 昇降演算子より $\hat{j}_x = \frac{\hat{j}_+ + \hat{j}_-}{2}$ と書けることを用いる．ここでは系の状態を $\hat{j}_z$ の固有状態 $|m\rangle$ で与えられているとして，昇降演算子の性質から
$$\hat{j}_x|m\rangle = \frac{1}{2}\hat{j}_+|m\rangle + \frac{1}{2}\hat{j}_-|m\rangle$$
$$= \frac{1}{2}\sqrt{(j-m)(j+m+1)}|m+1\rangle$$
$$+ \frac{1}{2}\sqrt{(j+m)(j-m+1)}|m-1\rangle$$
と書けるので，$\langle m|m \pm 1\rangle = 0$ に気をつけて $\langle \hat{j}_x\rangle = 0$ とわかる．$\hat{j}_y$ も同様．

14.5 角運動量の性質 $i\hat{j}_3 = [\hat{j}_1, \hat{j}_2] = \hat{j}_1\hat{j}_2 - \hat{j}_2\hat{j}_1$ と交換関係の公式 $[\hat{A}\hat{B}, \hat{C}] = \hat{A}[\hat{B}, \hat{C}] + [\hat{A}, \hat{C}]\hat{B}$ により
$$[\hat{A}, i\hat{j}_3]$$
$$= [\hat{A}, \hat{j}_1\hat{j}_2 - \hat{j}_2\hat{j}_1] = [\hat{A}, \hat{j}_1\hat{j}_2] - [\hat{A}, \hat{j}_2\hat{j}_1]$$
$$= \hat{j}_1[\hat{A}, \hat{j}_2] + [\hat{A}, \hat{j}_1]\hat{j}_2 - [\hat{A}, \hat{j}_2]\hat{j}_1 - \hat{j}_2[\hat{A}, \hat{j}_1]$$
$$= 0$$
となって主張が示せた．

14.6 正の整数 k に対して $\hat{j}_-|j-k\rangle = 0$ を仮定する．すなわち $\hat{j}_-^{k+1}|j\rangle = 0$ を仮定する．
$$\hat{j}^2|j-k\rangle = \{\hat{j}_z(\hat{j}_z - 1) + \hat{j}_+\hat{j}_-\}|j-k\rangle$$
$$= (j-k)(j-k-1)|j-k\rangle$$

第 14 章の解答

$\hat{j}^2|j-k\rangle = j(j+1)|j-k\rangle$

が同時に成り立つので，$j(j+1) = (j-k)(j-k-1)$ となり，

$$(k+1)(k-2j) = 0$$

を得る．これより k が正整数であることから $j = \frac{k}{2}$ となるため，j が整数，または半整数を取ることがわかる．

14.7 (1)(2) 合成関数の微分を用いて直接計算で示せるがここでは省略し，いくつかの物理的な解釈から導いてみせる．スピンは無視していることに注意．球対称ポテンシャルを省略して，系のラグランジアンを与えると

$$L = \frac{1}{2}mv^2 = \frac{1}{2}m(\dot{r}^2 + r^2\dot{\theta}^2 + r^2\dot{\varphi}^2\sin^2\theta)$$

となり，各座標の共役運動量を求めると

$$p_r = \frac{\partial L}{\partial \dot{r}} = m\dot{r}, \quad p_\theta = \frac{\partial L}{\partial \dot{\theta}} = mr^2\dot{\theta},$$

$$p_\varphi = \frac{\partial L}{\partial \dot{\varphi}} = mr^2\dot{\varphi}\sin^2\theta$$

となり，ルジャンドル変換してハミルトニアンを求めると

$$H = \sum_i \dot{x}_i p_i - L = \frac{p_r^2}{2m} + \frac{p_\theta^2}{2mr^2} + \frac{p_\varphi^2}{2mr^2\sin^2\theta}$$

となる．ここまでは古典力学の手続きであり，球対称ポテンシャルのハミルトニアンは量子力学では

$$\hat{H} = -\frac{\hbar^2}{2}m\frac{1}{r}\left(\frac{\partial}{\partial r}\right)^2 r$$
$$-\frac{1}{2mr^2}\left(\frac{1}{\sin\theta}\frac{\partial}{\partial \theta}\sin\theta\frac{\partial}{\partial \theta} + \frac{1}{\sin^2\theta}\frac{\partial^2}{\partial \varphi^2}\right)$$

と書けるため，古典的ハミルトニアンと量子力学的ハミルトニアンの比較から $\hat{p}_r = -i\hbar\frac{1}{r}\frac{\partial}{\partial r}r$，$\hat{p}_\varphi = -i\hbar\frac{\partial}{\partial \varphi}$ のような対応が伺える（ハミルトニアンの第二項は比較不能）．$\hat{p}_r, \hat{p}_\varphi$ はそれぞれ $\hat{r}, \hat{\varphi}$ に対して不確定性関係を満足し，$\hat{p}_\varphi$ は回転角 φ に対応する角運動量，すなわち角運動量の z 成分に対応することがわかる．また，古典的ハミルトニアンの右辺第二項，第三項の和が全角運動量の寄与によるものだとわかるので，

$$\hat{l}^2 = -\frac{1}{\sin\theta}\frac{\partial}{\partial \theta}\sin\theta\frac{\partial}{\partial \theta} - \frac{1}{\sin^2\theta}\frac{\partial^2}{\partial \varphi^2}$$

という対応が伺える．あるいは波動関数のユニタリ変換を考えても良い．z 軸まわりの回転を考え，$\phi' = \exp\left(-\frac{i\delta\varphi}{\hbar}\hat{l}_z\right)\phi$ のような変換を考える．z 軸まわりに微小な角度 $\delta\varphi$ だけ回転を加えた波動関数 ϕ' は次のようにも書ける．

$$\phi'(r,\theta,\varphi) = \phi(r,\theta,\varphi - \delta\varphi)$$
$$= \phi(r,\theta,\varphi) - \frac{\partial \phi}{\partial \varphi}\delta\varphi \approx \exp\left(-\delta\varphi\frac{\partial}{\partial \varphi}\right)\phi$$

これらの比較から $\hat{l}_z = -i\hbar\frac{\partial}{\partial \varphi}$ が成り立つことがわかる．

次に x 軸のまわりに微小角 $\delta\alpha$ だけ回転することを考え，$\delta\alpha = \delta\alpha(\theta,\varphi)$ とすると，

$$\phi' = \phi(r, \theta - \delta\theta, \varphi - \delta\varphi)$$
$$= \left\{1 - \left(\frac{d\theta}{d\alpha}\frac{\partial}{\partial \theta} + \frac{d\varphi}{d\alpha}\frac{\partial}{\partial \varphi}\right)\delta\alpha\right\}\phi$$

と書け，z 成分と同様に次のように書ける．

$$\hat{l}_x = -i\hbar\left(\frac{d\theta}{d\alpha}\frac{\partial}{\partial \theta} + \frac{d\varphi}{d\alpha}\frac{\partial}{\partial \varphi}\right)$$

ここで，x 軸まわりの回転を論じるために，暫定的に

$$(x, y, z) = (1, \cos\alpha, \sin\alpha)$$
$$(x + \delta x, y + \delta y, z + \delta z)$$
$$= (1, \cos(\alpha + \delta\alpha), \sin(\alpha + \delta\alpha))$$

としよう．このとき

$$\delta y = \cos(\alpha + \delta\alpha) - \cos\alpha$$
$$= \cos\alpha\cos\delta\alpha - \sin\alpha\sin\delta\alpha - \cos\alpha$$
$$= \cos\alpha \cdot O((\delta\alpha)^2) - \sin\alpha\sin\delta\alpha \approx -z\delta\alpha$$
$$\delta z = \sin(\alpha + \delta\alpha) - \sin\alpha$$
$$= \sin\alpha\cos\delta\alpha + \cos\alpha\sin\delta\alpha - \sin\alpha \approx y\delta\alpha$$
$$\therefore \quad \delta y = -z\delta\alpha, \quad \delta z = y\delta\alpha$$

となることがわかる．これにより，$\frac{d\theta}{d\alpha} = \frac{1}{\frac{dz}{d\theta}}\frac{\delta z}{\delta \alpha} = -\sin\varphi$，$\frac{d\varphi}{d\alpha} = -\cot\theta\cos\varphi$ が得られ，角運動量の x 成分が

$$\hat{l}_x = i\hbar\left(\sin\varphi\frac{\partial}{\partial \theta} + \cot\theta\cos\varphi\frac{\partial}{\partial \varphi}\right)$$

として得られる．

同様にして y 軸のまわりの回転を考えても良いし，$\hat{l}_x$ について $\varphi \to \frac{\pi}{2} + \varphi$ としてやっても，どちらにしても $\hat{l}_y$ の式を得ることができる．

(3) $\hat{j}_z Y_{lm}(\theta, \varphi) = m Y_{lm}(\theta, \varphi)$ を解析的に書き下すと，

$$-i \frac{\partial}{\partial \varphi} Y_{lm} = m Y_{lm}$$

と書け，この解は $Y_{lm} = \Theta_{lm}(\theta) e^{im\varphi}$ の形で書けるはずである．昇降演算子は $\hat{l}_\pm = e^{\pm i\varphi}\left(\pm \frac{\partial}{\partial \theta} + i \cot \theta \frac{\partial}{\partial \varphi}\right)$ と書け，これより $\hat{l}_- Y_{l,-l} = 0$ を解析的に書き下すと，

$$e^{-i\varphi}\left(-\frac{\partial}{\partial \theta} + i \cot \theta \frac{\partial}{\partial \varphi}\right) \Theta_{l,-l}(\theta) e^{-il\varphi} = 0$$

$$\implies \left(\frac{d}{d\theta} - l \cot \theta\right) \Theta_{l,-l} = 0$$

$$\implies \ln \Theta_{l,-l} = l \ln(\sin \theta)$$

$$\therefore \Theta_{l,-l} = C \sin^l \theta$$

となり，球面調和関数

$$Y_{l,-l}(\theta, \varphi) = C e^{-il\varphi} \sin^l \theta$$

を得る．ここで C は規格化定数で，次のように決定される．

$$\int d\Omega \sin\theta \, d\theta d\varphi |Y_{l,-l}(\theta, \varphi)|^2$$
$$= 2\pi C^2 \int_0^\pi d\theta \sin^{2l+1} \theta$$
$$= 2\pi C^2 \int_{-1}^1 d\xi (1-\xi^2)^l$$
$$= 2\pi C^2 \frac{2\{2^l(l!)\}^2}{(2l+1)!} = 1$$

$$\therefore C = \frac{1}{2^l(l!)} \sqrt{\frac{(2l+1)!}{4\pi}}$$

ただし，$I_l = \int_{-1}^1 d\xi (1-\xi^2)^l$ とおくと，漸化式

$$I_l = \frac{2l}{2l+1} I_{l-1}$$

が成り立つことを使った．これより

$$Y_{l,-l} = \frac{1}{2^l(l!)} \sqrt{\frac{(2l+1)!}{4\pi}} e^{-il\varphi} \sin^l \theta$$

と書けることがわかる．ここで

$$Y_{l,m-1} = \frac{1}{\sqrt{(l+m)(l-m+1)}} \hat{l}_- Y_{lm}$$

が成り立つことに気をつけて下降演算子を順次掛けていくと

$$Y_{lm} = \sqrt{\frac{(l+m)!}{(2l)!(l-m)!}} (\hat{l}_-)^{l-m} Y_{l,l}$$

が成り立つことがわかる．

この右辺は次のように考えると簡単になる．すなわち，任意の θ の関数 $f(\theta)$ に対して

$$\hat{l}_-(e^{il\varphi} f(\theta)) = -e^{i(l-1)\varphi} \frac{1}{\sin^l \theta} \frac{\partial}{\partial \theta}(\sin^l \theta f(\theta))$$

が成り立つ．これを用いると

$$\Theta_{lm}(\theta) = (-1)^m \frac{1}{2^l(l!)} \sqrt{\frac{(2l+1)(l+m)!}{4\pi(l-m)!}}$$
$$\times \frac{1}{\sin^m \theta} \left(\frac{1}{\sin \theta} \frac{\partial}{\partial \theta}\right)^{l-m} (\sin \theta)^{2l}$$

が得られる．$Y_{l,0}$ と $P_l(\cos \theta)$ で符号が一致するように位相因子 $(-1)^l$ を掛け，次が得られた．

$$Y_{lm}(\theta, \varphi)$$
$$= e^{im\varphi} (-1)^{l+m} \frac{1}{2^l(l!)} \sqrt{\frac{(2l+1)(l+m)!}{4\pi(l-m)!}}$$
$$\times \frac{1}{\sin^m \theta} \left(\frac{1}{\sin \theta} \frac{\partial}{\partial \theta}\right)^{l-m} (\sin \theta)^{2l}$$

第 15 章

15.1 パウリ行列の積を計算すると

$$\sigma_1 \sigma_2 = \begin{pmatrix} 0 & 1 \\ 1 & 0 \end{pmatrix} \begin{pmatrix} 0 & -i \\ i & 0 \end{pmatrix} = \begin{pmatrix} i & 0 \\ 0 & -i \end{pmatrix}$$

$$\sigma_2 \sigma_1 = \begin{pmatrix} 0 & -i \\ i & 0 \end{pmatrix} \begin{pmatrix} 0 & 1 \\ 1 & 0 \end{pmatrix} = \begin{pmatrix} -i & 0 \\ 0 & i \end{pmatrix}$$

より，$[\sigma_1, \sigma_2] = 2i\sigma_3$, $\{\sigma_1, \sigma_2\} = 0$ となる．

15.2 まず j_3 の行列表示

$$\langle jm|\hat{j}_3|j'm'\rangle = \langle jm|m'|j'm'\rangle = m'\delta_{jj'}\delta_{mm'}$$

を求める．ここで $m, m' = \frac{3}{2}, \frac{1}{2}, -\frac{1}{2}, -\frac{3}{2}$ で

あり，
$j = j' = \frac{3}{2}$ として，

$\langle jm|\widehat{j}_3|j'm'\rangle$

$= m'\delta_{jj'}\delta_{mm'} = \begin{pmatrix} \frac{3}{2} & 0 & 0 & 0 \\ 0 & \frac{1}{2} & 0 & 0 \\ 0 & 0 & -\frac{1}{2} & 0 \\ 0 & 0 & 0 & -\frac{3}{2} \end{pmatrix}$

と求められる．次に $\widehat{j}_+, \widehat{j}_-$ の行列表示を求め，$\widehat{j}_1 = \frac{\widehat{j}_+ + \widehat{j}_-}{2}, \widehat{j}_2 = \frac{\widehat{j}_+ - \widehat{j}_-}{2i}$ を用いて残りの $\widehat{j}_1$, $\widehat{j}_2$ を行列表示する．

$\langle jm|\widehat{j}_+|j'm'\rangle$

$= \langle jm|\sqrt{(j'-m')(j'+m'+1)}|j'm'+1\rangle$

$= \sqrt{\left(\frac{3}{2}-m'\right)\left(\frac{3}{2}+m'+1\right)}\langle jm|j'm'+1\rangle$

$= \sqrt{\left(\frac{3}{2}-m'\right)\left(\frac{5}{2}+m'\right)}\langle jm|j'm'+1\rangle$

$= \sqrt{\left(\frac{3}{2}-m'\right)\left(\frac{5}{2}+m'\right)}\delta_{jj'}\delta_{mm'+1}$

$= \begin{pmatrix} 0 & 0 & 0 & 0 \\ \sqrt{3} & 0 & 0 & 0 \\ 0 & 2 & 0 & 0 \\ 0 & 0 & \sqrt{3} & 0 \end{pmatrix}$

および

$\langle jm|\widehat{j}_-|j'm'\rangle$

$= \langle jm|\sqrt{(j'+m')(j'-m'+1)}|j'm'-1\rangle$

$= \sqrt{\left(\frac{3}{2}+m'\right)\left(\frac{5}{2}-m'\right)}\langle jm|j'm'-1\rangle$

$= \sqrt{\left(\frac{3}{2}+m'\right)\left(\frac{5}{2}-m'\right)}\delta_{jj'}\delta_{mm'-1}$

$= \begin{pmatrix} 0 & \sqrt{3} & 0 & 0 \\ 0 & 0 & 2 & 0 \\ 0 & 0 & 0 & \sqrt{3} \\ 0 & 0 & 0 & 0 \end{pmatrix}$

となることを用いて

$\langle jm|\widehat{j}_1|j'm'\rangle = \frac{\langle jm|\widehat{j}_+|j'm'\rangle + \langle jm|\widehat{j}_-|j'm'\rangle}{2}$

$= \left\{\begin{pmatrix} 0 & 0 & 0 & 0 \\ \sqrt{3} & 0 & 0 & 0 \\ 0 & 2 & 0 & 0 \\ 0 & 0 & \sqrt{3} & 0 \end{pmatrix} + \begin{pmatrix} 0 & \sqrt{3} & 0 & 0 \\ 0 & 0 & 2 & 0 \\ 0 & 0 & 0 & \sqrt{3} \\ 0 & 0 & 0 & 0 \end{pmatrix}\right\}/2$

$= \begin{pmatrix} 0 & \frac{\sqrt{3}}{2} & 0 & 0 \\ \frac{\sqrt{3}}{2} & 0 & 1 & 0 \\ 0 & 1 & 0 & \frac{\sqrt{3}}{2} \\ 0 & 0 & \frac{\sqrt{3}}{2} & 0 \end{pmatrix},$

$\langle jm|\widehat{j}_2|j'm'\rangle$

$= \frac{\langle jm|\widehat{j}_+|j'm'\rangle - \langle jm|\widehat{j}_-|j'm'\rangle}{2i}$

$= \begin{pmatrix} 0 & \frac{\sqrt{3}i}{2} & 0 & 0 \\ -\frac{\sqrt{3}i}{2} & 0 & i & 0 \\ 0 & -i & 0 & \frac{\sqrt{3}i}{2} \\ 0 & 0 & -\frac{\sqrt{3}i}{2} & 0 \end{pmatrix}$

として，それぞれの行列表示が求められた．

15.3

$\boldsymbol{\sigma} = (\sigma_1, \sigma_2, \sigma_3)$

$= \left(\begin{pmatrix} 0 & 1 \\ 1 & 0 \end{pmatrix}, \begin{pmatrix} 0 & -i \\ i & 0 \end{pmatrix}, \begin{pmatrix} 1 & 0 \\ 0 & -1 \end{pmatrix}\right)$

$\boldsymbol{a}_{\theta\varphi} = \begin{pmatrix} \sin\theta\cos\varphi \\ \sin\theta\sin\varphi \\ \cos\theta \end{pmatrix}$

とおき，射影されたスピン行列を求めると次のようになる．

$\boldsymbol{\sigma} \cdot \boldsymbol{a}_{\theta\varphi}$

$= \begin{pmatrix} 0 & 1 \\ 1 & 0 \end{pmatrix}\sin\theta\cos\varphi$

$+ \begin{pmatrix} 0 & -i \\ i & 0 \end{pmatrix}\sin\theta\sin\varphi + \begin{pmatrix} 1 & 0 \\ 0 & -1 \end{pmatrix}\cos\theta$

$= \begin{pmatrix} \cos\theta & \sin\theta(\cos\varphi - i\sin\varphi) \\ \sin\theta(\cos\varphi + i\sin\varphi) & -\cos\theta \end{pmatrix}$

$$= \begin{pmatrix} \cos\theta & e^{-i\varphi}\sin\theta \\ e^{i\varphi}\sin\theta & -\cos\theta \end{pmatrix}$$

ここでこの行列の固有値問題を解く．固有値を λ とおいて $\det(\boldsymbol{\sigma}\cdot\boldsymbol{a}_{\theta\varphi} - \lambda I) = 0$ とし，

$$\det\begin{pmatrix} \cos\theta - \lambda & e^{-i\varphi}\sin\theta \\ e^{i\varphi}\sin\theta & -\cos\theta - \lambda \end{pmatrix}$$
$$= \lambda^2 - \cos^2\theta - \sin^2\theta = \lambda^2 - 1 = 0$$

から $\lambda = 1$ のとき，固有ベクトルを (x, y) とおくと

$$\begin{pmatrix} \cos\theta - 1 & e^{-i\varphi}\sin\theta \\ e^{i\varphi}\sin\theta & -\cos\theta - 1 \end{pmatrix} \begin{pmatrix} x \\ y \end{pmatrix}$$
$$= \begin{pmatrix} (\cos\theta - 1)x + e^{-i\varphi}\sin\theta y \\ e^{i\varphi}\sin\theta x - (\cos\theta + 1)y \end{pmatrix} = \begin{pmatrix} 0 \\ 0 \end{pmatrix}$$

となり $1 - \cos\theta = 2\sin^2\frac{\theta}{2}$, $\sin\theta = 2\sin\frac{\theta}{2}\cos\frac{\theta}{2}$ に注意して

$$-x\sin\frac{\theta}{2} + e^{-i\varphi}y\cos\frac{\theta}{2} = 0$$

を得て $y = xe^{i\varphi}\tan\frac{\theta}{2}$ となり，規格化条件

$$|x|^2 + |y|^2 = |x|^2\left(1 + \tan^2\frac{\theta}{2}\right) = \frac{|x|^2}{\cos^2\frac{\theta}{2}} = 1$$

から $x = \cos\frac{\theta}{2}$, $y = e^{i\varphi}\sin\frac{\theta}{2}$ と取れる．これにより固有ベクトルは

$$\begin{pmatrix} x \\ y \end{pmatrix} = \cos\frac{\theta}{2}\begin{pmatrix} 1 \\ 0 \end{pmatrix} + e^{i\varphi}\sin\frac{\theta}{2}\begin{pmatrix} 0 \\ 1 \end{pmatrix}$$
$$= \cos\frac{\theta}{2}|\uparrow\rangle + e^{i\varphi}\sin\frac{\theta}{2}|\downarrow\rangle$$

ポイント 一方で射影されたスピン行列の固有値 $\lambda = -1$ の場合の固有ベクトルは，同様にして $\sin\frac{\theta}{2}|\uparrow\rangle + e^{-i\varphi}\cos\frac{\theta}{2}|\downarrow\rangle$ となり，これはちょうど $\lambda = 1$ の場合の固有ベクトルの角度を反転したものになっています．

$$\cos(\tfrac{\theta}{2} + \tfrac{\pi}{2})|\uparrow\rangle + e^{i(\varphi+\pi)}\sin(\tfrac{\theta}{2} + \tfrac{\pi}{2})|\downarrow\rangle$$
$$= \sin\tfrac{\theta}{2}|\uparrow\rangle + e^{-i\varphi}\cos\tfrac{\theta}{2}|\downarrow\rangle$$

次図の黒矢印方向と灰矢印方向がそれぞれ $\lambda = \pm 1$ の方向に対応しています．

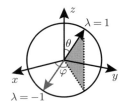

15.4 (1)

$$[\sigma_i, \sigma_j] = 2i\varepsilon_{ijk}\sigma_k$$
$$\{\sigma_i, \sigma_j\} = 2\sigma_i\sigma_j\delta_{ij} = 2(\sigma_i)^2\delta_{ij} = 2\delta_{ij}$$

が成り立つことを用いる（これらは具体的な行列計算から示される（演習問題 15.1 参照））．また，$(\sigma_i)^2$ が単位行列であることに注意．よって

$$\sigma_i\sigma_j = \frac{[\sigma_i, \sigma_j] + \{\sigma_i, \sigma_j\}}{2} = i\varepsilon_{ijk}\sigma_k + \delta_{ij}$$

(2) パウリ行列 σ_1 の ij 成分を $[\sigma_1]_{ij}$ のように記す．また，行列の積を $[AB]_{ij} = A_{ik}B_{kj}$ のように記す．与式左辺は

$$[(\boldsymbol{A}\cdot\boldsymbol{\sigma})(\boldsymbol{B}\cdot\boldsymbol{\sigma})]_{ij}$$
$$= A_l[\sigma_l]_{ik}B_m[\sigma_m]_{kj} = A_lB_m[\sigma_l]_{ik}[\sigma_m]_{kj}$$
$$\overset{(1) より}{=} A_lB_m\left([\delta_{lm}]_{ij} + i\varepsilon_{lmn}[\sigma_n]_{ij}\right)$$
$$= [A_lB_l]_{ij} + i\varepsilon_{lmn}A_lB_m[\sigma_n]_{ij}$$
$$= [A_lB_l]_{ij} + i(\boldsymbol{A}\times\boldsymbol{B})_n[\sigma_n]_{ij}$$
$$= \boldsymbol{A}\cdot\boldsymbol{B} + i(\boldsymbol{A}\times\boldsymbol{B})\cdot\boldsymbol{\sigma}$$

と計算でき，所望の式が得られた．

15.5 (1) ハイゼンベルクの方程式 $i\hbar\frac{d}{dt}\widehat{J}_i = [\widehat{J}_i, \widehat{H}]$ を用いる．ここでは角運動量のテンソル表示 $\widehat{J}_i$ を用いる．ハミルトニアンは

$$\widehat{H} = -\mu_l B_l = -\gamma\hbar B_l \widehat{S}_l$$

で与えられ，角運動量が交換関係 $[\widehat{J}_i, \widehat{J}_j] = i\hbar\varepsilon_{ijk}\widehat{J}_k$（あるいは $[\widehat{S}_i, \widehat{S}_j] = i\varepsilon_{ijk}\widehat{S}_k$）をみたすことに注意すると，

$$i\hbar\frac{d}{dt}\widehat{J}_i = -\gamma B_l[\widehat{J}_i, \widehat{J}_l] = -\gamma i\hbar\varepsilon_{ilk}B_l\widehat{J}_k$$

となり，次を得る．

$$\frac{d}{dt}\widehat{\boldsymbol{J}} = -\gamma\boldsymbol{B}\times\widehat{\boldsymbol{J}}$$

(2) S_x の固有値 1 の場合を考えているので，固有ベクトルは固有方程式を解いて

$$\begin{pmatrix} -1 & 0 & 0 \\ 0 & -1 & -i \\ 0 & i & -1 \end{pmatrix} \begin{pmatrix} a \\ b \\ c \end{pmatrix} = \begin{pmatrix} 0 \\ 0 \\ 0 \end{pmatrix}$$

$$\implies \begin{pmatrix} -a \\ -b-ic \\ ib-c \end{pmatrix} = \begin{pmatrix} 0 \\ 0 \\ 0 \end{pmatrix}$$

$$\implies \begin{pmatrix} a \\ b \\ c \end{pmatrix} = \frac{1}{\sqrt{2}} \begin{pmatrix} 0 \\ -i \\ 1 \end{pmatrix}$$

のように与えられる．ここで規格化条件 $|a|^2 + |b|^2 + |c|^2 = 1$ を用いた．答えは

$$|\psi(0)\rangle = \frac{1}{\sqrt{2}} \begin{pmatrix} 0 \\ -i \\ 1 \end{pmatrix}$$

(3) S_z の固有値問題を解いて，固有値 m に対応する固有ベクトル $|m\rangle$ を求めると，

$$|1\rangle = \frac{1}{\sqrt{2}} \begin{pmatrix} 1 \\ i \\ 0 \end{pmatrix}, \quad |0\rangle = \begin{pmatrix} 0 \\ 0 \\ 1 \end{pmatrix},$$

$$|-1\rangle = \frac{1}{\sqrt{2}} \begin{pmatrix} -1 \\ i \\ 0 \end{pmatrix}$$

となる．$(m = 1, 0, -1)$ これより，(2) で求めた初期状態のベクトルは

$$|\psi(0)\rangle = \frac{1}{2}|+1\rangle + \frac{1}{\sqrt{2}}|0\rangle + \frac{1}{2}|-1\rangle$$

と表される．これを用いて，波動関数の時間推進を考えると，

$$|\psi(t)\rangle = e^{-\frac{it\hat{H}}{\hbar}}|\psi(0)\rangle$$
$$= e^{i\gamma B t S_z} \left(\frac{1}{2}|+1\rangle + \frac{1}{\sqrt{2}}|0\rangle + \frac{1}{2}|-1\rangle \right)$$
$$= \frac{1}{2} e^{i\gamma Bt}|+1\rangle + \frac{1}{\sqrt{2}}|0\rangle + \frac{1}{2} e^{-i\gamma Bt}|-1\rangle$$

(4) まず $\widehat{J}_z$ の期待値は

$\langle \psi(t)|\hat{J}_z|\psi(t)\rangle$
$$= \left(\frac{1}{2} e^{-i\gamma Bt}\langle 1| + \frac{1}{\sqrt{2}}\langle 0| + \frac{1}{2} e^{i\gamma Bt}\langle -1| \right)$$
$$\times \hat{J}_z \left(\frac{1}{2} e^{i\gamma Bt}|1\rangle + \frac{1}{\sqrt{2}}|0\rangle + \frac{1}{2} e^{-i\gamma Bt}|-1\rangle \right)$$
$$= \left(\frac{1}{2} e^{-i\gamma Bt}\langle 1| + \frac{1}{\sqrt{2}}\langle 0| + \frac{1}{2} e^{i\gamma Bt}\langle -1| \right)$$
$$\times \left(\frac{\hbar}{2} e^{i\gamma Bt}|1\rangle - \frac{\hbar}{2} e^{-i\gamma Bt}|-1\rangle \right) = 0$$

となり，$J_+ \equiv J_x + iJ_y$ の期待値は，$J_+|m\rangle = \hbar\sqrt{(1-m)(2+m)}|m+1\rangle$ の性質から，

$$J_+ \left(\frac{1}{2} e^{i\gamma Bt}|+1\rangle + \frac{1}{\sqrt{2}}|0\rangle + \frac{1}{2} e^{-i\gamma Bt}|-1\rangle \right)$$
$$= \hbar|+1\rangle + \frac{\hbar}{\sqrt{2}} e^{-i\gamma Bt}|0\rangle$$

となり $\langle J_+ \rangle = \hbar \exp(-i\gamma Bt)$ となり，この実部と虚部から $\langle J_x \rangle = \hbar\cos(\gamma Bt), \langle J_y \rangle = -\hbar\sin(\gamma Bt)$ を得る．

(5) 初期状態

$$|\psi(0)\rangle = \frac{1}{2}|+1\rangle + \frac{1}{\sqrt{2}}|0\rangle + \frac{1}{2}|-1\rangle$$

において，固有値が $\hbar$ と観測されているので，求めるべきは $|\langle \psi(0)|\psi(t)\rangle|^2$ である．この値は $\cos^4(\frac{\gamma Bt}{2})$ となる．

15.6 (1) σ_z の固有ベクトルを $|\uparrow\rangle, |\downarrow\rangle$ で表すと，σ_x の固有値 1 に対応する固有ベクトルは

$$\frac{1}{\sqrt{2}}|\uparrow\rangle + \frac{1}{\sqrt{2}}|\downarrow\rangle$$

で表される．すなわち

$$|\Psi(0)\rangle = \frac{1}{\sqrt{2}}|\uparrow\rangle + \frac{1}{\sqrt{2}}|\downarrow\rangle$$

であり，$\hat{\sigma}_z|\uparrow\rangle = |\uparrow\rangle, \hat{\sigma}_z|\downarrow\rangle = |\downarrow\rangle$ に注意して

$$|\Psi(t)\rangle = e^{-\frac{it\hat{H}}{\hbar}}|\Psi(0)\rangle$$
$$= e^{-\frac{i\omega t}{2}\hat{\sigma}_z} \left(\frac{1}{\sqrt{2}}|\uparrow\rangle + \frac{1}{\sqrt{2}}|\downarrow\rangle \right)$$
$$= \frac{1}{\sqrt{2}} e^{-\frac{i\omega t}{2}}|\uparrow\rangle + \frac{1}{\sqrt{2}} e^{\frac{i\omega t}{2}}|\downarrow\rangle$$

として時刻 t の波動関数が得られる．これを用いてスピンの期待値が

$\hat{\sigma}_z|\Psi(t)\rangle = \frac{1}{\sqrt{2}}e^{-\frac{i\omega t}{2}}\hat{\sigma}_z|\uparrow\rangle + \frac{1}{\sqrt{2}}e^{\frac{i\omega t}{2}}\hat{\sigma}_z|\downarrow\rangle$

$= \frac{1}{\sqrt{2}}e^{-\frac{i\omega t}{2}}|\uparrow\rangle - \frac{1}{\sqrt{2}}e^{\frac{i\omega t}{2}}|\downarrow\rangle$

として得られる。この左から $\langle\Psi(t)|, \langle\Psi(t)|\hat{\sigma}_z$ をそれぞれ掛けて

$\langle\Psi(t)|\hat{\sigma}_z|\Psi(t)\rangle$

$= \left(\frac{1}{\sqrt{2}}e^{-\frac{i\omega t}{2}}|\uparrow\rangle + \frac{1}{\sqrt{2}}e^{\frac{i\omega t}{2}}|\downarrow\rangle\right)^{\dagger}$

$\times \left(\frac{1}{\sqrt{2}}e^{-\frac{i\omega t}{2}}|\uparrow\rangle - \frac{1}{\sqrt{2}}e^{\frac{i\omega t}{2}}|\downarrow\rangle\right)$

$= \left(\frac{1}{\sqrt{2}}e^{\frac{i\omega t}{2}}\langle\uparrow| + \frac{1}{\sqrt{2}}e^{-\frac{i\omega t}{2}}\langle\downarrow|\right)$

$\times \left(\frac{1}{\sqrt{2}}e^{-\frac{i\omega t}{2}}|\uparrow\rangle - \frac{1}{\sqrt{2}}e^{\frac{i\omega t}{2}}|\downarrow\rangle\right) = 0$

$\langle\Psi(t)|\hat{\sigma}_z^2|\Psi(t)\rangle$

$= \left(\frac{1}{\sqrt{2}}e^{-\frac{i\omega t}{2}}|\uparrow\rangle - \frac{1}{\sqrt{2}}e^{\frac{i\omega t}{2}}|\downarrow\rangle\right)^{\dagger}$

$\times \left(\frac{1}{\sqrt{2}}e^{-\frac{i\omega t}{2}}|\uparrow\rangle - \frac{1}{\sqrt{2}}e^{\frac{i\omega t}{2}}|\downarrow\rangle\right)$

$= \left(\frac{1}{\sqrt{2}}e^{\frac{i\omega t}{2}}\langle\uparrow| - \frac{1}{\sqrt{2}}e^{-\frac{i\omega t}{2}}\langle\downarrow|\right)$

$\times \left(\frac{1}{\sqrt{2}}e^{-\frac{i\omega t}{2}}|\uparrow\rangle - \frac{1}{\sqrt{2}}e^{\frac{i\omega t}{2}}|\downarrow\rangle\right) = 1$

と計算できるので、

$\langle s_z \rangle = \frac{\hbar}{2}\langle\sigma_z\rangle = 0, \quad \langle s_z^2 \rangle = \frac{\hbar^2}{4}$

(2) 仮定より、Ψ, Ψ' についてのシュレディンガー方程式から

$i\hbar\frac{\partial}{\partial t}\Psi = i\hbar\frac{\partial}{\partial t}\hat{U}\Psi' = i\hbar\frac{\partial \hat{U}}{\partial t}\Psi' + \hat{U}i\hbar\frac{\partial \Psi'}{\partial t}$

$= i\hbar\frac{\partial \hat{U}}{\partial t}\Psi' + \hat{U}\hat{H}'\Psi'$

$i\hbar\frac{\partial}{\partial t}\Psi = \hat{H}\Psi = \hat{H}\hat{U}\Psi'$

となり、

$\hat{H}\hat{U} = i\hbar\frac{\partial \hat{U}}{\partial t} + \hat{U}\hat{H}'$

と書ける。両辺に左から $\hat{U}^{-1}$ を掛けて所望の式を得る。

(3) 与えられた式は演習問題 17.6 で示す。(2) で得たハミルトニアンを具体的に計算すると

$\hat{H}' = \hat{U}^{\dagger}\hat{H}\hat{U} - i\hbar\hat{U}^{\dagger}\frac{\partial \hat{U}}{\partial t}$

$= \frac{1}{2}\hbar\omega e^{i\frac{\omega t}{2}\hat{\sigma}_z}$

$\times (\hat{\sigma}_z + \hat{\sigma}_x\cos\omega t + \hat{\sigma}_y\sin\omega t)$

$\times e^{-i\frac{\omega t}{2}\hat{\sigma}_z} - \frac{\hbar\omega}{2}\hat{\sigma}_z$

$= \frac{1}{2}\hbar\omega(\hat{\sigma}_z + \hat{\sigma}_x\cos^2\omega t - \cancel{\hat{\sigma}_y\cos\omega t\sin\omega t}$

$+ \hat{\sigma}_x\sin^2\omega t + \cancel{\hat{\sigma}_y\sin\omega t\cos\omega t})$

$- \frac{\hbar\omega}{2}\hat{\sigma}_z = \frac{1}{2}\hbar\omega\hat{\sigma}_x$

(4) $\Psi(t)$ を求め、$\Psi^{\dagger}(t)\sigma_z\Psi(t)$ を計算する.

$\Psi'(0) = \Psi(0) = |\uparrow\rangle = \begin{pmatrix} 1 \\ 0 \end{pmatrix}$

として、回転座標系での時間発展を考えると、x 成分のパウリ行列の固有ベクトル

$\frac{1}{\sqrt{2}}\begin{pmatrix} 1 \\ i \end{pmatrix}, \quad \frac{1}{\sqrt{2}}\begin{pmatrix} 1 \\ -i \end{pmatrix}$

を用いて

$\Psi'(t) = e^{-\frac{it\hat{H}'}{\hbar}}\Psi'(0)$

$= e^{-\frac{i\omega t}{2}\hat{\sigma}_x}\frac{1}{\sqrt{2}}\left(\frac{1}{\sqrt{2}}\begin{pmatrix} 1 \\ i \end{pmatrix} + \frac{1}{\sqrt{2}}\begin{pmatrix} 1 \\ -i \end{pmatrix}\right)$

$= e^{-\frac{i\omega t}{2}}\frac{1}{2}\begin{pmatrix} 1 \\ i \end{pmatrix} + e^{\frac{i\omega t}{2}}\frac{1}{2}\begin{pmatrix} 1 \\ -i \end{pmatrix}$

$= \begin{pmatrix} \cos\frac{\omega t}{2} \\ \sin\frac{\omega t}{2} \end{pmatrix}$

と書け、ユニタリ変換により

$\Psi(t) = \hat{U}(t)\Psi'(t) = e^{-\frac{i\omega t}{2}\hat{\sigma}_z}\begin{pmatrix} \cos\frac{\omega t}{2} \\ \sin\frac{\omega t}{2} \end{pmatrix}$

$= \left(\cos\frac{\omega t}{2} - i\hat{\sigma}_z\sin\frac{\omega t}{2}\right)\begin{pmatrix} \cos\frac{\omega t}{2} \\ \sin\frac{\omega t}{2} \end{pmatrix}$

$$= \begin{pmatrix} \cos^2 \frac{\omega t}{2} \\ \sin \frac{\omega t}{2} \cos \frac{\omega t}{2} \end{pmatrix}$$
$$- i \begin{pmatrix} \sin \frac{\omega t}{2} & 0 \\ 0 & -\sin \frac{\omega t}{2} \end{pmatrix} \begin{pmatrix} \cos \frac{\omega t}{2} \\ \sin \frac{\omega t}{2} \end{pmatrix}$$
$$= \begin{pmatrix} \cos^2 \frac{\omega t}{2} - i \sin \frac{\omega t}{2} \cos \frac{\omega t}{2} \\ \sin \frac{\omega t}{2} \cos \frac{\omega t}{2} + i \sin^2 \frac{\omega t}{2} \end{pmatrix}$$
$$= \begin{pmatrix} \cos \frac{\omega t}{2} e^{-\frac{i\omega t}{2}} \\ \sin \frac{\omega t}{2} e^{\frac{i\omega t}{2}} \end{pmatrix}$$

と計算でき，求めるべき波動関数
$$\Psi(t) = \begin{pmatrix} \cos \frac{\omega t}{2} e^{-\frac{i\omega t}{2}} \\ \sin \frac{\omega t}{2} e^{\frac{i\omega t}{2}} \end{pmatrix}$$

を得る．これより，$\Psi^\dagger(t) \sigma_z \Psi(t)$ を計算すると
$$\Psi^\dagger(t) \sigma_z \Psi(t) = \begin{pmatrix} \cos \frac{\omega t}{2} e^{\frac{i\omega t}{2}} & \sin \frac{\omega t}{2} e^{-\frac{i\omega t}{2}} \end{pmatrix}$$
$$\times \begin{pmatrix} \frac{\hbar}{2} & 0 \\ 0 & -\frac{\hbar}{2} \end{pmatrix} \begin{pmatrix} \cos \frac{\omega t}{2} e^{-\frac{i\omega t}{2}} \\ \sin \frac{\omega t}{2} e^{\frac{i\omega t}{2}} \end{pmatrix}$$
$$= \frac{\hbar}{2} \cos \omega t$$

第 16 章

16.1 (1) ハミルトニアンは
$$\widehat{H} = \frac{1}{2m}(\widehat{p}_x^2 + \widehat{p}_y^2) - \frac{e^2}{\sqrt{x^2 + y^2}}$$

と書ける．この平均を取る．$\langle x \rangle = \langle y \rangle = 0$，および $\langle p_x \rangle = \langle p_y \rangle = 0$ とすると $\langle x^2 \rangle = (\Delta x)^2$, $\langle p_x^2 \rangle = (\Delta p_x)^2$ と書ける．$\Delta p_x \approx \Delta p_y = \Delta$ とおき，r^{-1} の平均が
$$\left\langle \frac{1}{r} \right\rangle \approx \frac{1}{\sqrt{\langle x^2 \rangle + \langle y^2 \rangle}}$$

程度とすれば，電子のエネルギー平均の最低値は
$$\langle H \rangle = \frac{1}{2m}\{(\Delta p_x)^2 + (\Delta p_y)^2\}$$
$$- \frac{e^2}{\sqrt{(\Delta x)^2 + (\Delta y)^2}}$$
$$\geq \frac{1}{2m} 2\Delta^2 - \frac{e^2}{\sqrt{\frac{\hbar^2}{4}(\frac{1}{\Delta})^2 + \frac{\hbar^2}{4}(\frac{1}{\Delta})^2}}$$

$$= \frac{1}{m}\Delta^2 - \frac{\sqrt{2}e^2}{\hbar}\Delta$$
$$= \frac{1}{m}\left(\Delta - \frac{me^2}{\sqrt{2}\hbar}\right) - \frac{me^4}{2\hbar^2}$$
$$\geq -\frac{me^4}{2\hbar^2}$$

となり，エネルギー期待値の最小値（基底エネルギー）$-\frac{me^4}{2\hbar^2}$ を得る．途中で不確定性関係
$$\Delta x \geq \frac{\hbar}{2\Delta p_x}, \quad \Delta y \geq \frac{\hbar}{2\Delta p_y}$$

を用いた．

(2) (1) のとき電子のエネルギーは最も低く，そのときの電子軌道半径の平均は
$$\langle r \rangle \approx \sqrt{\langle x^2 \rangle + \langle y^2 \rangle} = \sqrt{(\Delta x)^2 + (\Delta y)^2}$$
$$\approx \sqrt{\frac{\hbar^2}{4\Delta^2}} = \frac{\hbar}{2\Delta}$$

程度であり，これ以上小さくなることはない．これにより，電子は軌道中心に落ち込んでいかないことがわかる．

16.2 運動の対称性から $\langle p \rangle = 0$ と考えて良い．これより $\langle p^2 \rangle = (\Delta p)^2$ と考えられ，
$$\langle H \rangle = \frac{\langle p^2 \rangle}{2m} + F|\langle x \rangle|$$
$$= \frac{(\Delta p)^2}{2m} + F|\Delta x| \geq \frac{\hbar^2}{8m(\Delta x)^2} + F|\Delta x|$$

と見積もられる．右辺を $f(\Delta x)$ とおくと極値条件 $f'(x) = -\frac{\hbar^2}{4mx^3} + F\frac{|x|}{x} = 0$ より
$$|\Delta x| = \left(\frac{\hbar^2}{4mF}\right)^{\frac{1}{3}}$$

となり，これを代入して次のエネルギー期待値の最小値（基底エネルギー）を得る．
$$\langle H \rangle \geq 3\left(\frac{\hbar^2 F^2}{32m}\right)^{\frac{1}{3}}$$

16.3 任意の関数 ϕ に対して
$$[r, \widehat{p}_r]\phi$$
$$= \left\{ r(-i\hbar)\frac{1}{r}\frac{d}{dr}(r\phi) - (-i\hbar)\frac{1}{r}\frac{d}{dr}(r^2\phi) \right\}$$
$$= -i\hbar(\phi + r\phi') + \frac{i\hbar}{r}(2r\phi + r^2\phi') = i\hbar\phi$$

と計算できるので，$[\hat{r}, \hat{p}_r] = i\hbar$ となり，正準交換関係が成り立つことが示せた．この交換関係により，不確定性関係は $\Delta r \Delta p_r \geq \frac{\hbar}{2}$ となることがわかる．

16.4 (1) まず $\psi(x) = Ae^{-a|x|}$ とおいて規格化定数 $A (> 0)$ を決定する．$\psi(x)$ は偶関数なので
$$1 = \int_{-\infty}^{\infty} |\psi(x)|^2 dx = 2A^2 \int_0^\infty e^{-2ax} dx = \frac{A^2}{a}$$
より規格化定数が $A = \sqrt{a}$ と定まる．これより $\psi(x) = \sqrt{a}\, e^{-a|x|}$ を得る．x の期待値 $\langle x \rangle$ は $\psi(x)$ が偶関数なので 0 となる．また，$\langle x^2 \rangle$ は
$$\langle x^2 \rangle = \int_{-\infty}^{\infty} \psi^*(x) x^2 \psi(x) dx$$
$$= 2a \int_0^\infty x^2 e^{-2ax} dx = \frac{1}{2a^2}$$

(2) フーリエ変換
$$\widetilde{\psi}(p) = \frac{1}{\sqrt{2\pi\hbar}} \int_{-\infty}^{\infty} \psi(x) e^{-\frac{ipx}{\hbar}} dx$$
を計算する．これは
$$\widetilde{\psi}(p) = \frac{\sqrt{a}}{\sqrt{2\pi\hbar}} \int_{-\infty}^{\infty} e^{-a|x|} e^{-\frac{ipx}{\hbar}} dx$$
$$= \sqrt{\frac{a}{2\pi\hbar}} \left(\int_{-\infty}^0 e^{ax - \frac{ipx}{\hbar}} dx \right.$$
$$\left. + \int_0^\infty e^{-ax - \frac{ipx}{\hbar}} dx \right)$$
$$= \sqrt{\frac{a}{2\pi\hbar}} \left\{ \int_0^\infty e^{-\left(a - \frac{ip}{\hbar}\right)x} dx \right.$$
$$\left. + \int_0^\infty e^{-ax - \frac{ipx}{\hbar}} dx \right\}$$
$$= \sqrt{\frac{a}{2\pi\hbar}} \left(\frac{1}{a - \frac{ip}{\hbar}} + \frac{1}{a + \frac{ip}{\hbar}} \right)$$
$$= \sqrt{\frac{a}{2\pi\hbar}} \left(\frac{2a\hbar^2}{a^2\hbar^2 + p^2} \right)$$
のようになる．$\widetilde{\psi}(p)$ は偶関数なので $\langle p \rangle = 0$ であり，$\langle p^2 \rangle$ は
$$\langle p^2 \rangle = \int_{-\infty}^{\infty} \widetilde{\psi}^*(p) p^2 \widetilde{\psi}(p) dp$$
$$= \frac{4a^3\hbar^4}{2\pi\hbar} \int_{-\infty}^{\infty} dp \frac{p^2}{(p^2 + a^2\hbar^2)^2}$$
ここで積分公式

$$\int_{-\infty}^{\infty} \frac{x^2}{(x^2 + b^2)^2} dx = \frac{\pi}{2b} \qquad ①$$

を用いると ＜注参照＞，$\langle p^2 \rangle = a^2\hbar^2$ を得る．

注 ①は次のように計算できます．最後に $x = b\tan\theta$ とおいて置換積分します．
$$\int_{-\infty}^{\infty} \frac{x^2}{(x^2 + b^2)^2} dx$$
$$= \int_{-\infty}^{\infty} \left\{ \frac{x^2 + b^2 - b^2}{(x^2 + b^2)^2} \right\} dx$$
$$= \int_{-\infty}^{\infty} \frac{dx}{x^2 + b^2} - b^2 \int_{-\infty}^{\infty} \frac{dx}{(x^2 + b^2)^2}$$
$$= \frac{\pi}{b} - \frac{\pi}{2b} = \frac{\pi}{2b}$$

(3) (1),(2) より $(\Delta x)^2 = \frac{1}{2a^2}$, $(\Delta p)^2 = a^2\hbar^2$ であり，$\Delta x \Delta p = \frac{\hbar}{\sqrt{2}}$

16.5 交換関係 $[\hat{A}, \hat{B}] = i\hat{C}$ に対して，状態 $|m\rangle$ に対する期待値を $\langle m | \cdots | m \rangle$ のように書くと，不確定性関係が
$$\Delta A \Delta B \geq \frac{|\langle m | \hat{C} | m \rangle|}{2}$$
のように書ける．ここで角運動量の交換関係 $[\hat{l}_x, \hat{l}_y] = i\hbar \hat{l}_z$ を用いると次が成り立つ．
$$\Delta l_x \Delta l_y \geq \frac{\hbar}{2} |\langle m | \hat{l}_z | m \rangle| = \frac{1}{2}(m\hbar^2)$$

16.6 (1) 部分積分を用いて $\langle \varphi f | \hat{l}_z f \rangle$ を計算すると
$$\langle \varphi f | \hat{l}_z f \rangle$$
$$= \int_0^{2\pi} \varphi f^*(\varphi) (-i\hbar) \frac{df}{d\varphi} d\varphi$$
$$= [\varphi f^*(\varphi)(-i\hbar) f(\varphi)]_0^{2\pi}$$
$$\quad - \int_0^{2\pi} \left(f^*(\varphi) + \varphi \frac{df^*}{d\varphi} \right)(-i\hbar) f(\varphi) d\varphi$$
$$= -2\pi i\hbar |f(0)|^2 + \int_0^{2\pi} f^*(\varphi)(i\hbar) f(\varphi) d\varphi$$
$$\quad + \int_0^{2\pi} \left(i\hbar \frac{df^*}{d\varphi} \right) \varphi f(\varphi) d\varphi$$
$$= -2\pi i\hbar |f(0)|^2 + \langle f | i\hbar | f \rangle + \langle \hat{l}_z f | \varphi f \rangle \quad ①$$

を得る．①より所望の式が示せた．

(2) ①より

$$\langle f|[\widehat{\varphi},\widehat{l}_z]|f\rangle = i\hbar - i2\pi\hbar|f(0)|^2$$

が得られ，この交換関係より不確定性の積が

$$(\Delta\varphi)^2(\Delta\widehat{l}_z)^2 \geq \frac{\hbar^2}{4}(1-2\pi|f(0)|^2)^2 \leq \frac{\hbar^2}{4}$$

と評価できる．これより，角度と角運動量の間に不確定性関係が成り立たないことがわかる．

第 17 章

17.1 (1) まず自然数 n に対して $[\widehat{A},\widehat{A}^n]=0$ が成り立つことを示す．これは帰納法で $n=1$ のときは自明．$n=k$ のときに $[\widehat{A},\widehat{A}^k]=0$ が成り立つと仮定すると，

$$[\widehat{A},\widehat{A}^{k+1}] = [\widehat{A},\widehat{A}^k\widehat{A}]$$
$$= \widehat{A}^k[\widehat{A},\widehat{A}]+[\widehat{A},\widehat{A}^k]\widehat{A}=0$$

が成り立つから $n=k+1$ でも成り立つ．これより自然数 n に対して $[\widehat{A},\widehat{A}^n]=0$ が成り立つ．これを用いると，$e^{\widehat{A}}$ のマクローリン展開を考えて

$$[\widehat{A},e^{\widehat{A}}] = \sum_{n=0}^{\infty}\frac{1}{n!}[\widehat{A},\widehat{A}^n]=0$$

と書けるので，主張は成り立つ．

(2) 再びマクローリン展開を用いて，

$$(e^{ia\widehat{A}})^\dagger$$
$$= \left\{\sum_{n=0}^{\infty}\frac{(ia\widehat{A})^n}{n!}\right\}^\dagger = \sum_{n=0}^{\infty}\frac{1}{n!}\{(ia\widehat{A})^n\}^\dagger$$
$$= \sum_{n=0}^{\infty}\frac{1}{n!}(-ia\widehat{A})^n = e^{-ia\widehat{A}} = (e^{ia\widehat{A}})^{-1}$$

となりユニタリ演算子であることが示せた．

17.2 $\widehat{f}(t)=e^{t\widehat{A}}\widehat{B}e^{-t\widehat{A}}$ とおいて微分すると

$$\widehat{f}'(t) = e^{t\widehat{A}}\widehat{A}\widehat{B}e^{-t\widehat{A}} - e^{t\widehat{A}}\widehat{B}\widehat{A}e^{-t\widehat{A}}$$
$$= e^{t\widehat{A}}[\widehat{A},\widehat{B}]e^{-t\widehat{A}}$$

および

$$\widehat{f}''(t) = e^{t\widehat{A}}[\widehat{A},[\widehat{A},\widehat{B}]]e^{-t\widehat{A}}$$
$$\widehat{f}'''(t) = e^{t\widehat{A}}[\widehat{A},[\widehat{A},[\widehat{A},\widehat{B}]]]e^{-t\widehat{A}}$$

となり，$\widehat{f}(t)$ をマクローリン展開すると

$$\widehat{f}(t) = \widehat{f}(0) + \widehat{f}'(0)t + \frac{1}{2!}\widehat{f}''(0)t^2 + \cdots$$
$$= \widehat{B} + t[\widehat{A},\widehat{B}] + \frac{1}{2!}t^2[\widehat{A},[\widehat{A},\widehat{B}]] + \cdots$$
①

となり，$t=1$ として所望の式を得る．

17.3 演習問題 17.2 と同様に $\widehat{f}(t)=\exp(t\widehat{A})\exp(t\widehat{B})$ とおいて微分すると

$$\widehat{f}'(t) = \widehat{A}\exp(t\widehat{A})\exp(t\widehat{B})$$
$$+ \exp(t\widehat{A})\widehat{B}\exp(t\widehat{B})$$
$$= \exp(t\widehat{A})(\widehat{A}+\widehat{B})\exp(t\widehat{B})$$
$$= \underbrace{\exp(t\widehat{A})(\widehat{A}+\widehat{B})\exp(-t\widehat{A})}_{\widehat{g}(t)\text{ とおく}}$$
$$\times \exp(t\widehat{A})\exp(t\widehat{B})$$
$$= \widehat{g}(t)\widehat{f}(t)$$

と書け，微分方程式 $\frac{d}{dt}\widehat{f} = \widehat{g}(t)\widehat{f}(t)$ が得られ，

$$\widehat{f}(t) = \exp\left(\int_0^t \widehat{g}(t')dt'\right)$$

の形をしていることがわかる（微分してみると正しいことが確かめられる）．ここで $\widehat{g}(t)$ は演習問題 17.2 の①において $\widehat{B}\to\widehat{A}+\widehat{B}$ と書き換えると

$$\widehat{g}(t) = \exp(t\widehat{A})(\widehat{A}+\widehat{B})\exp(-t\widehat{A})$$
$$= \widehat{A}+\widehat{B} + t[\widehat{A},\widehat{A}+\widehat{B}]$$
$$+ \frac{1}{2!}t^2[\widehat{A},[\widehat{A},\widehat{A}+\widehat{B}]] + \cdots$$
$$= \widehat{A}+\widehat{B} + t[\widehat{A},\widehat{B}] + \frac{1}{2!}t^2[\widehat{A},[\widehat{A},\widehat{B}]] + \cdots$$

と書け，両辺を積分すると

$$\int_0^t \widehat{g}(t')dt' = (\widehat{A}+\widehat{B})t + \frac{1}{2!}[\widehat{A},\widehat{B}]t^2$$
$$+ \frac{1}{3!}[\widehat{A},[\widehat{A},\widehat{B}]]t^3 + \cdots$$

となるので，これを指数関数の肩に乗せ，

$$\widehat{f}(t) = \exp\bigg\{(\widehat{A}+\widehat{B})t + \frac{1}{2!}[\widehat{A},\widehat{B}]t^2$$
$$+ \frac{1}{3!}[\widehat{A},[\widehat{A},\widehat{B}]]t^3 + \cdots\bigg\}$$

となり，$t=1$ とすることで所望の式を得る．

17.4 (1) $\widehat{U}^\dagger = e^{\frac{ia\widehat{p}}{\hbar}} = \widehat{U}^{-1}$ より $\widehat{U}$ はユニタリ演算子であることが確かめられる．

(2) 演習問題 17.2 で求めた公式を用いると，次のようになる．

$$\widehat{U}^{-1}\widehat{x}\widehat{U} = e^{\frac{ia\widehat{p}}{\hbar}}\widehat{x}e^{-\frac{ia\widehat{p}}{\hbar}}$$
$$= \widehat{x} + \left[\frac{ia}{\hbar}\widehat{p}, \widehat{x}\right] = \widehat{x} + a$$

これで $\widehat{U}$ が座標を $x \to x + a$ に推進する演算子であることが確かめられる．

17.5 (1) 演習問題 17.4 と同様に演習問題 17.2 で求めた公式を用いる．

$$\widehat{\mathcal{U}}^{-1}\widehat{x}\widehat{\mathcal{U}} = \widehat{x} + \left[-\frac{i}{\hbar}(mv\widehat{x} - vt\widehat{p}), \widehat{x}\right] = \widehat{x} + vt$$
$$\widehat{\mathcal{U}}^{-1}\widehat{p}\widehat{\mathcal{U}} = \widehat{p} + \left[-\frac{i}{\hbar}(mv\widehat{x} - vt\widehat{p}), \widehat{p}\right] = \widehat{p} + mv$$

となり，所望の結果を得る．並進変換になっており，この $\widehat{\mathcal{U}}$ はガリレイ変換を担う．

(2) $[\widehat{A}, \widehat{B}]$ が定数のとき，

$$\exp(\widehat{A} + \widehat{B}) = \exp\left(-\frac{[\widehat{A}, \widehat{B}]}{2}\right)\exp(\widehat{A})\exp(\widehat{B})$$

が成り立つことから，

$$\widehat{\mathcal{U}} = \exp\left\{\frac{i}{\hbar}(mv\widehat{x} - vt\widehat{p})\right\}$$
$$= \exp\left(\frac{i}{\hbar}mv\widehat{x}\right)\exp\left(-\frac{i}{\hbar}vt\widehat{p}\right)$$
$$\times \exp\left(-\frac{1}{2}\left[\frac{imv\widehat{x}}{\hbar}, \frac{-ivt\widehat{p}}{\hbar}\right]\right)$$
$$= \exp\left(\frac{i}{\hbar}mv\widehat{x}\right)\exp\left(-\frac{i}{\hbar}vt\widehat{p}\right)$$
$$\times \exp\left(-\frac{i}{2\hbar}mv^2t\right)$$

と書ける．これを用いると

$$i\hbar\frac{d}{dt}\widehat{\mathcal{U}} = \widehat{\mathcal{U}}v\widehat{p} + \widehat{\mathcal{U}}\frac{mv^2}{2}$$

となることがわかる．

(3) ガリレイ変換を受けた後でのシュレディンガー方程式は

$$i\hbar\frac{d}{dt}|\psi'(t)\rangle = \widehat{H}'|\psi'(t)\rangle$$

と書け，

$$i\hbar\frac{d}{dt}|\psi'(t)\rangle = i\hbar\frac{d}{dt}\widehat{\mathcal{U}}|\psi(t)\rangle$$
$$= i\hbar\left(\frac{d}{dt}\widehat{\mathcal{U}}\right)|\psi(t)\rangle + \widehat{\mathcal{U}}\underbrace{i\hbar\frac{d}{dt}|\psi(t)\rangle}_{\widehat{H}|\psi(t)\rangle}$$
$$= \widehat{\mathcal{U}}\left(v\widehat{p} + \frac{mv^2}{2} + \widehat{H}\right)|\psi(t)\rangle$$
$$\widehat{H}'|\psi'(t)\rangle = \widehat{H}'\widehat{\mathcal{U}}|\psi(t)\rangle$$

により次が成り立つことがわかる．

$$\widehat{\mathcal{U}}\left(v\widehat{p} + \frac{mv^2}{2} + \widehat{H}\right)\widehat{\mathcal{U}}^{-1} = \widehat{H}'$$

(4) まず $\frac{\widehat{p}^2}{2m}$ をユニタリ変換する．

$$\left[-\frac{i}{\hbar}(mv\widehat{x} - vt\widehat{p}), \widehat{p}^2\right] = 2mv\widehat{p}$$

に注意して，

$$\widehat{\mathcal{U}}^{-1}\widehat{p}^2\widehat{\mathcal{U}} = \widehat{p}^2 + \left[-\frac{i}{\hbar}(mv\widehat{x} - vt\widehat{p}), \widehat{p}^2\right]$$
$$+ \frac{1}{2}\left[-\left[\widehat{p}^2, \frac{i}{\hbar}(mv\widehat{x} - vt\widehat{p})\right], \widehat{p}^2\right]$$
$$= \widehat{p}^2 + 2mv\widehat{p}$$

と計算できるので

$$\widehat{\mathcal{U}}^{-1}\widehat{H}'\widehat{\mathcal{U}} = \frac{\widehat{p}^2}{2m} + v\widehat{p}$$

となる．これより (3) の結果

$$\left(v\widehat{p} + \frac{mv^2}{2} + \widehat{H}\right) = \widehat{\mathcal{U}}^{-1}\widehat{H}'\widehat{\mathcal{U}} = \frac{\widehat{p}^2}{2m} + v\widehat{p}$$

と合わせて

$$\widehat{H} = \frac{\widehat{p}^2}{2m} - \frac{1}{2}mv^2$$

と書くことができる．この関係から，自由粒子に対してガリレイ変換を施してやると，ハミルトニアンはブーストされた速度の分だけ運動エネルギーが増すことがわかる．

17.6 (1) 次のように計算できる．

$$U_z(\theta) = e^{-i\theta\sigma_z} = \sum_{n=0}^{\infty}\frac{(-i\theta\sigma_z)^n}{n!}$$
$$= I\sum_{m=0}^{\infty}\frac{(-1)^m}{(2m)!}\theta^{2m}\sigma_z^{2m}$$

$$-i\sigma_z \sum_{m=0}^{\infty} \frac{(-1)^m}{(2m+1)!} \theta^{2m+1} \sigma_z^{2m}$$
$$= I\cos\theta - i\sigma_z \sin\theta$$

$$I = \begin{pmatrix} 1 & 0 \\ 0 & 1 \end{pmatrix}, \sigma_z = \begin{pmatrix} 1 & 0 \\ 0 & -1 \end{pmatrix} \text{より}$$

$$I\cos\theta - i\sigma_z \sin\theta$$
$$= \begin{pmatrix} 1 & 0 \\ 0 & 1 \end{pmatrix}\cos\theta - \begin{pmatrix} 1 & 0 \\ 0 & -1 \end{pmatrix} i\sin\theta$$
$$= \begin{pmatrix} \cos\theta - i\sin\theta & 0 \\ 0 & \cos\theta + i\sin\theta \end{pmatrix}$$
$$= \begin{pmatrix} e^{-i\theta} & 0 \\ 0 & e^{i\theta} \end{pmatrix}$$

(2) (1) と同様に
$$\sigma'_x = \cos\theta\sigma_x - \sin\theta\sigma_y$$
$$\sigma'_y = \sin\theta\sigma_x + \cos\theta\sigma_y$$

と計算できる．よって
$$\begin{pmatrix} \sigma'_x \\ \sigma'_y \end{pmatrix} = \begin{pmatrix} \cos\theta & -\sin\theta \\ \sin\theta & \cos\theta \end{pmatrix}\begin{pmatrix} \sigma_x \\ \sigma_y \end{pmatrix}$$

と書け，z 軸のまわりを回る回転の性質が浮彫りになる．一方で $\sigma_z' = U_z^{-1}\sigma_z U_z$ が成り立っており，これは回転不変性を表している．

17.7 (1) 次のように計算できるので正しい．
$$i\hbar \frac{\partial}{\partial t}\psi(x,t) = i\hbar \left(\frac{d}{dt}U(t)\right)\varphi(x)$$
$$= i\hbar \frac{-i}{\hbar}\widehat{H}U(t)\varphi(x) = \widehat{H}\psi(x,t)$$

(2) 次のように計算できる．
$$[\widehat{x}, \widehat{H}] = \frac{1}{2m}[\widehat{x}, \widehat{p}\widehat{p}]$$
$$= \frac{1}{2m}(\widehat{p}[\widehat{x},\widehat{p}] + [\widehat{x},\widehat{p}]\widehat{p}) = \frac{i\hbar}{m}\widehat{p}$$
$$[\widehat{p}, \widehat{H}] = [\widehat{p}, V(x)] = -i\hbar \frac{dV}{dx}$$

(3) 次のように計算できるので OK．
$$\frac{d}{dt}\widehat{x}_\mathrm{H} = \frac{d}{dt}\left(e^{\frac{it\widehat{H}}{\hbar}}\widehat{x}e^{-\frac{it\widehat{H}}{\hbar}}\right)$$

$$= \frac{i\widehat{H}}{\hbar}e^{\frac{it\widehat{H}}{\hbar}}\widehat{x}e^{-\frac{it\widehat{H}}{\hbar}} + e^{\frac{it\widehat{H}}{\hbar}}\widehat{x}\frac{-i\widehat{H}}{\hbar}e^{-\frac{it\widehat{H}}{\hbar}}$$
$$= \frac{1}{i\hbar}e^{\frac{it\widehat{H}}{\hbar}}[\widehat{x},\widehat{H}]e^{-\frac{it\widehat{H}}{\hbar}}$$
$$\stackrel{(2)}{=} \frac{1}{i\hbar}e^{\frac{it\widehat{H}}{\hbar}}\frac{i\hbar\widehat{p}}{m}e^{-\frac{it\widehat{H}}{\hbar}}$$
$$= \frac{\widehat{p}_\mathrm{H}(t)}{m}$$

(4) (3) と同様に
$$\frac{d}{dt}\widehat{p}_\mathrm{H} = \frac{1}{i\hbar}e^{\frac{it\widehat{H}}{\hbar}}[\widehat{p},\widehat{H}]e^{-\frac{it\widehat{H}}{\hbar}}$$
$$= -V'(\widehat{x}_\mathrm{H}) = -a$$

と計算できることから，$\widehat{p}_\mathrm{H} = -at + \widehat{p}$ が成り立つ（$t=0$ で両辺一致）．
(3) の結果より
$$\frac{d}{dt}\widehat{x}_\mathrm{H} = \frac{1}{m}(-at + \widehat{p})$$
$$\therefore \widehat{x}_\mathrm{H} = \widehat{x} + \frac{\widehat{p}}{m}t - \frac{1}{2m}at^2$$

となり，所望の式を得る．（$t=0$ で両辺一致）

第 18 章

18.1
$$\widehat{j}^2 = (\widehat{j}_1 + \widehat{j}_2)^2 = \widehat{j}_1^2 + \widehat{j}_1\widehat{j}_2 + \widehat{j}_2\widehat{j}_1 + \widehat{j}_2^2$$
$$\widehat{j}_z = \widehat{j}_{1z} + \widehat{j}_{2z}$$

と書け，$\widehat{j}_1^2, \widehat{j}_2^2, \widehat{j}_{1z}, \widehat{j}_{2z}$ がそれぞれ可換であることから，$[\widehat{j}^2, \widehat{j}_z] = 0$ が従う．

18.2 $j_1 = 1, j_2 = \frac{1}{2}$ より，合成角運動量の大きさ j の取りうる値は $\frac{3}{2}, \frac{1}{2}$ であり，合成角運動量の z 成分の値 m の取りうる値は $j = \frac{3}{2}$ のとき $\frac{3}{2}, \frac{1}{2}, -\frac{1}{2}, -\frac{3}{2}$ であり，$j = \frac{1}{2}$ のとき $\frac{1}{2}, -\frac{1}{2}$ である．以下，合成角運動量の固有状態 $|1\frac{1}{2}jm\rangle$ を単に $|jm\rangle$ と略記する．また，角運動量の直積状態を $|\ \rangle_1|\ \rangle_2$ のように添字をつけて表す．

$$(2j_1 + 1)(2j_2 + 1) = 3 \times 2 = 6$$

より，全部で 6 つの合成状態が存在する．これらを求める．

手順 (1)　まず $|\frac{3}{2}\frac{3}{2}\rangle = |11\rangle_1|\frac{1}{2}\frac{1}{2}\rangle_2$ が成り立つことに注意する．

手順 (2)　次に (1) で得た式の両辺に合成角運

動量の下降演算子 $\hat{j}_- = \hat{j}_{1-} + \hat{j}_{2-}$ を掛けると

$\left|\dfrac{3}{2}\dfrac{1}{2}\right\rangle$

$= \sqrt{\dfrac{1}{(\frac{3}{2}+\frac{3}{2})(\frac{3}{2}-\frac{3}{2}+1)}}\hat{j}_-\left|\dfrac{3}{2}\dfrac{3}{2}\right\rangle$

$= \dfrac{1}{\sqrt{3}}(\hat{j}_{1-}+\hat{j}_{2-})|11\rangle_1\left|\dfrac{1}{2}\dfrac{1}{2}\right\rangle_2$

$= \dfrac{1}{\sqrt{3}}\sqrt{(1+1)(1-1+1)}|10\rangle_1\left|\dfrac{1}{2}\dfrac{1}{2}\right\rangle_2$

$\quad + \dfrac{1}{\sqrt{3}}\sqrt{\left(\dfrac{1}{2}+\dfrac{1}{2}\right)\left(\dfrac{1}{2}-\dfrac{1}{2}+1\right)}|11\rangle_1\left|\dfrac{1}{2}\dfrac{-1}{2}\right\rangle_2$

$= \sqrt{\dfrac{2}{3}}|10\rangle_1\left|\dfrac{1}{2}\dfrac{1}{2}\right\rangle_2 + \dfrac{1}{\sqrt{3}}|11\rangle_1\left|\dfrac{1}{2}\dfrac{-1}{2}\right\rangle_2$

が得られる．同様にして上の式にさらに下降演算子を掛けることで

$\left|\dfrac{3}{2}\dfrac{-1}{2}\right\rangle$

$= \dfrac{1}{\sqrt{(\frac{3}{2}+\frac{1}{2})(\frac{3}{2}-\frac{1}{2}+1)}}\hat{j}_-\left|\dfrac{3}{2}\dfrac{1}{2}\right\rangle$

$= \dfrac{1}{2}(\hat{j}_{1-}+\hat{j}_{2-})$

$\quad \times \left(\sqrt{\dfrac{2}{3}}|10\rangle_1\left|\dfrac{1}{2}\dfrac{1}{2}\right\rangle_2 + \sqrt{\dfrac{1}{3}}|11\rangle_1\left|\dfrac{1}{2}\dfrac{-1}{2}\right\rangle_2\right)$

$= \dfrac{1}{\sqrt{6}}\left(\hat{j}_{1-}|10\rangle_1\left|\dfrac{1}{2}\dfrac{1}{2}\right\rangle_2 + |10\rangle_1\hat{j}_{2-}\left|\dfrac{1}{2}\dfrac{1}{2}\right\rangle_2\right)$

$\quad + \dfrac{1}{2\sqrt{3}}\left(\hat{j}_{1-}|11\rangle_1\left|\dfrac{1}{2}\dfrac{-1}{2}\right\rangle_2 + |11\rangle_1\hat{j}_{2-}\left|\dfrac{1}{2}\dfrac{-1}{2}\right\rangle_2\right)$

$= \dfrac{1}{\sqrt{3}}|1-1\rangle_1\left|\dfrac{1}{2}\dfrac{1}{2}\right\rangle_2 + \sqrt{\dfrac{2}{3}}|10\rangle_1\left|\dfrac{1}{2}\dfrac{-1}{2}\right\rangle_2$

を得る．さらに下降演算子を掛けて次を得る．

$\left|\dfrac{3}{2}\dfrac{-3}{2}\right\rangle$

$= \dfrac{1}{\sqrt{(\frac{3}{2}-\frac{1}{2})(\frac{3}{2}+\frac{1}{2}+1)}}\hat{j}_-\left|\dfrac{3}{2}\dfrac{-1}{2}\right\rangle$

$= \dfrac{1}{\sqrt{3}}(\hat{j}_{1-}+\hat{j}_{2-})$

$\quad \times \left(\dfrac{1}{\sqrt{3}}|1-1\rangle_1\left|\dfrac{1}{2}\dfrac{1}{2}\right\rangle_2 + \sqrt{\dfrac{2}{3}}|10\rangle_1\left|\dfrac{1}{2}\dfrac{-1}{2}\right\rangle_2\right)$

$= |1-1\rangle_1\left|\dfrac{1}{2}\dfrac{-1}{2}\right\rangle_2$

手順 (3)　次に

$\left|\dfrac{1}{2}\dfrac{1}{2}\right\rangle = c_1|11\rangle_1\left|\dfrac{1}{2}\dfrac{-1}{2}\right\rangle_2 + c_2|10\rangle_1\left|\dfrac{1}{2}\dfrac{1}{2}\right\rangle_2$

とおく．規格化条件 $|c_1|^2 + |c_2|^2 = 1$ と直交条件

$\left\langle\dfrac{3}{2}\dfrac{1}{2}\bigg|\dfrac{1}{2}\dfrac{1}{2}\right\rangle = \dfrac{1}{\sqrt{3}}c_1 + \sqrt{\dfrac{2}{3}}c_2 = 0$

からこれらは $c_1 = \sqrt{\dfrac{2}{3}}, c_2 = -\dfrac{1}{\sqrt{3}}$ と決定される．これより

$\left|\dfrac{1}{2}\dfrac{1}{2}\right\rangle = \sqrt{\dfrac{2}{3}}|11\rangle_1\left|\dfrac{1}{2}\dfrac{-1}{2}\right\rangle_2 - \dfrac{1}{\sqrt{3}}|10\rangle_1\left|\dfrac{1}{2}\dfrac{1}{2}\right\rangle_2$

次が得られる．

手順 (4)　$\left|\dfrac{1}{2}\dfrac{1}{2}\right\rangle$ に下降演算子を掛けて

$\left|\dfrac{1}{2}\dfrac{-1}{2}\right\rangle$

$= \dfrac{1}{\sqrt{(\frac{1}{2}+\frac{1}{2})(\frac{1}{2}-\frac{1}{2}+1)}}\hat{j}_-\left|\dfrac{1}{2}\dfrac{1}{2}\right\rangle$

$= \sqrt{\dfrac{2}{3}}\left(\hat{j}_{1-}|11\rangle_1\left|\dfrac{1}{2}\dfrac{-1}{2}\right\rangle_2 + |11\rangle_1\hat{j}_{2-}\left|\dfrac{1}{2}\dfrac{-1}{2}\right\rangle_2\right)$

$\quad - \sqrt{\dfrac{1}{3}}\left(\hat{j}_{1-}|10\rangle_1\left|\dfrac{1}{2}\dfrac{1}{2}\right\rangle_2 + |10\rangle_1\hat{j}_{2-}\left|\dfrac{1}{2}\dfrac{1}{2}\right\rangle_2\right)$

$= \sqrt{\dfrac{1}{3}}|10\rangle_1\left|\dfrac{1}{2}\dfrac{-1}{2}\right\rangle_2 - \sqrt{\dfrac{2}{3}}|1-1\rangle_1\left|\dfrac{1}{2}\dfrac{1}{2}\right\rangle_2$

を得る．これで全ての合成状態が直積状態の線形結合で表せた．

18.3 (1) $j = \dfrac{3}{2}, \dfrac{1}{2}$

(2) $\hat{\boldsymbol{j}} = \hat{\boldsymbol{l}} + \hat{\boldsymbol{s}}$ より $\hat{\boldsymbol{j}}^2 = \hat{\boldsymbol{l}}^2 + 2\hat{\boldsymbol{l}}\cdot\hat{\boldsymbol{s}} + \hat{\boldsymbol{s}}^2$ と書け，$\hat{\boldsymbol{l}}\cdot\hat{\boldsymbol{s}} = \dfrac{\hat{\boldsymbol{j}}^2 - \hat{\boldsymbol{l}}^2 - \hat{\boldsymbol{s}}^2}{2}$ を得る．

(3)
$$\hat{H} = \dfrac{\hat{\boldsymbol{p}}^2}{2m} + V(r) + \lambda\hat{\boldsymbol{l}}\cdot\hat{\boldsymbol{s}}$$

の固有状態を $|\psi\rangle$ とおくと，

$\underbrace{\langle\psi|\hat{H}|\psi\rangle}_{E \text{ とおく}}$

$= \underbrace{\langle\psi|\left(\dfrac{\hat{\boldsymbol{p}}^2}{2m} + V(r)\right)|\psi\rangle}_{E_0 \text{ とおく}} + \lambda\langle\psi|\hat{\boldsymbol{l}}\cdot\hat{\boldsymbol{s}}|\psi\rangle$

と書くことができ，

$$E = E_0 + \lambda \left\langle \psi \left| \frac{\widehat{\boldsymbol{j}}^2 - \widehat{\boldsymbol{l}}^2 - \widehat{\boldsymbol{s}}^2}{2} \right| \psi \right\rangle$$

と書き,

$$E_{j=\frac{3}{2}} = E_0 + \frac{\lambda \hbar^2}{2} \left\{ \frac{3}{2} \left(\frac{3}{2} + 1 \right) - 1(1+1) \right.$$
$$\left. - \frac{1}{2} \left(\frac{1}{2} + 1 \right) \right\}$$
$$= E_0 + \frac{\lambda \hbar^2}{2}$$

および

$$E_{j=\frac{1}{2}} = E_0 + \frac{\lambda \hbar^2}{2}(-2) = E_0 - \lambda \hbar^2$$

を得る. これで $j = \frac{3}{2}, \frac{1}{2}$ のそれぞれのエネルギーが得られた.

18.4 (1) 演習問題 18.3 と同様に $\widehat{\boldsymbol{L}} \cdot \widehat{\boldsymbol{S}} = \frac{\widehat{\boldsymbol{J}}^2 - \widehat{\boldsymbol{L}}^2 - \widehat{\boldsymbol{S}}^2}{2}$ と書くことができ, これより

$$\widehat{\boldsymbol{L}} \cdot \widehat{\boldsymbol{S}} |Jm\rangle$$
$$= \frac{\hbar^2 J(J+1) - \hbar^2 L(L+1) - \hbar^2 S(S+1)}{2} |Jm\rangle$$

を得て, 所望の式が導けた.

(2) $\widehat{\boldsymbol{L}} + 2\widehat{\boldsymbol{S}} = g_J \widehat{\boldsymbol{J}} + \widehat{\boldsymbol{J}}'$ の両辺に $\widehat{\boldsymbol{J}}$ を内積させて, $\widehat{\boldsymbol{J}} = \widehat{\boldsymbol{L}} + \widehat{\boldsymbol{S}}$ に注意して $|Jm\rangle$ に作用させると

$$\{L(L+1)\hbar^2 + \widehat{\boldsymbol{L}} \cdot \widehat{\boldsymbol{S}}$$
$$+ 2\widehat{\boldsymbol{S}} \cdot \widehat{\boldsymbol{L}} + 2\hbar^2 S(S+1)\}|Jm\rangle$$
$$= g_J \hbar^2 J(J+1)|Jm\rangle$$

となる. 軌道角運動量とスピンは独立なので $\widehat{\boldsymbol{L}} \cdot \widehat{\boldsymbol{S}} = \widehat{\boldsymbol{S}} \cdot \widehat{\boldsymbol{L}}$ であることと, (1) に気をつけ, 左から $\langle Jm|$ を掛けて

$$L(L+1) + \frac{3}{2}\{J(J+1) - L(L+1)$$
$$- S(S+1)\} + 2S(S+1)$$
$$= g_J J(J+1)$$

を得る. これより所望の式が導ける.

18.5 (1)
$$2\boldsymbol{\sigma}_1 \cdot \boldsymbol{\sigma}_2 = (\boldsymbol{\sigma}_1 + \boldsymbol{\sigma}_2)^2 - \boldsymbol{\sigma}_1^2 - \boldsymbol{\sigma}_2^2$$
より
$$H = -\mu B \sigma_{1z} - \mu B \sigma_{2z} + \frac{1}{2}v(\sigma^2 - \sigma_1^2 - \sigma_2^2)$$

と書ける.

パウリ行列を用いてスピン行列を $\boldsymbol{S} = \frac{\hbar}{2}\boldsymbol{\sigma}$ とおき, ハミルトニアンをスピン行列で書き換えてから基本問題 18.2 で求めた合成状態を用いて

$$H|11\rangle$$
$$= \left[-2\mu B + \frac{2v}{\hbar^2} \right.$$
$$\times \left. \left\{1(1+1) - \frac{1}{2}\left(\frac{1}{2}+1\right) - \frac{1}{2}\left(\frac{1}{2}+1\right)\right\}\right]|11\rangle$$
$$= \left(-2\mu B + \frac{v}{\hbar^2}\right)|11\rangle$$
$$H|10\rangle = \frac{v}{\hbar^2}|10\rangle$$
$$H|1-1\rangle = \left(2\mu B + \frac{v}{\hbar^2}\right)|1-1\rangle$$
$$H|00\rangle$$
$$= 4\hbar^2 v \left\{0 \cdot (0+1) - \frac{1}{2}\left(\frac{1}{2}+1\right) - \frac{1}{2}\left(\frac{1}{2}+1\right)\right\}|00\rangle$$
$$= -6\hbar^2 v|00\rangle$$

と書くことができ, 全ての固有値が得られた.

(2) $S_x = S_{1x} + S_{2x}$ の固有状態を合成状態の線形結合で次のようにおく.

$$|x\rangle = a_1|11\rangle + a_0|10\rangle + a_{-1}|1-1\rangle + b|00\rangle$$

このとき, $S_x = S_{1x} + S_{2x}$ を左から掛け, 昇降演算子を用いて

$$S_x|x\rangle = \frac{1}{2}(S_+ + S_-)|x\rangle$$
$$= \frac{\hbar}{\sqrt{2}}\{a_0|11\rangle + (a_1 + a_{-1})|10\rangle$$
$$+ a_0|1-1\rangle\}$$
$$= \hbar|x\rangle$$

とおいて規格化条件と直交性から $a_1 = \frac{1}{2}$, $a_0 = \frac{1}{\sqrt{2}}$, $a_{-1} = \frac{1}{2}$, $b = 0$ を得る. 求めるべきは $\langle S_x \rangle = \langle \alpha | e^{\frac{itH}{\hbar}} S_x e^{-\frac{itH}{\hbar}} |\alpha\rangle$ であり, 昇降演算子を用いてこれを計算すると

$$\langle S_x \rangle = \hbar \cos\left(\frac{2\mu B t}{\hbar}\right)$$

を得て, 合成スピンの期待値が回転していることがわかる.

18.6 合成状態を

$$|j_1 j_2 jm\rangle = \sum_{m_1,m_2} C^{jm}_{m_1 m_2} |j_1 m_1 j_2 m_2\rangle$$

のように展開し，左から合成角運動量の昇降演算子 $\hat{j}_\pm$ を掛けてやると左辺が

$$\hat{j}_\pm |j_1 j_2 jm\rangle = \sqrt{(j\mp m)(j\pm m+1)}\,|j_1 j_2 j(m\pm 1)\rangle$$

となり，右辺が

$$(\hat{j}_{1\pm} + \hat{j}_{2\pm}) \sum_{m_1,m_2} C^{jm}_{m_1 m_2} |j_1 m_1 j_2 m_2\rangle$$

$$= \sum_{m_1,m_2} C^{jm}_{m_1 m_2} (\hat{j}_{1\pm} + \hat{j}_{2\pm}) |j_1 m_1 j_2 m_2\rangle$$

$$= \sum_{m_1,m_2} C^{jm}_{m_1 m_2}$$
$$\times \sqrt{(j_1 \mp m_1)(j_1 \pm m_1 +1)}\,|j_1(m_1\pm 1)j_2 m_2\rangle$$
$$+ \sum_{m_1,m_2} C^{jm}_{m_1 m_2}$$
$$\times \sqrt{(j_2 \mp m_2)(j_2 \pm m_2 +1)}\,|j_1 m_1 j_2(m_2\pm 1)\rangle$$

と書ける．両辺それぞれに左から $\langle j_1 m_1 j_2 m_2|$ を掛けると，所望の式

$$\sqrt{(j\pm m)(j\mp m+1)}\,C^{j,m\mp 1}_{m_1 m_2}$$
$$= \sqrt{(j_1 \pm m_1 +1)(j_1 \mp m_1)}\,C^{jm}_{m_1\pm 1,m_2}$$
$$+ \sqrt{(j_2 \pm m_2 +1)(j_2 \mp m_2)}\,C^{jm}_{m_1,m_2\pm 1}$$

が得られる．

18.7 $(2j_1+1)(2j_2+1) = 3\times 3 = 9$ より，全部で9つの合成状態が存在する．演習問題 18.2 と同様なので詳細な計算は省略する．また，合成状態 $|jmj_1 j_2\rangle$ を省略して $|jm\rangle$ で表す．まず一番上の状態は $|22\rangle = |11\rangle \otimes |11\rangle$ であり，これに下降演算子を両辺に掛けて

$$|21\rangle = \sqrt{\frac{1}{2}}|10\rangle\otimes|11\rangle + \sqrt{\frac{1}{2}}|11\rangle\otimes|10\rangle$$

を得る．さらに両辺に下降演算子を掛けて

$$|20\rangle = \sqrt{\frac{1}{6}}|1\,-1\rangle\otimes|11\rangle + \frac{2}{\sqrt{6}}|10\rangle\otimes|10\rangle$$
$$+ \frac{1}{\sqrt{6}}|11\rangle\otimes|1\,-1\rangle$$

となり，さらに続けて下降演算子を掛けて

$$|2\,-1\rangle = \frac{1}{\sqrt{2}}|1\,-1\rangle\otimes|10\rangle + \frac{1}{\sqrt{2}}|10\rangle\otimes|1\,-1\rangle$$

を得る．さらに下降演算子を掛けて，最後に

$$|2\,-2\rangle = |1\,-1\rangle\otimes|1\,-1\rangle$$

が得られる．これで5つの状態が得られ，残り4つをこれから求める．

次に合成状態 $|11\rangle$ を求める．$m=1$ である状態は $|21\rangle$ だったから，$|21\rangle$ を構成する直積状態を用いて

$$|11\rangle = a|10\rangle\otimes|11\rangle + b|11\rangle\otimes|10\rangle$$

のように書ける．さらに $|21\rangle$ との直交条件から係数を類推し，

$$|11\rangle = \frac{1}{\sqrt{2}}|10\rangle\otimes|11\rangle - \frac{1}{\sqrt{2}}|11\rangle\otimes|10\rangle$$

と書ける．これの両辺に下降演算子を掛けて

$$|10\rangle = \frac{1}{\sqrt{2}}|1\,-1\rangle\otimes|11\rangle - \frac{1}{\sqrt{2}}|11\rangle\otimes|1\,-1\rangle$$

となり，さらに両辺に下降演算子を掛けて

$$|1\,-1\rangle = \frac{1}{\sqrt{2}}|1\,-1\rangle\otimes|10\rangle - \frac{1}{\sqrt{2}}|10\rangle\otimes|1\,-1\rangle$$

を得る．最後に $|00\rangle$ を求める．$m=0$ となる状態を全て考慮し，適当な係数を用いて

$$|00\rangle = c|1\,-1\rangle\otimes|11\rangle + d|10\rangle\otimes|10\rangle + e|11\rangle\otimes|1\,-1\rangle$$

とおくことができ，規格化条件と $|20\rangle$，$|10\rangle$ との直交性から

$$|00\rangle = \frac{1}{\sqrt{3}}|1\,-1\rangle\otimes|11\rangle - \frac{1}{\sqrt{3}}|10\rangle\otimes|10\rangle$$
$$+ \frac{1}{\sqrt{3}}|11\rangle\otimes|1\,-1\rangle$$

を得る．これで全ての合成状態が書き下せた．

18.8 全角運動量の大きさは $l+\frac{1}{2}, l-\frac{1}{2}$ であり，下降演算子の性質

$$|jm\rangle = \sqrt{\frac{(j+m)!}{(2j)!\,(j-m)!}}\,(\hat{j}_-)^{j-m}|jj\rangle$$

を用いて，$j = l+\frac{1}{2}$ として合成状態について次のように書ける．

$$\left|l+\frac{1}{2},m\right\rangle = \sqrt{\frac{(l+\frac{1}{2}+m)!}{(2l+1)!(l+\frac{1}{2}-m)!}}$$
$$\times \widehat{j}_-^{\,l+\frac{1}{2}-m}\left|l+\frac{1}{2},l+\frac{1}{2}\right\rangle$$

右辺を $\widehat{j}_- = \widehat{l}_- + \widehat{s}_-$ に気をつけて二項展開する．ここで右辺の合成状態は直積状態を用いて

$$\left|l+\frac{1}{2},l+\frac{1}{2}\right\rangle = |ll\rangle \otimes \left|\frac{1}{2}\,\frac{1}{2}\right\rangle$$

と書け，

$$\left\{\widehat{l}_-^{\,l+\frac{1}{2}-m} + \left(l+\frac{1}{2}-m\right)\widehat{l}_-^{\,l-m-\frac{1}{2}}\widehat{s}_- + \cdots \right\}$$
$$\times \left|l+\frac{1}{2},l+\frac{1}{2}\right\rangle$$
$$= \left\{\widehat{l}_-^{\,l+\frac{1}{2}-m} + \left(l+\frac{1}{2}-m\right)\widehat{l}_-^{\,l-m-\frac{1}{2}}\widehat{s}_- + \cdots \right\}$$
$$\times |ll\rangle \otimes \left|\frac{1}{2}\,\frac{1}{2}\right\rangle$$
$$= \left\{\widehat{l}_-^{\,l+\frac{1}{2}-m} + \left(l+\frac{1}{2}-m\right)\widehat{l}_-^{\,l-m-\frac{1}{2}}\widehat{s}_-\right\}$$
$$\times |ll\rangle \otimes \left|\frac{1}{2}\,\frac{1}{2}\right\rangle$$

と書ける．ここで $\widehat{s}_-^{\,2}\left|\frac{1}{2}\,\frac{1}{2}\right\rangle = 0$ となることに注意すれば $\cdots$ の部分が $\left|\frac{1}{2}\,\frac{1}{2}\right\rangle$ に掛けられたとき 0 になる．上式は

$$= \sqrt{\frac{(2l)!\,(l-m+\frac{1}{2})!}{(l+m-\frac{1}{2})!}}\left|l,m-\frac{1}{2}\right\rangle \otimes \left|\frac{1}{2}\,\frac{1}{2}\right\rangle$$
$$+ \left(l+\frac{1}{2}-m\right)\sqrt{\frac{(2l)!\,(l-m-\frac{1}{2})!}{(l+m+\frac{1}{2})!}}$$
$$\times \left|l,m+\frac{1}{2}\right\rangle \otimes \left|\frac{1}{2}\,\frac{-1}{2}\right\rangle$$

と書けて，これより合成状態が

$$\left|l+\frac{1}{2},m\right\rangle$$
$$= \sqrt{\frac{l+\frac{1}{2}+m}{2l+1}}\left|l,m-\frac{1}{2}\right\rangle \otimes \left|\frac{1}{2}\,\frac{1}{2}\right\rangle$$
$$+ \sqrt{\frac{l+\frac{1}{2}-m}{2l+1}}\left|l,m+\frac{1}{2}\right\rangle \otimes \left|\frac{1}{2}\,\frac{-1}{2}\right\rangle$$

となる．一方で $\left|l-\frac{1}{2},m\right\rangle$ を求める．角運動量の z 成分が m であることに注意すれば

$$\left|l-\frac{1}{2},m\right\rangle = \alpha \left|l,m-\frac{1}{2}\right\rangle \otimes \left|\frac{1}{2}\,\frac{1}{2}\right\rangle$$
$$+ \beta \left|l,m+\frac{1}{2}\right\rangle \otimes \left|\frac{1}{2}\,\frac{-1}{2}\right\rangle$$

と書け，これが $\left|l+\frac{1}{2},m\right\rangle$ と直交することから

$$\left|l-\frac{1}{2},m\right\rangle$$
$$= \sqrt{\frac{l+\frac{1}{2}-m}{2l+1}}\left|l,m-\frac{1}{2}\right\rangle \otimes \left|\frac{1}{2}\,\frac{1}{2}\right\rangle$$
$$- \sqrt{\frac{l+\frac{1}{2}+m}{2l+1}}\left|l,m+\frac{1}{2}\right\rangle \otimes \left|\frac{1}{2}\,\frac{-1}{2}\right\rangle$$

第 19 章

19.1 解析力学を思い出し，磁場中の粒子のハミルトニアンを構成する問題のため，解析力学を学習していない読者は読み飛ばしも可．

(1) ラグランジアンを偏微分する

$$\frac{\partial L}{\partial r_j} = \frac{\mathrm{e}}{c}\left(\frac{\partial A_i}{\partial r_j}\right)\dot{r}_i - \mathrm{e}\frac{\partial \phi}{\partial r_j} \quad \text{①}$$
$$\frac{\partial L}{\partial \dot{r}_j} = m\dot{r}_j - \frac{\mathrm{e}}{c}A_j \quad \text{②}$$

②をさらに時間 t で微分すると（全微分に注意して）

$$\frac{d}{dt}\left(\frac{\partial L}{\partial \dot{r}_j}\right) = m\ddot{r}_j + \frac{\mathrm{e}}{c}\left\{\frac{\partial A_j}{\partial t} + \frac{\partial A_j}{\partial r_i}\frac{dr_i}{dt}\right\} \quad \text{③}$$

より，オイラー–ラグランジュ方程式から①と③が等しく，

$$m\ddot{r}_j = -\mathrm{e}\frac{\partial \phi}{\partial r_j} - \frac{\mathrm{e}}{c}\frac{\partial A_j}{\partial t} + \frac{\mathrm{e}}{c}\dot{r}_i\left(\frac{\partial A_i}{\partial r_j} - \frac{\partial A_j}{\partial r_i}\right)$$
$$= \mathrm{e}E_j + \frac{\mathrm{e}}{c}\dot{r}_i\varepsilon_{ijk}B_k$$

となる．ベクトル表示すれば所望の運動方程式 $m\ddot{\boldsymbol{r}} = \mathrm{e}\boldsymbol{E} + \frac{\mathrm{e}}{c}\dot{\boldsymbol{r}}\times\boldsymbol{B}$ が得られる．

(2) $\boldsymbol{p} = \frac{\partial L}{\partial \dot{\boldsymbol{r}}} = m\dot{\boldsymbol{r}} + \frac{\mathrm{e}}{c}\boldsymbol{A}$ より力学的運動量 $\boldsymbol{\Pi} = m\dot{\boldsymbol{r}} = \boldsymbol{p} - \frac{\mathrm{e}}{c}\boldsymbol{A}$ が得られる．

(3) ルジャンドル変換により次を得る．

$$H = \boldsymbol{p}\cdot\frac{\boldsymbol{\Pi}}{m} - \frac{1}{2}m\left(\frac{\boldsymbol{\Pi}}{m}\right)^2 - \frac{\mathrm{e}}{c}\boldsymbol{A}\cdot\frac{\boldsymbol{\Pi}}{m} + \mathrm{e}\phi$$

$$= \frac{1}{2m}\boldsymbol{\Pi}^2 + \mathrm{e}\phi$$

19.2 磁場中のシュレディンガー方程式は次のように書ける.

$$i\hbar\frac{\partial}{\partial t}\psi = -\frac{\hbar^2}{2m}\left(\nabla - \frac{\mathrm{e}i}{\hbar c}\boldsymbol{A}\right)^2\psi \quad \text{①}$$

①の複素共役を取ると

$$-i\hbar\frac{\partial}{\partial t}\psi^* = -\frac{\hbar^2}{2m}\left(\nabla + \frac{\mathrm{e}i}{\hbar c}\boldsymbol{A}\right)^2\psi^* \quad \text{②}$$

となる. $\psi^*\times$①から $\psi\times$②を差し引くと次のようになる.

$$i\hbar\frac{\partial}{\partial t}\psi^*\psi$$

$$= -\frac{\hbar^2}{2m}\Bigg\{\psi^*\left(\nabla - \frac{i\mathrm{e}}{\hbar c}\boldsymbol{A}\right)^2\psi$$
$$\qquad -\psi\left(\nabla + \frac{i\mathrm{e}}{\hbar c}\boldsymbol{A}\right)^2\psi^*\Bigg\}$$

$$= -\frac{\hbar^2}{2m}\Bigg\{\psi^*\left(\nabla^2 - \frac{i\mathrm{e}}{\hbar c}\nabla\cdot\boldsymbol{A}\right.$$
$$\qquad\left. -\frac{i\mathrm{e}}{\hbar c}\boldsymbol{A}\cdot\nabla - \frac{\mathrm{e}^2}{\hbar^2 c^2}\boldsymbol{A}^2\right)\psi$$
$$\qquad -\psi\left(\nabla^2 + \frac{i\mathrm{e}}{\hbar c}\nabla\cdot\boldsymbol{A}\right.$$
$$\qquad\left. +\frac{i\mathrm{e}}{\hbar c}\boldsymbol{A}\cdot\nabla - \frac{\mathrm{e}^2}{\hbar^2 c^2}\boldsymbol{A}^2\right)\psi^*\Bigg\}$$

$$= -\frac{\hbar^2}{2m}$$
$$\times\Bigg\{\psi^*\nabla^2\psi - \psi\nabla^2\psi^* - \frac{2i\mathrm{e}}{\hbar c}\psi^*\boldsymbol{A}\cdot\nabla\psi$$
$$\qquad -\frac{2i\mathrm{e}}{\hbar c}\psi\boldsymbol{A}\cdot\nabla\psi^* - \frac{2i\mathrm{e}}{\hbar c}(\nabla\cdot\boldsymbol{A})\psi\psi^*\Bigg\}$$

$$= -\frac{\hbar^2}{2m}\nabla\cdot(\psi^*\nabla\psi - \psi\nabla\psi^*)$$
$$\qquad -\frac{i\hbar\mathrm{e}}{mc}\nabla\cdot(\boldsymbol{A}\psi^*\psi)$$

ここで $\nabla\cdot(\boldsymbol{A}\psi) = (\nabla\cdot\boldsymbol{A})\psi + \boldsymbol{A}\cdot(\nabla\psi)$ を用いていることに注意. 両辺整理して $\rho = \psi^*\psi$ より

$$\frac{\partial}{\partial t}\rho + \nabla\cdot\left(\frac{\hbar}{m}\mathrm{Im}(\psi^*\nabla\psi) - \frac{\mathrm{e}}{mc}\boldsymbol{A}\psi^*\psi\right) = 0$$

となることから, 連続方程式と比較して確率密度流 $\boldsymbol{j} = \frac{\hbar}{m}\mathrm{Im}(\psi^*\nabla\psi) - \frac{\mathrm{e}}{mc}\boldsymbol{A}\psi^*\psi$ を得る.

磁場無しの確率密度流の式 $\boldsymbol{j} = \frac{\hbar}{m}\mathrm{Im}(\psi^*\nabla\psi)$ に対して $\nabla \to \nabla - \frac{\mathrm{e}i}{\hbar c}\boldsymbol{A}$ と書き換えたものに一致することに注意して下さい. この書換えは正準運動量から力学的運動量への書換えに相当します.

19.3
$$\nabla\chi = -B\left(\frac{\partial}{\partial x}, \frac{\partial}{\partial y}, \frac{\partial}{\partial z}\right)(xy) = -B(y, x, 0)$$

よりゲージ変換したベクトルポテンシャルは $\boldsymbol{A} + \nabla\chi = -B(y, 0, 0)$ となる.

19.4 (1) $\nabla\times\boldsymbol{A} + \nabla\times\nabla\chi = \nabla\times\boldsymbol{A}$ よりベクトルポテンシャルはゲージ変換に対して不変.

(2)
$$[\widehat{\Pi}_i, f]\psi = \left[\widehat{p}_i - \frac{\mathrm{e}}{c}A_i, f\right]\psi$$
$$= [\widehat{p}_i, f]\psi = -i\hbar\left(\frac{\partial f}{\partial r_i}\right)\psi$$

より $f = e^{\frac{i\mathrm{e}}{c\hbar}\chi(\boldsymbol{r})}$ とすれば所望の式が得られる.

(3) $\frac{1}{2m}\left(\widehat{\Pi}_i - \frac{\mathrm{e}}{c}\partial_i\chi\right)^2\psi'$ を計算すれば良い. ここで $\partial_i = \frac{\partial}{\partial x_i}$ である. まず

$$\left(\widehat{\Pi}_i - \frac{\mathrm{e}}{c}\partial_i\chi\right)e^{\frac{i\mathrm{e}}{c\hbar}\chi}\psi$$
$$= \left[\widehat{\Pi}_i, e^{\frac{i\mathrm{e}}{c\hbar}\chi}\right]\psi + e^{\frac{i\mathrm{e}}{c\hbar}\chi}\widehat{\Pi}_i\psi - \frac{\mathrm{e}}{c}(\partial_i\chi)e^{\frac{i\mathrm{e}}{c\hbar}\chi}\psi$$
$$= e^{\frac{i\mathrm{e}}{c\hbar}\chi}\widehat{\Pi}_i\psi$$

であるから,

$$\frac{1}{2m}\left(\widehat{\Pi}_i - \frac{\mathrm{e}}{c}\partial_i\chi\right)\underline{\left(\widehat{\Pi}_i - \frac{\mathrm{e}}{c}\partial_i\chi\right)e^{\frac{i\mathrm{e}}{c\hbar}\chi}\psi}$$
$$= \frac{1}{2m}\left(\widehat{\Pi}_i - \frac{\mathrm{e}}{c}\partial_i\chi\right)\underline{e^{\frac{i\mathrm{e}}{c\hbar}\chi}\widehat{\Pi}_i\psi}$$
$$= \frac{1}{2m}e^{\frac{i\mathrm{e}}{c\hbar}\chi}\widehat{\Pi}_i\widehat{\Pi}_i\psi$$

となり, これより

$$\left(\widehat{\boldsymbol{p}} - \frac{\mathrm{e}}{c}\boldsymbol{A} - \frac{\mathrm{e}}{c}\nabla\chi\right)^2\psi'$$
$$= \left(\widehat{\boldsymbol{p}} - \frac{\mathrm{e}}{c}\boldsymbol{A} - \frac{\mathrm{e}}{c}\nabla\chi\right)^2(e^{\frac{i\mathrm{e}}{c\hbar}\chi}\psi)$$
$$= \left(\widehat{\boldsymbol{p}} - \frac{\mathrm{e}}{c}\boldsymbol{A}\right)^2\psi$$

となって所望の結果が得られる. すなわちゲージ変換の前後でハミルトニアンを $\widehat{H}, \widehat{H}'$ で表す

とすると $\widehat{H}\psi = \widehat{H}'\psi'$ となり，シュレディンガー方程式はゲージ変換で不変であることがわかる（波動関数のユニタリ変換になっていることに注意）．

19.5 (1) 演習問題 19.4 の結果を既知として，
$$\chi = \int_{r_0}^{r} \boldsymbol{A} \cdot d\boldsymbol{s}$$
とおくと，この両辺にナブラを掛けて $\nabla\chi = \boldsymbol{A}(\boldsymbol{r}) - \boldsymbol{A}(\boldsymbol{r}_0)$，すなわち
$$\boldsymbol{A}(\boldsymbol{r}) = \boldsymbol{A}(\boldsymbol{r}_0) + \nabla\chi$$
となってゲージ変換の性質を満足している．演習問題 19.4 の結果より，$\chi = \int_{C_1} \boldsymbol{A} \cdot d\boldsymbol{s}$ とおくことで，所望の結果を得る．

(2) ストークスの定理
$$\oint_C \boldsymbol{A} \cdot d\boldsymbol{s} = \iint_S (\nabla \times \boldsymbol{A}) \cdot d\boldsymbol{S}$$
(S は，ループ $C = C_1 - C_2$ で囲まれた面）および磁場とベクトルポテンシャルの関係 $\boldsymbol{B} = \nabla \times \boldsymbol{A}$ の関係と，磁場と磁束の関係 $\Phi = \iint_S \boldsymbol{B} \cdot d\boldsymbol{S}$ を用いて次のように計算できる．

$|\psi'_1 + \psi'_2|$
$= |\psi'_1| \cdot \left| 1 + \exp\left(\dfrac{ie}{c\hbar}\oint_{C_1-C_2} \boldsymbol{A} \cdot d\boldsymbol{S}\right) \right|$
$= |\psi'_1| \cdot \left| 1 + \exp\left\{\dfrac{ie}{c\hbar}\iint_S (\nabla\times\boldsymbol{A}) \cdot d\boldsymbol{S}\right\} \right|$
$= |\psi'_1| \cdot \left| 1 + \exp\left(\dfrac{ie}{c\hbar}\Phi\right) \right|$
$= |\psi| \cdot \left| \cos\dfrac{e\Phi}{2c\hbar} \right|$

より，重ね合った波動関数の振幅には，元の波動関数の振幅と，磁束のコサインが現れることがわかる．

19.6 (1) 交換関係
$$[\widehat{r}_i, \widehat{\Pi}_j] = \left[\widehat{r}_i, \widehat{p}_j - \dfrac{eA_j}{c}\right] = [\widehat{r}_i, \widehat{p}_j] = i\hbar\delta_{ij}$$
およびハイゼンベルクの定理 $\dfrac{d}{dt}\langle A \rangle = \dfrac{1}{i\hbar}\langle [\widehat{A}, \widehat{H}] \rangle$ を用いる．$\widehat{H} = \dfrac{1}{2m}\widehat{\Pi}_j\widehat{\Pi}_j$ に注意して
$$m\dfrac{d}{dt}\langle \widehat{r}_i \rangle = \left\langle \dfrac{m}{i\hbar}\left[\widehat{r}_i, \dfrac{1}{2m}\widehat{\Pi}_j\widehat{\Pi}_j\right] \right\rangle$$

$= \dfrac{1}{2i\hbar}\langle [\widehat{r}_i, \widehat{\Pi}_j\widehat{\Pi}_j] \rangle$
$= \dfrac{1}{2i\hbar}\langle (\widehat{\Pi}_j[\widehat{r}_i, \widehat{\Pi}_j] + [\widehat{r}_i, \widehat{\Pi}_j]\widehat{\Pi}_j) \rangle$
$= \dfrac{1}{2i\hbar}\langle 2\widehat{\Pi}_i i\hbar\delta_{ij} \rangle = \langle \widehat{\Pi}_i \rangle$

となり，所望の結果が得られる．

(2) $[\widehat{\Pi}_i, \widehat{\Pi}_j] = \dfrac{i\hbar e}{c}\varepsilon_{ijk}B_k$ を用いる（基本問題 19.1）．再びハイゼンベルクの定理を用いて
$\dfrac{d}{dt}\langle \widehat{\Pi}_i \rangle = \dfrac{1}{i\hbar}\langle [\widehat{\Pi}_i, \widehat{\Pi}_j\widehat{\Pi}_j] \rangle \dfrac{1}{2m}$
$= \dfrac{1}{i\hbar}\langle \widehat{\Pi}_j[\widehat{\Pi}_i, \widehat{\Pi}_j] + [\widehat{\Pi}_i, \widehat{\Pi}_j]\widehat{\Pi}_j \rangle \dfrac{1}{2m}$
$= \dfrac{e}{c}\langle \varepsilon_{ijk}\widehat{\Pi}_j B_k + \varepsilon_{ijk}B_k\widehat{\Pi}_j \rangle \dfrac{1}{2m}$

により $\dfrac{d}{dt}\langle \widehat{\boldsymbol{\Pi}} \rangle = \dfrac{e}{c}\langle \dot{\boldsymbol{r}} \times \boldsymbol{B} \rangle$ となり，ローレンツ力が現れることがわかる．

19.7 (1)
$\widehat{\boldsymbol{s}} \cdot \boldsymbol{B} = \dfrac{\hbar}{2}\begin{pmatrix} 0 & 1 \\ 1 & 0 \end{pmatrix}B_x + \dfrac{\hbar}{2}\begin{pmatrix} 0 & -i \\ i & 0 \end{pmatrix}B_y$
$\quad + \dfrac{\hbar}{2}\begin{pmatrix} 1 & 0 \\ 0 & -1 \end{pmatrix}B_z$
$= \dfrac{\hbar}{2}\begin{pmatrix} B_z & B_x - iB_y \\ B_x + iB_y & -B_z \end{pmatrix}$

(2) (1) の結果をハミルトニアンに代入し，
$i\hbar\dfrac{\partial}{\partial t}\begin{pmatrix} \psi_+ \\ \psi_- \end{pmatrix}$
$= \dfrac{1}{2m}\left(-i\hbar\nabla - \dfrac{e}{c}\boldsymbol{A}\right)^2 \begin{pmatrix} \psi_+ \\ \psi_- \end{pmatrix} + e\phi\begin{pmatrix} \psi_+ \\ \psi_- \end{pmatrix}$
$\quad - g\mu_B\dfrac{\hbar}{2}\begin{pmatrix} B_z & B_x - iB_y \\ B_x + iB_y & -B_z \end{pmatrix}\begin{pmatrix} \psi_+ \\ \psi_- \end{pmatrix}$

を得る．

(3)
$\nabla \cdot (\boldsymbol{A}\psi) = \underbrace{(\nabla \cdot \boldsymbol{A})}_{=0}\psi + \boldsymbol{A} \cdot \nabla\psi = \boldsymbol{A} \cdot \nabla\psi$

に注意し，
$\left(-i\hbar\nabla - \dfrac{e}{c}\boldsymbol{A}\right)^2 = -\hbar^2\nabla^2 + \dfrac{2ie\hbar}{c}\boldsymbol{A} \cdot \nabla + \dfrac{e^2}{c^2}\boldsymbol{A}^2$

となる．ここで運動量 $\widehat{p}$ と角運動量 $\widehat{l}$ を用いて
$$\boldsymbol{A} \cdot \nabla \psi = \frac{1}{2}(\boldsymbol{B} \times \boldsymbol{r} \cdot \nabla)\psi = \frac{1}{2}(\boldsymbol{r} \times \nabla) \cdot \boldsymbol{B}\psi$$
$$= -\frac{1}{2i\hbar}(\boldsymbol{r} \times \widehat{\boldsymbol{p}}) \cdot \boldsymbol{B}\psi = -\frac{1}{2i\hbar}\widehat{\boldsymbol{l}} \cdot \boldsymbol{B}\psi$$

と計算できることを用いればハミルトニアンを
$$\widehat{H} = \frac{1}{2m}\widehat{\boldsymbol{p}}^2 + e\phi(\boldsymbol{r})$$
$$- \mu_{\text{B}}(\widehat{\boldsymbol{j}} + 2\widehat{\boldsymbol{s}}) \cdot \boldsymbol{B} + \frac{e^2}{8mc^2}(\boldsymbol{B} \times \boldsymbol{r})$$

と書き換えることができる．

19.8 (1) 明らか．

(2) $\widehat{D}_\mu = \partial_\mu + \frac{ie}{\hbar c}A_\mu$ は力学的運動量に対応している．ゲージ変換により

$$\widehat{D}_\mu \mapsto \widehat{D}'_\mu = \partial_\mu + \frac{ie}{\hbar c}(A_\mu + \partial_\mu \lambda)$$
$$= \widehat{D}_\mu + \frac{ie}{\hbar c}\partial_\mu \lambda$$

となり，ここで
$$e^{-\frac{ie}{\hbar c}\lambda}\widehat{D}_\mu e^{\frac{ie}{\hbar c}\lambda} = e^{-\frac{ie}{\hbar c}\lambda}\left(\partial_\mu + \frac{ie}{\hbar c}A_\mu\right)e^{\frac{ie}{\hbar c}\lambda}$$
$$= e^{-\frac{ie}{\hbar c}\lambda}\left(\frac{ie}{\hbar c}\partial_\mu \lambda\right)e^{\frac{ie}{\hbar c}\lambda} + \partial_\mu$$
$$+ e^{-\frac{ie}{\hbar c}\lambda}\left(\frac{ie}{\hbar c}A_\mu\right)e^{\frac{ie}{\hbar c}\lambda}$$
$$= \frac{ie}{\hbar c}(\partial_\mu \lambda) + \partial_\mu + \frac{ie}{\hbar c}A_\mu = \widehat{D}'_\mu$$

となり所望の結果を得る．

(3) $(i\hbar c \widehat{D}_0 + \frac{\hbar^2}{2m}\widehat{D}_i^2)\psi(\boldsymbol{r},t) = 0$ がシュレディンガー方程式で，ゲージ変換して

$$e^{-\frac{ie}{\hbar c}\lambda}\left(i\hbar c\widehat{D}_0 + \frac{\hbar^2}{2m}\widehat{D}_i^2\right)e^{\frac{ie}{\hbar c}\lambda}$$
$$\times \underbrace{e^{-\frac{ie}{\hbar c}\lambda}\psi(\boldsymbol{r},t)}_{\psi(\boldsymbol{r},t)\text{ のゲージ変換}} = 0$$

となる．

(4)
$$[\widehat{D}_\mu, \widehat{D}_\nu] = \left[\partial_\mu + \frac{ie}{\hbar c}A_\mu, \partial_\nu + \frac{ie}{\hbar c}A_\nu\right]$$
$$= \frac{ie}{\hbar c}(\partial_\mu A_\nu - \partial_\nu A_\mu)$$

より $\widehat{F}_{\mu\nu} = \partial_\mu A_\nu - \partial_\nu A_\mu$ となる．これを用いて $\widehat{F}_{0i} = \partial_0 A_i - \partial_i A_0 = \frac{1}{c}\frac{\partial}{\partial t}A_i - \partial_i \phi$ より

$\widehat{F}_{0i} = -\frac{1}{c}\frac{\partial}{\partial t}\boldsymbol{A} - \nabla \phi = \boldsymbol{E}$ となり，電場が得られ，一方で $\widehat{F}_{ij} = \partial_i A_j - \partial_j A_i = -\varepsilon_{ijk}B_k$ より磁場が現れる．

19.9 (1)

$\nabla \times \boldsymbol{A}$
$$= \left(\frac{\partial A_z}{\partial y} - \frac{\partial A_y}{\partial z}, \frac{\partial A_x}{\partial z} - \frac{\partial A_z}{\partial x}, \frac{\partial A_y}{\partial x} - \frac{\partial A_x}{\partial y}\right)$$
$$= B\boldsymbol{e}_z$$

(2) 直接計算するのは面倒なので演習問題 19.7 で得たハミルトニアン
$$\widehat{H} = \frac{1}{2m}\widehat{\boldsymbol{p}}^2 + e\phi(\boldsymbol{r})$$
$$- \mu_{\text{B}}(\widehat{\boldsymbol{j}} + 2\widehat{\boldsymbol{s}}) \cdot \boldsymbol{B} + \frac{e^2}{8mc^2}(\boldsymbol{B} \times \boldsymbol{r})^2$$

を思い出す．本問では電場はないしスピンも考慮していないので
$$\widehat{H} = \frac{1}{2m}\widehat{\boldsymbol{p}}^2 - \mu_{\text{B}}\widehat{\boldsymbol{j}} \cdot \boldsymbol{B} + \frac{e^2}{8mc^2}(B \times r)^2$$
$$= \frac{1}{2m}\widehat{\boldsymbol{p}}^2 - \mu_{\text{B}}\widehat{j}_z B + \frac{e^2}{8mc^2}B^2(x^2 + y^2)$$

となる．ここで右辺第一項は自由粒子のハミルトニアンなので $\widehat{j}_z$ と可換であり，右辺第二項も当然 $\widehat{j}_z$ と可換なので，所望の結果が得られる．

(3) 変数変換により次が成り立つ．
$$\frac{\partial}{\partial x} = \frac{\partial z}{\partial x}\frac{\partial}{\partial z} + \frac{\partial z^*}{\partial x}\frac{\partial}{\partial z^*}$$
$$= \frac{1}{\sqrt{2}l_c}\frac{\partial}{\partial z} + \frac{1}{\sqrt{2}l_c}\frac{\partial}{\partial z^*}$$
$$\frac{\partial}{\partial y} = \frac{\partial z}{\partial y}\frac{\partial}{\partial z} + \frac{\partial z^*}{\partial y}\frac{\partial}{\partial z^*}$$
$$= \frac{i}{\sqrt{2}l_c}\frac{\partial}{\partial z} - \frac{i}{\sqrt{2}l_c}\frac{\partial}{\partial z^*}$$

これを用いてハミルトニアンを構成する．生成演算子と消滅演算子は
$$\widehat{a}^\dagger = \frac{l_c}{\sqrt{2}\hbar}(i\widehat{\Pi}_x + \widehat{\Pi}_y)$$
$$= \frac{l_c}{\sqrt{2}\hbar}\left(\hbar\frac{\partial}{\partial x} + i\frac{e}{c}\frac{B}{2}y - i\hbar\frac{\partial}{\partial y} - \frac{e}{c}\frac{B}{2}x\right)$$
$$= \frac{l_c}{\sqrt{2}}\left(\frac{\partial}{\partial x} - i\frac{\partial}{\partial y}\right) - \frac{eBl_c}{2\sqrt{2}\hbar c}(x - iy)$$
$$= \frac{1}{2}\left(\frac{\partial}{\partial z} + \frac{\partial}{\partial z^*}\right) + \frac{1}{2}\left(\frac{\partial}{\partial z} - \frac{\partial}{\partial z^*}\right)$$

$$-\frac{eB}{2\hbar c}\frac{\hbar c}{eB}\frac{1}{\sqrt{2}l_c}(x-iy)$$
$$=\frac{\partial}{\partial z}-\frac{1}{2}z^*$$

および同様に次を得る．

$$\widehat{a}=-\frac{\partial}{\partial z^*}-\frac{1}{2}z$$

(4) 基底状態の波動関数は $\widehat{a}\psi_0=0$ をみたすのでこれより微分方程式 $\frac{\partial \psi_0}{\partial z^*}=-\frac{1}{2}z\psi_0$ が得られ，これを解くと

$$\psi_0(z,z^*)=f(z)e^{-\frac{1}{2}zz^*}$$

のように書ける．ここで軌道角運動量 $\widehat{j}_z$ の固有関数を $f(z)$，固有値を m とすると，$f(z) \propto e^{im\varphi}=z^m$ となり，$\psi_{0m}=A_m z^m e^{-\frac{1}{2}zz^*}$ と書ける．さらに規格化を行う．

$$1=|A_m|^2\int_{-\infty}^{\infty}dx\int_{-\infty}^{\infty}dy\,|\psi_{0m}|^2$$
$$=|A_m|^2\int_0^{2\pi}d\varphi\int_0^{\infty}dr\,r\left(\frac{r}{\sqrt{2}\,l_c}\right)^{2m}e^{-\frac{r^2}{2l_c^2}}$$
$$=2\pi|A_m|^2 l_c^2\,m!$$

により，規格化定数を正に取って次を得る．

$$A_m=\frac{1}{l_c\sqrt{2\pi\,m!}}$$

(5) $\left(\frac{\partial}{\partial z}-\frac{1}{2}z^*\right)=e^{\frac{1}{2}zz^*}\frac{\partial}{\partial z}e^{-\frac{1}{2}zz^*}$

が成り立つことに気をつけて（これは右辺を計算すれば簡単に確かめられる），励起状態の波動関数 ψ_{nm} は次のようになる．

$$\psi_{nm}=\frac{(\widehat{a}^\dagger)^n}{\sqrt{n!}}\psi_{0m}$$
$$=\frac{1}{l_c\sqrt{2\pi\,m!\,n!}}e^{\frac{1}{2}zz^*}\left(\frac{\partial}{\partial z}\right)^n z^m e^{-zz^*}$$

(6) R が十分大きいので，積分領域は無限遠までとって良い．

$$\langle\psi_{0m}|\widehat{r}^2|\psi_{0m}\rangle$$
$$=\int_{-\infty}^{\infty}dx\int_{-\infty}^{\infty}dy\,\psi_{0m}^*\,r^2\psi_{0m}$$
$$=2\pi|A_m|^2\int_0^{\infty}dr\,r^3\left(\frac{r}{\sqrt{2}\,l_c}\right)^{2m}e^{-\frac{r^2}{l_c^2}}$$

$$=4\pi|A_m|^2 l_c^4(m+1)!=2l_c^2(m+1)$$

(7) ここで $\langle r^2\rangle \leq R^2$ より $2l_c^2(m+1) \leq R^2$ である．これより $0\leq m \leq \frac{R^2}{2l_c^2}-1\approx\frac{R^2}{2l_c^2}$ となるので，縮退度は $\frac{R^2}{2l_c^2}$ となる．

第 20 章

20.1 求めるべきは一次のエネルギー補正であり，次のように計算できる．

$$E_1^{(1)}=\iiint\frac{2\pi r_0^2}{3}\delta^{(3)}(\boldsymbol{r})|\psi(\boldsymbol{r})|^2\,d^3r$$
$$=\frac{2\pi r_0^2}{3}|\psi(0)|^2$$
$$=\frac{2\pi r_0^2}{3}\left(\frac{2}{\sqrt{4\pi}\,a^{\frac{3}{2}}}\right)^2=\frac{2r_0^2}{3a^3}$$

結合定数に気をつけて，答えは $\frac{2r_0^2}{3a^3}e^2$ となる．

20.2 まず $\widehat{x}=X(\widehat{a}+\widehat{a}^\dagger)$ とおき，$\langle n|\widehat{x}^4|n\rangle$ を計算すれば良い．$|n\rangle$ は調和振動子の第 n 励起状態である．

$$\widehat{x}^2|n\rangle=X^2(\widehat{a}+\widehat{a}^\dagger)^2|n\rangle$$
$$=X^2(\widehat{a}^2+\widehat{a}^{\dagger 2}+\widehat{a}\widehat{a}^\dagger+\widehat{a}^\dagger\widehat{a})|n\rangle$$
$$=X^2(\widehat{a}^2+\widehat{a}^{\dagger 2}+[\widehat{a},\widehat{a}^\dagger]+2\widehat{a}^\dagger\widehat{a})|n\rangle$$
$$=X^2(\widehat{a}^2+\widehat{a}^{\dagger 2}+1+2\widehat{n})|n\rangle$$
$$=X^2(\sqrt{n(n-1)}\,|n-2\rangle$$
$$+\sqrt{(n+1)(n+2)}\,|n+2\rangle$$
$$+(2n+1)|n\rangle)$$

と書けるので，直交性に注意して

$$\langle n|\widehat{x}^4|n\rangle=X^4\{n(n-1)+(n+1)(n+2)$$
$$+(2n+1)^2\}$$
$$=X^4(6n^2+6n+3)$$

となることがわかる．ここで $X=\sqrt{\frac{\hbar}{2m\omega}}$ と書けることを思い出して，第 n 励起状態のエネルギー補正が，一次の摂動で

$$\lambda\langle n|\widehat{x}^4|n\rangle=\frac{\lambda\hbar^2}{4m^2\omega^2}(6n^2+6n+3)$$

となることがわかる。

20.3 (1) ハミルトニアンの固有値問題を解く。固有値を E として、

$$\begin{pmatrix} E_1^{(0)}+\widehat{H}'_{11} & \widehat{H}'_{12} \\ \widehat{H}'_{21} & E_2^{(0)}+\widehat{H}'_{22} \end{pmatrix}\begin{pmatrix} \psi_1 \\ \psi_2 \end{pmatrix}=E\begin{pmatrix} \psi_1 \\ \psi_2 \end{pmatrix}$$

$$\begin{pmatrix} E_1^{(0)}+\widehat{H}'_{11}-E & \widehat{H}'_{12} \\ \widehat{H}'_{21} & E_2^{(0)}+\widehat{H}'_{22}-E \end{pmatrix}\begin{pmatrix} \psi_1 \\ \psi_2 \end{pmatrix}=\begin{pmatrix} 0 \\ 0 \end{pmatrix}$$

となり、

$$\det\begin{pmatrix} E_1^{(0)}+\widehat{H}'_{11}-E & \widehat{H}'_{12} \\ \widehat{H}'_{21} & E_2^{(0)}+\widehat{H}'_{22}-E \end{pmatrix}=0$$

$$\Longrightarrow E^2-(E_1^{(0)}+E_2^{(0)}+\widehat{H}'_{11}+\widehat{H}'_{22})E$$
$$+(E_1^{(0)}+\widehat{H}'_{11})(E_2^{(0)}+\widehat{H}'_{22})-\widehat{H}'_{21}\widehat{H}'_{12}=0$$

$$\Longrightarrow E=\frac{E_1^{(0)}+E_2^{(0)}+\widehat{H}'_{11}+\widehat{H}'_{22}}{2}$$
$$\pm\frac{1}{2}\sqrt{\{(E_1^{(0)}+\widehat{H}'_{11})-(E_2^{(0)}+\widehat{H}'_{22})\}^2+4\widehat{H}'_{21}\widehat{H}'_{12}}$$

$$=\frac{E_1^{(0)}+E_2^{(0)}+\widehat{H}'_{11}+\widehat{H}'_{22}}{2}$$
$$\pm\frac{1}{2}\left|(E_1^{(0)}+\widehat{H}'_{11})-(E_2^{(0)}+\widehat{H}'_{22})\right|$$
$$\times\sqrt{1+\frac{4\widehat{H}'_{21}\widehat{H}'_{12}}{\{(E_1^{(0)}+\widehat{H}'_{11})-(E_2^{(0)}+\widehat{H}'_{22})\}^2}}$$

と書ける。

(2) ここでハミルトニアンのエルミート性から $\widehat{H}'_{21}=\widehat{H}'^{*}_{12}$ が成り立ち、$\widehat{H}'_{12}\widehat{H}'_{21}=|\widehat{H}'_{12}|^2$ と書ける。また $E_1^{(0)}\gg\widehat{H}'_{12}$ より

$$(E_1^{(0)}+\widehat{H}'_{12})-(E_2^{(0)}+\widehat{H}'_{21})\approx E_1^{(0)}-E_2^{(0)}$$

と近似できることを用いれば、エネルギー固有値の近似値は

$$E\approx\frac{E_1^{(0)}+E_2^{(0)}+\widehat{H}'_{11}+\widehat{H}'_{22}}{2}$$
$$\pm\frac{1}{2}\left|(E_1^{(0)}+\widehat{H}'_{11})-(E_2^{(0)}+\widehat{H}'_{22})\right|$$
$$\times\left\{1+\frac{2|\widehat{H}'_{21}|^2}{(E_1^{(0)}-E_2^{(0)})^2}\right\}$$
$$\approx\frac{E_1^{(0)}+E_2^{(0)}+\widehat{H}'_{11}+\widehat{H}'_{22}}{2}$$
$$\pm\frac{1}{2}\left|(E_1^{(0)}+\widehat{H}'_{11})-(E_2^{(0)}+\widehat{H}'_{22})\right|$$
$$\pm|E_1^{(0)}-E_2^{(0)}|\frac{|\widehat{H}'_{21}|^2}{(E_1^{(0)}-E_2^{(0)})^2}$$
$$=\begin{cases} E_1^{(0)}+\widehat{H}'_{11}+\dfrac{|\widehat{H}'_{12}|^2}{E_1^{(0)}-E_2^{(0)}} \\ E_2^{(0)}+\widehat{H}'_{22}+\dfrac{|\widehat{H}'_{21}|^2}{E_2^{(0)}-E_1^{(0)}} \end{cases}$$

として得られる。この結果は基本問題 20.2 で導出した結果と一致している。

20.4 クーロンポテンシャルの束縛問題において、基底固有関数と基底エネルギーはそれぞれ

$$\psi_{100}^{(0)}=\frac{1}{\sqrt{4\pi}}\left(\frac{1}{a_0}\right)^{\frac{3}{2}}2e^{-\frac{r}{a_0}},\quad E_1^{(0)}=-\frac{e^2}{2a_0}$$

で与えられる。これを用いて、一次摂動は

$$\langle\psi_{100}^{(0)}|\widehat{H}'|\psi_{100}^{(0)}\rangle$$
$$=\iiint d^3r\left|\frac{1}{\sqrt{4\pi}}\left(\frac{1}{a_0}\right)^{\frac{3}{2}}2e^{-\frac{r}{a_0}}\right|^2 e\mathcal{E}z$$
$$=4e\mathcal{E}\left(\frac{1}{a_0}\right)^3\int d\Omega\frac{1}{4\pi}\int_0^\infty dr\,r^2 e^{-\frac{2r}{a_0}}r\cos\theta$$
$$=4e\mathcal{E}\left(\frac{1}{a_0}\right)^3\int_{-1}^1 d(\cos\theta)\cos\theta\int_0^{2\pi}d\phi$$
$$\times\frac{1}{4\pi}\int_0^\infty e^{-\frac{2r}{a_0}}r^3\,dr$$

となるが

$$\int_{-1}^1 d(\cos\theta)\cos\theta=\int_{-1}^1 dx\,x=\frac{1}{2}[x^2]_{-1}^1=0$$

より、この値は 0。

続いて、二次摂動については、問題に与えられた近似式を用いると、

$$E_1^{(2)}=\sum_{\substack{nlm \\ (nlm\neq 100)}}^\infty\frac{\left|\langle\psi_{100}^{(0)}|\widehat{H}'|\psi_{nlm}^{(0)}\rangle\right|^2}{E_1^{(0)}-E_n^{(0)}}$$
$$\approx\sum_{\substack{nlm \\ (nlm\neq 100)}}^\infty\frac{\left|\langle\psi_{100}^{(0)}|\widehat{H}'|\psi_{nlm}^{(0)}\rangle\right|^2}{E_1^{(0)}}$$
$$=\sum_{\substack{nlm \\ (nlm\neq 100)}}^\infty\frac{1}{E_1^{(0)}}\langle\psi_{100}^{(0)}|\widehat{H}'|\psi_{nlm}^{(0)}\rangle$$
$$\times\langle\psi_{nlm}^{(0)}|\widehat{H}'|\psi_{100}^{(0)}\rangle$$

$$= \frac{1}{E_1^{(0)}} \langle \psi_{100}^{(0)} | \mathrm{e}\mathcal{E}z \left(\sum_{nlm}^{\infty} |\psi_{nlm}^{(0)}\rangle\langle\psi_{nlm}^{(0)}| \right) $$
$$\times \mathrm{e}\mathcal{E}z |\psi_{100}^{(0)}\rangle$$
$$= \frac{1}{E_1^{(0)}} \langle \psi_{100}^{(0)} | \mathrm{e}^2\mathcal{E}^2 z^2 |\psi_{100}^{(0)}\rangle$$

となる.この値を求めると,

$$\langle\psi_{100}^{(0)}|\mathrm{e}^2\mathcal{E}^2 z^2|\psi_{100}^{(0)}\rangle$$
$$= \mathrm{e}^2\mathcal{E}^2 \int_0^{2\pi} d\phi \int_{-1}^{1} d(\cos\theta) \cos^2\theta$$
$$\times \int_0^\infty 4\left(\frac{1}{a_0}\right)^3 \frac{1}{4\pi} \mathrm{e}^{-\frac{2r}{a_0}} r^4 \, dr$$
$$= \frac{4}{3} \mathrm{e}^2 \mathcal{E}^2 \left(\frac{1}{a_0}\right)^3 \left(\frac{a_0}{2}\right)^5 4! = a_0{}^2 \mathrm{e}^2 \mathcal{E}^2$$

となる.ただし,以下の積分を用いた.

$$\int_0^\infty \mathrm{e}^{-ar} r^4 dr$$
$$= \left(-\frac{d}{da}\right)^4 \int_0^\infty \mathrm{e}^{-ar} dr$$
$$= \left(-\frac{d}{da}\right)^4 \frac{1}{a} = \left(\frac{1}{a}\right)^5 4!$$
$$\int_{-1}^{1} d(\cos\theta) \cos^2\theta = \frac{1}{3}[x^3]_{-1}^{1} = \frac{2}{3}$$

これにより,基底エネルギーの近似値が

$$E_1 = -\frac{\mathrm{e}^2}{2a_0} - 2a_0{}^3 \mathcal{E}^2$$

として得られる.

20.5 次の積分公式を用いる.

$$\int_0^\pi \theta \sin m\theta \sin n\theta \, d\theta$$
$$= \begin{cases} \frac{\pi^2}{4} & (m=n) \\ 0 & (m \neq n \text{ かつ } n+m \text{ が偶数}) \\ \frac{1}{(n+m)^2} - \frac{1}{(n-m)^2} & (n+m \text{ が奇数}) \end{cases}$$

完全な井戸型ポテンシャルの束縛問題はすでに解けている(第4章).結果は $\psi_n^{(0)}(x) = \sqrt{\frac{2}{L}} \sin \frac{n\pi x}{L}$ および $E_n^{(0)} = \frac{\hbar^2 \pi^2}{2mL^2} n^2$ で与えられる.まずは

$$\langle \psi_n^{(0)} | \hat{H}' | \psi_m^{(0)} \rangle$$
$$= \mathrm{e}\mathcal{E} \int_0^L \sqrt{\frac{2}{L}} \sin \frac{n\pi x}{L} x \sqrt{\frac{2}{L}} \sin \frac{m\pi x}{L} dx$$

を計算しよう.そのまま $\theta = \frac{\pi x}{L}$ とおいて公式に代入すると

$$\langle \psi_n^{(0)} | \hat{H}' | \psi_m^{(0)} \rangle$$
$$= \mathrm{e}\mathcal{E} \frac{2}{L} \int_0^\pi \sin n\theta \frac{L\theta}{\pi} \sin m\theta \frac{L}{\pi} d\theta$$
$$= \begin{cases} \frac{L\mathrm{e}\mathcal{E}}{2} & (m=n) \\ 0 & (m \neq n \text{ かつ } n+m \text{ が偶数}) \\ \frac{2L}{\pi^2} \mathrm{e}\mathcal{E} \left\{ \frac{1}{(m+n)^2} - \frac{1}{(m-n)^2} \right\} \\ \quad (n+m \text{ が奇数}) \end{cases}$$

となる.これより一次摂動については基底エネルギー補正が $E_1^{(1)} = \langle \psi_1^{(0)} | \hat{H}' | \psi_1^{(0)} \rangle = \frac{L\mathrm{e}\mathcal{E}}{2}$ となり,二次摂動については基底エネルギー補正が次のように求められる.

$$E_1^{(2)} = \sum_{\substack{k=0 \\ (k \neq 1)}}^\infty \frac{\left|\langle\psi_1^{(0)}|\hat{H}'|\psi_k^{(0)}\rangle\right|^2}{E_1^{(0)} - E_k^{(0)}}$$
$$= \sum_{\substack{k=2 \\ k \text{ は偶数}}}^\infty \frac{1}{\frac{\hbar^2\pi^2}{2mL^2} - \frac{\hbar^2\pi^2 k^2}{2mL^2}}$$
$$\times \left(\frac{2L\mathrm{e}\mathcal{E}}{\pi^2}\right)^2 \left\{ \frac{1}{(k+1)^2} - \frac{1}{(k-1)^2} \right\}^2$$
$$= 2m \left(\frac{2L^2 \mathrm{e}\mathcal{E}}{\hbar\pi^3}\right)^2 \sum_{k'=1}^\infty \frac{1}{(1-4k'^2)}$$
$$\times \left\{ \frac{1}{(2k'+1)^2} - \frac{1}{(2k'-1)^2} \right\}^2$$
$$\qquad (k = 2k' \text{ とおいた})$$
$$= 2m \left(\frac{2L^2 \mathrm{e}\mathcal{E}}{\hbar\pi^3}\right)^2 \sum_{k=1}^\infty \frac{(8k)^2}{(1-4k^2)^5}$$

ただし最後の級数和は実行できないので,この値を用いて基底エネルギーは

$$E_1 = \frac{\hbar^2 \pi^2}{2mL^2} + \frac{L\mathrm{e}\mathcal{E}}{2}$$
$$+ 2m \left(\frac{2L^2 \mathrm{e}\mathcal{E}}{\hbar\pi^3}\right)^2 \sum_{k=1}^\infty \frac{(8k)^2}{(1-4k^2)^5}$$

となる.(ちなみに $\sum_{k=1}^{1000} \frac{8k}{(1-4k^2)^2} \fallingdotseq 4.31$)

20.6 (1) 一次摂動の基底状態を $|100\rangle'$ と書き,非摂動基底状態を $|0\rangle \rightarrow |100\rangle$ で表す.また,非摂動固有状態を $|nlm\rangle$ のように書く.このとき $\hat{H}_0 |nlm\rangle = E_n^{(0)} |nlm\rangle$ が成り立つ.また,ヒントの式より $[\hat{H}_0, \hat{F}_0] |100\rangle = \hat{H}' |100\rangle$ が成り立つので,次が成り立つ.

$\langle nlm|\widehat{H}'|100\rangle = \langle nlm|[\widehat{H}_0, \widehat{F}_0]|100\rangle$
$= \langle nlm|\widehat{H}_0\widehat{F}_0 - \widehat{F}_0\widehat{H}_0|100\rangle$
$= (E_n^{(0)} - E_1^{(0)})\langle nlm|\widehat{F}_0|100\rangle$

以上で準備が終わったので本題に入る．摂動論の公式より $|100\rangle'$ は次のように書ける．

$|100\rangle'$
$= |100\rangle + \sum_{\substack{nlm \\ (nlm \neq 100)}} \frac{\langle nlm|H'|100\rangle}{E_1^{(0)} - E_n^{(0)}} |nlm\rangle$

$= |100\rangle + \sum_{\substack{nlm \\ (nlm \neq 100)}} |nlm\rangle \frac{\langle nlm|[\widehat{H}_0, \widehat{F}_0]|100\rangle}{E_1^{(0)} - E_n^{(0)}}$

$= |100\rangle + \sum_{\substack{nlm \\ (nlm \neq 100)}} |nlm\rangle$
$\times \frac{\langle nlm|\widehat{H}_0\widehat{F}_0 - \widehat{F}_0\widehat{H}_0|100\rangle}{E_1^{(0)} - E_n^{(0)}}$

$= |100\rangle + \sum_{\substack{nlm \\ (nlm \neq 100)}} |nlm\rangle$
$\times \frac{\langle nlm|(E_n^{(0)} - E_1^{(0)})\widehat{F}_0|100\rangle}{E_1^{(0)} - E_n^{(0)}}$

$= |100\rangle - \sum_{\substack{nlm \\ (nlm \neq 100)}} |nlm\rangle\langle nlm|\widehat{F}_0|100\rangle$

$= (1 - \widehat{F}_0)|100\rangle$

のようにして得られる．ここで完全系の性質

$$\sum_{\substack{nlm \\ (nlm \neq 100)}} |nlm\rangle\langle nlm| = \widehat{1}$$

を用いた．これにより分極率の期待値は一次摂動の範囲で改めて $|100\rangle \to |0\rangle$ と書くことにして

$\langle p \rangle = -\langle 0|(1 - \widehat{F}_0)\mathrm{e}\widehat{z}(1 - \widehat{F}_0)|0\rangle$
$= -\langle 0|\mathrm{e}z|0\rangle + 2\langle 0|\mathrm{e}z\widehat{F}_0|0\rangle - \mathrm{e}\langle 0|\widehat{F}_0 z \widehat{F}_0|0\rangle$

のように書ける．ここで演習問題 20.4 と同様の計算から $\langle 0|z|0\rangle = 0, \langle 0|\widehat{F}_0\widehat{z}\widehat{F}_0|0\rangle = 0$ が示せる．これは，具体的には規格化定数を無視して $\langle r|0\rangle = e^{-\frac{r}{a_0}}$ (a_0 はボーア半径) のように書けることを用いて次のように計算して示せる．

$\langle 0|\widehat{z}|0\rangle$

$= \int_0^\infty dr\, r^2 \int_{-1}^1 d(\cos\theta) \int_0^{2\pi} d\varphi\, e^{-\frac{2r}{a_0}} r\cos\theta$
$= \left(\frac{a_0}{2}\right)^4 3! \left[\frac{1}{2}\cos^2\theta\right]_{\cos\theta=-1}^{\cos\theta=1} 2\pi = 0,$

$\langle 0|\widehat{F}_0 \widehat{z} \widehat{F}_0|0\rangle$
$= (\text{定数}) \times \int_{-1}^1 d(\cos\theta) \cos^3\theta$
$= (\text{定数}) \times \left[\frac{1}{4}\cos^4\theta\right]_{\cos\theta=-1}^{\cos\theta=1} = 0$

これより $\langle p \rangle = 2\langle 0|\mathrm{e}\widehat{z}\widehat{F}_0|0\rangle$ が示せた．

(2) 規格化された基底固有関数 $\langle 100|r\theta\varphi\rangle = \langle 0|r\rangle = \frac{1}{\sqrt{\pi}} a_0^{-\frac{3}{2}} e^{-\frac{r}{a_0}}$ を用いて計算すると

$\langle p \rangle = 2\langle 0|\mathrm{e}\widehat{z}\widehat{F}_0|0\rangle$
$= 2\mathrm{e} \int_0^\infty dr\, r^2 \int_{-1}^1 d(\cos\theta) \int_0^{2\pi} d\varphi\, (r\cos\theta)$
$\times \frac{E}{\mathrm{e}} \left(\frac{r}{2} + a_0\right) r\cos\theta\, \frac{1}{\pi} a_0^{-3} e^{-\frac{2r}{a_0}}$
$= 4E a_0^{-3} \int_0^\infty dr\, r^4 \left(\frac{r}{2} + a_0\right)$
$\times e^{-\frac{2r}{a_0}} \int_{-1}^1 d(\cos\theta) \cos^2\theta$
$= \frac{9}{2} E a_0^3$

となり，分極率は $\alpha = \frac{9 a_0^3}{2}$ となる．分極率は電場によって誘起される双極子モーメントの大きさに比例し，基底状態で比べるとヘリウム原子の α より水素原子の α の方が大きい．端的にいうと，ヘリウム原子では，原子核の電荷が大きく電子を引きつける力が強く，原子の大きさは小さくなり，また分極しにくいのである．

20.7 (1) $\boldsymbol{e}_z \times \boldsymbol{r} = (-y, x, 0)$ より，$\nabla \times (\boldsymbol{e}_z \times \boldsymbol{r}) = (0, 0, 2)$ となり，所望の結果として $\nabla \times \frac{1}{2}(\boldsymbol{B} \times \boldsymbol{r}) = (0, 0, B)$ を得る．

(2) 演算子の掛かり方に気をつけて，ハミルトニアンを次のように展開する．

$\widehat{H} = \frac{1}{2m} \left(\widehat{\boldsymbol{p}} + \frac{\mathrm{e}}{c}\boldsymbol{A}\right)^2 - \frac{\mathrm{e}^2}{r}$
$= \frac{1}{2m} \left(\widehat{\boldsymbol{p}}^2 + \frac{\mathrm{e}}{c}\widehat{\boldsymbol{p}}\cdot\boldsymbol{A} + \frac{\mathrm{e}}{c}\boldsymbol{A}\cdot\widehat{\boldsymbol{p}} + \frac{\mathrm{e}^2}{c^2}\boldsymbol{A}^2\right) - \frac{\mathrm{e}^2}{r}$
$= \frac{1}{2m}\left\{\widehat{\boldsymbol{p}}^2 + \frac{B\mathrm{e}}{2c}\widehat{\boldsymbol{p}}\cdot\boldsymbol{e}_z \times \boldsymbol{r} + \frac{B\mathrm{e}}{2\mathrm{e}}\boldsymbol{e}_z \times \boldsymbol{r}\cdot\widehat{\boldsymbol{p}}\right.$
$\left. + \frac{\mathrm{e}^2}{c^2}\left(\frac{B}{2}\boldsymbol{e}_z \times r\right)^2\right\} - \frac{\mathrm{e}^2}{r}$

とし（途中で $\boldsymbol{A} = \frac{1}{2}\boldsymbol{B} \times \boldsymbol{r}$ を用いた）．ここで
$$\widehat{\boldsymbol{p}} \cdot (\boldsymbol{e}_z \times \boldsymbol{r}) = \boldsymbol{e}_z \cdot (\boldsymbol{r} \times \widehat{\boldsymbol{p}}) = L_z$$
$$(\boldsymbol{e}_z \times \boldsymbol{r}) \cdot \widehat{\boldsymbol{p}} = (\boldsymbol{r} \times \widehat{\boldsymbol{p}}) \cdot \boldsymbol{e}_z = \boldsymbol{e}_z \cdot (\boldsymbol{r} \times \widehat{\boldsymbol{p}}) = L_z$$
$$(\boldsymbol{e}_z \times \boldsymbol{r})^2 = x^2 + y^2$$

が成り立つことを用いると，
$$\begin{aligned}
\widehat{H} &= \frac{1}{2m}\left\{\widehat{\boldsymbol{p}}^2 + \frac{\mathrm{e}B}{c}\boldsymbol{e}_z \cdot (\boldsymbol{r} \times \widehat{\boldsymbol{p}}) \right.\\
&\quad \left. + \frac{\mathrm{e}^2 B^2}{4c^2}(x^2 + y^2)\right\} - \frac{\mathrm{e}^2}{r}\\
&= \left(\frac{\widehat{\boldsymbol{p}}^2}{2m} - \frac{\mathrm{e}^2}{r}\right) + \frac{\mathrm{e}\widehat{L}_z}{2mc}B + \frac{\mathrm{e}^2 B^2}{8mc^2}(x^2 + y^2)\\
&= \left(\frac{\widehat{\boldsymbol{p}}^2}{2m} - \frac{\mathrm{e}^2}{r}\right) + \frac{\mathrm{e}\hbar\widehat{j}_z}{2mc}B + \frac{\mathrm{e}^2 B^2}{8mc^2}(x^2 + y^2)
\end{aligned}$$

と書け，$\widehat{H}_0 = \left(\frac{\widehat{\boldsymbol{p}}^2}{2m} - \frac{\mathrm{e}^2}{r}\right)$, $\widehat{H}_1 = \frac{\mathrm{e}\hbar\widehat{j}_z}{2mc}B$, $\widehat{H}_2 = \frac{\mathrm{e}^2}{8mc^2}(x^2 + y^2)$ と展開できる．

(3) 一次摂動によるエネルギー補正 $E_n^{(1)}$ は
$$E_n^{(1)} = \langle\psi_{100}^{(0)}|\widehat{H}_1|\psi_{100}^{(0)}\rangle = 0$$

となる．ただし基底状態 $(j=0)$ では $\widehat{L}_z|\psi_{100}^{(0)}\rangle = \hbar\widehat{j}_z|\psi_{100}^{(0)}\rangle = 0$ であることを用いた．

(4) 基底状態の水素原子の固有関数は $\psi_{100}^{(0)} = \left(\frac{1}{\pi a_0^3}\right)^{\frac{1}{2}} e^{-\frac{r}{a_0}}$ となることを用いる．

また，$\langle\psi_{100}^{(0)}|\widehat{x}^2|\psi_{100}^{(0)}\rangle = \langle\psi_{100}^{(0)}|\widehat{y}^2|\psi_{100}^{(0)}\rangle = \langle\psi_{100}^{(0)}|\widehat{z}^2|\psi_{100}^{(0)}\rangle = \frac{1}{3}\langle\psi_{100}^{(0)}|r^2|\psi_{100}^{(0)}\rangle$ となることに注意して，

$$\begin{aligned}
&\langle\psi_{100}^{(0)}|x^2 + y^2|\psi_{100}^{(0)}\rangle\\
&= \frac{2}{3}\int_0^\infty r^2\left(\frac{1}{\pi a_0^3}\right)^{\frac{1}{2}\cdot 2} e^{-\frac{2r}{a_0}}4\pi r^2\,dr\\
&= \frac{8\pi}{3\pi a_0^3}\int_0^\infty dr\, r^4 e^{-\frac{2r}{a_0}} = 2a_0^2
\end{aligned}$$

を得る．これを用いて，次を得る．
$$\begin{aligned}
\langle\psi_{100}^{(0)}|\widehat{H}_2|\psi_{100}^{(0)}\rangle &= \frac{\mathrm{e}^2 B^2}{8mc^2}\langle\psi_{100}^{(0)}|(x^2 + y^2)|\psi_{100}^{(0)}\rangle\\
&= \frac{\mathrm{e}^2 a_0^2 B^2}{4mc^2}
\end{aligned}$$

(5) 二次摂動による基底状態のエネルギー変化を求めるには

$$\sum_{m\neq(100)}\frac{\left|\langle\psi_m^{(0)}|\widehat{j}_z|\psi_{100}^{(0)}\rangle\right|^2}{E_{100}^{(0)} - E_m^{(0)}}$$

を求めれば良いが $\widehat{j}_z|\psi_{100}^{(0)}\rangle = 0$ なのでこの値は 0. すなわち二次摂動によるエネルギー補正はない．

20.8 摂動 $\widehat{H}'$ が加わったときの固有方程式を
$$(\widehat{H}_0 + \widehat{H}')\varphi_n = E_n\varphi_n \qquad \text{①}$$

で表し，n 番目の固有関数 ψ_n, 固有値 E_n をそれぞれ摂動展開したときに，$\varphi_n^{(0)} = \sum_m \psi_{1m}C_{mn}^{(0)}, E_n^{(0)} = E_0$ とおくと，一次摂動のエネルギー補正 $E_n^{(1)}$ がみたす固有方程式は次のようになる（これは問題の最後に示す）．

$$\sum_m C_{mn}^{(0)}\langle\psi_{1m'}|\widehat{H}'|\psi_{1m}\rangle = E_n^{(1)}C_{m'n}^{(0)} \qquad \text{②}$$

ここで $H'_{m'm} \equiv \langle\psi_{1m'}|\widehat{H}'|\psi_{1m}\rangle$ の成分は，

$$\begin{aligned}
H'_{m'm} &= \langle\psi_{1m'}|\{\alpha(\widehat{l}_x^2 - \widehat{l}_y^2) + \beta\widehat{l}_z\}|\psi_{1m}\rangle\\
&= \frac{\alpha}{2}(\underbrace{\langle m'|\widehat{l}_+^2|m\rangle}_{m=-1\text{のみ残る}} + \underbrace{\langle m'|\widehat{l}_-^2|m\rangle}_{m=1\text{のみ残る}})\\
&\quad + \beta\langle 1m'|\widehat{l}_z|1m\rangle\\
&= \frac{\alpha}{2}\{\sqrt{(1+1)(1-1+1)}\\
&\quad \times \sqrt{(1-0)(1+0+1)}\,\langle 1m'|1,m+2\rangle\\
&\quad + \sqrt{(1+1)(1-1+1)}\\
&\quad \times \sqrt{(1-0)(1+0+1)}\\
&\quad \times \langle 1m'|1,m-2\rangle\} + m\beta\langle m'|m\rangle\\
&= \alpha\delta_{m',m+2} + \alpha\delta_{m',m-2} + m\beta\delta_{m'm}\\
&= \begin{pmatrix} \beta & 0 & \alpha \\ 0 & 0 & 0 \\ \alpha & 0 & -\beta \end{pmatrix}
\end{aligned}$$

これにより，固有方程式②の行列表示は次のようになる．

$$\begin{pmatrix} \beta & 0 & \alpha \\ 0 & 0 & 0 \\ \alpha & 0 & -\beta \end{pmatrix}\begin{pmatrix} C_{1n}^{(0)} \\ C_{0n}^{(0)} \\ C_{-1n}^{(0)} \end{pmatrix} = E_n^{(1)}\begin{pmatrix} C_{1n}^{(0)} \\ C_{0n}^{(0)} \\ C_{-1n}^{(0)} \end{pmatrix}$$

この固有方程式を解いて固有値を決定すると

$$\det \begin{pmatrix} \beta - E_n^{(1)} & 0 & \alpha \\ 0 & -E_n^{(1)} & 0 \\ \alpha & 0 & -\beta - E_n^{(1)} \end{pmatrix} = 0$$

$$\implies E_n^{(1)}\{\alpha^2 + \beta^2 - (E_n^{(1)})^2\} = 0$$

から $E_n^{(1)} = 0, \pm\sqrt{\alpha^2 + \beta^2}$ を得る.

次にこれらの固有値に対応する固有関数を求めよう.

まず $E_n^{(1)} = 0$ のとき固有方程式は

$$\begin{pmatrix} \beta & 0 & \alpha \\ 0 & 0 & 0 \\ \alpha & 0 & -\beta \end{pmatrix} \begin{pmatrix} C_{1n}^{(0)} \\ C_{0n}^{(0)} \\ C_{-1n}^{(0)} \end{pmatrix} = 0$$

となり, これより $C_{1n}^{(0)} = C_{-1n}^{(0)} = 0, C_{0n}^{(0)} = 1$ と取れる. ただし, ここでは規格化条件として $\sum_m |C_{mn}^{(0)}|^2 = 1$ を用いている. これにより固有関数は $\varphi_n^{(0)} = \sum_m \psi_{1m} C_{mn}^{(0)} = \psi_{10}$ となる.

次に $E_n^{(1)} = \pm\sqrt{\alpha^2 + \beta^2}$ のとき固有方程式は

$$\begin{pmatrix} \beta \mp \sqrt{\alpha^2+\beta^2} & 0 & \alpha \\ 0 & \mp\sqrt{\alpha^2+\beta^2} & 0 \\ \alpha & 0 & -\beta \mp \sqrt{\alpha^2+\beta^2} \end{pmatrix}$$

$$\times \begin{pmatrix} C_{1n}^{(0)} \\ C_{0n}^{(0)} \\ C_{-1n}^{(0)} \end{pmatrix} = 0$$

となり, これを解いて $C_{0n}^{(0)} = 0$, $(\beta \mp \sqrt{\alpha^2+\beta^2})C_{1n}^{(0)} = -\alpha C_{-1n}^{(0)}$ を得る. 規格化条件から

$$C_{1n}^{(0)} = \frac{\alpha}{\sqrt{\alpha^2 + (\beta \mp \sqrt{\alpha^2+\beta^2})^2}}$$

$$C_{-1n}^{(0)} = \frac{-\beta \pm \sqrt{\alpha^2+\beta^2}}{\sqrt{\alpha^2 + (\beta \mp \sqrt{\alpha^2+\beta^2})^2}}$$

となるので,

$$\varphi_n^{(0)} = \sum_m \psi_{1m} C_{mn}^{(0)}$$

$$= \frac{\alpha \psi_{11} - (\beta \mp \sqrt{\alpha^2+\beta^2})\psi_{-11}}{\sqrt{\alpha^2 + (\beta \mp \sqrt{\alpha^2+\beta^2})^2}}$$

（複号同順）

と書ける.

【②の説明】 まず φ_n, E_n について形式的に $\widehat{H}_1$ に対するべき展開 (摂動展開) を行い

$$\varphi_n = \varphi_n^{(0)} + \varphi_n^{(1)} + \varphi_n^{(2)} + \cdots$$

$$E_n = E_n^{(0)} + E_n^{(1)} + E_n^{(2)} + \cdots$$

とする. ここで ψ_{1m} は 3 重縮退しているので $E_n^{(0)} = E_0$ と書ける. $\varphi_n^{(0)}$ を縮退している波動関数で展開して

$$\varphi_n^{(0)} = \sum_m \psi_{1m} C_{mn}^{(0)}$$

とおくと, 固有方程式①は

$$(\widehat{H}_0 + \widehat{H}') \left(\sum_m \psi_{1m} C_{mn}^{(0)} + \varphi_n^{(1)} + \varphi_n^{(2)} + \cdots \right)$$

$$= (E_0 + E_n^{(1)} + E_n^{(2)} + \cdots)$$

$$\times \left(\sum_m \psi_{1m} C_{mn}^{(0)} + \varphi_n^{(1)} + \varphi_n^{(2)} + \cdots \right)$$

となる. 両辺 1 次のオーダーの項のみ比較して,

$$\widehat{H}_0 \varphi_n^{(1)} + \sum_m C_{mn}^{(0)} \widehat{H}' \psi_{1m}$$

$$= E_0 \varphi_n^{(1)} + E_n^{(1)} \sum_m \psi_{1m} C_{mn}^{(0)}$$

が得られ, 次に両辺に左から $\psi_{1m'}^*$ を掛けて積分すると,

$$\int d^3x \underbrace{\psi_{1m'}^* \widehat{H}_0}_{\psi_{1m'}^* E_0} \varphi_n^{(1)}$$

$$+ \sum_m C_{mn}^{(0)} \underbrace{\int d^3x \psi_{1m'}^* \widehat{H}' \psi_{1m}}_{\langle \psi_{1m'} | \widehat{H}' | \psi_{1m} \rangle}$$

$$= \int d^3x \psi_{1m'}^* E_0 \varphi_n^{(1)}$$

$$+ E_n^{(1)} \sum_m \underbrace{\int d^3x \psi_{1m'}^* \psi_{1m}}_{\delta_{m'm}} C_{mn}^{(0)}$$

となる. これより固有方程式②を得る.

20.9 自由粒子の固有関数, 固有エネルギーはそれぞれ $\psi_n(x) = \frac{1}{\sqrt{L}} e^{\frac{2\pi i n x}{L}}$, $E_n = \frac{\hbar^2}{2m}\left(\frac{2\pi n}{L}\right)^2$ となり, 波数が $\pm\frac{q}{2}$ のときに縮退が起こっていることが確かめられる. 以下では波数がこれ以外の項を無視して近似を行う.

まず摂動を含んだ全てのハミルトニアンの性質から

$$\widehat{H} e^{\frac{iqx}{2}} = \frac{\hbar^2}{2m}\left(\frac{q}{2}\right)^2 e^{\frac{iqx}{2}} + g \cos qx \, e^{\frac{iqx}{2}}$$

$$= \frac{\hbar^2}{2m}\left(\frac{q}{2}\right)^2 e^{\frac{iqx}{2}}$$
$$+ \frac{g}{2}e^{\frac{i3qx}{2}} + \frac{g}{2}e^{-\frac{iqx}{2}}$$
$$\widehat{H}e^{-\frac{iqx}{2}} = \frac{\hbar^2}{2m}\left(\frac{q}{2}\right)^2 e^{-\frac{iqx}{2}} + \frac{g}{2}e^{-\frac{i3qx}{2}}$$
$$+ \frac{g}{2}e^{\frac{iqx}{2}}$$

と書け，両者の右辺第二項を無視すると次のようにまとめられる．

$$\widehat{H}\begin{pmatrix} e^{\frac{iqx}{2}} \\ e^{-\frac{iqx}{2}} \end{pmatrix} = \begin{pmatrix} \frac{\hbar^2}{2m}\left(\frac{q}{2}\right)^2 & \frac{g}{2} \\ \frac{g}{2} & \frac{\hbar^2}{2m}\left(\frac{q}{2}\right)^2 \end{pmatrix}$$
$$\times \begin{pmatrix} e^{\frac{iqx}{2}} \\ e^{-\frac{iqx}{2}} \end{pmatrix}$$

よって近似的に固有関数を $e^{\frac{iqx}{2}}, e^{-\frac{iqx}{2}}$ の線形結合と取ると，ハミルトニアンの固有関数はこの行列の固有値にあたる．この行列の固有値 E は

$$E = \frac{\hbar^2}{2m}\left(\frac{q}{2}\right)^2 \pm \frac{g}{2}$$

となり，これが求めるべきエネルギー固有値である．

20.10 演習問題 20.8 の②で求めたように補正エネルギーについての固有方程式

$$\sum_m C_{mn}^{(0)}\langle\psi_{1m'}|\widehat{H}'|\psi_{1m}\rangle = E_n^{(1)} C_{m'n}^{(0)}$$

を考える．そのため，まず水素の非摂動固有状態を $|nlm\rangle$ のように書くことにし，$\langle nlm|\widehat{H}'|n'l'm'\rangle$ を求める．第一励起状態では $n=2$ であり，このとき

$$(nlm) = (200), \quad (210), \quad (211), \quad (21-1)$$

の 4 つの固有状態が縮退している．$\langle nlm|\widehat{H}'|n'l'm'\rangle$ は

$$\langle 210|\widehat{H}'|200\rangle, \quad \langle 200|\widehat{H}'|210\rangle$$

以外全て 0 であり，補正エネルギーについての固有方程式は次のように書ける．

$$\begin{pmatrix} -E_2^{(1)} & \langle 200|\widehat{H}'|210\rangle & 0 & 0 \\ \langle 210|\widehat{H}'|200\rangle & -E_2^{(1)} & 0 & 0 \\ 0 & 0 & -E_2^{(1)} & 0 \\ 0 & 0 & 0 & -E_2^{(1)} \end{pmatrix}$$
$$\times \begin{pmatrix} C_{200} \\ C_{210} \\ C_{211} \\ C_{21-1} \end{pmatrix} = \begin{pmatrix} 0 \\ 0 \\ 0 \\ 0 \end{pmatrix}$$

ここで $\langle 210|\widehat{H}'|200\rangle = \langle 210|\mathrm{e}Ez|200\rangle = -3eEa_0$ であり，永年方程式（固有方程式）から $E_2^{(1)}$ を得る．

$$\det\begin{pmatrix} -E_2^{(1)} & -3eEa_0 & 0 & 0 \\ -3eEa_0 & -E_2^{(1)} & 0 & 0 \\ 0 & 0 & -E_2^{(1)} & 0 \\ 0 & 0 & 0 & -E_2^{(1)} \end{pmatrix} = 0$$

$$\implies E_2^{(1)} = \begin{cases} 0 \\ 0 \\ 3eEa_0 \\ -3eEa_0 \end{cases}$$

これによりエネルギー補正は $E_2^{(1)} = 0, 0, 3eEa_0, -3eEa_0$ となることがわかる．

20.11 前問同様に補正エネルギーの固有方程式を求める．$(n_x n_y n_z) = (100), (010), (001)$ のように第一励起状態は 3 重縮退しており，非摂動固有状態を $|n_x n_y n_z\rangle$ のように書くと，補正エネルギーの固有方程式は次のように書ける．

$$\begin{pmatrix} -E_1^{(1)} & \langle 100|\widehat{H}'|010\rangle & 0 \\ \langle 010|\widehat{H}'|100\rangle & -E_1^{(1)} & 0 \\ 0 & 0 & -E_1^{(1)} \end{pmatrix}$$
$$\times \begin{pmatrix} C_{100} \\ C_{010} \\ C_{001} \end{pmatrix} = \begin{pmatrix} 0 \\ 0 \\ 0 \end{pmatrix}$$

となる．ただし

$$\langle 0n_y n_z|xy|0n'_y n'_z\rangle = 0$$
$$\langle 1n_y n_z|xy|1n'_y n'_z\rangle = 0$$
$$\langle n_x 0n_z|xy|n'_x 0n'_z\rangle = 0$$
$$\langle n_x 1n_z|xy|n'_x 1n'_z\rangle = 0$$

であることを用いた．次に $\langle 010|\widehat{H}'|100\rangle$ を計算すると

$b\langle 0|x\widehat{a}_x^\dagger|0\rangle\langle 0|\widehat{a}_y y|0\rangle$
$= b\dfrac{\hbar}{2m\omega}\langle 0|(\widehat{a}_x+\widehat{a}_x^\dagger)\widehat{a}_x^\dagger|0\rangle\langle 0|\widehat{a}_y(\widehat{a}_y+\widehat{a}_y^\dagger)|0\rangle$
$= \dfrac{b\hbar}{2m\omega}$

となるから，永年方程式（固有方程式）を解いて補正エネルギーを次のように得る．

$$\det\begin{pmatrix} -E_1^{(1)} & \frac{b\hbar}{2m\omega} & 0 \\ \frac{b\hbar}{2m\omega} & -E_1^{(1)} & 0 \\ 0 & 0 & -E_1^{(1)} \end{pmatrix} = 0$$

$$\implies E_1^{(1)} = \begin{cases} -\frac{b\hbar}{2m\omega} \\ 0 \\ \frac{b\hbar}{2m\omega} \end{cases}$$

よって補正エネルギーは $E_1^{(1)} = -\dfrac{b\hbar}{2m\omega}, 0, \dfrac{b\hbar}{2m\omega}$ となる．

20.12 (1) ハミルトニアンの固有方程式 $\widehat{H}|\psi_n\rangle = E_n|\psi_n\rangle$ の両辺を λ で微分して

$\dfrac{\partial \widehat{H}}{\partial \lambda}|\psi_n\rangle + \widehat{H}\dfrac{\partial}{\partial \lambda}|\psi_n\rangle = \dfrac{\partial E_n}{\partial \lambda}|\psi_n\rangle + E_n\dfrac{\partial}{\partial \lambda}|\psi_n\rangle$

とし，左から $\langle \psi_n|$ を掛け，$\langle \psi_n|\widehat{H} = E_n\langle \psi_n|$ が成り立つことに注意して次の所望の式を得る．

$$\dfrac{d}{d\lambda}E(\lambda) = \langle\psi(\lambda)|\dfrac{d}{d\lambda}\widehat{H}(\lambda)|\psi(\lambda)\rangle$$

(2) $\langle\psi_n|\widehat{H}|\psi_n\rangle = \hbar\omega(n+\frac{1}{2})$ と書けることに注意して，$\lambda = \omega$ のとき

$$\hbar\left(n+\dfrac{1}{2}\right) = \langle m\omega x^2\rangle$$

$\lambda = \hbar$ のとき

$$\omega\left(n+\dfrac{1}{2}\right) = \left\langle -\dfrac{\hbar}{m}\dfrac{d^2}{dx^2}\right\rangle$$

$\lambda = m$ のとき

$$0 = \left\langle -\dfrac{\widehat{p}^2}{m^2} + \omega^2 x^2\right\rangle$$

$$\implies \left\langle \dfrac{\widehat{p}^2}{2m}\right\rangle = \left\langle \dfrac{1}{2}m\omega^2 x^2\right\rangle$$

のそれぞれが成り立つ．最後の式はビリアル定理の主張に一致する．

20.13 (1) 指示通りに展開して次を得る．

$$\sqrt{p^2c^2+m^2c^4} - mc^2$$

$= mc^2\left(1+\dfrac{p^2}{m^2c^2}\right)^{\frac{1}{2}} - mc^2$

$\approx \dfrac{p^2}{2m} - \dfrac{p^4}{8m^3c^2} + \cdots$

(2) 一次摂動のエネルギー補正は $-\dfrac{1}{8m^3c^2}\langle\widehat{p}^4\rangle$ であり，非相対論的なシュレディンガー方程式 $\dfrac{\widehat{p}^2}{2m}\psi + V\psi = E_0\psi$ から $\langle\widehat{p}^4\rangle = \langle\widehat{p}^2\psi|\widehat{p}^2\psi\rangle = 4m^2\langle\psi(E_0-V)^2\psi\rangle$ と書けるので，エネルギー補正は $-\dfrac{1}{2mc^2}\langle(E_0-V)^2\rangle$ と書ける．これを展開すれば所望の式

$$E^{(1)} = -\dfrac{1}{2mc^2}(E_0^2 - 2E_0\langle V\rangle + \langle V^2\rangle)$$

を得る．

(3) 水素原子の基底固有関数 $\psi_{100}^{(0)} = \left(\dfrac{1}{\pi a_0^3}\right)^{\frac{1}{2}} e^{-\frac{r}{a_0}}$ と基底エネルギー $E_0 = \dfrac{\mathrm{e}^2}{2a_0}$ を思い出し，

$$\langle V\rangle = \left\langle\psi_{100}\left|\dfrac{\mathrm{e}^2}{r}\right|\psi_{100}\right\rangle = -\dfrac{\mathrm{e}^2}{a_0}$$

$$\langle V^2\rangle = \dfrac{2\mathrm{e}^4}{a_0^2}$$

が得られることから $E^{(1)} = -\dfrac{13\mathrm{e}^4}{8mc^2a_0^2}$ となる．

第 21 章

21.1 一次の時間摂動の公式に代入すれば良く，

$P_{nm}(t)$

$= \left|\dfrac{W}{i\hbar}\int_0^t \exp\left\{-\dfrac{it'(a-b)}{\hbar}\right\}\right.$

$\left.\begin{pmatrix}0 & 1\end{pmatrix}\begin{pmatrix}0 & \exp(-i\omega t') \\ \exp(i\omega t') & 0\end{pmatrix}\begin{pmatrix}1 \\ 0\end{pmatrix}dt'\right|^2$

$= \left|\dfrac{W}{i\hbar}\int_0^t \exp\left\{-it'\dfrac{(a-b)}{\hbar} + i\omega t'\right\}dt'\right|^2$

$= \dfrac{W^2}{(a-b-\hbar\omega)^2}\left|\exp\left(it\dfrac{b-a+\hbar\omega}{\hbar}\right) - 1\right|^2$

21.2 (1) $|\psi(t)\rangle_\mathrm{I} = \exp(-\frac{1}{i\hbar}\widehat{H}_0 t)|\psi(t)\rangle_\mathrm{s}$ より，

$i\hbar\dfrac{d}{dt}|\psi(t)\rangle_\mathrm{I}$

$= -\widehat{H}_0|\psi(t)\rangle_\mathrm{I} + \exp\left(-\dfrac{1}{i\hbar}\widehat{H}_0 t\right)\widehat{H}|\psi(t)\rangle_\mathrm{s}$

$$= \exp\left(-\frac{1}{i\hbar}\widehat{H}_0 t\right)(\widehat{H} - \widehat{H}_0)$$
$$\times \exp\left(\frac{1}{i\hbar}\widehat{H}_0 t\right)|\psi(t)\rangle_{\mathrm{I}}$$
$$= \widehat{V}_{\mathrm{I}}(t)|\psi(t)\rangle_{\mathrm{I}}$$

を得る．ここで
$$\widehat{V}_{\mathrm{I}}(t) = \exp\left(-\frac{1}{i\hbar}\widehat{H}_0 t\right)\widehat{V}(t)\exp\left(\frac{1}{i\hbar}\widehat{H}_0 t\right)$$

(2)
$$T \exp\left(\frac{1}{i\hbar}\int_{t_0}^{t_N} dt\, \widehat{V}_{\mathrm{I}}(t)\right)$$
$$= \exp\left(\frac{1}{i\hbar}\Delta t\, \widehat{V}_{\mathrm{I}}(t_N)\right)\cdots\exp\left(\frac{1}{i\hbar}\Delta t\, \widehat{V}_{\mathrm{I}}(t_0)\right)$$

の表式で $t_0 \to t_i$, $t_N \to t_f$ とし，$|\psi(t)\rangle_{\mathrm{I}}$ の表式を (1) で得た微分方程式に代入すれば確かめられる．

(3) 摂動の一次で (2) で与えられた式は
$$|\psi(t)\rangle_{\mathrm{I}} = |\psi(t)\rangle_0 + \frac{1}{i\hbar}\int_0^t dt'\, \widehat{V}_{\mathrm{I}}(t')|\psi(0)\rangle_{\mathrm{I}}$$

となるから，$|\psi(t)\rangle_{\mathrm{I}} = |\psi_m^{(0)}\rangle$ であることに気をつけて，両辺の左から $\langle\psi_\nu^{(0)}|$ を掛けることで所望の式を得る．

(4) 次のように計算できる．
$$c_\nu(t)$$
$$= \frac{1}{i\hbar}\int_0^t dt'\, \langle\psi_\nu^{(0)}|\widehat{V}_{\mathrm{I}}(t')|\psi_m^{(0)}\rangle$$
$$= \frac{1}{i\hbar}\int_0^t dt'\, \langle\psi_\nu^{(0)}|\exp\left(-\frac{1}{i\hbar}\widehat{H}_0 t'\right)$$
$$\times \widehat{V}\exp\left(\frac{1}{i\hbar}\widehat{H}_0 t'\right)|\psi_m^{(0)}\rangle$$
$$= \frac{1}{i\hbar}\int_0^t dt'$$
$$\times \exp\left\{-\frac{1}{i\hbar}\left(E_\nu^{(0)} - E_m^{(0)}\right)t'\right\}\langle\psi_\nu^{(0)}|\widehat{V}|\psi_m^{(0)}\rangle$$
$$= \frac{-1}{E_\nu^{(0)} - E_m^{(0)}}$$
$$\times \left[\exp\left\{\frac{i}{\hbar}(E_\nu^{(0)} - E_m^{(0)})t\right\} - 1\right]\langle\psi_\nu^{(0)}|\widehat{V}|\psi_m^{(0)}\rangle$$

(5) デルタ関数の公式 <注参照>
$$\left|\frac{\exp(iax)-1}{x}\right|^2 \approx 2\pi a \delta(x) \quad (a \to \infty)$$

を使うと，
$$|c_\nu(t)|^2 \approx \left|\frac{\exp\left\{\frac{i}{\hbar}(E_\nu^{(0)} - E_m^{(0)})t\right\} - 1}{E_\nu^{(0)} - E_m^{(0)}}\right|^2$$
$$\times |\langle\psi_\nu^{(0)}|\widehat{V}|\psi_m^{(0)}\rangle|^2$$
$$\approx \frac{2\pi}{\hbar}\delta(E_\nu^{(0)} - E_m^{(0)})|\langle\psi_\nu^{(0)}|\widehat{V}|\psi_m^{(0)}\rangle|^2\, t$$
$$(t \to \infty)$$

と書ける．これより，離散状態 m から単位時間に連続状態 ν と $\nu + d\nu$ の間に遷移する確率は，
$$dP_{m\to\nu} = \frac{2\pi}{\hbar}\delta(E_\nu^{(0)} - E_m^{(0)})|\langle\psi_\nu^{(0)}|\widehat{V}|\psi_m^{(0)}\rangle|^2\, d\nu$$

で与えられることがわかる．

注　デルタ関数の表現の一種で，
$$\frac{1}{a}\left|\frac{\exp(iax)-1}{x}\right|^2$$
$$= \frac{2(1-\cos ax)}{ax^2} \xrightarrow{a\to\infty} 2\pi\delta(x)$$

が成り立ちます．これは任意の関数 $f(x)$ より
$$\lim_{a\to\infty}\int_{-\infty}^{+\infty}\frac{1-\cos ax}{\pi a x^2}f(x)dx$$
$$\lim_{a\to\infty}\int_{-\infty}^{+\infty}f\left(\frac{x}{a}\right)\frac{1-\cos x}{\pi x^2}dx = f(0)$$

となることからも確かめられます．

21.3 (1) ①は
$$\langle\boldsymbol{k}|\boldsymbol{k}'\rangle = \int d^3 r\, \langle\boldsymbol{k}'|\boldsymbol{r}\rangle\langle\boldsymbol{r}|\boldsymbol{k}\rangle$$
$$= \int d^3 r\, \exp(-i\boldsymbol{k}'\cdot\boldsymbol{r})\exp(i\boldsymbol{k}\cdot\boldsymbol{r})$$
$$= (2\pi)^3\delta(\boldsymbol{k}' - \boldsymbol{k})$$

と計算でき，
$$\int\frac{d^3 k}{(2\pi)^3}|\boldsymbol{k}\rangle\langle\boldsymbol{k}|\boldsymbol{k}'\rangle$$
$$= \int\frac{d^3 k}{(2\pi)^3}|\boldsymbol{k}\rangle(2\pi)^3\delta(\boldsymbol{k}' - \boldsymbol{k}) = |\boldsymbol{k}'\rangle$$

が成り立つことから②が示せる．
(2)
$$\left\langle\boldsymbol{k}'\left|\frac{\mathrm{e}^2}{r}\right|\boldsymbol{k}\right\rangle = \int d^3 r\, \langle\boldsymbol{k}'|\boldsymbol{r}\rangle\left\langle\boldsymbol{r}\left|\frac{\mathrm{e}^2}{r}\right|\boldsymbol{k}\right\rangle$$
$$= \int d^3 r\, \exp\{i(\boldsymbol{k}-\boldsymbol{k}')\cdot\boldsymbol{r}\}\frac{\mathrm{e}^2}{r}$$

となるから，右辺を球座標で積分すると

$$\int d^3r \exp\{i(\boldsymbol{k}-\boldsymbol{k}')\cdot\boldsymbol{r}\}\frac{e^2}{r}$$

$$=\int_0^\infty dr\, r^2 \int_0^\pi d\cos\theta$$

$$\times \int_0^{2\pi} d\varphi \exp(i|\boldsymbol{k}-\boldsymbol{k}'||r|\cos\theta)\frac{e^2}{r}$$

$$=\frac{4\pi e^2}{|\boldsymbol{k}-\boldsymbol{k}'|}\int_0^\infty dr\,\sin(|\boldsymbol{k}-\boldsymbol{k}'|r)$$

$$=\frac{4\pi e^2}{|\boldsymbol{k}-\boldsymbol{k}'|}\lim_{\varepsilon\to+0}\int_0^\infty dr$$

$$\times \exp(-\varepsilon r)\sin(|\boldsymbol{k}-\boldsymbol{k}'|r)$$

$$=\frac{4\pi e^2}{|\boldsymbol{k}-\boldsymbol{k}'|}\lim_{\varepsilon\to+0}\frac{|\boldsymbol{k}-\boldsymbol{k}'|}{\varepsilon^2+|\boldsymbol{k}-\boldsymbol{k}'|^2}=\frac{4\pi e^2}{|\boldsymbol{k}-\boldsymbol{k}'|^2}$$

となり，結果として次を得る．

$$\left\langle \boldsymbol{k}'\left|\frac{e^2}{r}\right|\boldsymbol{k}\right\rangle = \frac{4\pi e^2}{|\boldsymbol{k}-\boldsymbol{k}'|^2}$$

(3) 平面波 $|\boldsymbol{k}_i\rangle$ の確率密度流は $\frac{\hbar \boldsymbol{k}_i}{m}$ である．

(4)

$$d\sigma_{\boldsymbol{k}_i\to\boldsymbol{k}_f}$$

$$=\frac{2\pi m}{\hbar^2|\boldsymbol{k}_i|}\delta(E_{\boldsymbol{k}_i}-E_{\boldsymbol{k}_f})\left|\left\langle \boldsymbol{k}_f\left|\frac{e^2}{r}\right|\boldsymbol{k}_i\right\rangle\right|^2\frac{d^3\boldsymbol{k}_f}{(2\pi)^3}$$

を認めると，

$$d\sigma = \frac{2\pi m}{\hbar^2|\boldsymbol{k}_i|}\delta\left(\frac{\hbar^2 k_f^2}{2m}-\frac{\hbar^2 k_i^2}{2m}\right)$$

$$\times \left(\frac{4\pi e^2}{|\boldsymbol{k}_f-\boldsymbol{k}_i|^2}\right)^2 \frac{d^3\boldsymbol{k}_f}{(2\pi)^3}$$

$$=\frac{2\pi m}{\hbar^2|\boldsymbol{k}_i|}\left(\frac{\hbar^2}{2m}\right)^{-1}\delta(k_f^2-k_i^2)$$

$$\times \left(\frac{4\pi e^2}{|\boldsymbol{k}_f-\boldsymbol{k}_i|^2}\right)^2 \frac{d^3\boldsymbol{k}_f}{(2\pi)^3}$$

と書ける．ここで $\boldsymbol{k}_f$ と $\boldsymbol{k}_i$ のなす角を θ とすると $|\boldsymbol{k}_f-\boldsymbol{k}_i|=2k_i\sin\frac{\theta}{2}$ と書け，k_f についての積分を行うと，微分散乱断面積を

$$d\sigma = \frac{e^2 m^2}{4\hbar^4 k_i^4 \sin^4\frac{\theta}{2}}d\Omega_f$$

と書くことができる．最後にエネルギー保存則に気をつけて $\frac{1}{2}m(\frac{\hbar k_i}{m})^2 = E$ とすると，次のラザフォード公式が得られる．

$$d\sigma = \frac{e^4}{16E^2 \sin^4\frac{\theta}{2}}d\Omega_f$$

第 22 章

22.1 まずはエネルギー汎関数 $E[\psi]$ を求める．はじめに $\langle\psi|\psi\rangle$ を計算すると

$$\langle\psi|\psi\rangle = \int_{-\infty}^\infty e^{-ax^2}dx = \sqrt{\frac{\pi}{a}}$$

となる．次に $\langle\psi|\widehat{H}|\psi\rangle$ を運動エネルギー積分 $\langle T\rangle$ とポテンシャルエネルギー積分 $\langle V\rangle$ に分けてやると，それぞれテスト関数の積分により

$$\langle T\rangle = -\frac{\hbar^2}{2m}\int_{-\infty}^\infty e^{-\frac{1}{2}ax^2}\frac{d^2}{dx^2}e^{-\frac{1}{2}ax^2}dx$$

$$= -\frac{\hbar^2}{2m}\int_{-\infty}^\infty e^{-\frac{1}{2}ax^2}$$

$$\times (-ae^{-\frac{1}{2}ax^2}+a^2x^2 e^{-\frac{1}{2}ax^2})dx$$

$$= -\frac{\hbar^2}{2m}\left\{(-a)\sqrt{\frac{\pi}{a}}+a^2\frac{1}{2}\sqrt{\frac{\pi}{a^3}}\right\}$$

$$= \frac{\hbar^2}{4m}\sqrt{a\pi}$$

$$\langle V\rangle = \lambda\int_{-\infty}^\infty e^{-ax^2}x^4 dx = \frac{3}{4}\lambda\sqrt{\frac{\pi}{a^5}}$$

となる．これによりエネルギー汎関数は次のように得られる．

$$E[\psi] = \frac{\langle\psi|\widehat{H}|\psi\rangle}{\langle\psi|\psi\rangle} = \frac{\hbar^2}{4m}a + \frac{3\lambda}{4a^2}$$

このとき，$\frac{dE}{da}=\frac{\hbar^2}{4m}-\frac{3\lambda}{2a^3}=0$ により $a=\left(\frac{6m\lambda}{\hbar^2}\right)^{\frac{1}{3}}$ でエネルギー汎関数は最小値

$$E = \frac{\hbar^2}{4m}\left(\frac{6m\lambda}{\hbar^2}\right)^{\frac{1}{3}}+\frac{3\lambda}{4}\left(\frac{\hbar^2}{6m\lambda}\right)^{\frac{2}{3}}$$

を取る．これが基底エネルギーの見積りである．

22.2 基本問題 22.3 と同様に計算する．

$$\int d^3r\,\psi^*\psi = \pi a^3$$

であり，運動エネルギーの平均 $\langle T\rangle$ は

$$\langle T\rangle = \frac{\frac{\hbar^2 a}{8m}\times 4\pi}{\pi a^3} = \frac{\pi\hbar^2}{2ma^2}$$

でありポテンシャルの平均 $\langle V \rangle$ は次のようになる.

$$\langle V \rangle = \frac{1}{\pi a^3} \int d^3 r \left(-\frac{Ze^2}{r} e^{-\mu r} \right) e^{-\frac{2r}{a}}$$

$$= \frac{4}{a^3} \int_0^\infty dr\, r^2 \left(-\frac{Ze^2}{r} e^{-\mu r} \right) e^{-\frac{2r}{a}}$$

$$= -\frac{4}{a^3} \frac{Ze^2}{(\mu + \frac{2}{a})^2}$$

これよりエネルギー汎関数 $\langle H \rangle$ は

$$\langle H \rangle = E(a) = \frac{\hbar^2}{2ma^2} - \frac{4}{a^3} \frac{Ze^2}{(\mu + \frac{2}{a})^2}$$

$$= \frac{\hbar^2}{2ma^2} - \frac{Ze^2}{a} \left(1 + \frac{\mu a}{2}\right)^{-2}$$

$$\approx \frac{\hbar^2}{2ma^2} - \frac{Ze^2}{a}(1 - \mu a)$$

$$= \frac{\hbar^2}{2ma^2} - \frac{Ze^2}{a} + \mu Ze^2$$

となる.これを最小化すると

$$\frac{d}{da}\langle H \rangle = -\frac{\hbar^2}{ma^3} + \frac{Ze^2}{a^2} = 0$$

を解いて $a = \frac{\hbar^2}{mZe^2}$ を得る.

これにより,基底エネルギー(最低エネルギー)は

$$\langle H \rangle = -\frac{mZ^2 e^4}{2\hbar^2} + \mu Ze^2$$

と見積れる.

22.3 $\langle \psi | \psi \rangle = \frac{\pi}{a^3}$ であり,運動エネルギーの平均 $\langle T \rangle$ は $\langle T \rangle = \frac{\hbar^2}{2m} a^2$ となり,ポテンシャルの平均 $\langle V \rangle$ は

$$\langle V \rangle = \frac{a^3}{\pi} 4\pi \int_0^\infty dr\, r^2 \left(-\frac{e^2}{r} - \frac{Ae^2}{r^2} \right) e^{-2ar}$$

$$= -e^2 a - 2Ae^2 a^2$$

となる.これより

$$E(a) = \left(\frac{\hbar^2}{2m} - 2Ae^2 \right) a^2 - e^2 a$$

$$= \left(\frac{\hbar^2}{2m} - 2Ae^2 \right) \left(a - \frac{e^2}{2\left(\frac{\hbar^2}{2m} - 2Ae^2\right)} \right)^2$$

$$- \frac{e^4}{4\left(\frac{\hbar^2}{2m} - 2Ae^2\right)}$$

となり次の基底エネルギーの近似値を得る.

$$-\frac{e^4}{4\left(\frac{\hbar^2}{2m} - 2Ae^2\right)}$$

22.4 運動エネルギーの平均を $\langle T \rangle$ のように表す.いま,運動エネルギー,ポテンシャルの平均について,それぞれ次のように書ける.

$$\frac{\int \psi^*(x) \frac{-\hbar^2}{2m} \frac{d^2}{dx^2} \psi(x)\, dx}{\int \psi^*(x) \psi(x)\, dx}$$

$$= \lambda^2 \frac{\int \phi^*(\lambda x) \frac{-\hbar^2}{2m} \frac{d^2}{d(\lambda x)^2} \phi(\lambda x)\, d(\lambda x)}{\int \phi^*(\lambda x) \phi(\lambda x)\, d(\lambda x)}$$

$$= \lambda^2 \langle T \rangle$$

$$\frac{\int \psi^*(x) V(x) \psi(x) dx}{\int \psi^*(x) \psi(x) dx}$$

$$= \frac{\int \phi^*(\lambda x) V(x) \phi(\lambda x) d(\lambda x)}{\int \phi^*(\lambda x) \phi(\lambda x) d(\lambda x)}$$

$$= \left\langle V\left(\frac{x}{\lambda}\right) \right\rangle$$

エネルギー汎関数は

$$E(\lambda) = \langle H \rangle = \lambda^2 \langle T \rangle + \left\langle V\left(\frac{x}{\lambda}\right) \right\rangle$$

となり,λ で偏微分して最小化する条件

$$\frac{d}{d\lambda} E(\lambda) = 2\lambda \langle T \rangle - \frac{1}{\lambda} \left\langle xV'\left(\frac{x}{\lambda}\right) \right\rangle$$

$$= 0 \qquad \text{①}$$

を得る.ここで

$$V'\left(\frac{x}{\lambda}\right) = \left.\frac{dV(y)}{dy}\right|_{y=\frac{x}{\lambda}}$$

であることに注意.最後に,この平均はあくまで ϕ についての平均なので,$\lambda \to 1$ として ψ の平均に書き直すと,①の条件式は

$$2\langle \psi | T | \psi \rangle - \langle xV'(x) \rangle = 0$$

となる.これによりビリアル定理が導出できた.

22.5 (1) 明らか.

(2) (1) で得られた微分方程式に
$$\psi(x) = \exp\left(\frac{if(x)}{\hbar}\right)$$
を代入して次を得る．
$$i\hbar f''(x) - (f'(x))^2 + p(x)^2 = 0$$
$$f(x) = f_0(x) + \hbar f_1(x) + \cdots$$
とおくと，
$$(f_0'(x))^2 = (p(x))^2, \quad if_0''(x) = 2f_0'f_1'(x)$$
が得られる．これより
$$f_0(x) = \int dx'\, p(x'),$$
$$\frac{df_1}{dx} = \frac{i}{2}\frac{p'(x)}{p(x)} = \frac{i}{2}\frac{d}{dx}\ln|p(x)|$$
のように書くことができ，所望の式を得る．

22.6 (1) ψ_b を次のように変形し ψ_a と一致する条件を考える．
$$\psi_b(x)$$
$$= \frac{2C}{\sqrt{\rho(x)}}\cos\left[-\frac{1}{\hbar}\int_a^x p(x')dx' + \frac{\pi}{4} \right.$$
$$\left. + \left(\frac{1}{\hbar}\int_a^b p(x')dx' - \frac{\pi}{2}\right)\right]$$
$$= \frac{2C}{\sqrt{\rho(x)}}\cos\left[\frac{1}{\hbar}\int_a^x p(x')dx' - \frac{\pi}{4}\right]$$
$$\times \cos\left[\frac{1}{\hbar}\int_a^b p(x')dx' - \frac{\pi}{2}\right]$$
$$- \frac{2C}{\sqrt{\rho(x)}}\sin\left[-\frac{1}{\hbar}\int_a^x p(x')dx' + \frac{\pi}{4}\right]$$
$$\times \sin\left[\frac{1}{\hbar}\int_a^b p(x')dx' - \frac{\pi}{2}\right]$$
$$\psi_a(x) = \frac{2A}{\sqrt{\rho(x)}}\cos\left[\frac{1}{\hbar}\int_a^x p(x')dx' - \frac{\pi}{4}\right]$$
これより
$$\sin\left(\frac{1}{\hbar}\int_a^b p(x')dx' - \frac{\pi}{2}\right) = 0$$
$$C\cos\left(\frac{1}{\hbar}\int_a^b p(x')dx' - \frac{\pi}{2}\right) = A$$
が成り立てばよく，これより

$$\frac{1}{\hbar}\int_a^b p(x')dx' - \frac{\pi}{2} = n\pi \quad (n=0,1,2,\cdots)$$
および $C = (-1)^n A$ が成り立てば波動関数が接続することがわかる．この条件より所望の式を得る．

(2)
$$p(x) = \sqrt{2m\left(E - \frac{1}{2}m\omega^2 x^2\right)}$$
であり，この関数の零点からわかるように回帰点は
$$a = -\sqrt{\frac{2E}{m\omega^2}}, \quad b = \sqrt{\frac{2E}{m\omega^2}}$$
となるから
$$\int_a^b p(x)dx = m\omega\int_a^b \sqrt{b^2 - x^2}\,dx = \frac{m\omega b^2 \pi}{2}$$
となり，ボーア–ゾンマーフェルトの量子化条件から $E_n = \left(n + \frac{1}{2}\right)\hbar\omega$ を得る．

(3) (2) と同様に，回帰点は $-\frac{E}{a}, \frac{E}{a}$ となるから
$$\int_{-\frac{E}{a}}^{\frac{E}{a}} p(x)\,dx = 2\sqrt{2m}\int_0^{\frac{E}{a}}\sqrt{E - ax}\,dx$$
$$= \frac{4}{3}\frac{\sqrt{2m}}{a}E^{\frac{3}{2}}$$
と計算でき，量子化条件から次を得る．
$$E_n = \left\{\frac{3a}{4\sqrt{2m}}\left(n + \frac{1}{2}\right)\hbar\pi\right\}^{\frac{2}{3}}$$

第 23 章

23.1 (1)
$$r_1 = R + \frac{m'}{m+m'}r, \quad r_2 = R - \frac{m}{m+m'}r$$
と書け，ここで
$$r_1 = (x_1, y_1, z_1), \quad r_2 = (x_2, y_2, z_2),$$
$$R = (X, Y, Z), \quad r = (x, y, z)$$
とすると，
$$\frac{\partial}{\partial x_1} = \frac{\partial X}{\partial x_1}\frac{\partial}{\partial X} + \frac{\partial x}{\partial x_1}\frac{\partial}{\partial x} = \frac{m}{M}\frac{\partial}{\partial X} + \frac{\partial}{\partial x}$$

第 23 章の解答

$$\frac{\partial}{\partial x_2} = \frac{\partial X}{\partial x_2}\frac{\partial}{\partial X} + \frac{\partial x}{\partial x_2}\frac{\partial}{\partial x} = \frac{m'}{M}\frac{\partial}{\partial X} - \frac{\partial}{\partial x}$$

であるから

$$\nabla_1 = \frac{m}{M}\nabla_R + \nabla_r, \quad \nabla_2 = \frac{m'}{M}\nabla_R - \nabla_r$$

となり，これにより

$$-\frac{\hbar^2}{2m}\nabla_1^2 - \frac{\hbar^2}{2m}\nabla_2^2$$
$$= -\frac{\hbar^2}{2m}\left(\frac{m^2}{M^2}\nabla_R^2 + \frac{2m}{M}\nabla_R\nabla_r + \nabla_r^2\right)$$
$$-\frac{\hbar^2}{2m'}\left(\frac{m'^2}{M^2}\nabla_R^2 - \frac{2m'}{M}\nabla_R\nabla_r + \nabla_r^2\right)$$
$$= -\frac{\hbar^2}{2M}\nabla_R^2 - \frac{\hbar^2}{2\mu}\nabla_r^2$$

となり，所望の式を得る．

(2) シュレディンガー方程式は

$$-\frac{\hbar^2}{2M}\nabla_R^2\phi\psi - \frac{\hbar^2}{2\mu}\nabla_r^2\phi\psi + V\phi\psi = E\phi\psi$$

と書き直せる．ここで両辺を $\phi\psi$ で割って，

$$-\frac{\hbar^2}{2M}\frac{1}{\phi}\nabla_R^2\phi = \frac{\hbar^2}{2\mu}\frac{1}{\psi}\nabla_r^2\psi + E - V = E'$$

と書くことができる．これより

$$-\frac{\hbar^2}{2M}\nabla_R^2\phi = E'\phi$$

を得て，これを解くと平面波

$$\phi(\boldsymbol{R}) = e^{i\boldsymbol{k}\cdot\boldsymbol{R}}$$

が得られる．重心座標は自由粒子のように運動することがわかる．

23.2 $\exp(ikz)$ は自由粒子のシュレディンガー方程式の解であり，球対称ポテンシャルの下で波動関数を $R_l(r)Y_{lm}(\theta,\varphi)$ としたとき，動径方向の $R_l(r) = \frac{\chi_l(r)}{r}$ が方程式

$$\left\{\frac{d^2}{dr^2} - \frac{l(l+1)}{r^2} - k^2\right\}\chi_l(r) = 0$$

をみたす．この方程式の解は球ベッセル関数 $j_l(kr)$ と球ノイマン関数 $n_l(kr)$ の線形結合によって表され，

$$R_l(r) = \frac{\chi_l(r)}{r} = a_l j_l(kr) + b_l n_l(kr)$$

のように書くことができる．右辺第一項は $r = 0$ で正則だが，右辺第二項は特異的である．V がいたるところで 0 ならば $b_l = 0$ でなければな

らず，このとき波動関数はルジャンドル多項式を用いて $a_l j_l(kr)P_l(\cos\theta)$ の重ね合わせで書けるはずである（球対称ポテンシャルで考えているから φ 成分はない）．つまり，

$$\exp(ikr\cos\theta) = \sum_{l=0}^{\infty} a_l j_l(kr)P_l(\cos\theta)$$

と書ける．次に，このときの a_l を求めれば良い．両辺を積分すると，

$$\int_{-1}^{1} d(\cos\theta)\exp(ikr\cos\theta)P_m(\cos\theta)$$
$$= \sum_{l=0}^{\infty} a_l j_l(kr)\underbrace{\int_{-1}^{1} d(\cos\theta)P_l(\cos\theta)P_m(\cos\theta)}_{\delta_{lm}\frac{2}{2l+1}}$$

$$= \frac{2a_m j_m(kr)}{2m+1}$$

となり，次を得る．

$$\int_{-1}^{1} d(\cos\theta)\exp(ikr\cos\theta)P_m(\cos\theta)$$
$$= \frac{2a_m j_m(kr)}{2m+1} \quad \text{①}$$

以下 $m \to l$ として，①左辺を部分積分すると

$$\int_{-1}^{1} dX \exp(ikrX)P_l(X)$$
$$= \left[\frac{\exp(ikrX)P_l(X)}{ikr}\right]_{-1}^{1}$$
$$- \int_{-1}^{1} dX \frac{\exp(ikrX)}{ikr}\left(\frac{dP_l(x)}{dX}\right)$$

となり，右辺第二項を順次部分積分すればわかるように第二項以降は r^{-n} $(n = 2, 3, \cdots)$ のオーダーになるので，第二項は r が十分大きいときに落として良い．

$P_l(1) = 1, P_l(-1) = (-1)^l$ より，①左辺は

$$\left[\frac{\exp(ikrX)}{ikr}P_l(X)\right]_{X=-1}^{X=1}$$
$$= \frac{1}{ikr}\left\{\exp(ikr) - (-1)^l\exp(-ikr)\right\}$$
$$= \frac{2}{kr}i^l\sin\left(kr - \frac{l\pi}{2}\right) \quad \text{②}$$

となる．一方，①右辺は漸近形

$$j_l \approx \frac{1}{kr}\sin\left(kr - \frac{l\pi}{2}\right)$$

から

$$a_l j_l \frac{2}{2l+1} \approx \frac{2a_l}{(2l+1)kr} \sin\left(kr - \frac{l\pi}{2}\right) \quad \text{③}$$

を得る．②と③の比較から，$a_l = (2l+1)i^l$ を得る．これで所望の式を得た．

23.3 すでに

$$f(\theta) = \sum_{l=0}^{\infty}(2l+1)a_l P_l(\cos\theta)$$

$$\sigma_{\text{tot}} = 4\pi \sum_{l=0}^{\infty}(2l+1)|a_l|^2$$

と書けることを基本問題 23.2 で確かめているので，

$$a_l = \frac{\sin\delta_l}{k}e^{i\delta_l}$$

とおいて

$$\text{Im}\{f(0)\} = \sum_{l=0}^{\infty}(2l+1)\frac{\sin\delta_l}{k}\sin\delta_l P_l(\cos\theta)$$

$$= \frac{k}{4\pi}\left\{4\pi\sum_{l=0}^{\infty}(2l+1)\frac{\sin^2\delta_l}{k^2}\right\}$$

$$= \frac{k}{4\pi}\sigma_{\text{tot}}$$

となることがわかる．

23.4 散乱振幅

$$f(\theta) = -\frac{2m}{\hbar^2}\int_0^{\infty}\frac{\sin Kr}{K}V(r)r\,dr$$

を計算する．ポテンシャルは

$$V(r) = V_0 \exp\left(-\frac{r^2}{4a^2}\right)$$

を代入する．ここで $b = \frac{1}{4a^2}$ とおくと，

$$f(\theta) = -\frac{2mV_0}{\hbar^2 K}\int_0^{\infty}\exp(-br^2)(\sin Kr)r\,dr$$

$$= +\frac{2mV_0}{\hbar^2 K}\frac{\partial}{\partial K}\int_0^{\infty}\exp(-br^2)\cos Kr\,dr$$

$$= +\frac{2mV_0}{\hbar^2 K}\frac{\partial}{\partial K}\left(+\frac{1}{2}\sqrt{\frac{\pi}{b}}e^{-\frac{K^2}{4b}}\right)$$

$$= -\frac{4mV_0\sqrt{\pi}}{\hbar^2}a^3\exp\{-2a^2k^2(1-\cos\theta)\}$$

となる．ただし最後に

$$b = \frac{1}{4a^2}, \quad K = 2k\sin\frac{\theta}{2}$$

を用いた．最後にこれを積分して

$$\sigma_{\text{tot}} = \int_\Omega d\Omega |f(\theta)|^2$$

$$= 2\pi\int_{-1}^{1}d(\cos\theta)$$

$$\times\left(\frac{16m^2V_0^2\pi a^6}{\hbar^4}\right)\exp\{-4a^2k^2(1-\cos\theta)\}$$

$$= \frac{8m^2\pi^2V_0^2a^4}{\hbar^4 k^2}\{1-\exp(-8a^2k^2)\}$$

を得る．

23.5

$$(\nabla^2 + k^2)G_0(\boldsymbol{r}-\boldsymbol{r}') = -\delta(\boldsymbol{r}-\boldsymbol{r}')$$

をみたす G_0 を求めれば良い．ここで主要解 G_0 のフーリエ変換を

$$g(\boldsymbol{u},\boldsymbol{r}') = \int d^3r\, G_0(\boldsymbol{r}-\boldsymbol{r}')\exp(-i\boldsymbol{u}\cdot\boldsymbol{r})$$

とおいて

$$(\nabla^2 + k^2)G_0(\boldsymbol{r}-\boldsymbol{r}') = -\delta(\boldsymbol{r}-\boldsymbol{r}')$$

両辺をフーリエ変換すると，

$$(-u^2 + k^2)g(\boldsymbol{u},\boldsymbol{r}') = -\exp(-i\boldsymbol{u}\cdot\boldsymbol{r}')$$

となり，これより，

$$g(\boldsymbol{u},\boldsymbol{r}') = \frac{\exp(-i\boldsymbol{u}\cdot\boldsymbol{r}')}{u^2 - k^2}$$

を得る．これを逆変換することで主要解を得ることができる．ここで $\boldsymbol{r}-\boldsymbol{r}'$ と $\boldsymbol{u}$ のなす角を θ として積分を実行すると次のようになる．

$$G_0(\boldsymbol{r},\boldsymbol{r}')$$

$$= \frac{1}{(2\pi)^3}\int d^3u\,\frac{\exp(-i\boldsymbol{u}\cdot\boldsymbol{r}')}{u^2-k^2}\exp(i\boldsymbol{u}\cdot\boldsymbol{r})$$

$$= \frac{1}{(2\pi)^3}\int du\,u^2\,\frac{1}{u^2-k^2}$$

$$\times \int_{-1}^{1}d(\cos\theta)\exp(iu|\boldsymbol{r}-\boldsymbol{r}'|\cos\theta)\int_0^{2\pi}d\varphi$$

$$= \frac{1}{(2\pi)^2|\boldsymbol{r}-\boldsymbol{r}'|}$$

$$\times \int_{-\infty}^{\infty}du\,\frac{u}{u^2-k^2}\sin(u|\boldsymbol{r}-\boldsymbol{r}'|)$$

$$= \frac{1}{2i(2\pi)^2|\boldsymbol{r}-\boldsymbol{r}'|}$$

$$\times \int_{-\infty}^{\infty}du\,\frac{u}{u^2-k^2}\exp(iu|\boldsymbol{r}-\boldsymbol{r}'|)$$

$$- \frac{1}{2i(2\pi)^2|\boldsymbol{r}-\boldsymbol{r}'|}$$

$$\times \int_{-\infty}^{\infty}du\,\frac{u}{u^2-k^2}\exp(-iu|\boldsymbol{r}-\boldsymbol{r}'|)$$

となる．ここで

第 23 章の解答

$$I(\lambda) = \int_C dz \, \frac{z}{z^2 - k^2} \exp(iz\lambda)$$

とおき，この積分を求める．ただし C は次図のように $-\infty$ から $+\infty$ に向かう経路である．ただし経路は $z = \pm k$ を避けている．これは $I(\lambda)$ の被積分関数は $z = \pm k$ で発散するためである．

この積分を複素積分を用いて計算しよう．そのためには次図のように閉経路を取る．

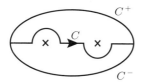

$\lambda > 0$ のときは $C + C^+$ を取り，$\lambda < 0$ のときは $C + C^-$ を閉経路として取る．

$$I(\lambda) = \int_{C+C^{\pm}} dz \, \frac{z}{z^2-k^2} \exp(iz\lambda)$$
$$- \underbrace{\int_{C^{\pm}} dz \, \frac{z}{z^2-k^2} \exp(iz\lambda)}_{\text{ジョルダンの補題から } 0}$$

と書くことができる．留数定理により <注参照>

$$I = 2\pi i \cdot \frac{k}{2k} \exp(ik\lambda) \quad (\lambda > 0)$$
$$I = -2\pi i \cdot \frac{k}{-2k} \exp(-ik\lambda) \quad (\lambda < 0)$$

となることから

$$G_0(\bm{r} - \bm{r}') = \frac{1}{4\pi |\bm{r} - \bm{r}'|} \exp(ik|\bm{r} - \bm{r}'|)$$

を得る．

注 正則な関数 f に対し，複素数 α を囲んだ閉経路 C（正方向に一周）での積分は

$$\int_C \frac{f(z)}{z - \alpha} dz = 2\pi i f(\alpha)$$

となります．

23.6 (1) $z = a + bi$ とおくと，

$$\mathrm{Re}(iz) = -b = \mathrm{Im}(-z) = -\mathrm{Im}(z)$$

となる．

(2)

$$\bm{e}_r \cdot \bm{j}(r)$$
$$= \frac{\hbar k}{m} \left[\cos\theta + \frac{|f(\theta)|^2}{r^2} + \frac{1}{r}(1 + \cos\theta) \right.$$
$$\left. \times \mathrm{Re}[f(\theta)\exp\{ikr(1 - \cos\theta)\}] + \cdots \right]$$

より

$$0 = \int d\Omega \left(\cos\theta + \frac{|f(\theta)|^2}{r^2} + \frac{1}{r}(1+\cos\theta) \right.$$
$$\left. \times \mathrm{Re}[f(\theta)\exp\{ikr(1-\cos\theta)\}] + \cdots \right)$$

が成り立つ．各項を計算すると，

$$\int d\Omega \, \cos\theta = 2\pi \int_{-1}^{1} d(\cos\theta) \cos\theta$$
$$= 2\pi \cdot \frac{1}{2}[\cos^2\theta]_{-1}^{1} = 0$$

$$\int d\Omega \, \frac{|f(\theta)|^2}{r^2} = \frac{1}{r^2}\sigma_{\text{tot}}$$

$$\int d\Omega \, \frac{1}{r}(1+\cos\theta)\,\mathrm{Re}\left[f(\theta)\exp\{ikr(1-\cos\theta)\}\right]$$
$$= \frac{2\pi}{r}\mathrm{Re}\left[\int_{-1}^{1}d(\cos\theta)(1+\cos\theta) \right.$$
$$\left. \times f(\theta)\exp\{ikr(1-\cos\theta)\}\right]$$

となり，最後の積分は

$$\frac{2\pi}{r}\mathrm{Re}\left[\int_{-1}^{1}dx(1+x)f(\theta)\exp\{ikr(1-x)\}\right]$$
$$= \mathrm{Re}\left[\frac{2\pi}{r}\left[\left(-\frac{1}{ikr}\right)(1+x)\right.\right.$$
$$\left.\left.\times f(\theta)\exp\{ikr(1-x)\}\right]_{-1}^{1}\right]$$
$$+ \mathrm{Re}\left[\frac{2\pi}{r}\frac{1}{ikr}\int_{-1}^{1}dx\{(1+x)f(\theta)\}'\right.$$
$$\left. \times \exp(ikr(1-x))\right]$$

となるが，上式右辺第二項は $\cos\theta = 1$ 以外のところでは θ の微小な変動に対して激しく振動する．そこで $\theta = 0$ の近傍のみが積分に寄与し，積分項は r が大きいと 0 に近づく．そこで右辺第二項を無視して

$$\int d\Omega \, \frac{1}{r}(1+\cos\theta)\mathrm{Re}[f(\theta)\exp\{ikr(1-\cos\theta)\}]$$
$$= \frac{2\pi}{r}\left[-\frac{2}{kr}\mathrm{Im}\{f(0)\}\right]$$

と書くことができ，光学定理を得る．

23.7 (1) 微分を書き換えれば容易に得られる．
(2) (1) で得られた方程式
$$\frac{d^2F}{d\rho^2} + \frac{1}{\rho}\frac{dF}{d\rho} + \left(1 - \frac{\nu^2}{\rho^2}\right)F = 0, \quad \nu \equiv l + \frac{1}{2}$$
に対し $\rho \gg 1$, $\rho \ll 1$ のそれぞれについて場合わけして考える．
$\rho \gg 1$ のとき，与式は
$$\frac{d^2F}{d\rho^2} + F = 0$$
のように近似でき，この微分方程式の解は $F = e^{\pm i\rho}$ である．ここで，
$$\frac{1}{\rho}\frac{dF}{d\rho} \approx \frac{\pm i}{\rho}e^{\pm i\rho} \approx 0$$
であることに注意．
$\rho \ll 1$ のとき，与式は
$$\frac{d^2F}{d\rho^2} + \frac{1}{\rho}\frac{dF}{d\rho} - \frac{\nu^2}{\rho^2}F = 0$$
のように近似され，オイラー型の微分方程式となる．ここで $F = \rho^s$ のようにおくと
$$s(s-1) + s - \nu^2 = 0$$
となり $s = \pm\nu$ を得る．これで $F \approx \rho^{\pm\nu}$ のように振る舞うことが示せた．
(3)
$$F(\rho) = \sum_{k=0}^{\infty} c_k \rho^{k+\lambda}$$
とおいて (1) で得られた微分方程式に代入すると，
$$\{(k+\lambda+2)^2 - \nu^2\}c_{k+2} = -c_k$$
$$(\lambda+1)^2 c_1 - \nu^2 c_1 = 0$$
$$(\lambda^2 - \nu^2)c_0 = 0$$
が成り立つことがわかる．これより $\lambda = \pm\nu$ であり，係数漸化式は
$$c_{k+2} = -\frac{c_k}{(k+\lambda+2)^2 - \nu^2}$$
(4) (3) で得られた漸化式から
$$c_{2m} = \frac{(-1)^m}{2^{2m}m!(\pm\nu+m)\cdots(\pm\nu+1)}c_0$$
と書け，

$$c_0 = \frac{1}{2^{\pm\nu}\Gamma(\pm\nu+1)}$$
と取ると，
$$c_{2m} = \frac{(-1)^m}{2^{2m\pm\nu}m!\,\Gamma(\pm\nu+m+1)}$$
と書ける．(3) で得られた結果から $c_1 = 0$ となることに注意すれば，$F(\rho)$ は $\rho^{2m\pm\nu}$ の和（級数）で書け，所望の式のように表すことができる．
(5) 原点での正則性を考えれば $n_l(kr)$ は解として不適である．

第 24 章

24.1 (1) （類似問題：基本問題 4.1）$n = 1, 2, 3, \cdots$ を用いて固有関数は $\psi_n(x) = \sqrt{\frac{2}{a}}\sin\frac{n\pi x}{a}$ であり，エネルギー固有値は $E_n = \frac{\hbar^2\pi^2}{2ma^2}n^2$ と表せる．
(2) （類似問題：基本問題 7.3）定常状態のシュレディンガー方程式を解くと
$$\sqrt{\frac{2}{a}}\sin\frac{n\pi x}{a} \quad (n=1,2,3,\cdots)$$
が得られる．与式を三倍角の公式を用いて展開してやると次のように書ける．
$$\psi(x,0) = A\sin^3\frac{\pi x}{a}$$
$$= \frac{3A}{4}\sin\frac{\pi x}{a} - \frac{A}{4}\sin\frac{3\pi x}{a}$$
規格化条件により
$$\left(\frac{3A}{4}\right)^2 + \left(\frac{A}{4}\right)^2 = \frac{2}{a}$$
であり，$A = \frac{4}{\sqrt{5a}}$ が得られ，第二励起状態にある確率は $\frac{1}{10}$ である．
(3) 変化前の基底状態を $|\psi_1\rangle$ とし，変化後の基底状態を $|\phi_1\rangle$ とする．求める値は $|\langle\psi_1|\phi_1\rangle|^2$ である．
$$\psi_1(x) = \begin{cases} \sqrt{\dfrac{1}{a}}\cos\dfrac{\pi x}{2a} & (|x| < a) \\ 0 & (a < |x|) \end{cases}$$
$$\phi_1(x) = \begin{cases} \sqrt{\dfrac{1}{2a}}\cos\dfrac{\pi x}{4a} & (|x| < 2a) \\ 0 & (2a < |x|) \end{cases}$$

であることに注意して次を得る.

$$|\langle\psi_1|\phi_1\rangle|^2 = \left|\int_{-a}^{a}dx\sqrt{\frac{1}{a}}\cos\frac{\pi x}{2a}\sqrt{\frac{1}{2a}}\cos\frac{\pi x}{4a}\right|^2$$

$$=\frac{64}{9\pi^2}$$

(4) (1) の E_1 に

$$\langle\psi_1|V'|\psi_1\rangle = \int_0^a \psi_1^*(x)V'(x)\psi_1(x)dx$$

を加えた値が求めるべき答え. この積分は

$$\int_0^a \psi_1^*(x)V'(x)\psi_1(x)dx$$
$$=\frac{2\lambda}{a}\int_0^a \sin^3\frac{\pi x}{a}dx$$
$$=\frac{\lambda}{2\pi}\int_0^{\pi}(3\sin\theta-\sin3\theta)d\theta = \frac{8\lambda}{3\pi}$$

となるため, 求める値は $\frac{\hbar^2\pi^2}{2ma^2}+\frac{8\lambda}{3\pi}$ となる.

24.2 (1) まず $[r,\widehat{p}_r]=i\hbar$ が成り立つことと,

$$0 = [\widehat{p}_r, 1] = \left[\widehat{p}_r, r\frac{1}{r}\right]$$
$$= r\left[\widehat{p}_r, \frac{1}{r}\right] + [\widehat{p}_r, r]\frac{1}{r}$$

が成り立つことから

$$\left[\widehat{p}_r, \frac{1}{r}\right] = \frac{i\hbar}{r^2}$$

が得られる. これより

$$\widehat{A}_1^\dagger \widehat{A}_1 + \alpha^{(1)}$$
$$=\left\{\widehat{p}_r - i\left(a_1+\frac{b_1}{r}\right)\right\}\left\{\widehat{p}_r + i\left(a_1+\frac{b_1}{r}\right)\right\}$$
$$-\frac{c^2}{(l+1)^2\hbar^2}$$
$$=\widehat{p}_r^2 + ib_1\left[\widehat{p}_r,\frac{1}{r}\right] + a_1^2 + \frac{2a_1b_1}{r}$$
$$+\frac{b_1^2}{r^2}-\frac{c^2}{(l+1)^2\hbar^2}$$
$$=\widehat{p}_r^2 - \frac{\hbar}{r^2}(l+1)\hbar - \frac{2c}{r} + \frac{(l+1)^2\hbar^2}{r^2}$$
$$=\widehat{p}_r^2 + \frac{l(l+1)\hbar^2}{r^2} - \frac{2c}{r}$$

と計算でき, 所望の式を得る.

(2) 与式の左辺から右辺を引くと

$$\widehat{A}_{n+1}^\dagger \widehat{A}_{n+1} + \alpha^{(n+1)} - \widehat{A}_n\widehat{A}_n^\dagger - \alpha^{(n)} = 0$$

となり, 所望の式を得る.

(3) 略.

(4) まず $\widehat{H}^{(n+1)}$ を $|n\rangle$ に作用させ,

$$\widehat{A}_{n+1}|n\rangle = 0$$

に注意して

$$\widehat{H}^{(n+1)}|n\rangle = (\widehat{A}_{n+1}^\dagger \widehat{A}_{n+1} + \alpha^{(n+1)})|n\rangle$$
$$=\alpha^{(n+1)}|n\rangle$$

を得る. この両辺に左から $\widehat{A}_n^\dagger$ を掛け,

$$\widehat{A}_n^\dagger \widehat{H}^{(n+1)}|n\rangle = \widehat{A}_n^\dagger \alpha^{(n+1)}|n\rangle$$

とする. さらに左辺について

$$\widehat{A}_n^\dagger \widehat{H}^{(n+1)} = \widehat{H}^{(n)} A_n^\dagger$$

が成り立つことを用いて,

$$\widehat{H}^{(n)}\widehat{A}_n^\dagger|n\rangle = \widehat{A}_n^\dagger \alpha^{(n+1)}|n\rangle$$

を得る. この両辺に左から $\widehat{A}_{n-1}^\dagger$ を掛け,

$$\widehat{A}_{n-1}^\dagger \widehat{H}^{(n)} = \widehat{H}^{(n-1)} A_{n-1}^\dagger$$

が成り立つことを用いて

$$\widehat{H}^{(n-1)}\widehat{A}_{n-1}^\dagger \widehat{A}_n^\dagger|n\rangle = \widehat{A}_{n-1}^\dagger\widehat{A}_n^\dagger\alpha^{(n+1)}|n\rangle$$

と書くことができ, これを繰り返して結局

$$\widehat{H}^{(1)}\underbrace{\widehat{A}_1^\dagger \widehat{A}_2^\dagger \cdots \widehat{A}_n^\dagger|n\rangle}_{|n+1\rangle} = \alpha^{(n+1)}\underbrace{\widehat{A}_1^\dagger \widehat{A}_2^\dagger \cdots \widehat{A}_n^\dagger|n\rangle}_{|n+1\rangle}$$

と書けることから, 所望の式を得る.

(5) (4) の結果から

$$\frac{1}{2\mu}\widehat{H}^{(1)}|n\rangle = \frac{1}{2\mu}\alpha^{(n)}|n\rangle$$

と書け, これはクーロンポテンシャル束縛のシュレディンガー方程式なので, 右辺に現れる値 $\frac{1}{2\mu}\alpha^{(n)}$ がエネルギー固有値である.

24.3 (1) (類似問題:基本問題 3.1) 略.

(2) (類似問題:基本問題 10.1) 確率密度流は $\frac{\hbar k}{m}(1-|A^2|)$

(3) (類似問題:基本問題 10.1) 透過率 T は k, k' を用いて $T = \frac{4kk'}{(k+k')^2}$ であり,

$$k = \frac{\sqrt{2mE}}{\hbar}, \quad k' = \frac{\sqrt{2m(E-\phi)}}{\hbar}$$

より

$$T = \frac{4\sqrt{\frac{E-\phi}{E}}}{(1+\sqrt{\frac{E-\phi}{E}})^2} = \frac{4\sqrt{1-\frac{\phi}{4}}}{(1+\sqrt{1-\frac{\phi}{4}})^2}$$

(4) アップスピン電子，ダウンスピン電子のシュレディンガー方程式はそれぞれ次のようになる（複合同順）．

$$-\frac{\hbar^2}{2m}\frac{d^2}{dx^2}\psi + V(x)\psi \mp \frac{1}{2}\mu B\psi = E\psi$$

これより，スピンを考えない場合のエネルギーから $E \to \pm E \pm \frac{1}{2}\mu B$ と変換すればスピンを考えた場合のエネルギーを求めることができる．これより，

$$T_\uparrow = \frac{4\sqrt{\frac{E+\frac{\mu B}{2}-\phi}{E}}}{\left(1+\sqrt{\frac{E+\frac{\mu B}{2}-\phi}{E}}\right)^2}$$

$$T_\downarrow = \frac{4\sqrt{\frac{E-\frac{\mu B}{2}-\phi}{E}}}{\left(1+\sqrt{\frac{E-\frac{\mu B}{2}-\phi}{E}}\right)^2}$$

24.4 (1) （類似問題：基本問題 13.2）
$[\hat{a}, \hat{a}^\dagger] = 1$
(2) （類似問題：基本問題 13.1(3)）
$\hat{H} = \hbar\omega(\hat{n} + \frac{1}{2})$
(3) （類似問題：基本問題 13.3）略．
(4) （類似問題：基本問題 13.3）
$E_n = \hbar\omega(n + \frac{1}{2})$
(5) （類似問題：演習問題 13.3）
$|\psi(t)\rangle = e^{-\frac{i\hat{H}t}{\hbar}}|\psi(0)\rangle$ を計算する．

$$|\psi(t)\rangle = e^{-\frac{i\hat{H}t}{\hbar}}\sum_n \frac{e^{-\frac{|\lambda|^2}{2}}}{\sqrt{n!}}\lambda^n |n\rangle$$

$$= \sum_n \frac{e^{-\frac{|\lambda|^2}{2}}}{\sqrt{n!}}\lambda^n e^{-\frac{i\hat{H}t}{\hbar}}|n\rangle$$

$$= \sum_n \frac{e^{-\frac{|\lambda|^2}{2}}}{\sqrt{n!}}\lambda^n e^{-\frac{iE_n t}{\hbar}}|n\rangle$$

$$= \sum_n \frac{e^{-\frac{|\lambda|^2}{2}}}{\sqrt{n!}}\lambda^n e^{-i\omega(n+\frac{1}{2})}|n\rangle$$

(6) （類似問題：演習問題 13.3）
$X = \sqrt{\frac{\hbar}{2m\omega}}$ とおくと，

$$\hat{x} = X(\hat{a} + \hat{a}^\dagger)$$

であり，

$$\hat{a}|n\rangle = \sqrt{n}|n-1\rangle$$
$$\hat{a}^\dagger|n\rangle = \sqrt{n+1}|n+1\rangle$$

に注意して

$$\hat{x}|\psi(t)\rangle = X\sum_{n=0}^\infty \frac{e^{-\frac{|\lambda|^2}{2}}}{\sqrt{n!}}\lambda^n e^{-i\omega(n+\frac{1}{2})}$$
$$\times \left(\sqrt{n}|n-1\rangle + \sqrt{n+1}|n+1\rangle\right)$$

と書けるので，$\langle\psi(t)|\hat{x}\psi(t)\rangle$ を計算すると，

$$\langle\psi(t)|\hat{x}\psi(t)\rangle$$
$$= X\sum_{n=0}\sum_{m=0}\frac{e^{-|\lambda|^2}}{\sqrt{n!\,m!}}(\lambda^*)^m \lambda^n e^{i\omega t(m-n)}$$
$$\times (\sqrt{n}\,\delta_{m\,n-1} + \sqrt{n+1}\,\delta_{m\,n+1})$$

であり，$n=0$ のとき第一項のみ 0 となることに気をつけて計算すると

$$\langle\psi(t)|\hat{x}\psi(t)\rangle = X\lambda e^{-i\omega t} + X\lambda^* e^{i\omega t}$$

である．この結果が実数であることを強調するために，$X = \sqrt{\frac{\hbar}{2m\omega}}$ とおいたことに注意して

$$\langle\psi(t)|\hat{x}\psi(t)\rangle = \sqrt{\frac{2\hbar}{m\omega}}\,\mathrm{Re}(\lambda e^{-i\omega t})$$

となる．

ポイント これは古典的な調和振動子と同様の結果を与えています．

24.5 (1) 略．
(2) （類似問題：基本問題 15.3）

$$|\phi(t)\rangle = \frac{1}{\sqrt{2}}e^{-\frac{i\omega_0 t}{2}}|\uparrow\rangle + \frac{1}{\sqrt{2}}e^{\frac{i\omega_0 t}{2}}|\downarrow\rangle$$

(3)
$$\langle\phi(t)|\hat{S}_z|\phi(t)\rangle = 0$$
$$\langle\phi(t)|\hat{S}_x|\phi(t)\rangle = \frac{\hbar}{2}\cos\omega_0 t$$

(4) 略．

(5)
$$i\frac{dc_+}{dt} = \frac{\Omega}{2}c_- e^{-i(\omega-\omega_0)t},$$
$$i\frac{dc_-}{dt} = \frac{\Omega}{2}c_+ e^{i(\omega-\omega_0)t}$$

以下の (6)(7) では回転磁場の角振動数が静磁場によるスピンの歳差運動の角振動数と一致する場合,すなわち $\omega = \omega_0$ の場合を考える.

(6) 問題文で与えられた条件により $c_-(0) = 1, c_+(0) = 0$ なので
$$|\phi(t)\rangle = -i\sin\left(\frac{\Omega t}{2}\right)e^{-\frac{i\omega_0 t}{2}}|\uparrow\rangle$$
$$+ \cos\left(\frac{\Omega t}{2}\right)e^{\frac{i\omega_0 t}{2}}|\downarrow\rangle$$

となる.

(7)
$$\langle\phi(t)|\widehat{S}_z|\phi(t)\rangle = -\frac{\hbar}{2}\cos\Omega t$$

物理定数表

物理量	記号	数値	数値（eV 単位）
（真空中の）光速度	c	2.998×10^8 [m·s^{-1}]	
プランク定数	h	6.626×10^{-34} [J·s]	4.135×10^{-15} [eV·s]
ディラック定数	$\hbar$	1.055×10^{-27} [J·s]	0.658×10^{-15} [eV·s]
ディラック定数 × 光速度	$\hbar c$	3.163×10^{-19} [J·m]	1.973×10^3 [eV·Å]
リュードベリ定数	R	1.097×10^7 [m^{-1}]	
電気素量	e	1.602×10^{-19} [C]	
電子質量	m_e	9.109×10^{-31} [kg]	0.511 [MeV·c^{-2}]
アボガドロ数	N_A	6.022×10^{23} [mol^{-1}]	
ボーア半径	$a_0 = \dfrac{\hbar^2}{m_e e^2}$	0.529 [Å]	

参 考 文 献

[1] 猪木慶治，川合光『量子力学 I・II』講談社（1994 年）
[2] 小出昭一郎『量子力学 I・II』裳華房（1990 年）
[3] J.J. サクライ（San Fu Tuan 編，桜井明夫訳）『現代の量子力学 上・下』吉岡書店（1989 年）
[4] 朝永振一郎『量子力学 I』みすず書房（1969 年）
[5] 小谷正雄，梅沢博臣『大学演習 量子力学』裳華房（1959 年）
[6] 吉田伸夫『光の場，電子の海—量子場理論への道』新潮社（2008 年）
[7] 岡崎誠，藤原毅夫『演習 量子力学 [新訂版]』サイエンス社（2002 年）
[8] F.Constanitinescu, E.Magyari 著，波田野彰訳『量子力学演習 上』共立出版 (1974 年)
[9] 坂本眞人『場の量子論：不変性と自由場を中心にして』裳華房（2014 年）
[10] Takafumi kita "Statistical Mechanics of Superconductivity" Springer（2015 年）（北孝文『統計力学から理解する超伝導理論』サイエンス社，2013 年）
[11] 鈴木久男監修，引原俊哉著『演習しよう 物理数学』数理工学社（2016 年）
[12] 大谷俊介『速修 物理数学の応用技法』プレアデス出版（2012 年）

　本書を書くにあたって，主に上記 [1]～[8] の文献を参照しました．
　[1][2] は現在も広く教科書として使われているものでしょう．本書で想定している専門課程の標準的なコースも，主にこの 2 冊を意識しています．あくまで著者の周囲についての経験則ですが，[1] は素粒子物理が専門の書き手によるもので，計算問題も多いため理論系志望の読者に人気があり，一方で実験系志望の読者には易しい語り口の [2] が受け入れられやすいようです．
　一方で本書を含め最近書かれた量子力学の教科書や演習書は，紙幅の関係もあり，ミクロな世界における古典力学の問題点と前期量子論については記述しきれていません．量子力学の体系が整理されている以上，その前段となる話題にさらに興味がある読者は，[6] や [4] を参考にして下さい．そこではボーアが量子化条件を示し，それに整合するようにハイゼンベルクやディラックが正準交換関係 $[\hat{x}, \hat{p}] = i\hbar$ を示すにいたった道のりが描かれています（ボーアの量子化条件は，それを導出するにいたった仮定に問題があったわけです）．古典力学の限界に関する例題は，[5] でも多く取り扱われています．
　最近書かれた量子力学の教科書は本書でいう解析的アプローチ（シュレディンガー方程式を微分方程式として解く手法）を前面に打ち出し，一部に代数的アプローチ（演算

子の交換関係とブラケット記法を用いる手法．主に調和振動子と角運動量の計算で使われます）を取り入れた本が多いのですが，一方で [3] はディラック流の代数的アプローチ主体で書かれており，取り扱う内容も順番も，類書とは異なる尖った構成で，刺激的な本です（ディラックの象徴的すぎる書き方，考え方に対する批判も加えられています）．

本書では主に一粒子の非相対論的量子力学（スピンとスピンの合成を例外として）について取り扱いましたが，原子核，素粒子論などを志す読者は，この先，相対論との整合性を求める量子力学（相対論的量子力学）を経て，場の量子論に進むことになるでしょう．相対論的量子力学や電磁場の量子化，経路積分などは [1]（特に第 II 巻）で取り扱っており，例えば [9] は計算に飛躍がなく，丁寧に解説されています．一方，物性物理（超伝導など）の理論を志す読者には，多粒子系の量子力学が重要になります．本書で扱ったような波動関数の考え方を多粒子系に拡張していくことはできますが，記法も計算も煩雑になっていきます．この分野では波動関数ではなく ψ を正準交換関係をみたす演算子 $\hat{\psi}$ とする（第二量子化）手法が有効であり，その応用まで踏まえたものとして，例えば [10] が参考になるでしょう．

最後に，量子力学に限らず，物理学の学習では応用数学が自在に操れるかどうかが重要になります．本ライブラリで書かれた [11] は本書の中でも多数参照用の引き合いに出していますが，古典力学や電磁気学を学ぶ際にも大変有効な書籍に仕上がっています．また，最短で物理数学を学ぶことを想定した [12] では [11] で紹介されていない微分方程式のべき級数法や，量子力学でもよく使う完全規格直交系の記述や，あまり類書で触れられることの少ないグリーン関数の計算が紹介されています．

以上，いくつか文献をご紹介しましたが，量子力学について書かれた書籍はこれ以外にも良いものが多数あります．学習の進度やスタイルに合わせて，読者のみなさんのご参考にしていただければ幸いです．

索　引

● あ行 ●

アインシュタインの仮説　　1
アインシュタインの規約　　23
アハロノフ–ボーム効果　　180
位相空間　　7
位相速度　　10
位相のずれ　　208
ヴァンヴレック常磁性　　189
エアリー関数　　244
エアリーの微分方程式　　244
エーレンフェストの定理　　38, 160
エーレンフェストの定理
　（——磁場中の粒子の）　　181
エディントンのイプシロン　　23
エネルギー準位　　35
エネルギー汎関数　　199
エルミート　　70, 113
エルミート共役　　70, 111, 113
エルミート多項式　　61
エルミート微分方程式　　60
演算子のエルミート性　　69

● か行 ●

階段関数　　196
外部自由度　　138
ガウスの積分定理　　38
可換　　157
確率のしみ出し　　103
確率密度　　28, 39
確率密度流　　29, 98, 99, 218
確率密度流（——磁場中の粒子の）　　180
ガモフの透過率　　105
完全性　　76
規格化条件　　28

規格直交条件　　72
基底エネルギー　　41, 149
軌道角運動量　　143
球ノイマン関数　　219
球ベッセル関数　　208, 219
球面調和関数　　82
境界条件　　35
共鳴トンネリング　　106
虚数単位　　27
空間の一様性　　159
空間の等方性　　159
偶奇性　　48
クーロン束縛の演算子法　　220
グリーン関数　　77, 108, 212
グリーンの定理　　38
クレプシュ–ゴルダン係数　　169, 173
クローニッヒ–ペニーのポテンシャル　　59
クロネッカーのデルタ　　23
群速度　　10
ゲージ変換　　174, 176, 180
結合定数　　183
ケットベクトル　　111, 117
光学定理　　217
交換子　　17
合成角運動量　　167
合成状態　　167
剛体回転子　　85
光電効果　　2
コヒーレント状態　　128, 221
固有ケット　　126
固有状態　　117
固有値　　112
固有値問題　　112

固有ベクトル　112
コンプトン散乱　3

● さ行 ●

三次元等方調和振動子　190
散乱　3
散乱行列　109
散乱振幅　205
散乱全断面積　205
散乱問題　35
時間つき摂動の公式　195
時間発展演算子　161
しみ込み　103
周回積分　4
周期境界条件　55
重心座標　217
縮重　46
縮退　46
シュタルク効果　188
主量子数　95
シュレディンガー描像　161
シュレディンガー方程式　11, 27
シュワルツの不等式　150
準古典近似　204
昇降演算子　131
状態数　58
状態密度　58
消滅演算子　21, 123
数演算子　21, 123
ストークスの定理　285
スピン　138
スピン演算子　140
スピン角運動量　144
スピン自由度　144
正準運動量　175
正準交換関係　17
生成演算子　21, 123
生成・消滅演算子　123
ゼーマン効果　182
積の微分　18

摂動論　183
遷移確率の公式　195
全角運動量演算子　130
相空間　7
相対座標　217
束縛　4
束縛問題　35

● た行 ●

第一励起エネルギー　41
第一種球ハンケル関数　208
対角化　112
ダブルデルタ散乱　106
ダブルデルタ束縛　53
弾性散乱　205
直交条件　72
定常状態のシュレディンガー方程式
　32, 192
ディラック定数　27
ディラックの規則　21, 159
ディラックのデルタ関数　73
テスト関数　199
デルタ関数の積分表示公式　76
電子スピン　138
転送行列　110
透過波　99
透過波数　99
透過率　98
同時固有関数　137
トーマス–ライヒェ–クーンの総和則　121
ド・ブロイの関係式　1

● な行 ●

内部自由度　138
入射波数　99

● は行 ●

ハイゼンベルクの方程式　157, 160
ハイゼンベルク描像　161
パウリ行列　138
波動関数　28

索　　引　　　　　　　　　　311

波動関数の変数分離　28
ハミルトニアン　28
パリティ　46, 48
反射波　99
反射率　98
反対称テンソル　23
非相対論的補正　191
非調和振動子　203
非調和振動子ポテンシャル　188
微分散乱断面積　205
ビリアル定理　122, 203
フーリエの積分定理　157
フーリエ変換　73
フェルミエネルギー　58
フェルミオン　144
フェルミの黄金律　198
フェルミ波数　58
フェルミ面　58
フェルミ粒子　144
不確定性関係　18, 147
不確定性原理　147
部分波振幅　208
部分波展開　208
ブラケット記法　70
フラックス　218
ブラベクトル　111, 117
プランク定数　1
ブロッホの定理　59
ベイカー–キャンベル–ハウスドルフの公式　164
ヘヴィサイドステップ　196
ベッセルの微分方程式　218
ヘルマン–ファインマンの定理　190
ヘルムホルツの微分方程式　212
変数分離　31, 32
変分パラメータ　199
変分法　199
ボーア磁子　189
ボーア半径　91

ボーアモデル　5
ボーア–ゾンマーフェルトの量子化条件　4
ボース粒子　144
母関数表示　67
ボゾン　144
ボルン近似　212
ボルンの確率解釈　28
ボルンの公式　214

● ま行 ●

ミューオン　96

● や行 ●

ヤコビの恒等式　26
有効ポテンシャル　87
湯川ポテンシャル　203, 216
ユニタリ演算子　162
ユニタリ変換　162

● ら行 ●

ラゲール多項式　92
ラザフォードの微分散乱断面積公式　198
ラムシフト　188
ランジュバン反磁性　189
ランダウ準位　179
力学的運動量　174
ルジャンドル多項式　82, 208
ルジャンドルの陪微分方程式　82
ルジャンドルの微分方程式　81
ルジャンドル陪多項式　82
レイリーの展開公式　208, 217
レヴィ・チビタのイプシロン　23
連続方程式　28, 29
連続方程式の導出　28
レンツベクトル　26
ロドリグの公式　67

● 英数字 ●

S 行列　109
WKB 近似法　204

著者略歴

鈴木 久男（すずき ひさお）
1988年 名古屋大学大学院理学研究科博士後期課程修了　理学博士
現　在　北海道大学大学院理学研究院教授
　　　　（2006年，「風間・鈴木模型の提唱」により素粒子メダル受賞）
専門分野　素粒子理論
主要著書　「超弦理論を学ぶための 場の量子論」（サイエンス社，2010年）
　　　　　　「演習しよう　物理数学」（監修，数理工学社，2016年）

大谷 俊介（おおたに しゅんすけ）
2012年 北海道大学大学院理学院物性物理学専攻 前期博士課程修了　修士（理学）
　　　　在学時，北海道大学理学部物理学科の教育制度 GSI にて
　　　　「力学演習 (2010年度)」，「量子力学演習 I (2010, 2011年度)」，「量子
　　　　力学演習 II (2010, 2011年度)」，「物理数学演習 II (2011年度)」の講
　　　　師を担当
現　在　株式会社エナリス　エネルギーマネジメント部に所属
主要著書　「速修 物理数学の応用技法」（プレアデス出版，2012年）

ライブラリ物理の演習しよう＝3
演習しよう 量子力学
―これでマスター！　学期末・大学院入試問題―

2016年11月10日ⓒ	初 版 発 行
2024年 5月25日	初版第7刷発行

著　者　鈴木久男　　　　　発行者　矢沢和俊
　　　　大谷俊介　　　　　印刷者　小宮山恒敏

【発行】　　　　株式会社　数理工学社
〒151–0051　東京都渋谷区千駄ヶ谷1丁目3番25号
編集☎(03)5474–8661（代）　　サイエンスビル

【発売】　　　　株式会社　サイエンス社
〒151–0051　東京都渋谷区千駄ヶ谷1丁目3番25号
営業☎(03)5474–8500（代）　振替 00170–7–2387
FAX☎(03)5474–8900

印刷・製本　小宮山印刷工業（株）
《検印省略》

本書の内容を無断で複写複製することは，著作者および
出版者の権利を侵害することがありますので，その場合
にはあらかじめ小社あて許諾をお求め下さい．

ISBN978–4–86481–040–1
PRINTED IN JAPAN

サイエンス社・数理工学社の
ホームページのご案内
https://www.saiensu.co.jp
ご意見・ご要望は
suuri@saiensu.co.jp まで．